现代物理基础丛书　83

正电子散射物理

吴奕初　蒋中英　郁伟中　编著

科学出版社

北京

内 容 简 介

本书主要介绍最基本的正电子和正电子素与原子、分子相互作用过程，正电子和单个原子或者分子的碰撞总截面、各个偏截面，以及共振散射和共振湮没。本书重点介绍正电子散射的基础研究，更多地强调实验技术发展，近十几年取得的成果；另外也专题介绍正电子在天体、玻色–爱因斯坦凝聚、反物质和量子纠缠研究等重要领域的应用进展。

本书对从事原子和分子物理、原子核物理、等离子体物理与化学和正电子物理的科学工作者有重要参考价值，对反物质、天体物理和量子纠缠研究感兴趣的读者也有一定参考价值。

图书在版编目(CIP)数据

正电子散射物理/吴奕初，蒋中英，郁伟中编著.—北京：科学出版社，2017.9
（现代物理基础丛书；83）

ISBN 978-7-03-054456-8

I. ①正… II. ①吴… ②蒋… ③郁… III. ①正电子–散射–研究
IV. ①O572.32

中国版本图书馆 CIP 数据核字(2017) 第 222029 号

责任编辑：钱 俊／责任校对：杨 然
责任印制：张 伟／封面设计：陈 敬

科 学 出 版 社 出版
北京东黄城根北街 16 号
邮政编码：100717
http://www.sciencep.com

北京京华虎彩印刷有限公司 印刷
科学出版社发行 各地新华书店经销
*

2017 年 9 月第 一 版 开本：720×1000 B5
2018 年 1 月第三次印刷 印张：25
字数：482 000
定价：139.00 元
(如有印装质量问题，我社负责调换)

作 者 简 介

吴奕初：武汉大学教授，博士生导师。1964 年生于福建上杭，1983～1991 年就读于北京科技大学(原北京钢铁学院)材料物理系金属物理专业，获学士、硕士和博士学位，1991～1993 年南京大学物理系博士后， 1993～2002 年中山大学物理系副教授，2003 年至今武汉大学物理科学与技术学院副教授、教授。1995 年 1～3 月在日本理化学研究所访问研究，2000 年 11 月～2002 年 8 月美国密苏里大学 Research Associate，2008 年 9 月～2009 年 8 月英国巴斯大学访问教授。长期从事正电子物理与材料科学领域研究，主持国家自然科学基金、留学回国人员基金等10 余项。在 *PRL, PRB* 等重要学术刊物上发表论文 120 余篇，合作出版《正电子应用谱学》专著 1 本。

蒋中英：教授，新疆大学、伊犁师范学院硕士生导师。现工作单位伊犁师范学院电子与信息工程学院。1986 年毕业于新疆大学物理系物理学专业，2005 年 6 月获得南京大学物理系粒子物理与原子核物理专业博士学位。2005 年 9 月～2007 年 10 月在南京大学化学博士后工作站做博士后。2007 年 10 月～2012 年 9 月在南京大学微结构国家实验室马余强教授课题组做二站博士后。主持国家自然科学基金项目和省部级等项目 4 项。在 *APL*、*Langmuir* 等学术期刊发表 SCI 论文 10 余篇。目前研究方向为基于 PET 技术，设计和实现正电子同位素纳米颗粒示踪技术和原位治疗。

郁伟中：清华大学物理系教授。1973 年和 1978 年清华大学研究生班研究生，获硕士学位。1979 年起从事正电子湮没工作，翻译 *Positron in Solids* （《正电子湮没技术》，科学出版社，1983 ），编写《正电子物理及其应用》(科学出版社，2003)。

前　　言

正电子是电子的反粒子，是人类最早认识的反物质。正电子在科学和技术上的重要应用取决于对正电子与物质基本相互作用的定量了解，而最基本的正电子与原子、分子相互作用过程是了解这些知识的基础。本书主要叙述正电子、正电子素与气体分子、原子的散射，以及电子的类似散射。散射研究在物理学中是非常重要的，如果没有对散射以及透射、折射等的研究，人类大约还处在一个朦胧的时期，不知道太阳光是由不同颜色组成的，不知道天为什么是蓝的。即使知道了物质中有电子和质子，还以为物质就如一块枣饼，玉米糊 (电子群) 中夹着几个枣核 (质子)。人们对散射的研究是很广泛的，重要的有光、电子、质子、中子的散射等。正电子、正电子素的散射属于比较边缘的科学，了解的人更少些，所以我们很有必要介绍一下。

正电子和正电子素与气体中个别原子、分子的相互作用，正电子和单个原子、分子的碰撞总截面、各个偏截面，正电子和原子、分子的湮没、共振湮没，这些都是国内 30 多年来正电子湮没研究中极少涉及的。国内的正电子研究主要涉及正电子和固体 (含有很多原子或者分子) 的相互作用，本书中也对两种不同的研究作了比较。本书还涉及国内没有的正电子素束研究。

正电子和原子、分子系统发生碰撞时的实验和理论研究其实已经进行了许多年，一些实验早在半个多世纪以前就已经进行，只是国内除了少量理论研究外没有太多的关注。本书除了要介绍历史上的研究，更要注重现代的研究，但是更偏重于实验研究。在过去的十几年内，国外正电子物理的发展是相当快的，但是国内还缺少相关综合性的评论，因此我们相信本书对该内容的介绍有重要意义，希望本书能对促进国内相关研究的发展起到抛砖引玉的作用。

本书共 10 章，第 1、2 章讲述正电子散射物理基础和实验方法；第 3~5 章涉及正电子散射、正电子湮没及共振散射等正电子与原子、分子相互作用的各种行为；第 6 章专门讲述正电子素散射，包括正电子素的基本性质、束流的产生及各种散射截面的测量；第 7~10 章作为专题讨论正电子在反物质研究、天体、玻色–爱因斯坦凝聚及量子纠缠中的应用及展望。参加编写的还有清华大学物理系王合英副教授以及武汉大学的一些博士研究生和硕士研究生。

本书的出版对从事原子分子物理、原子核物理、等离子体物理与化学、生物医学物理和正电子物理的科学工作者有重要参考价值，也为高等学校相关专业高年级本科生和研究生提供了开阔眼界、增长知识的参考书，对天体物理、反物质和量子纠缠研究感兴趣的读者也有一定参考价值。由于正电子散射物理是一门发展中的基础学科，并在科学和技术上具有重要的应用背景，涉及面广，内容丰富，加之作者水平有限，故书中不完善之处在所难免，敬请读者批评指正。

作　者

2017 年 2 月

目　　录

第1章　正电子散射物理基础

1.1　引　　言

固体物理学的基本任务是从宏观到微观方面理解固体的各种物理性质，阐明其中的规律，它也是材料科学的基础，是近代科学中不可缺少的一个分支。固体物理学的研究对象种类繁多，研究手段包括实验和理论研究，其中实验方法中几乎动用了现代能利用的一切手段，包括很多大型的和超大型的设备。其中仅以电子作为入射粒子就派生出很多方法，让我们回顾一下。

具有一定能量的电子与物体相互作用会发生弹性和非弹性碰撞的过程。如果发生非弹性散射，被散射电子的波长会改变，可以测量到能量变化了的电子流，损失的能量导致物体内部的某些激发效应，其表现形式可以是次级电子、俄歇电子、标识和连续 X 射线、热辐射、紫外和可见光区域的光子等，也可以是等离子体激元的激发，其中俄歇电子谱仪是表面物理的重要研究手段。电子在原子的库仑场中运动，经受非弹性碰撞所损失的能量可以转换成连续 X 射线，称为轫致辐射，所发射的 X 射线是一种重要的分析手段，现在同步辐射装置更是大家熟悉的超大型设备。非弹性电子散射过程所产生的各种辐射可作为成分或结构分析的信号。次级电子和背散射电子是扫描电子显微镜中成像的主要信号，它们可以提供试样表面形貌和元素分布信息，扫描电子显微镜是材料科学中最重要的设备之一。当电子穿透薄膜试样时，非弹性散射所导致的电子能量损失谱也有助于进行试样的成分、形貌和结构分析。我们无法罗列所有可能的现象，但是可以肯定，电子的散射是固体物理中应用最广泛的手段之一。以上是众所周知的物理知识。

物理学的研究在于创新，谈到物理学上的发展必然想到电子的反粒子——正电子 (positron, 用 e^+ 表示)，用正电子代替电子会得到什么样的结果？正电子散射和正电子湮没方法就是应运而生的实验技术，由于正电子的产生涉及核物理，所以归于核技术应用。正电子方法已经在物理、化学、生物、天体中得到应用。在国内，大约在 20 世纪 70 年代末，中国科学院的几个单位首先开始研究正电子，后来很快在一批高校中得到发展，形成了核物理的一个专业分支。现在国内有的实验设备，如正电子湮没寿命谱仪、多普勒展宽谱仪，还有一维角关联设备、二维角关联设备 (国内还没有)，均属于正电子物理的第一类研究，是一些比较传统的设备，是 20 世纪国内研究的主要方面，可以在材料的微缺陷和动量研究中得到应用。国外有一些专著 (不一一列举)，而中译本如清华大学何元金、郁伟中翻译，熊家炯校，1983 年科学出版社出版的《正电子湮没技术》[1]，以及南京大学滕敏康 [2] 主编的《正电子湮没谱学及其应用》简单介绍了正电子湮没方法。由清华大学郁伟中编著，2003 年科学出版社出版的《正电子物理及其应用》[3] 是对 20 世纪正电子湮没工作很好的总结。

一批新颖的方法，主要是慢正电子束 (又称为低能正电子束)、双探头符合多普勒谱仪、动量–寿命联合谱仪等也在国内少数几个单位中得到发展，属于正电子物理的第二类研究，利用它们可以研究表面微观缺陷等。连同原来的设备，这两类研究现在仍然主要用在固体物理和材料科学的研究中。武汉大学王少阶等 [4] 2008 年出版的《应用正电子谱学》更好地总结了最新的进展，还介绍了正电子在医学中的应用。

本书涉及的电子、正电子和气体的散射是另一类研究，这是一种有别于国内 30 多年正电子研究的新领域，是正电子物理和原子物理、分子物理领域的交叉，我们把它归于正电子物理的第三类研究——正电子散射物理，就是低能正电子束 (或者正电子素束) 和气体原子、分子的碰撞散射，属于基础物理研究。

由于对设备的要求特别高，国外也仅有少数单位开展正电子散射物理的研究，这也是我们把它归于第三类研究的原因。由于实验技术的限制，很长一段时间国内并不具有该领域研究的实验基础。现在随着国内少数几个单位在慢正电子束设备方面的研究进展，具备了一定的条件，如中国科学院高能物理研究所、武汉大学和中国科学技术大学已经进口了有关设备，这些设备可以加强慢正电子束研究，而武汉大学也有计划开展正电子散射这种新的研究。但是文献 [3] 没有涉及正电子散射的内容，文献 [4] 涉及正电子和气体相互作用的内容也不多，所以我们希望介绍一下正电子第三类研究的最新内容，以利于读者了解更多国外的研究状况，也希望国内的正电子研究能进入一个新的高度。

关于正电子研究领域还有大家熟知的正负电子对撞机，这属于高能物理和基本粒子的领域，正电子断层照相术 (positron emission tomography, PET) 属于医学领域，都不在我们讨论的范围之内。此外，还有反物质和反氢研究 [5]、湮没伽马光子激光以及正电子在天体中的应用等，应该属于正电子物理的第四类研究，因为对实验设备的要求更高，我们将以专题介绍正电子在反物质研究、天体、玻色–爱因斯坦凝聚 (Bose-Einstein condensation, BEC) 及量子纠缠中的应用及展望。在 2015 年 9 月由武汉大学主办的 "第 17 届国际正电子会议" [6] 上，有比较多的作者涉及正电子等离子体的内容，我们只作简单介绍。

1.2   国内外正电子研究历史的简单回顾

正电子从预言到被发现是 20 世纪物理学的历史上相对论量子力学理论得到

成功应用的范例之一。正电子研究的历史应该从 1928 年英国理论物理学家狄拉克 (Dirac) 开创了相对论量子力学，到 1930 年狄拉克[7] 发展了他的电子理论为起点，他认为静止质量为 m 的粒子，相对于它的线性动量为 p 的相对论波动方程的解为

$$E^2 = m^2 c^4 + p^2 c^2 \tag{1.2.1}$$

其中，E 为总能量。开方后 E 会出现一个负的能量，他认为这个负能解是有实际物理意义的。为此他对负能量的电子态假设了一个 "电子海"，负能量在 $-mc^2$ 到 $-\infty$ 之间。假设负能量的电子态已经被电子完全占据，根据泡利不相容原理，它是不能被观察到的。但是如果电子海中出现一个空缺，即相当于出现了一个带正电荷的粒子，它应该有正的静止质量，即使不能计算它的库仑能的修正值，但粒子应该是存在的。一开始，狄拉克认为是 "质子"，但很快认识到不能看作质子，他敏锐地意识到他的理论实际上可以预言一种新粒子的存在，这种粒子具有和电子一样的静止质量，但带相反的电荷，这就是正电子。

1932 年，安德森 (Anderson)[8] 在研究宇宙射线用的云室中发现了正电子，不久就得到了 Blackett 等[9] 的证实，他们还观察到正负电子对产物的现象。接着，人们开始考虑正电子在电子的环境中的各种湮没过程，包括无辐射的、单 γ 射线的，但主要是 2γ 射线的湮没，正负电子对产生的理论也同时得到了发展[10]。

关于对正电子的预言、正电子被发现，在文献 [3]、[11] 中已经有详细的描述，我们不再复述。作为 20 世纪物理学发展的里程碑，关于 "电子海" 的狄拉克理论现在已被普遍认为是粒子物理基础的不可分割的一部分。然而它曾有过一段难以被人们接受的时期。是 1932 年正电子的发现，以及随后对于 "电子对" 产生和湮没过程的理解，最终扭转了对它不信任的潮流。我们简要回顾这一段历史，主要介绍中国学者赵忠尧在正电子被发现前后所作的贡献，以激励年轻的研究人员，也是对赵先生的缅怀，主要源于文献 [12]、[13]。

在比 1933 年更早的几年内，"电子对" 的产生和湮没过程实际上已经在实验上被赵忠尧发现了，但未能从理论上得到理解，这些早期发现在如下文章中报道[14-17]：

赵忠尧，1902 年生于中国浙江省，1925 年毕业于东南大学化学系，后来担任清华大学叶企荪先生的助教，1927 年夏天，赵忠尧来到美国加州理工学院成为密立根 (Millikan) 的研究生，密立根安排赵测量硬 γ 射线在不同物质中的吸收系数以检验克莱因–仁科 (Klein-Nishina) 公式。当时能产生 γ 射线的主要是 TC″ 源，即天然的 ^{208}Tl 同位素源，产生 2.6MeV 的 γ 射线。赵忠尧研究 ThC″ 的射线被铝和铅散射，发现对铝的散射遵循克莱因–仁科公式，但是对铅有额外的辐射，发现一些射线的能量和强度与散射角 (从 22.5° 到 135°) 无关，就是说它们不是由散射过程引起的，赵测量了额外射线的波长为 0.0225Å，即相应于 540keV 能量。1929 年

将近年底的时候赵完成了实验，他得到结论：对于轻元素来说，实验结果符合克莱因–仁科公式，而对于重元素 (例如铅)，实验测得的吸收系数值大于公式给定值。密立根起初不相信赵的结果，因而赵的文章被拖延了数月没有公开发表。

为了更多地了解辐射在物质上的吸收机制，紧接着第一个实验，赵开始进行一个新的实验来研究散射辐射的强度和角分布。这是一个困难的实验，原因在于散射辐射比背景更弱，实验结果发表于 1930 年 [14]。在这以后一年，其他实验组才开始致力于研究散射辐射。德国柏林的梅特纳 (Meitner) 等 [16] 也注意到了这种由 ThC″ 辐射引起的额外辐射；1932 年，英国剑桥的格兰 (Gray) 等 [17] 也进行了类似的实验，得到光子的能量为 0.5MeV 和 1MeV。Gray 等的工作没有赵的精度高，他们没有研究角度分布，而且他们认为是核激发，这些后来的工作做得不漂亮且没有结论，结果引起更多的争议，分散了理论家的注意，因而很不幸地减小了赵的实验结果的影响力。

之后又有一些人 [9,18] 不断研究散射实验，意识到这和产生了电子–正电子对有关。1933 年，Blackett 等 [9] 意识到这就是 “正” 的电子又和电子重新结合，由于正电子湮没，正电子又消失了，再次辐射的能量应该和湮没谱所期望的能量在一个量级上。他们估计了在水中按指数衰减，平均寿命 $3.6×10^{-10}$s。Oppenheimer 等 [18] 认为电子–正电子对会失去几乎所有的动能，如果发射两个伽马光子，能量应该为 0.5MeV。他们对 Gray 等 [17] 看到的 1MeV 能量是什么并不清楚。

1931～1932 年，反常吸收和附加散射线吸引着理论物理学家极大的注意，并激发着进一步的重要的实验研究，为了评估赵的文章的作用，我们在这里引述安德森在 1983 年的一篇文章里写的一段文字：

“我在加州理工学院做研究生论文的工作是用威耳逊云室研究 X 射线在各种不同气体里产生的光电子的空间分布。在我做这项工作的 1927～1930 年间，赵忠尧博士就在我隔壁的屋子里工作。他是用验电器测量 ThC″ 产生的 γ 射线的吸收和散射。他的发现引起我很大的兴趣。当时人们普遍相信，来自 ThC″ 的 2.6MeV 的 “高能” γ 射线的吸收，绝大多数应是按照克莱因–仁科公式表达的康普顿散射碰撞。但赵博士的结果清楚地表明，这种吸收和散射显著地大于克莱因–仁科公式的计算。由于验电器很难给出细致的信息，所以他的实验不可能对上述反常效应作出深入的解释。我建议的实验是利用工作在磁场中的云雾室来研究 ThC″γ 射线与物质的作用，即观察插入云雾室中的薄铅板上产生的次级电子，来测量它们的能量分布。从而研究和了解在赵的实验结果中还反映着哪些更深刻的意义。”

安德森和奥恰里尼 (Occhialini) 都强调，早于他们工作的赵的工作确实激发了他们所完成的革命性的研究。这一研究转而加深了物理学家对量子电动力学的理解，而他们并没有提及当时与之相关的赵的竞争者的工作。

赵忠尧在美国和安德森是同学，赵忠尧研究的硬 γ 射线的异常吸收，实际上是先产生了电子–正电子对, 然后是电子–正电子湮没。Goworek[12] 对这段历史作了详细的综述。赵忠尧回国以后在清华大学继续他在美国的研究, 这是国内最早的正电子研究。赵忠尧后来在中国科学院高能物理研究所工作, 他参加了 1981 年在苏州召开的全国第一届正电子湮没会议。

清华大学的张礼教授也在 20 世纪 50 年代对正电子理论方面有很好研究: "关于正电子在多电子系统中的定态和湮没问题"[19], 直到现在仍然在正电子散射物理中被人引用[20], 得到国际上专家的好评。另外, 现在在清华大学高等研究院的诺贝尔奖获得者杨振宁先生在 20 世纪 50 年代对正电子理论方面也有研究。

20 世纪 70 年代, 国内的正电子研究比较少, 主要在中国科学院系统内进行, 如高能物理研究所、北京原子能研究所、上海原子核研究所 (现改名为上海应用物理研究所)、沈阳金属研究所等, 其研究设备一般也是自力更生研制的。1980 年, 清华大学在高能物理研究所张天保先生的帮助下从美国第一次进口了整套的正电子湮没寿命谱和多普勒设备, 正电子湮没的研究在武汉大学、南京大学、兰州大学等很多高校内也开始进行, 中国科学技术大学自制了全国第一台一维角关联装置和第一台慢正电子束。随着 20 世纪 80 年代两次正电子寿命谱仪的引进, 正电子作为大学近代物理教学实验得到发展, 一部分设备用在科研上, 正电子湮没研究得到普及。现在国内正电子湮没在研究深度上已经得到很大发展。

1.3 电子散射和电子动量谱研究

关于电子散射和电子动量的研究比正电子研究更普遍, 我们无法详细叙述, 只举一个例子, 如清华大学宁传刚教授等[21] 正在研究改善的第三代电子动量谱仪。电子动量谱学 (electron momentum spectroscopy, EMS) 的基本过程是在特定的运动学条件下电子与原子分子碰撞的 (e, 2e) 电离实验[22–25]。在 (e, 2e) 反应中, 具有一定能量的 (keV 量级的) 电子与靶碰撞, 入射电子被散射, 同时敲出一个电子使靶单电离。因此, 在一个 (e, 2e) 事件中将会有一个入射电子和两个出射电子, 这就是 (e, 2e) 名称的来历。

通过对 (e, 2e) 反应的运动学完备测量, 不仅能获得结合能的信息, 而且能获得各个轨道电子的动量分布。这也是电子动量谱仪和光电子谱仪、正电子湮没谱仪相比的独特之处。光电子谱仪虽然能量分辨率很高, 但是它不能直接提供电子波函数分布信息, 而正电子湮没谱仪正好相反, 只能粗糙地得到电子波函数分布的积分信息, 而且得不到电子结合能的大小[19]。提出前线轨道理论而获得 1981 年诺贝尔化学奖的日本量子化学家福井谦一曾经说过 "现阶段没有人能够从实验上得到轨道的形状。但到目前为止, 也没有人能够断言这是完全不可能的, 我们只要能够从实验上获得任何有关最高占据轨道 (HOMO) 和最低占据轨道 (LUMO) 形状的知识，都会对化学的发展产生深远的影响"[25]。从实验上获取电子轨道形状的知识，是科学家长期以来的一个梦想，电子动量谱学终于将这一愿望变成了现实 [22]。目前，随着高分辨高效率的第三代电子动量谱仪的建成 [21]，电子动量谱学在研究电子关联、相对论效应、碰撞动力学等方面都取得很有意义的结果 [26-29]，帮助人们更好地认识了复杂的多体问题。人们也希望正电子散射研究能够和更普遍的电子散射相呼应。

1.4   正电子与正电子湮没

关于正电子和正电子湮没、正电子素 (positronium, Ps)，文献 [1]~[4] 已经有详细介绍 (注：早期部分书及文献中，"positronium" 也翻译为 "电子偶数"，然而，随着正电子研究的深入，出现正电子偶素、负电子偶素，两者没有本质的差别，因此，本书统一使用正电子素，以免引起混淆)，我们在这里仅对没有涉及的部分作一些补充，主要来源于文献 [30]。

1.4.1   正电子

正电子具有 1/2 的本征自旋，它是一种费米子，根据 CPT 定理，这种态所遵循的基本的物理定律是不变的。在电荷共轭 (C)、宇称 (P)、时间反演 (T) 的共同作用下，它的质量、寿命和磁旋比是与电子相等的，它和电子有相同的电荷量，但符号相反。到目前为至，CPT 定理还没有例外。

包括捕获粒子在内的实验显示电子和正电子的磁旋比在 $2/10^{12}$ 范围内是相等的 [31]。通过在氢和正电子素的能谱中分析荷质比和里德伯常量得到电子和正电子的电荷量在 $4/10^8$ 范围内是相等的 [32]，通过限制中性原子物质的方法可以得到更严格的 (虽然是间接的) 极限 $1/10^{18}$，因为除非两种粒子的电荷能精确地平衡，否则它们对极化原子会产生一个净电荷，现在可以认为电子和正电子贡献给真空极化原子的是相等数目的电荷 [33]。

目前粒子物理的理论预言在真空中正电子是稳定粒子，实验室的证据也支持这个理论，实验中单个被捕获的正电子已经存在了三个月 [34]，如果 CPT 定理是适用的，本征正电子寿命可以大于 4×10^{23} 年，这也是电子稳定性的实验极限 [34]。

当一个正电子遇到了正常的物质，它最终会在一个寿命期间内和一个电子发生湮没，这个寿命反比于局域电子密度，在凝聚态物质中，典型的寿命值小于 500ps，在气体中，即使在很高的气体密度下，这个数值可以认为是低值极限，在原子或者分子中，正电子形成一种束缚态，也只能认为是一种寿命稍长的不稳定的基本粒子。

正电子和一个电子的湮没将遵循一定的机理，根据无辐射过程的费曼图，结果有电子发射, 在图 1.4.1 中还给出了单 γ、双 γ 和三 γ 过程。在无辐射过程中, 正电子同样也可以和内层电子湮没, 随之而来的能量释放引起核的激发 (见 Saigusa 等[35] 的小结), 这些湮没过程中最大的概率是正电子和电子处于单自旋态, 湮没以双 γ 过程而发生, 这时的截面由 Dirac[7] 推导出来:

$$\sigma_{2r} = \frac{4\pi r_0^2}{\gamma + 1}\left[\frac{\gamma^2 + 4\gamma + 1}{\gamma^2 - 1}\ln\left(\gamma + \sqrt{\gamma^2 - 1} + \sqrt{\gamma^2 - 1} - \frac{\gamma + 3}{\sqrt{\gamma^2 - 1}}\right)\right] \tag{1.4.1}$$

式中, $r_0 = e^2/(4\pi\varepsilon_0 mc^2)$ 是经典电子半径; $\gamma = 1/\sqrt{(1 - \beta^2)}$, $\beta = v/c$, v 是正电子相对于静止电子的速度。与我们最有关的是低能量正电子的湮没, 这时 $v \ll c$, 式 (1.4.1) 推导出熟悉的形式:

$$\sigma_{2\gamma} = 4\pi r_0^2 c/v \tag{1.4.2}$$

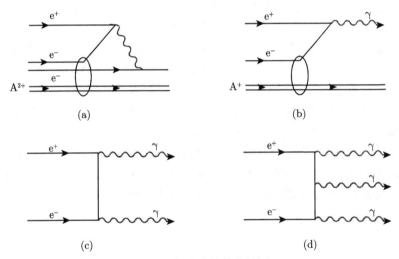

图 1.4.1 最低阶贡献的费曼图

(a) 无辐射; (b) 单 γ 射线湮没; (c) 双 γ 射线湮没; (d) 三 γ 射线湮没。其中的 A^{2+} 和 A^+ 表示剩余离子的电荷态

当 $v \to 0$ 时 $\sigma_{2\gamma} \to \infty$, 湮没率正比于 $v\sigma_{2\gamma}$, 但这时仍然是有限值。在低正电子入射能量时, 两根 γ 射线几乎以共直线发射, 每根 γ 射线的能量接近于 $mc^2(=511\text{keV})$, 从放射源中出来的少部分正电子可以有相对论速度, 它们的湮没需要利用完整的式 (1.4.1)。

湮没后还可以发射 3γ 射线或者更多的 γ 射线, Ore 等[36] 计算了 3γ/2γ 射线的截面比, 近似为 1/370。更高阶的湮没过程预期会以相似的因子而下降, 因此 4γ 射线和 2γ 射线的比大致为 1.5×10^{-6}, 这是由 Adachi 等[37] 根据量子电动力学 (QED) 计算所得到的。

图 1.4.1 中另外两个过程是无辐射 (用 RA 表示) 和单光子湮没 (用 SQA 表示)，这些都需要核或者整个原子的参与，以便在湮没的同时能保持能量和动量守恒。所以它们比 2γ 射线的概率要低得多，也更少得到研究，这两个过程预期更多地和内层电子发生湮没。在无辐射情况下，正电子和一个束缚电子湮没过程中释放的能量转移给另一个束缚电子，后者将以动能 $E+mc^2-2E_b$ 而得到释放，这里 E 是式 (1.2.1) 中定义的正电子总能量，E_b 是两个束缚电子中每一个电子的束缚能 (假设二者相等)。在单光子湮没中情况类似，发射的 γ 射线能量为 $E+mc^2-E_b$。

在玻恩近似中，单光子湮没的截面预期为 Z^5 关系，这里 Z 是湮没中所含原子的原子序数 [38]，当动能为几百 keV 量级时，它的最大值近似为 $5\times10^{-29}\mathrm{m}^2$，在这个能量下，正电子可以穿透原子的内层电子。Palathingal 等 [39] 的实验应用了高能量分辨 γ 射线探头，已经得到一些靶中来自 K、L 和 M 层电子对单光子湮没的贡献，他们发现 K 层电子的湮没截面为 $Z^{5.1}$ 关系，而 L 层有 6.4 的指数关系，关于理论和实验情况的进一步细节由文献 [39] 和 [40] 给出。

无辐射湮没的实验证据并不是十分有说服力的，事实上，唯一观察到的实验是由 Shimizu 等 [41,42] 应用了 β 射线谱仪，300keV 的正电子射入铅箔，所发射的电子用可以进行能量选择的硅探头来记录，对来自靶中所发射电子的期望能量区域进行了大量测量，推导出湮没截面近似为 $10^{-30}\mathrm{m}^2$。根据 Mikhailov 等 [43] 无辐射湮没的理论工作，考虑到根据经验正电子将被很强的库仑力所排斥，截面应该为 Z^8 关系，则对 $Z=80$ 的靶，当正电子能量为 500keV 时，截面应该为 $10^{-32}\mathrm{m}^2$。这个值比 Massey 等 [44] 的值差不多低了两个量级，其矛盾大约来自 Massey 等使用了平面波表述。根据最近的理论值，实验结果似乎应该高得多，进一步的研究是需要的。

1.4.2　正电子素

正电子素被定义为由一个电子和一个正电子组成的中性的准束缚态，它类似于氢的结构，但其约化质量是 $m/2$，能级的总值减少到氢原子的一半，所以正电子素的基态束缚能近似为 6.8eV。基态和第一激发态的能级图如图 1.4.2 所示，其中主量子数分别为 $n_{Ps}=1$ 和 2。注意其精细和超精细间隔是与氢的相应值明显不一样的，由于正电子有很大的磁矩 (比质子大 658 倍)，出现量子电动力学效应，如虚湮没 (见如 Berko 等 [45] 和 Rich[46] 的小结文献)。

正电子素可以以 S=0 和 S=1 两种自旋态而存在。S=0 为单态，记为 para-Ps，或者 p-Ps，这时电子和正电子的自旋是反平行的；相反，S=1 为三重态，记为 ortho-Ps，或者 o-Ps，这时电子和正电子的自旋是平行的。自旋态对正电子素的能级结构有很大的影响，同样对它的自湮没寿命有很大的影响。

从角动量守恒和宇称守恒出发，Yang[47] 和 Wolfenstein 等 [48] 的计算得出自

旋态为 S 和轨道角动量为 L 时的正电子素可以湮没为 n_γ 根 γ 射线时：

$$(-1)^{n_\gamma} = (-1)^{L+S} \tag{1.4.3}$$

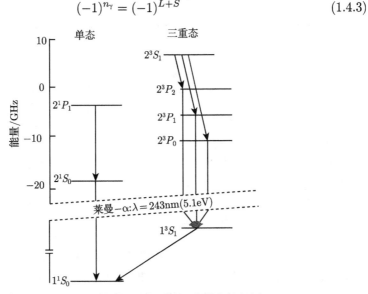

图 1.4.2 正电子素原子的基态和第一激发态能级图

激发态的分裂也显示在图中，在 1/8 里德伯 (ryd) 玻恩能级处被选择为任意零点，2^3P_2 和 2^1P_1 态分别位于该能级下近似在 1 GHz 和 3.5 GHz 处。$2^3S_1 \to 2^3P_2$ 的频率为 8.62GHz；$2^3S_1 \to 2^3P_1$ 的频率为 13.0GHz；$2^3S_1 \to 2^3P_0$ 的频率为 18.5GHz；$2^1P_1 \to 2^1S_0$ 的频率为 14.6GHz；$1^3S_1 \to 1^1S_0$ 的频率为 203.4GHz (引自文献 [30])

这个选择定则似乎并不排斥无辐射湮没和单光子湮没，但这些湮没模式对自由正电子素仍然是禁戒的。

对正电子素的基态，$L=0$，单态 (1^1S_0) 和三重态 (1^3S_1) 湮没时可以分别发射偶数个和奇数个光子。这样在没有任何扰动的情况下，p-Ps 可以发射 2、4、$\cdots$ 根 γ 射线，而 o-Ps 可以发射 3、5、$\cdots$ 根 γ 射线，在两种情况下，虽然也观察到过 o-Ps 发射 5 根 γ 射线[49]，但总是以最低阶的过程为主。从正电子素的自旋态预期 o-Ps 和 p-Ps 的形成比例为 3:1，在缺少任何猝灭的情况下，大部分 o-Ps 最后以三重态湮没，如果有猝灭，o-Ps 有可能转化为 p-Ps。这样对正电子素，以 3γ 射线湮没的模式要比自由正电子湮没时大得多。3 根 γ 射线在同一平面内发射，其能量分布已经由 Ore 等[36] 和 Adkins[50] 预言，并显示在图 1.4.3(a) 中，图中也给出了一些实验结果[51]。自由正电子湮没主要是 2γ 射线，产生的几乎是单色的 511keV 的辐射，所以 3γ 射线湮没和 2γ 射线湮没之间的差别就为区分这两种湮没模式提供了一种方法。图 1.4.3(b) 主要是利用高分辨探头得到的在 0% 和 100% 正电子素形成时的 γ 射线能谱图[52]。

对正电子素的 $n_{\mathrm{Ps}}{}^1S_0$ 和 $n_{\mathrm{Ps}}{}^3S_1$ 湮没率最低阶的贡献首先分别由 Pirenne [53] 和 Ore 等 [36] 进行了计算, 得出

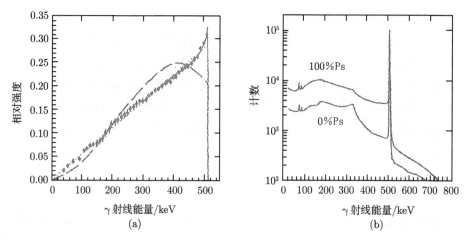

图 1.4.3　(a) o-Ps 的三光子衰变的 γ 射线能谱图, 虚线引自 Ore 等 [36] 的理论工作, 点线引自 Adkins[50] 的理论, 实线包括 O(α) 量子电动力学修正, 实验点引自 Chang 等 [51]; (b) 利用高分辨探头得到的在 0% 和 100% 正电子素形成时的 γ 射线能谱示意图 [52] (引自文献 [30])

$$\Gamma_{2\gamma}(n_{\mathrm{Ps}}{}^1S_0) = \frac{1}{2}\frac{mc^2}{\hbar}\frac{\alpha^5}{n_{\mathrm{Ps}}^3} \tag{1.4.4}$$

$$\Gamma_{3\gamma}(n_{\mathrm{Ps}}{}^3S_1) = \frac{2}{9\pi}(\pi^2 - 9)\frac{mc^2}{\hbar}\frac{\alpha^6}{n_{\mathrm{Ps}}^3} \tag{1.4.5}$$

式中, $\alpha \approx 1/137.036$ 是精细结构常数. 对比两个表达式, 揭示出在式 (1.4.5) 中由于 α 的幂不同, 以及数值因子不同, 2γ 射线湮没率远大于 3γ 射线湮没率. 对于 $n_{\mathrm{Ps}}=1$, 发现 $\Gamma(1^1S_0) \approx 8\mathrm{GHz}$, 而 $\Gamma(1^3S_1) \approx 7\mathrm{MHz}$. 1^1S_0 和 1^3S_1 态湮没寿命分别为它们湮没率的倒数, 即 $1.25 \times 10^{-10}\mathrm{s}$ 和 $1.42 \times 10^{-7}\mathrm{s}$, 对湮没率更高阶贡献的更多细节可以看 Rich[46] 的综述文章, 在那里, 相关的实验工作得到描述.

考虑到 $n_{\mathrm{Ps}}=2$ 的态 (2^1S_0, 2^1P_1, 2^3S_1 和 2^3P_J, 这里 $J=0$, 1, 2), S 态寿命显示 n_{Ps}^3 符合式 (1.4.4) 和式 (1.4.5) 中的规律, 对于给定的 n_{Ps} 值, 正电子和电子非常接近的概率是很低的, 因此对 $L \neq 0$ 的态的湮没寿命远大于 $L=0$ 的态的寿命. Alekseev[54,55] 计算了正电子素在 2P 态的湮没寿命将大于 $10^{-4}\mathrm{s}$, 这比光学退激的平均寿命大了好几个量级. 因此激发态的湮没寿命实际上主要由原子转化的寿命所决定, 如 2P-1S, 其特征寿命为 3.2ns, 是氢原子的相应转化所得值的两倍, 所以正电子素在 2P 态直接湮没寿命更像是光学转化到 1S 态的湮没寿命, 湮没将按照式 (1.4.4) 或式 (1.4.5) 中的任何一个以很快的速率而发生, 遵循哪一个式将取决于自旋态. 注意, 根据式 (1.4.3) 的预言, 从 2^3P 和 2^1P 态的湮没将主要分别为

2γ 和 3γ 射线的湮没，这仅适用于直接湮没。如果正电子素首先经历了 $2P$-$1S$ 的光学转化，在低态上的湮没模式将由这个态上的量子数来决定。

1.4.3 包含正电子的其他束缚态

在正电子素之后，下一个最复杂的束缚态是正电子素负离子 Ps^-，它已经被 Mills[56] 观察到，它由两个电子和一个正电子所组成。这种实体，以及和它相对应的电荷变化配对物——由两个正电子和一个电子组成的正电子素正离子，都有总自旋为 $S=1/2$ 和基态配置为 $^1S^e$。它没有长寿命的激发态，但有几个自动离化的共振态。对它的束缚能的计算考虑了它可能会破裂为一个电子和一个正电子素并放出 $0.32668e$ 的能量 [57,58]，计算 [57] 得到的湮没率为 $2.0861222\ \text{ns}^{-1}$，和 Mills 的实验结果 [59] 是能够符合的。这个值和正电子素的自旋平均湮没率很接近，即 1^1S_0 态的 $1/4$。

Hylleraas 等 [60] 首次提出有一种复杂的束缚物包含两个电子和两个正电子，称为正电子素分子 Ps_2，并由别人的更精确的工作 [61-63] 所证实。Kozlowski 等 [63] 考虑了可能分裂为两个正电子素，计算给出束缚能为 0.435eV，但 E1-Gogary 等 [64] 给出了一个相当大的值 $0.573\ \text{eV}$。系统有总自旋 $S=0$，没有被束缚的激发态，但 Ho[65] 发现有几个自动分离的态。2007 年《自然》杂志上发表的论文报道了美国加州大学河滨分校 Cassidy 和 Mills[66] 从实验上首次观察到两个正电子素原子相互结合形成正电子素分子 (Ps_2)。

一种相关的但稍微不一样的是存在一种合成物——正电子素氢化物 PsH，这种实体也是许多理论研究的课题，考虑到可能会分离为氢和正电子素，理论预言束缚能近似为 1.067eV[67]。它存在的实验证据可以来自正电子——CH_4 碰撞实验 [68]，虽然由于它的湮没寿命很短 (0.5ns)，进一步的实验非常困难，另外系统没有束缚的激发态，但它拥有自动分离的不稳定基本粒子的里德伯系统。

这里最后要介绍的束缚态是反氢，由一个正电子和一个反质子所组成，根据 CPT 定理，这种实体在真空中是稳定的，期望和原子氢有同样的谱特性，现在在宇宙中还没有证据证明有大块的反物质存在，但在实验室中已经制造出了反氢 [69,70]，虽然对于这么高的动能现在还没有进一步研究它的特性的可能性。对反质子的慢化和捕获有了一些进展 [71,72]，最近，科学家们在反氢、反物质研究中已取得许多突破性的成果，如 2002 年欧洲核子研究中心 (CERN) 在实验中通过将正电子和由反质子减速器产生的低能量反质子混合，产生大量反氢原子 [73]。2011 年已经成功地将反物质捕获超过 1000s[74]；2013 年研制出反物质称重设备，探索反物质"上升或下降"[75]；2014 年实验上首次成功制造出反氢原子束，这个结果意味着朝向精确的超精细反氢原子光谱研究迈出重要一步 [76]。关于反氢合成方面更详细介绍见本书第 7 章。

　　虽然包含正电子的真实的束缚系统为数不多, 在由不同的靶系统散射的正电子和正电子素中已经知道存在大量的不稳定基本粒子, 它们中的一些是具有 Feshbach 共振性质的不稳定基本粒子, 结合了正电子素或者氢靶的激发态的退激阈值, 另一些来自正电子束缚在残留的负离子上的里德伯系统, 如在 PsH 中, 系统的激发态包含正电子和 H⁻ 的相互作用, 所以在正电子素–氢散射中包含了连续的能量, 因此在正电子素–氢散射中, 它们本身就证明了是一种不稳定基本粒子, 所有这些不稳定基本粒子有非常窄的能量分布, 现在从实验上还不能分辨它们。

　　关于正电子基本性质的更多内容可以见文献 [30]。

参 考 文 献

[1] Hautojarvi P. Positrons in Solids. 正电子湮没技术. 何元金, 郁伟中译. 熊家炯校. 北京: 科学出版社, 1983.

[2] 藤敏康. 正电子湮没谱学及其应用. 北京: 原子能出版社, 2000.

[3] 郁伟中. 正电子物理及其应用. 北京: 科学出版社, 2003.

[4] 王少阶, 陈志权, 王波, 等. 应用正电子谱学. 武汉: 湖北科学技术出版社, 2008.

[5] 吴奕初, 胡懿, 王少阶. 物理学进展, 2008, 28(1): 83-95.

[6] "第 17 届国际正电子会议" 摘要汇编. 2015.

[7] Dirac P A M. Proc Roy Soc Lond A, 1930, (126): 360-365.

[8] Anderson C D. Science, 1932, 76: 238-239; Anderson C D. Phys Rev, 1933, 43: 491-494.

[9] Blackett P M S, Occhialini G P S. Proc Roy Soc Loud A, 1933, 39: 699-718.

[10] Heitler W. The Quantum Theory of Radiation. London: Oxford University Press, 1954.

[11] 何艾生, 何豫生. 物理, 1989, 18(9): 573-575.

[12] Goworek T. ACTA Physica Polonica A, 2014, 125: 685-687.

[13] 李炳安, 杨振宁. 现代物理知识,1998, 6: 29-33.

[14] Chao C Y. Phys Rev, 1930, 36(10): 1519-1522.

[15] Chao C Y. Proc Natl Acad Sci, 1930, 16: 431-433.

[16] Meitner L, Hupfeld H H. Naturwissenschaften, 1931, 19: 775-776.

[17] Gray L H, Thrrant G T P. Proc R Soc A, 1932, 136: 662-691.

[18] Oppenheimer J R, Plesset M S. Phys Rev, 1933, 44(1): 53-55.

[19] Chang L. Soviet Phys JETP, 1958, 6(33): 281-291.

[20] Van Reeth P, Laricchia G, Humberston J W. Physica Scripta, 2005, 71(4): C9-C13.

[21] Ning C G, Zhang S F, Deng J K, et al. Chin Phys B, 2008, 17(5): 1729-1737.

[22] Weigold E, McCarthy I E. Electron Momentum Spectroscopy. New York: Kulwer Academic / Plenum Publishers, 1999.

[23] Brion C E. Int J Quantum Chem, 1986, 29: 1397-1428.

[24] 陈学俊, 郑延友. 电子动量谱学的原理和应用. 北京: 清华大学出版社, 2000.

[25] Fukui K. Int J Quantum Chem, 1977, 12: 277-288.

[26] Miao Y R, Ning C G, Deng J K. Phys Rev A, 2011, 83:062706.

[27] Liu K, Ning C G, Deng J K. Phys Rev A, 2009, 80(2): 022716.

[28] Ning C G, Hajgato, B, Huang, et al. Chem Phys, 2008, 343(1): 19-30.

[29] Ren X G, Ning C G, Deng J K, et al. Phys Rev Lett, 2005, 94(16): 163201.

[30] Charlton M, Humberston J W. Positron Physics. Cambridge: Cambridge University Press, 2001.

[31] Van Dyck Jr R S, Schwinberg, P B, Dehmelt H G. Phys Rev Lett, 1987, 59(1): 26-29.

[32] Hughes R J, Deutch B I. Phys Rev Lett, 1992, 69(4): 578-581.

[33] Muller B, Thoma M H. Phys Rev Lett, 1992, 69(24): 3432-3434.

[34] Aharonov Y, Avignone III F T, Brodzinski R L, et al. Phys Rev D, 1995, 52(7): 3785-3792.

[35] Saigusa T, Shimizu S. Hyperfine Interact, 1994, 89(1): 445-451.

[36] Ore A, Powell J L. Phys Rev, 1949, 75(11): 1696-1699.

[37] Adachi S, Chiba M, Hirose T, et al. Phys Rev A, 1994, 49(5): 3201-3208.

[38] Bhabha H J, Hulme H R. Proc Roy Soc Lond A, 1934, 146: 723-736.

[39] Palathingal J C, Asoka-Kumar P, Lynn K G, et al. Phys Rev A, 1995, 51(3): 2122-2130.

[40] Bergstrom Jr P M, Kissel L, Pratt R H. Phys Rev A, 1996, 53(4): 2865-2868.

[41] Shimizu S, Mukoyama T, Nakayama Y. Phys Lett, 1965, 17(3): 295, 296.

[42] Shimizu S, Mukoyama T, Nakayama Y. Phys Rev, 1968, 173(2): 405-416.

[43] Mikhailov A I, Porsev S G. J. Phys B: At Mol Opt Phys, 1992, 25: 1097-1101.

[44] Massey H S W, Burhop E H S. Proc Roy Soc Loud A, 1938, 167: 53-61.

[45] Berko S, Pendleton H N. Ann Rev Nucl Part Sci, 1980, 30: 543-581.

[46] Rich A. Rev Mod Phys, 1981, 53: 127-165.

[47] Yang C N. Phys Rev, 1950, 77(2): 242-245.

[48] Wolfenstein L, Ravenhall D G. Phys Rev, 1952, 88(2): 279-282.

[49] Matsumoto T, Chiba M, Hamatsu R, et al. Phys Rev A, 1996, 54(3): 1947-1951.

[50] Adkins G S. Ann Phys, 1983, 146(1): 78-128.

[51] Chang T, Tang H, Yaoqing L. ICPA7, 1985: 212-214.

[52] Lahtinen J, Vehanen A, Huomo H, et al. Nucl Inst Meth B, 1986, 17(1): 73-80.

[53] Pirenne J. Arch Sci Phys Nat, 1946, 28: 233-272.

[54] Alekseev A I. Sov. Phys. JETP., 1958, 34: 826-830.

[55] Alekseev A I. Sov. Phys. JETP., 1959, 36: 1312-1315.

[56] Mills Jr A P. Phys Rev Lett, 1981, 46(11): 717-720.

[57] Ho Y K. Phys Rev A, 1993, 48(6): 4780-4783.

[58] Frolov A M, Yeremin A Y. J Phys B: At Mol Opt Phys, 1989, 22(8): 1263-1268.

[59] Mills Jr A P. Phys Rev Lett, 1983, 50(9): 671-674.

[60] Hylleraas E A, Ore A. Phys Rev, 1947, 71(8): 493-496.

[61] Ho Y K. Phys Rev A, 1986, 33(5): 3584-3587.

[62] Kinghorn D B, Poshusta R D. Phys Rev A, 1993, 47(5): 3671-3681.

[63] Kozlowski P M, Adamowicz L. Phys Rev A, 1993, 48(3): 1903-1908.

[64] El-Gogary M H H, Abdel-Raouf M A, Hassan M Y M, et al. J Phys B: At Mol Opt Phys, 1995, 28(22): 4927-4945.

[65] Ho Y K. Phys Rev A, 1989, 39(5): 2709-2711.

[66] Cassidy D B, Mills A P Jr. Nature, 2007, 449: 195-197.

[67] Ryzhikh G, Mitroy J. Phys Rev Lett, 1997, 79(21): 4124-4126.

[68] Schrader D M, Jacobsen F M, Frandsen N P, et al. Phys Rev Lett, 1992, 69(1): 57-60.

[69] Baur G, Boero G, Brauksiepe S. Phys Lett B, 1996, 368(3): 251-258.

[70] Blanford G, Christian D C, Gollwitzer K, et al. Phys Rev Lett, 1998, 80(14): 3037-3040.

[71] Gabrielse G, Fei X, Orozco L A, et al. Phys Rev Lett, 1990, 65(11): 1317-1320.

[72] Holzscheiter M H, Feng X, Goldman T, et al. Phys Lett A, 1996, 214(5): 279-284.

[73] Amoretti M, Amsler C, Blnomi G, et al. Nature, 2002, 419: 456-459.

[74] The ALPHA Collaboration. Nat Phys, 2011, 7: 558-564.

[75] The ALPHA Collaboration, Charman A E. Nat Commun, 2013, 4: 216-219.

[76] Kuroda N, Ulmer S, Murtagh D J, et al. Nat Commun, 2014, 5: 1661-1667.

第2章 实验技术和设备

2.1 引 言

根据我们对正电子设备的"三类"研究的划分,第一类是比较传统的设备,包括正电子湮没寿命谱仪、多普勒展宽谱仪,这是 20 世纪国内研究主要利用的设备,还包括一维、二维角关联装置,这些仪器最初的建立是在 1948~1952 年期间。寿命谱仪和多普勒谱仪可以从国外成套进口,中国科学院高能物理研究所等单位可以自制寿命谱仪的关键设备,这些设备已经在第 1 章的文献 [3]、[4] 中详细介绍。

第二类设备是比较先进的设备,包括慢正电子束 (又称为低能正电子束) 设备、双探头符合多普勒谱仪、动量–寿命联合谱仪 (称为 AMOC) 等,慢正电子束设备大约在 20 世纪 70 年代初建立。在国内中国科学院高能物理研究所、武汉大学、中国科学技术大学等少数几个单位中得到发展,可以研究表面微观缺陷等。慢正电子束在郁伟中的著作 (第 1 章文献 [3]) 第一章从原理上详细介绍,王少阶等 (第 1 章文献 [4]) 主要介绍了武汉大学的慢正电子束,在本书中我们在上面两本书的基础上更详细地介绍国外的慢正电子束设备。

本书还将介绍第三类设备,正电子飞行时间谱、以彭宁阱为基础的低能正电子束 (我们称之为阱基束),阱基束的初次建立在 1988 年。国内中国科学院高能物理研究所、武汉大学已经进口了以彭宁阱为基础的低能束。

2.2 基本的实验技术

下面我们简单介绍一下正电子研究中的主要设备及它们的特点。

正电子寿命谱仪:测量正电子在固体样品中存在的时间 (时间很短,约为 10^{-10} 秒量级),由于正电子寿命和样品中电子密度有关,所以可以研究电子密度。由于固体样品有了微缺陷后,在缺陷处的电子密度下降,使正电子寿命值 τ 增加,相应于缺陷的强度分量 I 增加,从而可以推导出微缺陷的大小和相对密度,这类缺陷的体积非常小 (主要为缺少几个原子大小的微缺陷),在一般的电子显微镜下很难观察到,更重要的是缺陷可能在固体内部,从表面很难发现。

正电子多普勒谱仪:从测量正电子湮没射线的能量研究电子的动量,属于能谱仪或者动量谱仪。固体样品中存在微缺陷时,电子动量分布不同,所以多普勒谱仪也可以研究微缺陷。

一维和二维角关联装置：可以精确研究电子动量分布，可以研究固体的费米面，是固体物理学重要的研究工具。缺点是设备庞大，计数率很低，现在越来越少采用。

双探头符合多普勒展宽谱仪：原来多普勒谱仪只利用 2γ 湮没的两个光子中的一个 γ 光子，现在增加一个探头测量第二个 γ 光子，并且和第一个 γ 光子的信号作符合处理，以确保测量的第一个 γ 光子信号是来自 2γ 湮没而不是其他本底信号，这样可以很大程度降低本底，可以研究芯电子动量分布。

正电子寿命–动量关联 (positron age momentum correlation，AMOC)：采用多参数的方法，对正电子寿命和湮没辐射 γ 的动量或能量分布同时进行测量，从而可以得出不同正电子湮没态对应的电子动量分布信息或者不同动量分布状态对应的正电子湮没寿命。它能反映正电子与不同动量电子发生湮没的寿命关系，是研究正电子素在材料中形成、热化过程以及不同湮没态相互转化等正电子素化学问题的重要方法。

图 2.2.1 为 γ-γ 符合方式的 AMOC 测量原理框图。两个 BaF_2 闪烁体探测器及相应电子学器件构成了正电子湮没寿命测量系统；高纯锗 (HPGe) 探测器及左半

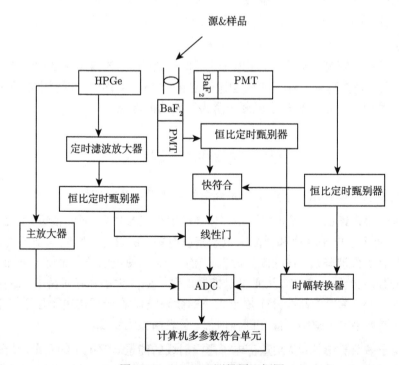

图 2.2.1　AMOC 测量原理框图

部分相应电子学器件组成了多普勒展宽能谱仪系统。HPGe 和相对的 BaF_2 探测器分别测量 511keV 的两个湮没光子的能量，另一个 BaF_2 闪烁探测器探测 ^{22}Na 衰变释放的 $1.28MeV\gamma$ 光子作为寿命谱的起始信号。实验中为了提高符合测量计数，首先对两路时间信号进行快符合，再将符合信号和能量道时间信号经线性门进行符合。图中 ADC 部分为并行多通道数据采集系统。

正电子寿命–动量关联技术是国际正电子界广泛应用的一种新技术，它不仅可以得到通常的正电子寿命和多普勒展宽的信号，还可以观察多普勒展宽随时间的演化过程以及不同正电子素态之间的跃迁。在正电子素 (Ps) 化学领域，AMOC 结合 o-Ps 寿命测量和多普勒展宽测量，可以观测窄动量分布的 p-Ps 态。此外，AMOC 可以在时间范畴上观察不同的正电子态的占有率和跃迁过程。并且 Ps 分子的化学反应，如氧化、自旋转化和 Ps 态形成禁戒等都可用基于束流的 AMOC 来研究。AMOC 也可用来研究正电子与卤化物离子的结合态的寿命。另外，AMOC 可应用于研究天然和人工合成金刚石中的缺陷捕获正电子过程及对光和温度的依赖关系。

慢正电子束：来自 ^{22}Na 正电子源的正电子能量在 0~0.545MeV 这样一个很宽的能量范围内，在研究材料中缺陷时，正电子入射深而且只能知道在一个比较大的深度范围内湮没。利用慢化体降低正电子的能量，降低到 eV 量级，再加速到合适的能量以注入不同的样品深度，可以达到研究表面或者界面的效果。

在研究低能正电子和气体原子或者分子的散射时，如果用一般的同位素源，需要用大量的气体去慢化正电子，正电子和气体发生很多次散射，所以只能研究湮没率等参数。如果用慢正电子束研究和气体的散射，可以不用大量的气体去慢化正电子，这样可以测量比较稀薄的气体，尽可能达到和气体只发生一次散射而不是多次散射，这样可以更好地测量散射截面、湮没率和正电子能量的关系。这是在 20 世纪 70~80 年代开始的散射研究。但是仍然存在慢正电子束的能量分辨率达不到要求的困难。在 1988 年以后，用缓冲气体进一步慢化正电子，建立缓冲气体慢正电子束，我们简称之为阱基束，可以以更高的能量分辨率研究散射。下面我们简要给出一些不同的慢正电子束设备和阱基束设备，不同设备更详细的介绍在后面具体应用中涉及。

在把正电子方法用于材料研究时，大致的设备就是上面说的寿命谱仪、多普勒谱仪、双探头多普勒谱仪，这些设备都可以买到成品，不同研究小组的差别不大。AMOC、慢正电子束需要自己设计和制造，但基本配置也类似。中国科学院高能物理研究所利用加速器的慢正电子束需要昂贵的加速器，一般的高校可能没有。在正电子用于散射研究时，没有成套设备可以买，都需要自己设计加工，而且实验目的不一样，设计也是差别很大。所以我们先把各组的设备简单介绍一下。

2.3   慢正电子束技术

2.3.1   静电束

20 世纪 70 年代以来, 首先利用静电慢正电子束 (简称为静电束) 加时间飞行谱研究正电子和原子、分子的相互作用。伦敦组和底特律组的详细情况见文献 [1]、[2] 的综述。

为了研究许多与态的细节有关的碰撞过程 (测量弹性散射、激发、离化, 测量散射角的函数等), 大部分情况下要求没有磁场, 所以使用静电束。

由美国 Brandeis 大学的 Canter 及同事 [3-5] 发展的静电束系统如图 2.3.1 所示, 这是第一批发展的静电束之一, 这台设备中使用的一些特性后来被别的小组采用。正电子的引出利用了改进型 Soa 枪, 这是基于常规电子光学的设计, 但加了一个电极, 这个改进是必需的, 以防止电场从周围的腔室壁泄漏, 但这样透镜元件就需要相对大的内径 (当时为 35mm), 内径由慢化体很大的发射面积所决定 (典型为 0.5cm^2), 而这主要是由放射源的活化面积所限制, 需要使透镜的弥散因子低以减少像差效应, 束流的输运使用了标准的单透镜并进入筒镜分析器 (CMA), 这种设备的能量分辨率大约为 3%, 允许很宽的输入角, 束流的分析和聚焦成像在出口处。束流可以被输运和聚焦在靶上, 或者通过各种方法到达第一个二次慢化体上 (位于上透镜堆的尾部, 是为了提供腔室 C 和 D 之间的输运), 这里还有一个 einzel 透镜以及最后的加速极, 这样可以使束流以 5keV 的能量打到靶上, 直径近似为 1mm。

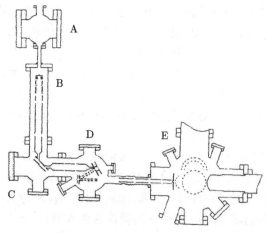

图 2.3.1   Brandeis 组发展的完整的静电高亮度正电子束

放射源和慢化体位于 A 处, 正电子 SOA 枪位于 B 附近, 束流在 C 处用筒镜分析器偏转和聚焦在腔 D 处的二次慢化体上, 引出的束流在 D 的下部左侧再聚焦和再慢化, 两次亮度增强的束流被输运到靶腔室 E

取决于束流的应用意图, 记住对能量特性和角度特性的要求所产生的限制, 这种设备可直接使用在物理研究中。

正电子从第一个二次慢化体中重发射, 需要选择有负的正电子功函数 φ_+ 的材料, 形成亮度增强的束流, 损失比为 $1-\varepsilon_{\mathrm{rm}}$, 这里 $\varepsilon_{\mathrm{rm}}$ 是重发射效率, 其他没有发射的正电子在表面和亚表面湮没掉了。和初级慢化体相比, 正电子来源于一个更小的发射面积, 有更窄和更低的能量 (入射能量为 keV, 比原始的正电子能量 MeV 低了很多), 所以慢化效率很高。亮度增强 G_{B} 是利用了二次慢化中非保守的能量损失过程, 这是智慧地利用了刘维尔 (Liouville) 定理, 二次发射的效率 ($\varepsilon_{\mathrm{rm}}$ 典型值约为 0.2), 假设初级慢化体和二次慢化体有相同的正电子发射特性, 透镜的像差可以被忽略, 亮度增强为

$$G_{\mathrm{B}} = \varepsilon_{\mathrm{rm}}(d_2/d_1)^2 \tag{2.3.1}$$

式中, d_1 和 d_2 分别为初级慢化体和二次慢化体束流直径。亮度增强的过程是可以连续的, 通过几级慢化后直到束流的大小受注入正电子的扩散长度等所选择的物理条件的限制。Canter 等 [3-5] 的系统已有更多的级进行亮度增强: 束流加速和聚焦在第二个二次慢化体上, 它位于腔室 D 的第一个小透镜堆的尾部, 在这里重发射的束流直径约 0.1mm, 从初级慢化体来的 G_{B} 全部值约为 500。利用如此高亮度的聚焦束流可得到在系统中同时包含一个以上的正电子, 可以供特殊的实验研究用。

1986 年, 底特律组 [6] 第一个用静电束输运、聚焦和能量分析氩, 测量微分弹性散射截面。正电子束来自 ^{22}Na 源和慢化体, 是第一个交叉束实验, 用电子倍增通道板 (CEM) 探测初始正电子束 (10^5 个正电子/s, 能量 200eV, 能量宽度 ~2eV), 测量弹性散射角度为 30° 和 135°。散射正电子的计数率远小于 1Hz, 努力减小本底。

德国比勒费尔德 (Bielefeld) 组 [7] 用了类似的方法, 测量氩中微分截面 (DCS)。他们的低能束能量是 8.5eV 和 30eV, 强度为 6×10^3 正电子/s, 和一个原子束交叉。

伦敦大学组 (UCL) 应用了多种静电引导束在不同的区域 (不同能量区域和角度区域) 作与原子和分子靶碰撞的散射测量。Kover 等 [8] 1994 年使用了 ^{58}Co 源产生 ~10^4 正电子/s, 用电子光学加速和聚焦, 包括一个简单的枪和三组恩泽勒 (einzel) 聚焦镜。伦敦组的静电束设备示意图如图 2.3.2 所示。最后束流的聚焦和能量的设定用一个静电镜, 用一个双圆筒偏离枪, 目的是在低能束中去除高能正电子和 γ 射线。几个电子倍增通道板 (CEM) 探头用来测量初始束流, 以及弹性散射, 正电子素形成和离化截面。这个设备的改进型被 Gao 等 [9] 在 1998 年用于微分弹性散射。

丹麦奥尔胡斯 (Aarhus) 组的静电束如图 2.3.3 所示, 测量原子的离化 [10-12], 约 3×10^4 正电子/s 来自 ^{22}Na 源, 用静电束输运到一个充气的碰撞室, 从慢化体中

抽出后束流在圆柱形镜面分析器经历 90° 弯曲, 这样可以过滤掉高能正电子和 γ 射线。圆柱形镜也可以把正电子束斩波成短簇, ~1μs 持续时间, 重复频率 ~100kHz。离子从碰撞室抽出, 用 CEM 探测。

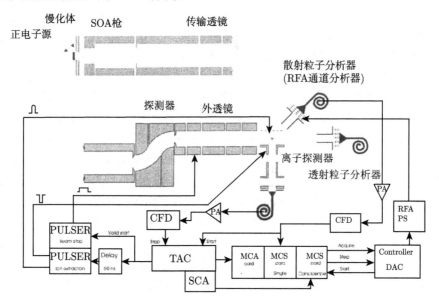

图 2.3.2   伦敦组用于氩的双微分离化研究的静电束设备 [8]

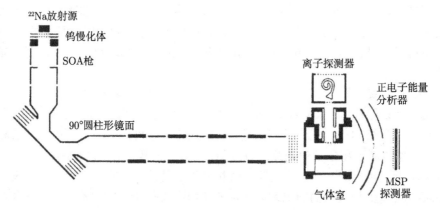

图 2.3.3   丹麦组用于惰性气体离化研究的静电束设备 [10]

意大利特兰托 (Trento) 大学组的谱仪由 Zecca 等发展 [13,14], 钨慢化体 1μm 厚, ^{22}Na(~1.5mCi), 静电束, 最初的设计是能产生稳定的很好聚焦的正电子束, 能量 ~0.1 到 50eV。目前正电子 - 氩散射测量的能量为 0.3eV~50.2eV。所有线性传播的散射室的实验总是受角度甄别的限制, 它们无法区别以小角度弹性散射的正电子和那些没有散射的正电子之间的差别, 结果使直接测量的总截面有时小于"真正"的值, 这个问题取决于设备对角度甄别的好坏, 以及向前散射区域的微分弹性散射截面 (DCS) 的性质。特兰托组设备的角度的发散 ($\Delta\theta$) 为 $\sim 4°$, 比日本 Yamaguchi 组 (7°), 底特律组 (16°), Texas 大学 (20°), Wayne 大学 (15°$\sim$20°), 英国 Bath 大学 (2eV 时 23°, 22eV 时 7°), 澳大利亚 ANU 组 (1eV 时 18°, 8eV 时 6°) 都好。

2.3.2 磁场约束正电子束

图 2.3.4 给出了 B 束流的典型装置的示意图[15], 源–慢化体部分画在插图中, 一个商用的密封 ^{22}Na 源直接位于金属 (典型的为钨或钼) 网式或膜式慢化体的后面。在慢化体和周围的真空腔之间通过一个小的电位差 ($\approx$100V) 把这些离开慢化体的低能正电子加速, 源和慢化体可以通过遥控而离开它们的工作位置, 因为慢化体需要移动到辅助腔中作原位 (in situ) 处理。

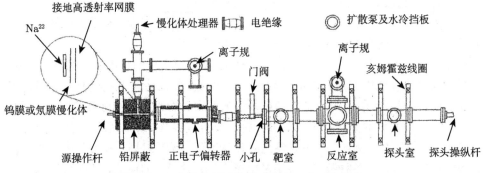

图 2.3.4 伦敦大学运转的磁约束正电子束设备

正电子在一个轴向磁场 (典型为 $5\times10^{-3} \sim 10^{-2}$T) 中被迫沿螺旋形轨道运动, 它们通过一个包含两块加静电场偏转板的区域, 电场 E 垂直于 B, 结果漂移速度 $|E|/|B|$ 垂直于两个场, 用这种方法使低能正电子偏转而来自源的快 β^+ 流不受影响, 在真空室的适当部位插入屏蔽以去除高能正电子, 剩下的低能束流可以从放射源所能看到的地方移动出来, 在许多情况下静电板是弯曲的, 使束流基本上不发生失真地偏转[16]。

源、慢化体和偏转板组成了一个整体, 通过一个陶瓷接口和束流的其余部分在电学上绝缘, 它可以隔离地加上约 30kV 的静电位, 这样最后的束流能量可以变化到 30keV。如果仅需要比较低的束流能量 (如 10keV), 可以使用简单的系统, 只要小心设计一个慢化体区域。

加速后, 束流受磁场约束, 在到达飞行路线的终点前, 要经过几个真空泵、散射腔和其他腔室, 在终点可以用沟道电子多通道板 (CEMA) 来测量, 也可以用放在真空室外面的 γ 射线计数器记录湮没光子数实现探测, 这也是常用的一种方法,可以单独使用，也可以和 CEMA 一起用，或者使用其他二次电子倍增器。图中的散射腔已经被特殊设计，用于低能正电子和原子的碰撞研究，这里仅给出了一个例子，因为类似的使用超高真空的设备经常被用于正电子在表面和亚表面物理中的研究 [17,18]。

2.3.3 基于装置的正电子束

上面的慢正电子束都利用同位素放射源，还有基于装置的慢正电子束流，这些装置指使用了各种加速器，如电子直线加速器、电子回旋加速器、回旋加速器等 [19,20]。正电子束同样在核反应堆上得到发展 [21]。中国科学院高能物理研究所的慢正电子束利用北京正负电子对撞机的直线加速器产生正电子，显然比利用同位素放射源的慢正电子束更加先进。

当使用电子加速器后，快正电子是由来自加速器的高能电子 (或者质子) 在物质中慢化所产生的 γ 射线的韧致辐射而产生的 (电子–正电子) 对效应得到的，而利用回旋加速器和反应堆，直接得到了非常强的初级正电子源，然后正电子束也利用了类似的技术而产生和输运，这些技术有很多优点。

应用加速器或者反应堆设备的主要理由是为了使产生的正电子束的品质很高，这在一般实验室中用普通的放射性源是不容易达到的，品质中最重要的一条是束流的强度，在大部分实验中，由于受可得到的商用放射性同位素强度的限制，或者受安全操作所允许的活化强度的限制，束流不可能很强。束流强度中其他一些方面也是应该注意的，例如，如果需要几级亮度增强，要考虑每一次慢化中正电子流的损失。一些基于各种装置 (特别是电子直线加速器) 的束流，其中自然地包含了天然脉冲，脉冲的间隔在 ns~μs 范围内，这种脉冲束可以有特殊的应用，这些研究中要求有大的脉冲正电子，或者要求和其他脉冲源相区分。虽然在实验室中也可以得到脉冲束，但在电子直线加速器中得到的脉冲束的瞬时强度高得多，已报道束流中每个脉冲包含 10^6 个以上正电子，脉冲的间隔为 ns 量级，频率为 kHz 量级 [22]。

上面我们涉及的设备仅仅是如何提供束流，有了束流，要根据不同的测量目的设计样品室和测量方式，如需要测量散射总截面、微分截面、Ps 形成截面、离化截面等，所以要进一步介绍。

2.4 截面测量中的设备

正电子和气体发生散射，可能发生弹性散射，也可能发生非弹性散射，统称为发生了散射，测量散射总截面就是把两种散射都包括在内。下面分别介绍总截面、弹性散射截面，以及非弹性散射中包括 Ps 形成、激发、离化的三种截面，对每种情况的设备进行介绍。

2.4.1 总截面测量的设备

总截面的测量主要有两种方法,即衰减法和飞行时间 (TOF) 法。

1. 衰减法

衰减法基本想法很简单,用一个稳定的束流通过一个气体靶室,开始时气体室内没有气体,就算作束流的原始强度。然后充上气体,如果发生散射,正电子的运行方向会发生变化,气体室的出口是一个直径很小的孔,散射角度大的正电子就不能通过小孔,测量的束流强度就会下降,从而计算总截面。

显然这里有个小角度甄别的问题,如前所述,散射角度特别小的正电子仍然可以通过小孔,无法和那些没有发生散射的正电子区别,结果使测量的总截面小于"真正"的值,所以意大利特兰托大学组把孔做得最小,但是计数率就低了,影响统计精度,所以得兼顾。

氢是元素表中第一个元素,对氢分子最早的测量从 1976 年 Coleman 等 [23] 对 H_2 的测量开始,他们使用了飞行时间技术。一般情况下,氢以分子态存在,测量氢分子应该简单些。在测量了氢分子之后,又想到氢原子是最简单的原子,正电子、电子被氢原子散射是原子碰撞过程中最基础的散射。底特律 (Wayne 州立大学) 小组 Zhou 等 [24,25] 在 20 世纪 90 年代研究了电子、正电子和氢原子的散射。首先需要把氢分子变成氢原子,他们通过附加的射频放电区产生氢原子,还需要考虑氢分子和氢原子的比例以及氢原子又还原回氢分子的概率。

底特律组的衰减式测量设备 [24,26] 示意图如图 2.4.1 所示,质子经加速器加速后轰击硼,反应式为 $^{11}B(p, n)^{11}C$,产生 ^{11}C 正电子源。低能正电子束的能量分辨率小于 0.1eV,由弱的轴向磁场引导,通过一个弯曲的管道转 45° 以过滤掉高能的正电子,气体室有不同的微分泵抽气,气体室中充或者不充氢分子,分别测量,在充气后,又需要测量打开和不打开射频放电器时的正电子束流透射率,要考虑充气的密度、氢原子和氢原子的比例等一系列因素。正电子束和气体束十字交叉发生散射,用通道电子倍增器 (CEM) 测量透射的正电子束。在测量电子散射时,用热电子源替代正电子源。再计算氢原子的正电子散射总截面,还需要根据不同氢原子/氢原子比例外推到全部是氢原子时的值 (计算见第 3 章)。

上面我们对衰减法测量举了一个例子,显然,为了不同的实验目的,每个研究组会根据已有条件,根据设计者不同的兴趣或者习惯设计出不同风格的设备,这样的设备种类比较多,不可能一一介绍,只能在介绍不同课题时介绍一小部分,更多的需要读者自己去看原文献。

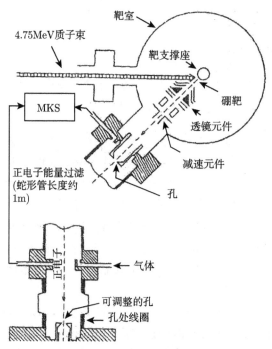

图 2.4.1　底特律组设备示意图

测量和惰性气体及分子气体散射的正电子和电子的总截面，把两部分连接起来的
是弯曲的正电子能量过滤器

2. 飞行时间谱仪

正电子散射截面测量和正电子在气体中的湮没还可以使用飞行时间谱，这是一种完全有别于国内已有设备的方法，我们先简单介绍一下设备，更详细的内容在第 3、第 4 章介绍。

第一种方法是使用脉冲电子加速器，机械脉冲作为起始信号，产生"电子–正电子对"效应，正电子到达气体靶，湮没光子作为终止信号。这种方法需要昂贵的加速器。

第二种方法用同位素源，正电子先通过一个塑料闪烁体，在闪烁体上产生的信号 (a) 作为起始信号，终止信号 (b) 和第一种方法中一样，即用正电子湮没信号作为终止信号。由于飞行时间谱中起始信号 (a) 的数量远大于湮没信号 (b)，所以飞行时间谱和我们常用的寿命谱不一样，在我们常用的寿命谱中，起始信号 (a) 和终止信号 (b) 的数量在同一个量级，所以时间–脉冲幅度转换器的时间顺序和实际顺序一样，起始信号 (a) 在前，终止信号 (b) 在后。但是这个方法如果用在起始信号 (a) 的数量远大于湮没信号 (b) 的情况，会使时间–脉冲幅度转换器产生大量的无效运行，就是说出现了起始信号 (a) 而没有终止信号 (b)，结果使时间–脉冲幅度转换器运行很长时间而没有得到任何寿命值。如果把终止信号 (b) 作为飞行时间谱的起始信号，而把原来的起始信号 (a) 加一个固定的延迟变成 (a′)，出现在真正的终止之后，把已经延迟的起始信号 (a′) 作为飞行时间谱的终止信号，就可以很大地减轻时间–脉冲幅度转换器的负担。但是这样一操作，飞行时间长的变成寿命值短了，所以飞行时间谱和寿命谱成了左右翻转的图 (和原来的正常图比较)，犹如从一幅正常图的背后看到的图。这样的差别在计算机上不难处理，把它再翻转过来就是了。实际上，在中国科学院高能物理研究所的低能正电子寿命谱上也使用了这样的方法，因为传统的起始信号在慢正电子束中已经丢失，只能以电子脉冲信号代替。飞行时间谱的例子有：伦敦大学[27] 使用的局域散射系统中一个定时触发来自薄的塑料闪烁体的放大信号，这是由来自放射源的正电子粒子在横穿闪烁体时产生的，粒子在打到慢化体以前在闪烁体中淀积了一些动能。在飞行路线的末端，低能正电子被电子倍增通道板 (CEM) 探测到，并产生另一个定时信号。所以仪器基本上是飞行时间谱的安排。

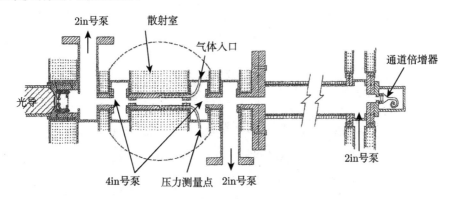

图 2.4.2 伦敦大学小组[27] 的飞行时间局域散射系统的示意图

用于测量总散射截面，系统没有按比例画。1in=2.54cm

底特律组[26] 发展了另一个系统测量总截面，同样适用于正电子和电子，这个设备和方法中包含了在广泛使用的 TOF 技术中没有采用的特性，另外，这个小组也使用了两种弹射粒子去更全面地研究靶。

比勒费尔德 (Bielefeld) 组[28] 使用的设备系统基于 Coleman 等[23] 发展的 TOF 技术，其中一个定时信号由 0.15mm 厚的连接到光电倍增管的闪烁体提供，另一个来自 CEM 探测的慢正电子的信号。这个设备有极好的特性，主要是使用了静电束输运。

大部分研究组使用飞行时间法测量截面，设计的图也各异。我们将在第 3 章介绍一些具体的设备图，更多的设备请读者看原文献。

2.4.2　弹性散射偏截面测量的设备

正电子和气体碰撞主要会发生弹性散射、非弹性散射和正电子湮没,其中正电子湮没的截面很小,可以忽略。而非弹性散射要超过一定的阈值才会发生,其中第一个阈值是正电子素形成阈值,这样在总截面测量中,如果正电子能量没有超过正电子素形成阈值,总截面就等于弹性散射截面,就不用单独的设备。如果正电子能量高,引起了正电子素形成,或者离化等非弹性散射,这时若需要知道弹性散射截面,可以先测量各种非弹性散射截面,它们的值和总截面之差就等于弹性散射截面,这也是常用的方法。如何测量各种其他偏截面将在第 3 章介绍。如果要测量微分弹性散射偏截面,则需要单独设计设备。

图 2.4.3 是底特律组 Hyder 等[6] 的设计,正电子束 (或者电子束) 来自图中右方,原子束从侧面输入,所以是交叉束几何方法。通道电子倍增器 (CEM1 和 CEM2) 用来监视入射和散射束。注意到 CEM1 偏离 ^{22}Na 源所能看到的直接方向,以便减少 β^+ 粒子和 γ 射线的本底计数。CEM2 的接收角是由设备几何和准直器所确定的,估计为 $\pm 8°$。为了减少探头中的噪声计数,一堆刀刃状的平板组成的不反射的表面直接放在容器的对面 (图中的阱)。

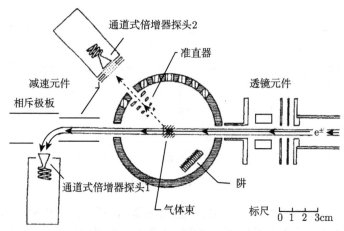

图 2.4.3　Hyder 等[6] 发展的用来测量正电子微分弹性散射截面的交叉束设备示意图

减速栅元件位于 CEM2 前,用来从本底中分离出弹性散射信号,测量有无气体存在时 CEM2 的计数率,减速电压设置[6] 刚好在束能量的上面和下面。在不同散射角时,$d\sigma_{el}/d\theta$ 的相对值是通过 CEM1 中对入射束的测量区分出散射信号而得到的,其值发现在 $10^{-5} \sim 10^{-7}$。在角度大于 45° 时,CEM2 中的正电子信噪比典型值为 $10^{-1} \sim 10^{-2}$。设计为长运行时间和计算机控制自动获取数据,这些实验有很严格的要求。这样在同一台设备上可以得到正电子和电子的弹性散射随散射角的变化, 研究者对比较粒子–反粒子的弹性散射截面在理论上是很感兴趣的。这个设备的正电子束属于静电束。

2.4.3 正电子素形成偏截面测量的设备

如何测量正电子散射时形成 Ps 的偏截面? 容易想到的是既然形成了 Ps, 无论是 o-Ps 还是 p-Ps, 最终它们要湮没。如果发生 o-Ps 湮没, 在真空中发射 3γ 射线, 或者在它们打到实验设备上后发射 2γ 射线, 而在飞行中也可能发射 2γ 射线, 这是 p-Ps 湮没, 其特征寿命为 125ps。根据这个设想, Charlton 等 [29] 在 1980 年用磁约束第一次测量了正电子素形成截面和能量的关系, 方法是探测三重符合, 3 光子湮没来自 o-Ps 的衰减, 虽然还没有进行绝对截面的测量, 但是他们确实提供了在 Ar, He, H 和 CH_4 中在俄勒 (Ore) 能隙的正电子素形成截面的形状的第一个直接指示。这也是在正电子–气体碰撞中第一个用于直接甄别 Ps 产物的实验, 在磁约束低能正电子束中使用了弯曲的螺线管把散射室从 ^{22}Na 源所能看到的直线上移开。碰撞气体室周围有三个大的 NaI(T1)γ 射线探头用于监视三重符合。研究了几种气体, 每一种情况下正电子能量增加到超过 Ps 形成阈值, 发现 3γ 射线的信号在开始时很快上升, 在几 eV 能量时又开始下降。

其他人晚一些的实验, 显示出上面的这个能量关系和 Charlton 等的 σ_{Ps} 的能量关系是不一样的, 其他人认为应该考虑下面的几个效应: 第一, 大多数快 o-Ps 是在散射室的壁上猝灭成 p-Ps 的, 其结果是 3γ 射线信号的损失。第二, 微分截面 $d\sigma_{el}/d\Omega$ 向前碰撞的限制意味着在动能大于几 eV 形成的很大部分的 o-Ps, 或者从气体室逃逸, 或者移到 3γ 射线测量效率低的区域, 发生任何一个这样的事件, 都会严重低估真实的 σ_{Ps}。所以他们认为 Charlton 的实验是失败的实验。Charlton 等 [30] 在之后改进的实验中, 估计了所有惰性气体原子从阈值到 150eV 的绝对截面。这些我们将在第 3 章介绍。另外, 关于 Ps 形成截面测量的设备是非常多的, 不同组的结果相互比较和验证, 设备也在这个过程中改进, 特别是随着正电子束能量分辨率的改善, 可以比较准确地和 Ps 形成阈值对应, 这些会在后面几章不断地涉及, 我们在这里仅简单地举一个早期的例子, 也是用 3γ 射线的典型例子。

2.4.4 激发偏截面测量的设备

涉及正电子散射中激发偏截面的测量很少, 也许是因为测量困难。那么什么是激发, 什么是离化?

我们考虑正电子和原子或分子靶 X 的非弹性碰撞, 结果使靶系统发生电子激发或离化 (没有形成正电子素), 这些过程可以小结为

$$e^+(E) + X \rightarrow e^+(E - \Delta E) + X^* \tag{2.4.1}$$

$$e^+(E) + X \rightarrow e^+(E - \Delta E) + X^{m+} + me^- \tag{2.4.2}$$

式中，X* 是已经激发的中性靶，注意，激发是电子从低能级跃迁到高能级，但是并没有失去电子，所以仍然是中性靶；E 是正电子的动能，ΔE 是碰撞中能量损失的量，m 是离化度 $(m = 1, 2, 3, \cdots)$。靶能级发生不连续的能量激发，每次损失为激发能 E_{ex}，在式 (2.4.1) 的情况下，ΔE 的值是固定的，但在式 (2.4.2) 的情况下，ΔE 的值是变化的，最小值为离化能 E_i，可以大于 E_i，更多的能量给了电子。对这些过程，截面看作 σ_{ex} 和 σ_i；对其他弹射粒子，如电子，加上其他必要的符号来定义截面。如果在离化中失去一个、二个或者更多电子，每次失去的截面一样大，总的偏截面应该等于对 m 的积分，即 $\sigma_i = \Sigma_m \sigma_i^{m+}$。于是把 σ_i 称为总离化截面，总离化截面是积分偏离化截面 σ_i^{m+} 之和。失去一个电子称为单离化，失去两个电子称为双离化。

Coleman 等 [31,32] 的实验布置是他们在第一次测量正电子-氩微分弹性散射截面时所用的模型的改进。所需能量的正电子束由钨网慢化体产生，在轴向磁场引导下运动。利用通道倍增器在飞行轨道尽头进行测量，正电子的飞行时间由 Coleman 等 [33] 的技术来决定。在处于飞行路线开始处的短的气体室和腔体最后部分之间存在一个大的压力梯度，因此 99% 以上的散射在气体室中发生。

那些由于过程 (2.4.1) 或者 (2.4.2) 而发生非弹性碰撞的正电子，经过延时将会到达通道倍增器，延时由 ΔE 和散射角 θ 共同决定。分辨每一个跃迁或者分辨每一个由离化和大角度弹性散射造成的激发事件的能力显著地依赖于各种参量和实验条件，如时间分辨率、信噪比和飞行路径的长度。Coleman 等 [31,32] 的工作，以及随后的 Sueoka 和合作者的工作都利用了这一技术，Mori 等 [34] 描述得更为详细。实验结果将在第 3 章介绍。

2.4.5   离化偏截面测量的设备

由于激发截面测量的困难，同时激发和离化也很难在实验中区分，所以现在往往称为激发和离化截面，或者仅称为离化截面。激发截面测量没有几篇文献，而离化文献很多，设备也有很多种类，这里我们仅举一例，第 3 章会涉及更多设备，也有更多课题，如离化微分截面、三微分截面等。

图 2.4.4 给出了丹麦组 (Aarhus) 和 UCL 合作组 (Knudsen 等 [35]) 为了研究正电子碰撞离化 (电离) 发展出的仪器，这套仪器后来被改进过几次。正电子束通过大约 5mT 的轴向磁场引导进入轨道，轴向磁场在散射单元前加强到 7.5mT，并且在散射单元到探测器之间一直维持这个强度，这是为了把散射正电子更有效地束缚住。散射单元的出射孔直径为 25mm。一个直径 40mm 的通道电子倍增管阵列 (CEMA) 被用来对散射正电子束计数。为了保证尽可能多的散射正电子能够撞击到探测器，CEMA 需要在二维方向上都有分布。

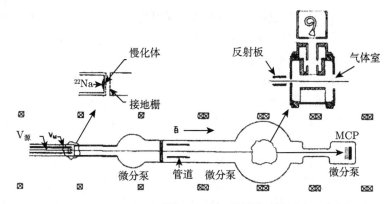

图 2.4.4　Knudsen 等 [35] 测量离化散射截面的设备示意图

气室由两个间距为 20mm 的平行板 (40mm×40mm) 组成，在适当的电压下，它可以起到提取离子的电极的作用。平行板间施加电压 $\pm V_{extr}$。上平板中心有一个栅极屏蔽孔，离子通过这个孔被提取出来。离子在一个飞行管中被 $4.5 \times V_{extr}$ 的电压进一步加速后，聚焦到一个探测器的锥形口上。这种设计也是为了使平行板间不同点产生的离子都能实现时间聚焦，这是直径比较大 (5mm) 的正电子束的一个很有用的特性。具有不同荷质比的离子飞行到探测器的时间不同，这个性质能够再次鉴别出离子种类。再通过和 CEMA 一样的传统的延时–符合定时方法在探测器上输出。

Knudsen 等 [35] 的正电子甄别方法区别于之前的重弹射粒子方法的一个特点是他们采用了脉冲提取电压，这是为了防止束流偏斜引起的不良效应。脉冲调制系统由 CEMA 上的正电子探测触发。每个脉冲有 10ns 的上升时间，然后在 V_{extr} 的水平上保持 1~3μs，具体时间取决于不同的靶。探测到正电子后尽可能快地施加电压，CEMA 发送与在平行板间施加脉冲之间的固有延迟大约为 220ns。除了固有延迟之外，还存在散射正电子从气室到 CEMA 的飞行时间造成的额外延迟，这个延迟随不同的碰撞能量会发生改变。Aarhus 的仪器后来被改进为可以广泛研究原子和分子离化 (电离) 的仪器。

2.4.6　缓冲气体阱基慢正电子束 (阱基束)

在介绍了各种偏截面测量设备以后，我们把目光转回到静电束、磁约束正电子束和基于装置的正电子束的轨道，上面的几种束流是在 20 世纪 70 年代以后逐步发展起来的，正电子束最初的正电子能量大约为 eV 量级，还不能达到散射中真正的低能要求，如果要求正电子能量更低，需要进一步慢化。早期束流的能量分辨率差，约 >0.5eV，很多在电子中能够看到的现象在正电子中无法重现。正电子界等待着一个革命性的发展。1988 年，人们翘首以盼的改革来到了。

1988 年, Surko 等 [36] 发展了 "缓冲气体阱基慢正电子束"(简称阱基束), 它的原理如图 2.4.5 所示。图 2.4.5 是三级缓冲气体积累器操作原理示意图。大致原理: 三级缓冲气体积累器有三个缓冲气体室, 或者说三个区, 每个区用不同的真空泵抽气, 有不同的气体压力, 分别为 10^{-3}Torr(1Torr=1.33322×10^{2}Pa)、10^{-4}Torr、10^{-6}Torr。每个区有不同的电极, 有不同的电势 (图中以 A, B, C 表示电势)。缓冲气体氮气先输入 I 区, 然后慢正电子被注入势阱, 先进入 I 区, 那里有分子氮气, 正电子和它们发生一系列的非弹性碰撞而损失能量 (在图中为 A), 在磁场的引导下进入 II 区, 那里气体的压力低些, 正电子再作非弹性碰撞而进一步损失能量, 正电子再进入 III 区, 那里气体的压力尽可能低, 后来经过改进还加有四氟化碳 (CF$_4$) 和 CO, 正电子可以被保存下来而很少湮没。当压强为 5×10^{-7}Torr 时, 正电子在那里可以保存 60s, 如果抽掉更多的气体, 可以保存 3h。当把图中最右边的势阱降低时就相当于把正电子倾倒出来, 这时的正电子束能量为 meV 量级。

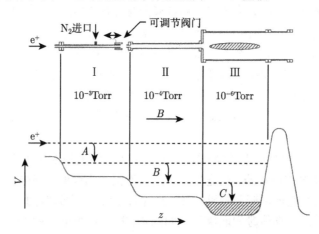

图 2.4.5　三级缓冲气体正电子积累器示意图

上图: 电极结构, 产生三个级, 每级用不同的泵以保持不同压强; 下图: 相应的电势剖面 $V(z)$, 图中字母 A、B、C 表示正电子和氮气碰撞后的能量损失

在三级缓冲气体正电子积累器中是在位冷却, 受电场和磁场的限制。通过和 300K 的 CF$_4$、N$_2$、CO 气体进行非弹性碰撞。选择这些气体是可以通过振动和旋转激发冷却, CF$_4$ 是对称的, 永久偶极矩和四极动量为 0, 只留下振动激发作为主要的冷却通道。N$_2$ 振动截面小 (由于红外活化模不活跃), 分子也没有永久偶极矩动量, 留下旋转激发和四极矩耦合为主。CO 的偶极矩振动模活跃, 非零的偶极矩和四极矩动量允许通过三种形式的振动和旋转激发而冷却。实验显示, 在 300K 通过振动和旋转激发, CF$_4$ 冷却得最快, CO 其次, N$_2$ 最慢。CF$_4$ 允许很快冷却到约 100K, N$_2$ 和 CO 可以在比较快的时间内冷却到约 50K[37]。

阱基束能产生超冷正电子, 能使正电子和势阱达到热平衡, 典型是室温或者更低一些的温度, 正电子的能量分布也很小 ($\sim$25meV)。暂存气体势阱中能达到每秒二百万个正电子的捕获率, 效率达到 40%。阱基束的一个强大的能力是能够用简单的技术产生超短脉冲。期望脉冲能够降低到 $\sim$200ps, 特别适合于高精度的寿命测量。

关于阱基束更详细的介绍在后面应用处, 还有减速势分析器 (RPA) 也在后面介绍。

2.4.7 多室阱基束

虽然经过了几十年的努力, 正电子束 (以及新型的阱基束) 和电子束相比还具有束流强度小, 分辨率不够高, 成本高, 使用不方便等很多缺点, 但是正电子束有诱人的前景:

(1) 为了得到反物质, 如反氢, 需要大量正电子积累, 如果有了大量积累, 可以试验 CPT 理论的基本对称性。

(2) 为了研究正电子素原子的玻色–爱因斯坦凝聚 (BEC) 气体, 需要高密度的正电子素原子 [38,39]。

(3) 期望能得到湮没伽马光子激光 [40]。

(4) 研究电子–正电子等离子体 [41–44]。可能存在的问题有, 由于很大的空间电荷势, 在高等离子体密度时它们受退激的限制, 会增加等离子体的温度, 旋转电场压缩等离子体的效率会很快下降, 等离子体的增加受到限制等。

这些计划需要远比现在能够达到的正电子设备技术水平高得多的技术, 所以很多科学家正在努力。

2013 年, 加州大学 Danielson 等 [45] 计划用 21 个阱基束捆绑成一个多室阱基束 (MCT), 平行地排列在一公共的真空室和磁场中, 使正电子的强度达到 $\sim10^{12}$, 现在正在努力中。2015 年, 他们又提出了新的努力目标 [37,46]。

2013 年, 加州大学 Natisin 等 [47] 计划用两种方法改善正电子束, 第一种方法是用冷阱基束、^{22}Na 源、固体氖慢化体, 加 $\sim$0.1T 磁场, 在 $\leqslant$0.05s 时间内冷却到 300K, 效率 10%$\sim$30%, 有气体时湮没阱内正电子存在时间受限制 (几十秒), 阱中气体抽走后正电子存在时间可以为几小时或者更长。气体阱基束能量分辨率 $\sim$45 meV(FWHM), $\Delta E_{||}$=18meV, $\Delta E_\perp$=25meV, 脉冲间隔 $\tau \sim$2μs(FWHM), 能量从 50 meV 调到几十 eV, 用于原子物理研究。

第二种方法是在高磁场彭宁阱中电极冷却粒子, 通过降低外出门的势, 可以得到脉冲正电子束, $\Delta t \sim$10μs。产生的束流只有很小的横向空间长度, 其能量扩展也很好, 此技术有前途。

经过两年努力, 2015 年 Natisin 等 [48] 把他们的阱基束做成电极圆桶型三级对称，成功做成大直径，分子氮注入到第一级，其他两级保持低的压力，用不同泵抽到 N_2 压力分别为（Ⅰ，Ⅱ，Ⅲ级）10^{-3}Torr，10^{-4}Torr，10^{-6}Torr。改革了电极上的电压，后一级电压比前一级更低，但是最后的第三级的尾部有一势垒，以防止正电子从阱中逃逸。第一级是相对高气压的 N_2，以保证好的捕获效率（~30%），第三级气压最低，以防止由于湮没而损失正电子。加磁场 ~0.1T，正电子进入气压比较高的第一级，和氮气电子激发损失能量，再进入第二级进一步降低能量，最后进入第三级，并且被限制在第三级，这里有四氟化碳 (CF_4)，通过气体的电子激发，很快冷却，冷却时间大约 100ms，然后被捕获的 300K 正电子云形成正电子束。在第三级用于限制正电子的势垒也是发射正电子的势垒，通常有三套电极，外面的两套，电压标志为 V_T 和 V_E，确定了捕获门和出口门的势场，这些势提供了一个轴向的限制，并且扣留住了正电子，当 $V_E < V_T$ 时形成束流，弹出势阱。中心的电极提供阱的势 V_W，设置了阱的深度 $V_E - V_W$。增大 V_W，当正电子被抬高到超过 V_E 时，正电子会弹出，形成脉冲正电子束。磁场越大，减速势分析器 RPA 分辨率越高，可以更容易准确地测量高总截面。Natisin 等 [48] 已经对设备进行了大量的实验、分析和模拟，并且又提出新的计划。

本章只是把主要的设备简单地罗列一下，更详细的介绍在后面章节中。

参 考 文 献

[1] Charlton M. Rep Prog Phys, 1985, 48(6): 737-793.

[2] Stein T S, Kauppila W E. Adv At Mol Phys, 1982, 18: 53-96.

[3] Canter K F, Coleman P G, Griffith T C, et al. J Phys B: At Mol Phys, 1972, 5(8): L167-L169.

[4] Canter K F, Lippel P H, Crane W S, et al. Positron Studies of Solids, Surfaces and Atoms. Singapore: World Scientific, 1986: 102-120.

[5] Canter K F, Brandes G R, Horsky T N, et al. Atomic Physics with Positrons. New York: Springer, 1987: 153-160.

[6] Hyder G M A, Dababneh M S, Hseih Y F, et al. Phys Rev Lett, 1986, 57(18): 2252-2255.

[7] Floeder K, Honer P, Raith W, et al. Phys Rev Lett, 1988, 60(23): 2363-2366.

[8] Kover A, Laricchia G, Charlton M. J Phys B: At Mol Opt Phys, 1994, 27(11): 2409-2416.

[9] Gao H, Garner A J, Moxom J, et al. Nucl Instr Meth Phys Res B, 1998, 143(1): 184-187.

[10] Bluhme H, Knudsen H, Merrison J P, et al. J Phys B: At Mol Opt Phys, 1999, 32(22): 5237-5245.

[11] Bluhme H, Knudsen H, Merrison J P, et al. J Phys B: At Mol Opt Phys, 1999, 32(24): 5835-5842.

[12] Bluhme H, Frandsen N P, Jacobsen F M, et al. J Phys B: At Mol Opt Phys, 1999, 32(24): 5825-5834.

[13] Zecca A, Trainotti E, Chiari L, et al. J Phys B: At Mol Opt Phys, 2011, 44(19): 195202.

[14] Zecca A, Chiari L, Sarkar A, et al. New J Phys, 2011, 13(11): 115001.

[15] Zafar N, Laricchia G, Charlton M, et al. Hyperfine Interact, 1992, 73(1/2): 213-215.

[16] Hutchins S M, Coleman P G, West R N, et al. J Phys E: Sci Instrum, 1986, 19(4): 282, 283.

[17] Lahtinen J, Vehanen A, Huomo H, et al. Nucl Instr Meth Phys Res B, 1986, 17(1): 73-80.

[18] Schultz P J. Nucl Instr Meth B, 1988, 30(1): 94-104.

[19] Dahm J, Lay R, Niebling K D, et al. Hyperfine Interact, 1989, 44(1-4): 151-166.

[20] Itoh Y, Lee K H, Nakajyo T, et al. Appl Surf Sci, 1995, 85: 165-171.

[21] Lynn K G, Weber M, Roellig L O, et al. Atomic Physics with Positrons. New York: Springer, 1987: 161-174.

[22] Howell R H, Alvarez R A, Stanek M. Appl Phys Lett, 1982, 40(8): 751, 752.

[23] Coleman P G, Griffith T C, Heyland G R, et al. Appl Phys, 1976, 11(4): 321-325.

[24] Zhou S, Kauppila W E, Kwan C K, et al. Phys Rev Lett, 1994, 72(10): 1443-1446.

[25] Zhou S, Li H, Kauppila W E, et al. Phys Rev A, 1997, 55(1): 361-368.

[26] Stein T S, Kauppila W E, Roellig L O. Rev Sci Instrum, 1974, 45(7): 951-953.

[27] Charlton M, Griffith T C, Heyland G R, et al. J Phys B: At Mol Phys, 1983, 16(2): 323-341.

[28] Sinapius G, Raith W, Wilson W G. J Phys B: At Mol Phys, 1980, 13(20): 4079-4090.

[29] Charlton M, Griffith T C, Heyland G R, et al. J Phys B: At Mol Phys, 1980, 13(24): L757-L760.

[30] Charlton M, Clark G, Griffith T C, et al. J Phys B: At Mol Phys, 1983, 16(15): L465-L470.

[31] Coleman P G, Hutton J T. Phys Rev Lett, 1980, 45(25): 2017-2020.

[32] Coleman P G, Hutton J T, Cook D R, et al. Can J Phys, 1982, 60(4): 584-590.

[33] Coleman P G, Griffith T C, Heyland G R. Proc Roy Soc Lond A, 1973, 331(1587): 561-569.

[34] Mori S, Sueoka O. At Coll Res Japan, 1984, 10: 8-11.

[35] Knudsen H, Brun-Nielsen L, Charlton M, et al. J Phys B: At Mol Opt Phys, 1990, 23(21): 3955-3976.

[36] Surko C M, Passner A, Leventhal M, et al. Phys Rev Lett, 1988, 61(16): 1831-1834.

[37]   Natisin M R, Danielson J R, Surko C M. J Phys B: At Mol Opt Phys, 2014, 47(22): 225209.

[38]   Cassidy D B, Mills A P. Nature, 2007, 449(7159): 195-197.

[39]   Cassidy D B, Crivelli P, Hisakado T H, et al. Phys Rev A, 2010, 81(1): 012715.

[40]   Mills A P. Nucl Instr Meth Phys Res B, 2002, 192(1): 107-116.

[41]   Pedersen T S, Boozer A H, Dorland W, et al. J Phys B: At Mol Opt, 2003, 36(5): 1029-1039.

[42]   Pedersen T S, Kremer J P, Lefrancois R G, et al. Phys Plasmas, 2006, 13(1): 102502.

[43]   Pedersen T S, Danielson J R, Hugenschmidt C, et al. New J Phys, 2012, 14(3): 035010.

[44]   Tsytovich V, Wharton C B. Comments Plasma Phys Contr Fusion, 1978, 4: 91-100.

[45]   Danielson J R, Hurst N C, Surko C M. AIP Conf Proc, 2013, 1521: 101-112.

[46]   Danielson J R, Dubin D H E, Greaves R G, et al. Rev Mod Phys, 2015, 87(1): 247-306.

[47]   Natisin M R, Hurst N C, Danielson J R, et al. AIP Conf Proc, 2013, 1521: 154-164.

[48]   Natisin M R, Danielson J R, Surko C M. Phys Plasmas, 2015, 22(3): 033501.

第 3 章　正电子散射总截面的测量

3.1　神奇的散射现象

众所周知，散射现象是物理学中最常见的现象，也是重要的研究手段。光束 (含激光束)、电子束和离子束与物质的相互作用构成了很多内容丰富的研究，如电镜、X 衍射等。其中最容易理解和研究最广泛的要数光束。

3.1.1　光散射技术和研究的发展历史 [1]

光的散射是自然界中常见的物理现象。晴朗的天空呈现蓝色，云层呈现白色，雷雨刚过天空出现色彩缤纷的美丽彩虹；清晨人们登上高山看日出，橙红色的太阳和中午的太阳颜色不一样，这些都是和光散射有关的自然现象。其实散射现象 (广义上说包括透射、全反射、漫反射、小角度散射、背散射等) 每时每刻都在我们身边发生，如半透明塑料板在阳光下光的选择性透射、反射和漫反射是大家非常熟悉的散射现象，无需多言。由于光容易观察，从古代起人类就进行了大量研究，如小孔成像、水中光线的折射等。从光的透射和折射中衍生出不同的眼镜、望远镜、显微镜等。

光散射现象的观测研究可以追溯到 16 世纪初叶。意大利文艺复兴时期的艺术家达芬奇 (da Vinci) 预言，天空的蓝色是由空气微粒对光的散射引起的；丁铎尔 (Tyndall) 发现当自然光照射在具有悬浮粒子的液体上时，与入射光成 90° 的散射光略带蓝色，呈现偏振特性，这就是著名的丁铎尔效应 [2]，丁铎尔的研究指出大气中尘埃粒子对太阳光产生散射。

从 1871 年开始，英国的瑞利 (Rayleigh) 研究了空气中的微粒对太阳光的散射 [3]，发现当小微粒线度比太阳光的波长小得多时，散射光的强度与入射光波长的四次方呈反比关系，这就是著名的瑞利散射公式：

$$I_s = I_i \frac{9\pi^2 N V^2}{2} \cdot \frac{1}{\lambda_i^4 r^2} \left(\frac{\varepsilon - \varepsilon_0}{\varepsilon + 2\varepsilon_0} \right)^2 \left(1 + \cos^2 \theta \right) \tag{3.1.1}$$

式中，I_i 和 λ_i 分别为入射光的强度和波长；N 为光照射的散射体积 V 内散射粒子数；ε 和 ε_0 分别为散射粒子内和真空中的介电常量；r 为散射体积中心至测量点的距离；θ 为散射角，即入射光和散射光之间的夹角。

由瑞利散射强度公式可知，散射光强和入射光波长 λ_i 呈四次方反比关系。波长越短散射越强，太阳光中波长较短的蓝、紫光比波长较长的红光散射能力强，从而解释了晴朗的天空为什么呈现蓝色。也可以解释早上日出时观察到的太阳光为什么呈现橙红色，那是因为清晨 (或日落时) 太阳光穿过了较长距离的大气层，经历了大气层中微粒的多重散射，其中余留的长波成分较多。瑞利因发现惰性气体氩以及在对一些气体密度研究上取得的成就获得了 1904 年诺贝尔物理学奖。

1908 年，英国的米 (Mie) 研究了微粒的光散射，发现当大微粒尺度与入射光波长相当或者较大时，散射光的强度与散射角度有关，而与入射光的波长没有依赖关系 [4]。米散射理论解释了天空的云朵为什么呈现白色，云朵是由尺度与太阳光的波长差不多的水珠构成的，这些水珠对太阳光产生了米散射，散射光的颜色和太阳光一样呈白色。1869 年，爱尔兰的安裘斯 (Andrews) 发现当均匀流体介质的温度达到临界点时，由该介质散射的散射光呈现不透明的乳白色，称为临界乳光 [5]。

20 世纪一二十年代，法国的布里渊 (Brillouin) 研究与声波有关的密度起伏的光散射 [6]，入射光与介质分子相互作用引起了声波的多普勒频移，在入射光频率的两边出现对称的散射光边带，被称为布里渊散射。1922 年，美国的康普顿 (Compton) 研究发现，一束高能入射光和电子产生散射后出现一个能量较低的散射光子，同时发射一个反冲电子，这就是康普顿散射 [7]。康普顿因发现单个 X 射线光子和反冲电子可以在同一时刻出现这一效应，获得了 1927 年诺贝尔物理学奖。

瑞利散射属于弹性散射，入射光和散射光的波长或频率没有发生变化。1923 年，奥地利的史梅耳 (Smekal)[8] 从理论上预言，当频率为 ν_0 的单色光入射到物质上以后，物质中的分子会对入射光产生散射，散射光的频率为 $\nu_0 \pm \Delta\nu$，从理论上预言了入射光的非弹性散射。

1928 年，印度物理学家拉曼 (Raman) 在研究苯等液体的散射光谱时发现，在入射光频率的两边出现呈对称式分布的明锐谱线，这属于一种新的辐射，现在称为拉曼散射 [9]。拉曼因发现这一新的辐射和所取得的许多光散射研究成果而获得了 1930 年诺贝尔物理学奖。如果散射后光能量有损失，这些能量激发了被散射物质的分子能级，所以拉曼散射可以研究分子不同的能级。其实光的散射中还有能量增加的情况，如果一开始分子处于一个高能级，散射后分子处于低能级，散射光的能量会更高。物理学家也事先想到这一点，作了预言，并得到证实。

同时期 (1928 年) 的苏联物理学家兰斯别尔格 (Landsberg) 等在研究石英晶体的散射光谱时，也独立地发现了这种散射现象 [10]。

法国的罗卡特 (Rocard)[11] 和卡本斯 (Cabannes)[12] 以及美国的伍德 (Woodbury) 等 [13] 分别证实了拉曼观察研究的结果。20 世纪 30 年代，我国的吴大猷等开展了原子分子拉曼光谱研究 [14]，1939 年出版了我国第一部分子振动光谱专著《多原子分子振动光谱和结构》[15]。1934 年，普拉坎克 (Placzek) 比较详尽地评述了拉曼效应，对振动拉曼效应进行了较系统的总结 [16]。20 世纪 30~50 年代，光散射研究处于一个低潮时期，主要原因来自激发光源太弱的问题，尽管 1940 年第一个商用双单色仪已经用到光谱仪中，但是由于使用的激发光源大都为水银弧灯、碳弧灯，其功率密度低，激发的散射光信号非常弱，人们难以观测研究较弱的光散射信号，更谈不上观测研究高阶、非线性光散射效应。值得指出，20 世纪四五十年代，英国的玻恩 (Born) 和我国的黄昆出版了重要的著作《晶格动力学理论》，这一专著对此后国内外光散射研究产生了重大的影响 [17]。

这里我们简单介绍了一些光和物质的散射，目的是说明无论是光，还是电子、其他粒子或者离子、射线的散射研究在物理学的发展中起了非常重要的作用。下面我们转向和正电子更相似的电子的散射，当然电子的散射在时间上比正电子更早一些。

3.1.2 电子束散射的研究

由于电子束容易获得，能得到很多信息，所以其应用也是很广泛的。

19 世纪末，英国的汤姆孙 (Thomson) 完成阴极射线管的研究，发现了射线的粒子性，其质量比最轻的氢原子还小。研究指出，入射平面电磁波的电场引起自由电子振荡，加速了的电荷产生偶极辐射引起了散射，被称为汤姆孙散射 [18]。汤姆孙因通过气体导电理论和实验研究发现了电子而获得 1906 年诺贝尔物理学奖。汤姆孙散射描述自由电子受电磁辐射引起的散射。

大家熟悉的电子显微镜、电子探针都是电子束的应用，而更基础的研究就是拿电子束去照射靶 (如金箔)，就和卢瑟福 (Rutherford) 等用 α 粒子照射很薄的金箔一样，电子散射也可以测量原子核的大小。为了更正确地反映电子 (或正电子) 和原子的相互作用，一般用气体原子、分子作为靶，以减小靶中原子和原子之间的相互作用，这些我们在 3.2 节继续介绍。

由于大家对电子束散射都很熟悉，也由于我们在后面有不少关于电子散射和正电子散射的比较，这里先不介绍。

3.1.3 其他粒子和伽马射线散射的研究

上面说的康普顿散射，大家知道，X 射线或者 γ 射线的康普顿散射公式完全是按照两个刚性物体 (粒子) 的二体碰撞设计的，只是简单地遵循能量守恒、动量守恒，在我们的正电子湮没实验中用半导体探测器证明了该公式是完全正确的，这就说明 X 射线或者 γ 射线具有粒子的性质，为波粒二象性作出贡献。

最有力地说明散射实验重要性的要数卢瑟福散射。在人类数千年的历史长河中，只在最后才确认了元素，知道物质由原子、分子组成，也发现物质中含正、负电荷成分。原来人们认为原子中的正、负电荷是均匀掺和在一起的，就像一个均匀掺了葡萄干的面包。但当卢瑟福等用 α 粒子照射很薄的金箔时，物理世界就打开了一个神奇的大门，实验参与者盖格 (Geiger) 博士说"这是我一生中最不可思议的事件, 就好像用一个 15in 的炮弹去轰击一张卷烟纸, 而炮弹竟从纸上反弹回来"。
简单的计算可以证明, 一个 α 粒子穿过电荷均匀分布的原子, 即使左右电荷不对
称, 也只能是小角度的偏离。由于 α 粒子的质量是电子质量的 8000 倍, 电子不会
对 α 粒子的散射产生很大的影响, 就像一颗子弹穿过一群蚊子。但是如果一只蚊
子的质量是子弹的很多倍, 情况就不一样了, 子弹是有可能被反弹回来的, 根据二
体碰撞, 这是唯一的可能。经过严格的计算, 他们认为正电荷必须集中在一个很小
的球上, 大约为 6×10^{-12}cm 量级, 比原子的尺度小了 4 个量级, 电子围绕在外, 一
个小太阳系的模型自然就浮现在人们的心中。新的问题又出来了, 正负电荷要吸
引, 为什么电子不被核心吸引, 自然就想到电子绕核旋转, 太阳系模型仍然管用。
但是电子不像地球, 是带电的, 圆周运动是加速运动, 带电粒子做加速运动要辐射
能量, 这是麦克斯韦 (Maxwell) 理论的核心, 是不能违背的, 于是产生转而不辐射
的量子理论。所以 α 粒子的散射实验一箭穿过了原子物理, 一直穿透到量子世界,
虽然我们现在用几率波理论代替了电子轨道理论, 但轨道理论已经深入人心, 在简
单解释原子结构时仍然有效。

物理学中的散射现象仍在广泛研究, 1990 年诺贝尔物理学奖授予弗里德曼
(Friedman) 等, 奖励他们在 20 世纪 60~70 年代对电子与质子及束缚中子深度非
弹性散射进行的先驱性研究, 这些研究对粒子物理学中夸克模型的发展起了重要
作用。

3.1.4　正电子和正电子束散射的研究

从物理上说, 正电子是电子的反粒子, 正电子本身就具有很多独特的性质, 如
果拿正电子与物质的相互作用和电子与物质的相互作用作比较, 一定会有很多有
益的信息, 所以下面马上转入对正电子、电子和物质的散射现象的介绍。

3.2　散射总截面的测量

3.2.1　散射总截面的大致测量原则

1. 用透射法测量散射总截面

我们还是先从大家熟悉的电子散射开始。一束电子束通过一个含气体分子或
原子的气体室, 一部分电子发生向前的小角度散射, 更少的电子发生反方向的背散
射, 也许大部分电子透射过去了, 也就是说没有发生散射。发生散射的概率用总截
面 σ_T 表示, 截面大则被散射的电子就多。

电子的散射总截面 σ_T 的测量已经进行了很多年。最容易理解的是透射法, 如
果气体室中一开始没有气体, 在气体室的后面测量透射束的强度, 就可以得到束流

的初始流量 I_0；再在气体室中充上一定密度的气体，这时的透射束就称为未被散射的束流强度 I，被气体靶散射的弹射粒子认为已经被从入射束中分离出去，改变了飞行方向，没有被探头探测到，这样从初始的总流量 I_0 中留下的透射粒子流 I 和弹射路径长度 L、靶的密度数 n 的关系为 [19]

$$I/I_0 = \exp(-nL\sigma_{\mathrm{T}}) \tag{3.2.1}$$

式 (3.2.1) 称为 Beer-Lambert 定律，其中的四个量可以测量，因此就可以求出电子和气体发生散射的总截面 σ_{T}。可以想到总截面的大小会和气体的种类、密度、温度等有关，还和电子的能量有关，我们可以先把这些变量保持为常数。

如果我们保持测量程序不变，仅仅是把电子束换成慢正电子束，式 (3.2.1) 应该仍然有效，从而可以求出正电子散射总截面。这就是透射法的简单思路。Coleman 等 [20] 早在 1974 年就测量了正电子对氢分子的总截面，我们将在 3.2.1 节第 3 部分中再介绍正电子对氢原子的总截面测量。

在正电子和气体的散射截面测量中除了可以用透射法，还可以用飞行时间谱方法。最早是对氢分子的测量，用了飞行时间谱方法。由于国内涉及很少，我们先详细介绍飞行时间谱方法。

2. 用飞行时间谱测量散射总截面

有两种方法测量正电子通过固定距离 (飞行路径)，从而得到正电子的速度和能量。

1) 脉冲加速器源 (第一种方法)

第一种方法：Groce 等 [21] 和 Costello 等 [22] 应用了脉冲电子加速器，机械脉冲作为起始信号，正电子到达气体靶，湮没光子作为终止信号。

Costello 等 [22] 的设备如图 3.2.1 所示，一台 55MeV 电子直线加速器通过 "电子–正电子对" 效应产生正电子，机械脉冲宽度 20ns，频率 500Hz。厚度 0.14cm 的钽为韧致辐射的靶，厚度中的 0.10cm 用于 "电子–正电子对" 效应而产生正电子。云母厚度 0.0125cm，上面镀金 150Å，作为飞行路线的起点，金表面的前面是接地的栅极，加正电位，把慢正电子加速到适当能量。慢正电子源放在真空管中，管长 3m，作为飞行路线。加轴向弱磁场约束正电子，正电子最后飞行到达铝膜靶，上面加负电位，来自铝膜上的湮没 γ 光子被屏蔽探头探测作为终止信号，探头包括快液体闪烁体，再用 56AVP 光电倍增管和 6810Å 光电管探测。两个 γ 射线以 180° 角发射，符合探测效率是 1.3%，真空度好于 2×10^{-7} Torr。

这个系统慢化效率为 10^{-7}，峰能量 1.0eV，宽度 ±0.5eV，在高能端有尾部。探测到慢正电子数目为每秒 1~10 个。由于离加速器近，所以本底很严重，但是它们可以通过符合技术分离掉。机械脉冲宽度 20ns，虽然对低能正电子 (~1eV) 是足够的，但对较高能量的正电子会导致时间上的不稳定，到达靶的距离太近，飞行时间太短而误差增大。

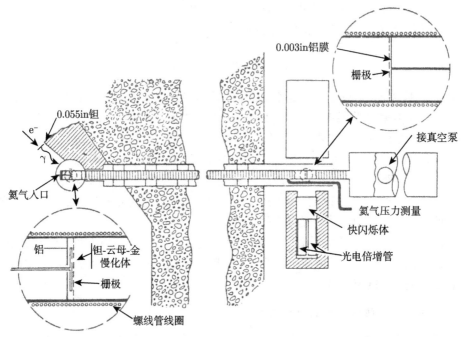

图 3.2.1 Costello 等 [22] 的飞行时间设备

放大部分显示了正电子慢化和靶区

2) 脉冲加速器源加飞行时间用于散射总截面测量

Costello 等的设备完成了氦中第一个正电子总截面的测量 [23]，这是在飞行管中交替充气和抽去气体，氦气压强为 10^{-3}Torr，用连续泄漏的方法，慢正电子束由于气体而衰减，估计总截面。但是这个估计是在捕获中完成的 (在靶处探测)，因此是复杂的。所以作者使用了 Monte Carlo 计算，用各种理论的相移值以得到最好的拟合。理论中碰到的很多问题，是在总截面测量过程中的摸索，不是最好的方法，所以我们不再介绍。

3) 用放射源的飞行时间方法 (第二种方法)

a) 实验设备的细节

第二种方法是 Coleman 等 [24] 用同位素源，先通过一个塑料闪烁体得到起始信号，终止信号和第一种方法中一样。加速器比同位素源方法昂贵和复杂，所以这里使用同位素源。Canter 等 [25] 用了 Coleman 等 [24] 的方法详细和精确地测量氦中总截面。

开始研究时低能正电子的产额是很低的，用了 Costello 等 [23] 的正电子透过云母上镀金有更好效率的慢化体。来自金表面的快正电子，是很大的"本底散射"，每 10^6 个入射正电子产生一个慢正电子，如图 3.2.2 所示。

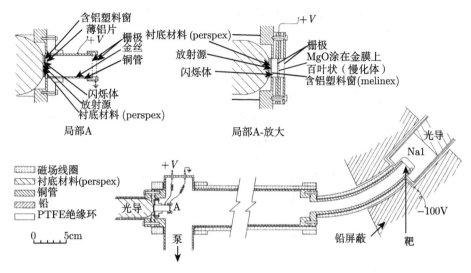

图 3.2.2 Coleman 等[24] 和 Canter 等[25] 的飞行时间设备

局部详细显示了用放射源的慢化体

起始脉冲来自快塑料闪烁体，厚度 0.17mm，直径 10.0mm，100μCi(1Ci=3.7× 10^{10}Bq) 的 ^{22}Na，滴成直径 2.0mm 的一点，一种特殊材料 (perspex) 为源衬底材料，和光导匹配，光导直径 25.0mm，一端半球形，另一端和 RCA8575 光电倍增管相连。终止信号来自单个碘化钠，放在飞行管末的靶处。正电子从闪烁体进入飞行管，通过一个塑料 (melinex) 窗，厚度 0.075mm，表面镀铝膜，和闪烁体接触。飞行管长 700mm，直径 50mm，后面接一长 150mm、直径 20mm 的弯管，经过一个半径为 250mm 的弧度，真空维持在 10^{-6}Torr。一系列线圈绕在飞行管外面，提供轴向磁场，大小为 200Gs (1Gs= 10^{-4}T)，这足以保证正电子的能量达到几百 eV，和轴有一个角度，旋转着飞向靶。最后的 20mm 长度飞行管插入 50mm×50mm 井型的碘化钠计数器，管子以绝缘的铝膜结束，膜上加 −90V 电位 (图 3.2.2 中为 −100V)，这个电位用于吸引正电子，保证正电子在铝膜靶上湮没。这个计数器和飞行管在源处末端在方向上是分离的，用 100mm 厚度的铅屏蔽，由于是井型的，湮没射线中至少一个 γ 射线在闪烁体中走过 15mm 以上的距离，也有一定的比例同时探测到两个 γ 射线。用弱的 ^{22}Na 源试验，放在井中有很好的探测效率，在 12%～15% 的范围。

慢化体，一个长 20.0mm、直径 10.0mm 的铜管，内部有 0.025mm 的金膜，进入到飞行管中的部分正电子进入金膜，其中的许多有大掠射角，在高密度、高 Z 的金中有能量损失，发生多次库仑散射，大部分正电子有背散射，在金的表面就热化了，产生近 1eV 的慢正电子，也有几 keV 的能量，所以有很好的效率。圆筒的末端对着 melinex 窗的中心，窗上镀 0.0008mm 的铝膜，圆筒的另一端是细的栅极，可以通过 96% 正电子，PTFE 绝缘环，和另一个类似的栅极，接地。圆筒加正电位，加速慢正电子以需要的能量到达圆筒另一端的栅极。

用 ^{22}Na 源，金慢化体的产额为 10^{-6}，或者每小时 500 定时正电子。比金的 Z 值低的材料如铜、铝等的产额更小，如图 3.2.3 所示。加速电压变了，产额没有发生大的变化，当磁场是上面所说的最小值时也是这样。但是当金表面为烟熏氧化镁时，产额有很大提高。MgO 表面产额是 10^{-5}，正电子能量 (1.0 ± 0.5)eV。

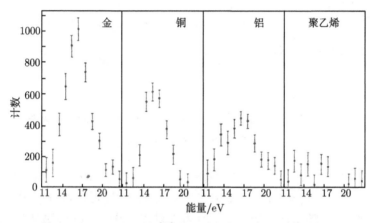

图 3.2.3　Coleman 等 [24] 得到的低能飞行正电子能谱

对不同的材料，加速电压 15V，运行间隔 60000s

Canter 等 [25] 进一步改善效率，不用金圆筒，用金百叶窗 (图 3.2.2)，涂上 MgO 粉末，厚度 3×10^{-2}mm。叶片宽 1.4mm，和飞行管的轴成 45° 倾角，相隔 1.0mm，直径 10.0mm，这个系统类似于百叶窗式电子放大器的一级。慢正电子的发射几乎和轴垂直，这样安排比从圆筒内层表面产生慢正电子所花的时间更少。在栅极上淀积 MgO，其粉末厚度不把网丝之间孔堵住，慢化产额并不下降很多。但是到达靶的快正电子的数目要比金百叶窗的更多一些，百叶窗片的厚度可以厚一些，足以把全部正电子挡住。叶片的圆筒 (或者栅极) 可以相当于地电位带正电位，平板离慢化体 1.0mm。

快计数电子学是决定正电子飞行时间的要素，在源计数器中，高的计数率为每秒 1.5×10^{6} 个计数带来一些特别的问题，这个系统有三个主要的因素需要小心考虑：① 在各种电子学元件中，由于死时间效应会使信号事件丢失，要尽量避免或者使它最小化；② 由于本底或者其他不想要的脉冲会对随机符合产生贡献，要使这种贡献最小化；③ 确保整个系统的时间分辨率尽可能低。所以源限制在 100μCi，但是在 1eV 峰处慢正电子的计数率是每秒 1～3 个正电子，这个速率足以精确测量总截面。Canter 等 [25] 用 2～19eV 测量氢，Canter 等 [26,27] 用 2～400eV 测量惰性气体，气体是用一个喷嘴输入飞行管，压力很低，从低能正电子峰在有气体和没有气体时的衰减而推导出截面。

b) 用放射源的谱仪

正如 Costello 等 [23] 初步实验的结果，确定有 1eV 低能正电子的存在，有几个方法可以从强源中得到慢正电子并用于截面的测量。为了得到合理数量的低能正电子，^{22}Na 源的强度为 2～20mCi，从这么强的源中出来的正电子不能够被分别计数，所以不能用前面所说的飞行时间系统。因此低能正电子必须用特定的谱仪加以选择，并输运到散射室。散射室和最后的靶都要把快正电子屏蔽掉，以及屏蔽掉直接来于源的高计量的 γ 射线流，才能确保适当的信噪比。从慢正电子在靶上的湮没所引起的计数率随着散射室中有气体和没有气体的变化的观察可以推导出截面。

Jaduszliwer 等 [28] 用 90° 球形静电谱仪去选择正电子，来自慢化体的正电子已经加速到适合的能量。系统如图 3.2.4 所示，源是 ^{22}Na，强度 20mCi，滴在金钼上，覆盖保护层。后面有一薄的云母片镀上 1000Å 厚的平滑金膜，很类似于 Costello 等 [22] 使用的慢化体。来自慢化体的 1eV 正电子进入加速段，被聚焦到谱仪的一个成像点，谱仪的平均半径 100mm，平板的半径为 75mm 和 125mm，能够接收与法线夹角 10° 以内的正电子。正电子动能的分辨率为 ±5%。正电子从谱仪进入 1000mm 长的飞行管道，受轴向磁场的约束，在整个路径上按螺旋线轨道前进到靶上，在靶上湮没。两个 0.511MeV 湮没 γ 射线按符合的形式被探测到 (分辨率为 FWHM=38ns)，用了两个直径 100mm 碘化钠闪烁体探头探测，安排在靶的相对方向。探头的效率为 2%～5%，观察到的慢正电子产额远小于每发生 10^7 次源衰变得到一个慢正电子。靶由位于飞行管内的平行于轴的中心电极组成，低能正电子可以被吸引进入电极，而在束流中出现的任何快正电子通到别处湮没。闪烁体中的本底计数通过铅屏蔽而下降。谱仪和散射室 (或者飞行管) 用 μ-金属鞘的偏离磁场屏蔽。整个系统 (慢化体、加速器、谱仪和飞行管) 抽真空到约 10^{-7}Torr。当来自慢化体的低能正电子被加速到 90eV 时，每小时约 1800 个慢正电子，而出现的本底为每小时 400 个。在 15eV 时计数率要低得多，本底也相当大。试用了各种金属的慢化体，产额的效率低于 10^{-7}。金比铜、石墨、硅单晶都好。镀金的镍网格有 80% 的透过率，得到很高产额的 1eV 的正电子。

Jaduszliwer 等 [28] 对这个系统作了小的修改，测量了氢在 4～19eV 的截面，源是 12mCi 的 ^{22}Na，慢化体是镍膜。飞行管被一系列挡板限制在有效直径 2.5cm (图 3.2.4)，挡板间隔沿轴方向为 1.25cm。挡板的作用是防止正电子被管壁发生背散射。

用 1.0cm 入口的微分泵抽飞行管，散射室先抽至 10^{-7} Torr，再充氦，氦气压维持在 10^{-2}Torr。靶上的湮没计数分为有氦气和没有氦气，对具体的正电子能量，轴向磁场为 2.75Gs，5.50Gs，8.75Gs 时分别计数。Monte Carlo 计算用于从数据推导截面。

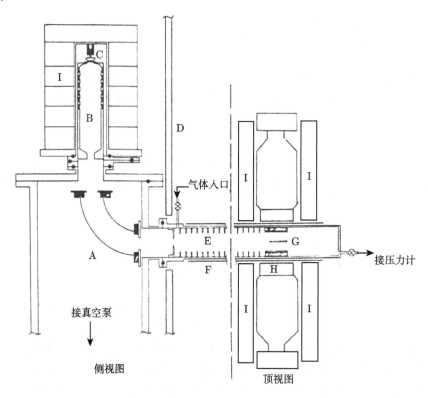

图 3.2.4   Jaduszliwer 等 [28] 使用的系统示意图

A 是静电球形谱仪；B 是慢正电子枪；C 是源支撑物和慢化体；D 是磁屏蔽盒的壁；E 是飞行管；F 是螺旋管和磁屏蔽；G 是湮没靶；H 是探头；I 是铅屏蔽；深色的部位表示绝缘物

Pendyala 等 [29] 应用谱仪去选择低能正电子，用 26mCi 的 ^{58}Co 源，电镀在铜板上，慢化体发射慢正电子，用静电镜加速，进入 Kuyatt-Simpson 型半球静电分析器，能量分辨率固定在 0.12eV(1.1%)，接收角为 5°。在飞行路径的末端，正电子被探头探测，如图 3.2.5 所示，慢化体是金属圆筒型的，类似于 Coleman 等 [24] 的设备。真空系统是不锈钢的，维持在 10^{-7}Torr 以下，用了各种金属表面研究能谱，分析能量分辨率。他们看到，来自金和铜在约 0.35eV 处有一尖锐的峰，分辨率为 FWHM=(0.12±0.10)eV。其他金属的峰要宽得多。对大多数金属，其慢化产额估计高于 10^{-7}，圆筒式背散射模式的效率至少是透射模式的四倍。他们没有测量总截面，但表明有低能正电子可以研究固体表面现象。

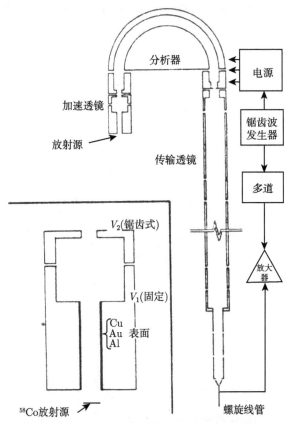

图 3.2.5 Pendyala 等 [29] 用的设备及源区的详细图

Daniel 等 [30] 发展的谱仪，来自源的正电子用磁场引到靶，与束流轨道成直角，如图 3.2.6 所示，3mCi 的 ^{22}Na 源，慢化体是金圆筒，涂氧化镁粉末，类似于 Coleman 等 [24] 的设备。低能正电子通过加速段后再通过一个半圆形的狭缝，由一对亥姆霍兹线圈产生的磁场通过调整在整个正电子轨道区产生均匀磁场。源、慢化体、加速段都用金属管对主要的磁场屏蔽，谱仪的分辨率为 7%。当选择的正电子在谱仪的聚焦下打击靶的时候，湮没 γ 射线将被一对闪烁体计数器探测到，低能正电子产额是 10^{-6}。通过交替地抽空和充气，谱仪的腔室中含各种压力的氦气，测量了在 50~400eV 的总截面。Brenton 等 [31] 扩展到 13~1000eV，他们用了 MgO 镀在金叶片上，图 3.2.6 所示，把分辨率从 7% 改善到 1%。

3. 用飞行时间法测量氢分子的散射总截面

用飞行时间谱方法测量正电子–氢分子散射总截面。20 世纪 70 年代初，伦敦

大学组 [32] 就有对气体分子的正电子散射研究。氢是元素表中第一个元素，对氢分子最早的测量从 1976 年 Coleman 等 [33] 对 H_2 的测量开始，使用了 TOF 技术。

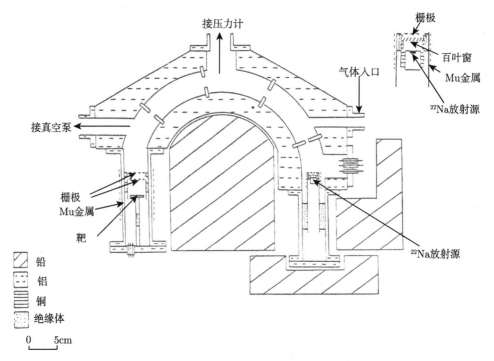

图 3.2.6　Brenton 等 [31] 使用的谱仪的详细图

伦敦大学组使用的局域散射系统 [32] 如图 2.4.2 所示，用于测量总截面，仪器基本上是飞行时间谱 (TOF) 的安排。正电子源 ^{22}Na，100μCi，2mm 直径，滴在 10mm 直径、厚 1mm 的有机玻璃 (Perspex2- 甲基丙烯酸甲酯) 盘上，上面再用 0.2mm 厚的快塑料闪烁体盘密封。有机玻璃再和半球形的光导连到光电倍增管上，用铝膜覆盖反射正电子通过闪烁体而发出的光脉冲。定时触发来自薄塑料闪烁体的放大信号，这是由来自放射源的 β$^+$ 粒子在横穿闪烁体时产生的，粒子在打到慢化体以前在闪烁体中淀积了一些动能。光电倍增管测量脉冲，经过适当延时用作终止信号。本来这个信号是起始信号，但是由于这种信号比湮没信号多得多，如果作为起始信号，时间-脉冲幅度转换器不断处于开启中，影响计数率和分辨率，所以把起始信号和终止信号互换。光电倍增管和恒比微分甄别器连接，最佳定时分辨 (≅3.5ns)，单道分析器的作用是降低飞行谱的本底成分，可以拒绝大的脉冲，这是快正电子在闪烁体中通过大角度的散射，也可以拒绝小的噪声脉冲。

在飞行路线的末端，低能正电子被电子倍增通道板 (CEM) 探测到，并产生另一个定时信号。在后者的信号中，为了防止丢失数据，在延时闪烁体输出 (终止信号) 速率以后的开始时序中用了低的计数率, $1\sim10\mathrm{s}^{-1}$, 计数速率还受放射源的强度所控制, 放射源的典型强度为 $10^6\mathrm{s}^{-1}$。在这个系统中, 用于输运正电子的轴向磁场由在束流真空管道中的线圈直接产生, 开始使用烟熏 MgO 慢化体, 但后来被钨叶片或钨网格所代替。

在飞行路上, 在接近慢化体时气体也可以被认为是一种局域区, 在慢化体附近, 气体被三个扩散泵系统不均匀地抽着, 气体室的总长度为 10cm, 在每一端 1cm 处有一个 6mm 直径的孔。气体的压力在室的中心处测量, 在入口对面应用一个电容压力计, 而温度测量应用简单的水银玻璃温度计, 会受束流管子外侧的影响。这样在散射室中心的气体密度 n_0 的估计可以从式 (3.2.2) 得到。他们发现通过短的腔室引入的压力梯度可以通过 n_0 考虑, 但也可以用单一的归一化常数 k_n 来计算, 发现 k_n 几乎与气体的种类和压力无关, 其值为 1.275 ± 0.020。沿着正电子飞行路径的长度 $L(L=0.4\mathrm{m})$, 在点 x 处, 可以通过气体密度 $n(x)$ 计算 k_n:

$$\int_0^L n(x)\mathrm{d}x = n_0 l_0/k_n \tag{3.2.2}$$

式中, l_0 是散射室的几何长度, 这样由式 (3.2.2) 得

$$\sigma_\mathrm{T} = k_n \ln A/(n_0 l_0) \tag{3.2.3}$$

正电子通过薄的镀铝的真空 melinex 窗 (厚度 0.075mm), 进入真空系统, 打到钨百叶窗慢化体上, 约万分之一的正电子重发射出来, 变成慢正电子, 能量为 $(2.0\pm1.5)\mathrm{eV}$, 慢正电子由电场加速, 由轴向磁场聚焦通过螺旋管, 进入短的微分泵散射区, 发生散射, 然后由多通道电子倍增器在飞行路线的末端被探测, 倍增器是脉冲计数率典型值为 $20\mathrm{s}^{-1}$, 用作定时系统的起始信号 (左边的光电倍增管作为终止信号)。

倍增器的脉冲作为起始信号可以增加效率, 所以飞行时间谱是翻转的, 时间–脉冲幅度转换器 (TAC) 的死时间为 $7\mu\mathrm{s}$, 如果来自源微分甄别器的典型计数率为 $10^6\mathrm{s}^{-1}$, 如果用此作为起始信号, 有 88% 的数据将损失。

为了修正非均匀的本底谱, 要使用 Coleman 等 [33,34] 的方法, 必须测量在时间–脉冲幅度转换器 (TAC) 中在起始输入中的脉冲数, 以及终止输入的脉冲数, 终止道的计数用一个固定的时间延时 (利用快甄别器), 起始道的计数直接来自 TAC, 是 “真” 起始输出。这个输出也经过脉冲加宽作为反符合的门信号, 这样在多道分析器 (MCA) 工作 “busy” 时间就不再接收脉冲作为 TAC 的起始信号。

Charlton 等 [35] 用同一台设备研究了电子–He 散射, 发现 k 和气体的密度有关, 氦的压力为 $5\sim20\mu\mathrm{mHg}$ ($1\mu\mathrm{mHg}=1.33322\times10^{-1}\mathrm{Pa}$)。他们对五种气体分别进行试验, 看看 k 是否和密度有关。

1983 年, Charlton 等 [32] 用对氢等五种气体分子进行了总截面测量, 他们在散射室中分别测量没有氢分子 (真空) 和有微量氢分子时计数率的差别。衰减量

$A(A_i = (n_i)_\mathrm{v}/(n_i)_\mathrm{g})$ 是多道分析器上在真空时每道计数 $(n_i)_\mathrm{v}$ 除以有气体时每道计数 $(n_i)_\mathrm{g}$ 的值。总截面与衰减量和气体密度的关系见下式：

$$(\sigma_\mathrm{T})_i = \ln A_i / \rho_\mathrm{s} \tag{3.2.4}$$

这个式子原则上和前面透射法的式子是一样的。这里 ρ_s 是气体的积分密度数，气体压强在 30～100μmHg，发现在该压强内散射总截面的变化在要求的误差范围内。正电子和氢分子散射的总截面如图 3.2.7 所示[①]。

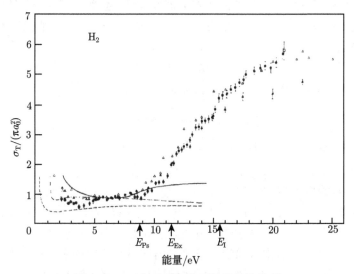

图 3.2.7　正电子和氢分子散射的总截面

实验点：● 来自文献 [32]，□ 来自 Charlton 等 [36] 的工作，△ 来自 Kauppila 等 [37] 的工作，▲ 来自 Coleman 等 [33] 的工作；理论结果：- - - - - 来自 Baille 等 [38] 的最低的一组弹性散射截面曲线，—— 来自 Bhattacharyya 等 [39] 的工作，—·— 来自 Hara[40] 的工作

　　不同的正电子能量时总截面也会有变化，它们在 2.15～20.84eV 正电子能量内散射总截面 σ_T 在 $0.84\pi a_0^2$～$5.71\pi a_0^2$，其中在 2.15～9.19eV，σ_T 值比较一致 (在 $0.84\pi a_0^2$～$0.97\pi a_0^2$)，之后随能量线性增加。而对电子和氢分子散射的数据，在 50eV 电子时在 10～40μmHg 范围内 σ_T 约为 $4.2\pi a_0^2$。

4. 正电子、电子和氢分子的散射总截面的比较

　　前面我们涉及的是正电子和氢分子的散射总截面测量，显然如果我们知道测

---

　　① 截面的单位在不同的文献中用了两个不同的单位，$1\pi a_0^2$ 和 $1\times10^{-16}\mathrm{cm}^2 = 1\times10^{-20}\mathrm{m}^2$，它们之间的关系为 $1\pi a_0^2 = 0.878\times10^{-16}\mathrm{cm}^2$，或者 $1\times10^{-16}\mathrm{cm}^2 = 1.138\pi a_0^2$。而总截面的符号在不同文献中以不同格式表示，主要有 σ_T 和 Q_T，我们无法统一，也没有必要统一，文献中都会注明。第 5 章的高总截面用 σ_GT 表示。

量电子和氢分子的散射总截面并进行比较是有意义的。在图 3.2.8(b) 中我们给出了电子–H_2 散射总截面，而把图 3.2.7 低能时正电子–H_2 放在图 3.2.8(a) 中比较 (另外给出了图 3.2.7 的理由是图 3.2.7 比图 3.2.8(b) 更详细一些，在后面四种气体中也同样处理)。

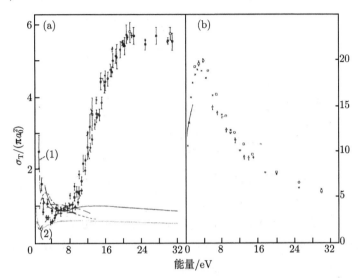

图 3.2.8　　在低能时正电子–H_2 和电子–H_2 总散射截面

(a) 正电子散射。实验：■ 来自文献 [41]；· 来自文献 [32]；▼ 来自文献 [42]。理论：······ 来自文献 [43]；—·— 来自文献 [40]；—— 来自文献 [39]；---- 来自文献 [44]；—·— 来自文献 [45] (两条曲线应用了不同的近似，分别以 1 和 2 表示)。其他理论工作 (如文献 [46]~[48]) 并不显示在图中。(b) 电子散射。

只有实验：□ 来自文献 [41]；▽ 来自文献 [42]；× 来自文献 [49]；--- 来自文献 [50]

低能正电子和电子被 H_2 散射的总截面在中等能量的实验数据如图 3.2.9 所示。结果显示电子的数据随能量的增加从 2eV 处的 2×10^{-15}cm^2 单调下降，正电子的数据显示在 3eV 处有 Ramsauer-Townsend 极小 (简称 R-T 极小)，近似为 10^{-16}cm^2。当正电子能量减小，低于这个值时截面会很快上升。

当正电子能量高于正电子素形成阈值时也有同样明显的增加，再一次说明正电子素形成通道的重要性。但是也应该注意到其他的通道，如振动和转动激发和分子分解，在这个能区内对总截面也有比较小的影响。在人们期望分子分解的过程中，在弹射粒子能量为 4.48eV 时从能量角度看是可能的，也是很有意义的，但Ferch 等 [51] 指出需要 Frank-Condon 原理，在能量小于 8.8eV 时这个过程是很小的，在能量接近约 100eV 时这两种弹射粒子的总截面会合并。

高于 9eV 所有的实验数据都能很好地符合，但 Deuring 等 [42] 的结果平均比底特律组和伦敦组的结果高 15%。但在能量低于 5eV 左右时，Charlton 等 [35] 的结果位于 Hoffman 等 [41] 的结果以下，在 3.5eV 左右显示有一窄的极小，这个性质在 Hoffman 等 [41] 的工作中既没有观察到，也没有在任何理论结果中出现。

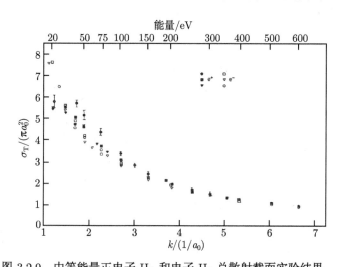

图 3.2.9　中等能量正电子-H_2 和电子-H_2 总散射截面实验结果

正电子：来自文献 [36]；■ 来自文献 [41]；▼ 来自文献 [42]。电子：○ 来自文献 [52]；□ 来自文献 [41]；

▽ 来自文献 [42]

几个计算结果如图 3.2.8 所示，Hara [40] 用了固定核近似的弹性散射和旋转激发的计算，所得结果和实验结果很好地符合，但是 Baille 等 [43] 使用了绝热核近似弹性散射，得到的截面在所有能量远低于实验值。Bhattacharyya 等 [39] 使用 eikonal 近似，他们计算了在 2~32eV 能区弹性截面和实验值符合得更好。Armour 等 [47] 最详细地研究了低能正电子被分子氢的散射，他们使用了精心制作的试验函数的 Kohn 变分方法，该方法类似于能得到原子氢和氦的弹性散射的精确结果的方法。Armour 等 [47] 的结果和 Hoffman 等 [41] 的实验结果在直到 5eV 能量前都能很好地符合，但在更高能量它们逐渐落到实验值以下。Armour 等 [47] 把他们的计算扩展到 14eV 能量，但没有包括正电子素形成。正电子被分子氢弹性散射的截面已经用 R 矩阵方法 [47] 和各种模型势 [40,45] 方法得到。Gianturco 等 [49] 考虑了动力振动耦合效应的模型，所得结果能和实验能更好地符合。

在中等能量的截面测量已有报道 [36,41,42]，他们的结果如图 3.2.9 所示，他们的数据在 150eV 以上能很好符合，但伦敦组的结果在 20~100eV 能区比比勒费尔德组和底特律组的结果高了 20%。图中还显示了电子的总截面的结果，从中可以看到在 30~150eV 的大致区域，电子截面比正电子的要低，这是由于在正电子情况下有正电子素形成的贡献，事实上在这个能区正电子离化截面已经被发现超过了电子的离化截面 [53,54]。

5. 用透射法测量氢原子的散射总截面

在正电子和气体的散射研究中，人们需要知道正电子是在和气体原子还是气体分子发生散射，二者显然是不一样的。所以在测量了氢分子之后，又想到氢原子是最简单的原子，正电子和电子被氢原子散射是原子碰撞过程中最基础的散射。而且氢原子是唯一的波函数精确已知的原子，正电子和电子碰撞过程可以为散射理论提供吸引人的试验基础，必然引起人们的兴趣。

对于偏截面和散射总截面 (Q_T)，虽然已经有一些不同的理论计算，但是在 1990~1996 年才有正电子–氢原子散射偏截面和总截面的测量 [55-60]。事实上，在 1994 年以前，没有在 12eV 以上电子–氢原子总截面的直接测量，也没有正电子–氢原子散射总截面的测量。13eV 以上正电子–氢原子散射的正电子素形成截面是在 1992 年 [56]。正电子–氢原子离化截面测量是在 1990 年 [55]。粒子和反粒子与最简单的原子碰撞的直接比较，电子和氢散射截面的详细知识对等离子体和天体物理的需要是重要的，正电子–氢散射的偏截面和总截面信息也是天体物理的需要，可以详细理解湮没 511keVγ 射线的来源 [61]。

底特律 (Wayne 州立大学) 组 Zhou 等 [62,63] 研究了电子、正电子和氢原子的散射。在 1994 年 [59] 和 1996 年 [60] 测量了正电子、电子被氢原子散射总截面，能量为 2~302eV，应用了透射技术，正电子束和电子束通过了冷的 (150K) 包含氢原子和氢分子化合物的铝散射室，氢原子是通过附加的射频放电区产生的。他们也测量了碱金属原子中正电子素形成截面 [61,62]，测量方法是对来自散射室的 511keV 能量 γ 射线的符合。基于他们以前发展的成功的技术，他们很自然要用两种技术去测量正电子–氢散射的正电子素形成截面 Q_{Ps}。本书也要介绍他们报道的联合测量正电子总截面和正电子素形成截面 (Q_T 和 Q_{Ps}) 以及电子与氢原子和分子的散射总截面 (Q_T)。目前正电子–氢总截面替代以前的测量结果 [59,60]，以前的电子–氢的总截面的结果 [60] 仍然可用。

为了得到氢原子，我们需要更具体地介绍底特律组的测量设备 [59]，他们的实验设备示意图如图 2.4.1 所示，质子经加速器加速后轰击硼，反应式为 ^{11}B(p, n)^{11}C，产生 ^{11}C 正电子源。低能正电子束的能量分辨率小于 0.1eV，由弱的轴向磁场引导，通过一个弯曲的管道转 45°，进入气体室，有不同的微分泵抽气，正电子束和气体束十字交叉发生散射，用通道电子倍增器 (CEM) 测量透射的正电子束。在测量电子散射时，用热电子源替代正电子源。

正电子束和电子束通过了冷的 (150K) 包含氢原子和氢分子的铝散射室，氢原子是通过附加的射频放电区产生的。这是第一次测量了正电子被原子氢散射的总截面，用它也可测量电子碰撞的研究。弹射粒子束来源于螺线管设备 (图 2.4.1 和图 2.4.2)，图中所示的特殊气体室中用输运技术测量截面，一个无线频率放电源用于产生氢原子，然后输送到小的冷却到 150K 的铝室中，氢原子的再结合系数很低，所以能达到足够高密度的氢原子 (大约为 $10^{19}\mathrm{m}^{-3}$) 并进行衰减测量。在室中原子氢的密度数为 $n(\mathrm{H})$，原子氢加上分子氢的密度数为 $n(\mathrm{H})+n(\mathrm{H}_2)$，为了得到二者之比的估计值，从室中取出一些样品放在四极质谱仪测量，在早期的工作中，$f=n(\mathrm{H})/[n(\mathrm{H})+n(\mathrm{H}_2)]$ 测量得到大约为 0.55。但是 Zhou 等 [62] 注意到，由于室中一些氢原子在取出后会重新结合，束流通过室时的 f 值应该大于 0.55，也有可能高到接近 1。把放电电源关上应该都是分子氢，$f=0$。这样 f 的这两个极端值被用作通过对分子氢的已知值来计算原子氢的截面，分子氢的截面可通过用同一个设备进行测量和归一化到同一个小组早期的测量值 [63]。在一些报道中，对离化达到的程度和它的测定都有了改善 [64]，意味着底特律组的结果现在不光可以作为离化的上限和下限，而且可以作为互相比较的标准值。如果 $f=1$，就可以确保正电子是和氢原子发生散射 (更详细的测量过程在本章下面介绍)。

氢原子和氢分子的鉴定上面已经说明。

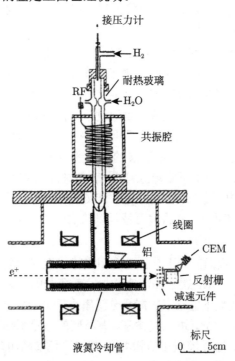

图 3.2.10　底特律组用于正电子和电子与氢原子碰撞的冷气室安排的示意图 [59]

靶气体的密度数 n 由测量时气体的压强和温度决定，长度 $L(=109\mathrm{cm})$ 取散射室出入口之间的轴向距离。I 和 I_0 都需要对 CEM 计数中虚假的部分进行修正。本工作中正电子束的信噪比通常大于 100:1，有时大于 1000:1，在测量电子束时会更

好 (典型值大于 500:1)。测量总截面时的操作过程是: 在正电子束的每个能量下改变散射室中的气体密度, 能确保 I/I_0 有适当的指数关系 (式 (3.2.1))。

为了得到正电子、电子和氢原子的总截面 $Q_{\mathrm{T}}(\mathrm{H})$ 的绝对值, 可以把放电管打开, 测量弹射粒子束的衰减 $[(N_0/N)_{\mathrm{rfon}}]$ (这里 N_0 是弹射粒子束透射通过没有气体时散射室出口的粒子数, 散射室长度为 L, N 是在散射室中充上靶气体后透射的数目), 再关上放电管, 通过放电管的氢气保持常数, 透射束流的衰减 $[(N_0/N)_{\mathrm{rfoff}}]$, 应用这些信息, 氢原子散射的总截面由下式决定 [59]:

$$Q_{\mathrm{T}}(\mathrm{H}) = \frac{Q_{\mathrm{T}}(\mathrm{H_2})}{\sqrt{2}} \left\{ \frac{1}{f} \left[\frac{\ln(N_0/N)_{\mathrm{rfon}}}{\ln(N_0/N)_{\mathrm{rfoff}}} - 1 \right] + 1 \right\} \tag{3.2.5}$$

式中, $f = 1 - n'(\mathrm{H_2})/n(\mathrm{H_2})$, 是氢分子的分解程度, $n'(\mathrm{H_2})_{\mathrm{rfon}}$ 和 $n(\mathrm{H_2})_{\mathrm{rfoff}}$ 别为放电管打开和关闭时散射室中氢分子的密度数。

6. 电子、正电子和氢原子散射总截面的比较

图 3.2.11 是底特律组 Zhou 等 [62] 测量的正电子、电子和氢原子散射总截面的实验结果。从图中看到, 电子的总截面 (◦) 是倾斜着下降, 而正电子 (·) 是 "一波三折", 如果把它分为三段: (I) 先下降; (II) 再上升, 并和电子的总截面合并; (III) 又和电子一起并肩下降。我们把正电子散射的总截面以阶段 I、阶段 II、阶段 III 表示, 为什么会出现下降, 上升, 又下降的现象? 显然是粒子、反粒子和气体相互作用的区别所致。

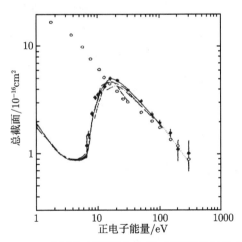

图 3.2.11 正电子–氢原子和电子–氢原子散射总截面

实验: · 正电子; ◦ 电子; 两组数据都引自 Zhou 等 [62]。理论计算: —— 来自文献 [65]、[66]

正电子散射总截面和电子散射总截面并不一样, 这是在人们意料之中, 因为正电子和电子虽然质量、带电量等很多性质一样, 但所带电荷符号是相反的, 而且更

重要的是粒子和反粒子的差别。我们在下面先作定性的简单解释。

　　7. 正电子和氢原子、氦原子散射总截面的解释

　　正电子散射总截面 σ_{T} 是所有可能被弹射粒子利用的散射通道上散射偏截面之和。对电子，散射偏截面来自以下三个通道：① 弹性散射通道，散射使束流偏离了原来的方向；② 激发通道；③ 离化通道。而对正电子，除了上面的三个通道，额外有：④ 正电子–电子湮没而引起束流中正电子的损失；⑤ 正电子素 (Ps) 形成而引起束流中正电子的损失，共五个通道。所以正电子散射中包含了更多的物理内容，我们先讨论弹性散射，其余在后面讨论。

　　在很低的入射正电子能量下，如果弹性散射是唯一开放的通道 (除了只有很小的电子–正电子湮没偏截面)，则散射总截面和弹性散射偏截面是一样大的，截面可以用为了单通道弹性散射而发展起来的近似方案来进行理论计算。当正电子的动能增加时，需要重新考虑，非弹性过程也成为可能，散射过程的适当公式也应包含在所有开放通道的耦合之间。

　　图 3.2.12 是正电子、电子和氢原子的散射总截面示意图，可以看到和图 3.2.11 很类似。图中符号 E_{Ps} 是正电子素形成阈值，对原子靶 E_{Ps} 是最低非弹性阈值，也就是非弹性散射过程的开始点位于正电子曲线中正电子素形成阈值 E_{Ps} 处 (图 3.2.12 中箭头处)。正电子素形成阈值对氦为 17.8eV，这是对任何原子的最高值。

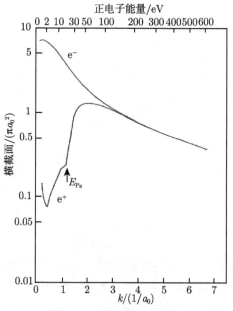

图 3.2.12　正电子–氦原子、电子–氦原子的散射总截面性质的示意图
引自文献 [19]

可以看到, 在低能时电子、正电子两种粒子的散射截面在幅度上有很大的差别, 它们在大约 200eV 时合并, 非弹性散射过程的开始位于正电子曲线中正电子素形成阈值 E_{Ps} 处 (箭头处)(下面的横坐标是理论计算中的一个参数)。

1) 弹性散射通道

阶段 I 和 II, 正电子总截面小于电子总截面, 这个性质可以直接归因于在正电子–原子相互作用中吸引极化和相斥态成分的部分消除。我们可以把正电子和电子作为弹射粒子进行比较, 其中最详细的部分是与原子和分子的相互作用的相关性质, 见表 3.2.1。主要的差别来自两种弹射粒子电荷的符号相反, 这对碰撞过程能产生深远的影响。对靶原子或分子, 正电子可以被分辨出和电子不一样, 因此认为正电子和弹射粒子的交换效应是缺少的。

表 **3.2.1** **电子、正电子与原子相互作用的主要性质的比较** [19]

	电子	正电子
静电相互作用	吸引	排斥
极化相互作用	吸引	吸引
和电子的交换	是	否 1)
正电子素形成	不可以	可以 2)
电子–正电子湮没	不发生	发生 3)

1) 电子可以和电子发生交换效应, 而正电子和电子是不同粒子, 不会发生交换效应。

2) 只有正电子可以形成正电子素, 这在电子和原子的散射中是不会发生的。

3) 正电子在与气体原子的电子相遇时有可能发生正电子–电子湮没, 这在电子和原子的散射中也是不会发生的

另外, 正电子和电子的静态相互作用大小相等但符号相反, 电子和原子之间是直接的吸引静电相互作用, 而正电子和原子之间的静电相互作用是排斥势, 即正电子和原子核的排斥, 正电子–原子核是短程的排除势。但极化势是弹射粒子电荷的二次方关系, 是吸引势; 正电子不能穿透进入核内, 正电子只能在原子的外围, 引起电子云的极化。极化势 $V(r)$ 和距离的 4 次方成反比, 即 $V(r) = -\alpha_{d}e^2/2r^4$。$\alpha_{d}$ 是原子的偶极子极化率。这种渐进的形式对电子和正电子是相同的, 但正电子的 r 更大。低能正电子使电子云产生极化, 极化势可以克服短程相斥, 使正电子–原子产生净吸引作用。这样在电子中弹射粒子和靶之间两个重要的相互作用成分符号相反, 因此趋向于抵消。正电子的全部相互作用通常比电子少了很多吸引势。因此, 当弹射粒子的能量低时, 对正电子, 当极化势为最主要影响时, 正电子的散射总截面要比电子的小很多, 这已经在图 3.2.11 和图 3.2.12 中清楚地画出。

在 I 和 II 之间, 从下降到开始上升, 最低点为 Ramsauer-Townsend 极小 (R-T 极小), 在该极小附近, 许多其他的原子和分子也显示出在较低的弹射能量时正电子有比电子更小的截面, 这个性质可以直接归因于在正电子–原子相互作用中吸引

极化和相斥态成分的部分消除 (但是在该模型中也有些例外, 最值得注意的是碱金属原子)。正电子–氢分子散射正电子的数据显示在 3eV 处有 R-T 极小, 近似为 $10^{-16}\mathrm{cm}^2$。

2) 正电子湮没通道

正电子湮没主要发生在热化 (即正电子把能量降低到很低的 kT 量级) 以后, 国内早期的正电子湮没研究样品主要是固体, 特别是金属, 由于材料密度大, 正电子通过在物质中离化碰撞损失它的大部分动能, 在金属中具有高效的能量损失过程, 从时间上说在注入后大约几 ps 内就有可能达到热化。在密度小一些的聚合物中热化时间会稍长一些。而对气体样品国内基本上没有开展研究, 在气体样品中正电子热化产生了新的问题。

和固体相比, 即使一标准大气压下的气体样品其密度要小很多, 来自同位素源的正电子将花很长的时间去热化正电子, 正电子扩散长度也很大, 为此需要把样品室做得很大, 使测量湮没 γ 光子产生困难, 并且有一部分正电子会在样品室的壁上湮没, 反映的并非样品的信息。所以人们想到事先把正电子慢化, 产生慢正电子束 (具体方法见第 1 章文献 [3] 第 424 页和第 1 章文献 [4] 第四章)。

在原先的正电子湮没实验中, 包括低能正电子束实验, 主要就是研究正电子和正电子素的湮没, 除了考虑湮没 γ 光子可能在样品中产生新的缺陷, 我们几乎不考虑其他效应。但是在正电子和气体的散射实验中, 上面所说的各种通道 (弹性散射、Ps 形成、激发、离化和正电子–电子湮没) 都要考虑, 虽然弹性散射和正电子湮没总是可能的, 但是正电子湮没的截面为 $10^{-20} \sim 10^{-22}\mathrm{cm}^2$, 非常小, 所以对 σ_T 的贡献可以忽略 (除了零正电子能量入射的极限情况之外), 但是这个通道也是要经常提到的。

3) 正电子素形成通道

我们再看图 3.2.11 中的阶段III, 在能量区域 15~100eV 范围内, 正电子总截面超过电子的总截面 (超过不大)。电子–氢的实验数据和 de Heer 等 [67] 所得出的半经验值很好地符合, 也和各种理论值很好地符合, 正电子的数据在整个 8~300eV 能区内和 T 矩阵计算 [68] 都能很好地符合, 在 50~300eV 能区内和 Walters [69] 的结果很好地符合。低于正电子素形成阈值时 Zhou 等 [62] 的实验结果和精心的耦合态计算 [65,66] 很好地符合。

正电子素被定义为由一个电子和一个正电子组成的中性的准束缚态, 化学符号为 Ps。它类似于氢的结构, 但其约化质量是 $m/2$, 能级的总值减少到氢原子的一半, 所以正电子素的基态束缚能近似为 6.8eV。正电子素可以以 $S=0$ 和 $S=1$ 两种自旋态而存在。$S=0$ 为单态, 这时电子和正电子的自旋是反平行的; $S=1$ 为三重态, 这时电子和正电子的自旋是平行的。自旋态对正电子素的能级结构有很大的影响, 同样对它的自湮没寿命有很大的影响。这些内容在国内正电子领域是大家熟知的。

在气体中或者在固体表面上可以产生正电子素原子，我们把讨论限制在气体中。可以通过把一个正电子和一个原子或分子相碰撞而产生正电子素，可以写成

$$e^+ + X \rightarrow Ps + X^+ \tag{3.2.6}$$

式中，X 是原子或分子，X^+ 表示已经离化。正电子素形成阈值为

$$E_{Ps} = E_i - 6.8/n_{Ps}^2 \tag{3.2.7}$$

式中，E_i 是原子或分子的离化阈值，$6.8/n_{Ps}^2$ 是正电子素态在主量子数为 n_{Ps} 时的束缚能，能量的单位是 eV。对原子靶，E_{Ps} 是最低非弹性阈值。

正电子素形成是原子碰撞后重新排列中最简单的一种，因此它是引人注意的实验，也得到理论的重视。若入射正电子能量超过了靶原子离化能和正电子素束缚能之间的差，正电子素就可以形成 (见式 (3.2.6))。如果靶原子的离化能小于 6.8eV，即使入射动能为 0，正电子素形成为基态是可能的，对这个放热反应，形成截面为无穷大。但更普通的是正电子素形成阈值是在一个正的弹射粒子能量上，如对原子氢为 6.8eV，正电子注入激发的最低阈值是比在所有原子中形成基态正电子素更高的能量，因此在两个阈值之间存在一个能量间隙，其中仅有两个散射过程是弹性散射和基态正电子素可以形成。在这个能量间隙中 (就是所谓的 Ore 能隙) 正电子素可以形成 (关于 Ore 能隙更详细的描述可见第 1 章文献 [3] 第 62 页)。

在低能时，在正电子素和其他系统之间缺少直接的静电相互作用，对极化和交换效应就显得特别重要，它的偶极子极化能使正电子素束缚于几个其他系统。正电子素可以束缚于带电粒子，不管是正的还是负的，只要带电粒子的质量足够小。若两个电子都处于自旋单态，正电子素可以束缚在氢原子上，形成氢化正电子素分子 PsH，同样还可以束缚正电子素而形成正电子素分子 Ps_2，两个电子和两个正电子必须分别处于自旋单态，Mills[70] 把它用于玻色–爱因斯坦凝聚，还可以形成 Ps。

上面对三个阶段的解释是初步的，下面是更多的开放通道。

在 Ps 形成阈 E_{Ps} 以上，随着正电子能量的增加，散射总截面经历了明显的增加，实验证实，这种增加很大程度上归功于通过式 (3.2.7) 的 Ps 形成。相当大的贡献还来自靶的激发，更重要的是来自各自阈值以上的离化，这些是阶段 II 正电子总截面上升的原因。和开放的非弹性通道有关的 $\sigma_T(e^+)$ 的结构明显相反，电子的散射总截面有更平滑的能量关联，这主要归因于这个弹射过程中弹性散射截面的贡献。实际上阶段 II 已经不属于弹性散射的范围，阶段 III 更是多种通道的结果，我们在这里只是统一地解释总截面的全部曲线。

4) 激发通道

正电子碰撞激发靶系统，从一个能量为 E_0 的初始态 (通常为基态) 到能量为 E_f 的终态，唯一的可能是需要入射正电子能量超过阈值 $E_{ex} = E_f - E_0$。正电子初

始态和终态的动量的大小分别为 k_0 和 k_f，根据能量守恒有

$$\frac{1}{2}k_0^2 + E_0 = \frac{1}{2}k_f^2 + E_f \tag{3.2.8}$$

在电子散射时，存在弹射粒子和靶中电子之间的交换，靶中所有在能量上可以接受的态都可以被激发，但在正电子碰撞中只有那些靶的总自旋没有变化的转换才能被接受。

正电子–靶相互作用势和相应于电子的势大小相等但符号相反，因此如果电子交换被忽略，在第一玻恩近似中电子和正电子激发截面是相等的。在足够高能量时，对氢为几百 eV 的情况下，第一玻恩近似对激发截面角度积分能产生精确的结果。

Omidvar[71] 指出，对原子氢的激发截面，从它的基态到具有量子数为 n_H 的激发态，第一玻恩近似正比于 $1/n_H^3$，这里比例常数取决于轨道角动量 l 的值，这样就得到了对总激发截面 σ_{ex} 的贡献。

在正电子散射的全部处理中，包括激发在内的所有开放的通道是联系在一起的，对各种散射过程的截面是一起确定的，这样一种方法已经在应用耦合态方法的正电子–氢散射的计算中被采用，主要的工作有文献 [65]、[66]。他们在中等能量区域得到最精确的结果，确定了激发到 2S 和 2P 态的截面，也包括了弹性散射截面，正电子素形成到不同的态的截面和离化截面。在图 3.2.13(a) 中的 1S-2S 激发截面显示了从阈值开始 (大约在 10.2eV 处) 很快上升，一直到大约 15eV 处的 $0.33\pi a_0^2$，然后平稳地下降，粗略地呈一指数的形状，直到在 100eV 附近的值 $0.06\pi a_0^2$。与此相反，在图 3.2.13(b) 中 1S-2P 共振态激发截面，从阈值开始稍微缓慢地上升，在 20eV 处达到很大的极大值 $0.9\pi a_0^2$，然后是一个很宽的平坦区，接着截面又慢慢地下降到 100eV 处的 $0.77\pi a_0^2$。在能量超过 40eV 后类似于总离化截面的值，这两个截面变得相等，都成了对散射总截面的主要贡献。

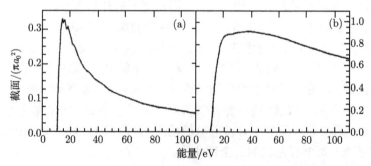

图 3.2.13   应用了 30 个氢态和膺态，再加 3 个正电子素态的耦合态近似计算得到的原子氢的激发截面

(a) 1S-2S；(b) 1S-2P[66]

5) 离化通道

人们感兴趣地注意到在氢原子中对正电子、电子两种弹射粒子的理论和实验所得的总截面在 12eV 以上开始互相接近 (图 3.2.11)，但真正的合并在 100eV 以上才发生。如 Zhou 等 [62] 所强调，尽管在偏截面中合并的发生有很大的差别 (如 30eV 能量电子的弹性散射截面比正电子的高大约 4 倍，正电子素形成截面几乎是正电子总截面的 50%)，Zhou 等推测这是由于在各种通道间一些耦合的形式，结果对两种弹射粒子的总截面是非常类似的。

对氢的离化截面 σ_i^+ 的详细研究是由比勒费尔德 (Bielefeld) 研究小组报道的 [72,73]。他们认为电离是从甄别正电子素的形成中得到的，在那里同样有残留离子，可以通过同时探测散射正电子和离子，使之与正电子素区别开来。在中等能量下把电子碰撞离化截面归一化，用来设置绝对的标尺，离化截面和弹射粒子电荷的正负无关，所以预言对正电子和电子，其离化截面是一样大的。

8. 正电子和氢原子、氦原子散射总截面的异同

氢原子和氦原子都是比较简单的原子，正电子和氦原子的散射会与正电子和氢原子散射总截面有区别吗? 显然这是一个必然联想到的问题。

前面已经介绍，低能正电子和电子被氢分子 H_2 散射的总截面分别如图 3.2.8(a) 和 (b) 所示，在中等能量的实验数据如图 3.2.9 所示。图 3.2.8(b) 结果显示，电子的数据随能量的增加从 2eV 处的 $20\times10^{-16}cm^2$ 单调下降，图 3.2.8(a) 正电子的实验数据 [43] 显示在 3eV 处有 R-T 极小，近似为 $10^{-16}cm^2$。

氦原子是实验中研究得最彻底的一种靶，同时也在理论中受到很大注意。

图 3.2.12 是正电子、电子–氦散射总截面的一个示意图。从图中看到正电子、电子和氦散射与正电子、电子和氢散射的图 3.2.11 基本上是类似的。对氦正电子散射总截面的 R-T 极小在 2eV 附近。这个极小是由吸引极化势的部分取消与正电子和靶原子之间相互作用中相斥静态成分而引起的，在一个特殊的能量值引起 s 波相移为 0。在电子–靶相互作用相应的两个成分都是吸引势，全部相互作用将充分吸引而使 s 波相移为 πrad(或者数倍于 πrad)。前面已经提到，静态相互作用中符号的差别也使相应的电子和正电子散射截面有很大的差别，在图 3.2.11 中可以看到，在正电子的 R-T 极小的能量处，正电子散射总截面比电子低了近两个量级。能量更高时的离化、激发等和正电子与氢原子、氦原子的散射类似。正电子素形成阈值对氢原子为 6.8eV，对氦原子为 17.8eV。

9. 正电子和惰性气体分子的散射总截面

惰性气体由于结构简单，性能稳定，化学纯度特别高，无论是电子散射，还是正电子散射都是重要的研究对象，也有大量的研究成果，我们在这里需要详细说

明。表 3.2.2 给出了惰性气体的物理化学性质。

表 3.2.2　惰性气体的物理化学性质

	He	Ne	Ar	Kr	Xe
范德瓦耳斯半径	2.8	3.08	3.76	4.04	4.32
静态原子极化率	1.38	2.67	11.08	16.8	27.16
Ps 形成阈值/eV	17.8	14.76	8.96	7.19	5.33
第一离化能/eV	24.6	21.56	15.76	13.99	12.13
电子数目	2	10	18	36	54

1) 正电子和氦的散射总截面

1972 年起按时间先后的早期测量氦总截面的文献有 [23]、[25]～[28]、[33]、[74]～[85]，2005～2014 年的近期测量氦总截面文献有 [86]～[90]。从 1990 年到 2013 年的理论计算工作按时间先后有 [91]～[95]、[88]、[96]～[97]。这么多的文献如果一篇一篇仔细阅读需要不少时间，好在 Chiari 等 [98] 在 2014 年仔细研究了自从 1970 年以来所有文献，进行了认真的对比，寻找不同文献中的优缺点，指出其中一些文献可能存在的缺失，结合他们自己的测量，综合了全部数据，对氦、氖、氩、氪、氙的正电子散射总截面的实验值和理论值给出推荐值和误差范围。显然这对我们全面了解正电子在惰性气体中的散射是很有益的。

图 3.2.14 是 He 总截面图，显示大约在 1.8 eV 时总截面曲线有一极小值，前面已经说过称之为 R-T 极小，此现象需要粒子间相互作用的量子力学描述 [99]。其实在电子中 R-T 极小早已发现，在低能电子散射中第一次观察到 R-T 现象是在 1921 年和 1923 年 [100,101]。正如 Kauppila 等 [102] 指出低能时的相互作用中极化为主，在氖中也有 R-T 极小，但是在氩、氪、氙中没有观察到。在正电子–氦散射总截面中在 R-T 极小后如果进一步增加正电子能量，总截面更快增加，这是由于在 Ps 形成通道打开后 (能量为 17.8eV) 增加了非弹性散射，使总截面的上升更快，这时散射进入非弹性散射通道。在直接离化通道 (24.6 eV) 打开后总截面继续快速增加，直到一个比较宽的极大值峰，能量在 60～70eV。在惰性气体中氦的 R-T 总截面是最小的，约为 $0.06 \times 10^{-20} m^2$，在氦中总截面的极大值为 $1.2 \times 10^{-20} m^2$。这是由于氦的原子小，只有两个电子，极化率也低。

图 3.2.14 表示各个实验中氦的总截面惊人地符合，其中许多早期实验的正电子的计数率是很低的，使得早期的 Coleman 等 [81] 和近期的 Nagumo 等 [90] 差别大一些。Coleman 等认为他们测量中对角度的甄别差一些，由于把散射角度特别小的事件归于没有发生散射，于是低估了总截面。氦是正电子总截面测量中第一个基准系统。

图 3.2.15 综合了各个理论计算的结果 [93–102]，考虑了各自的误差，给出了正

电子和氦散射的总截面推荐值和误差范围的图，图 3.2.15 中各个结果符合得很好。

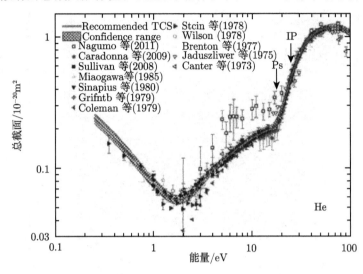

图 3.2.14 对氦总截面的近期测量和早期测量的比较

图中左面 7 个文献分别为 [79]~[81]、[83]、[85]、[87]、[88]，右面 5 个文献分别为 [26]、[74]、[76]~[78]

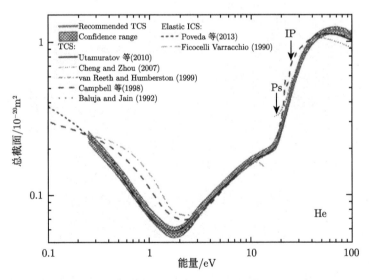

图 3.2.15 综合了各个理论计算的结果，考虑了各自的误差，给出了正电子和氦散射的总截面理论推荐值和误差范围的图

图中左面 5 个文献分别为 [92]~[95]、[97]，右面 2 个文献分别为 [91]、[98]

2) 正电子和氖的散射总截面

类似氦，1973 年起按时间先后的早期测量氖总截面的文献有 [26]、[27]、[33]、

[77]~[82]、[103]~[110]，其中后两篇是近几年的工作。氖的散射总截面的理论工作
的文献有 [92]、[97]、[108]、[111]~[119]。

图 3.2.16 是氖中正电子散射总截面实验值的汇总，从图中看到实验之间符
合得很好，总截面的形状是类似的，大小有些差别。早期的结果，如 Jaduszliwer
等 [103,104]，Tsai 等 [105]，Sinapius 等 [83] 的数据最低能量时稍微有些发散，特别是
Sinapius 等 [83] 的数据受向前大角度散射的影响更大些。在图中只有 Jones 等 [108]
的总截面在 13 eV 以下用向前角度散射效应修正过。在图中两个最近的测量用了
加磁场的阱基束 [108]，以及没有磁场的谱仪 [109]，互相之间符合得不好。后者的总
截面大于前者，但是形状还是类似的，这说明，两个测量受系统误差的影响，受压
力、相互作用长度的影响。另外，Nagumo 等 [109] 的散射数据误差大。

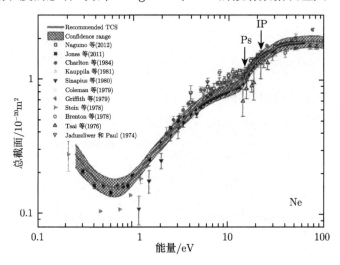

图 3.2.16   正电子–氖散射总截面

也给出了总截面推荐值和误差。图中 11 个文献从上到下分别为 [80]~[84]、[104]~[109]

图 3.2.16 中给出了氖的总截面推荐值，和大多数实验符合，Charlton 等 [107]，
Sinapius 等 [83]，Stein 等 [80]，Tsai 等 [105]，Jaduszliwer 等 [103,104]，Nagumo 等 [109]
在低能时符合差些，所以没有用作推荐值，这些实验都低于早期的实验，澳大利亚
组的实验好些 [110]。

从图 3.2.17 看到不同理论工作之间在能量 ~1eV 时符合得很好，都在 Chiari
等 [98] 推荐值的误差内，只有 McEachran 等 [115]，Nakanishi 等 [116] 的早期结果差
些，Baluja 等 [92] 在高能时差些。Fursa 等 [119] 的结果最好。但是在 1eV 以下不同
结果之间符合不太好。

3) 正电子和氩的散射总截面

氩也是很好的靶。类似氦，1970 年以后按时间先后的测量氩总截面的文献

有 [26]、[27]、[33]、[82]~[84]、[103]、[105]、[107]、[108]、[120]~[124]，其中后面的 3 篇是 2000 年以后的。1970 年以后按时间先后的理论计算氖总截面的文献有 [92]、[97]、[108]、[111]、[112]、[116]、[117]、[119]、[123]、[125]~[131]。

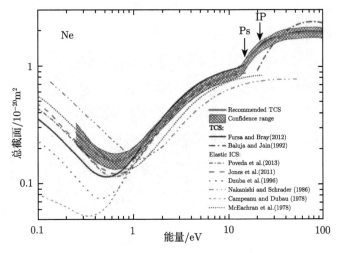

图 3.2.17 氖中总截面的理论计算

图中只给出两篇关于总截面测量的文献，从上到下的两个文献是文献 [119]、[92]。其余的文献是弹性散射积分截面 ICS 计算，在这里我们没有涉及

氩的体积比 He 和 Ne 大，截面也大。图 3.2.18 显示氩的总截面测量，从最低能量起，总截面很快下降，一直到 ~1.3eV 能量时的最低值。这个性质反映出氩有比较大的极化率，可以在很低的能量下克服静态斥力而吸引偶极子相互作用。在 ~1.3eV 以上总截面继续下降，但是降得慢了，在 Ps 形成时突然上升，再增加能量，直接离化通道开放，在 40eV 时总截面达到一个宽的极大值，再下降。氩的总截面曲线形状与 He 和 Ne 的相当不一样，没有像那两种惰性气体一样显示 R-T 极小。但是 Kauppila 等 [120] 的数据认为有 R-T 极小，他们的理论预言也存在极小。

图 3.2.18 中总截面的不同实验曲线仅仅形状类似，其大小相差比较大，特别在低能时差别更大，主要是由于不同实验中角度甄别不同，Jones 等 [108] 已经修正，他们和 Zecca 等 [124] 差别比较大，可能是 Zecca 等 [124] 修正大了，两个实验之间其实符合很好。

图 3.2.18 也显示氩的总截面推荐值，澳大利亚组的总截面数据比较好，他们对向前散射角度修正得好。但是在 0.6eV 以下他们的数据也明显比意大利特兰托组的数据偏低，而后者没有修正。早期的测量数据不好。

图 3.2.19 氩散射的最新计算，也是从最低能量开始很快下降，到 1eV 时下降慢了，Ps 形成阈值时又上升，和实验能够符合，计算和总截面推荐值符合，也和其

他实验[105,125] 符合，和在 Ps 形成阈值以下符合[97]，在非弹性散射阈值和第一离化势之间符合[130]，和在非弹性散射以后符合[119]。

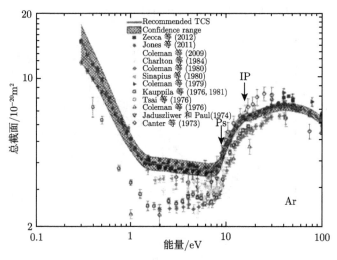

图 3.2.18　氩中总截面实验值

图中 12 个文献从上到下分别为 [26]、[76]、[82]～[84]、[105]、[107]、[108]、[118]、[120]、[122]、[124]

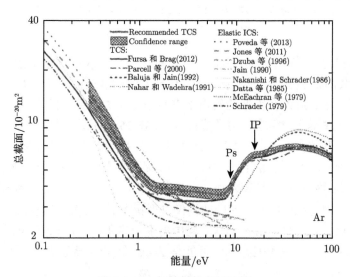

图 3.2.19　氩散射的最新计算

图中左面 4 个文献分别为 [92]、[119]、[128]、[130]，右面 8 个文献分别为

[97]、[108]、[111]、[112]、[117]、[125]～[127]

4) 正电子和氪的散射总截面

大气中含少量氪，很昂贵。1970 年以后按时间先后测量氪的总截面的文献有

[26]、[83]、[132]~[136]，计算总截面的工作有 [92]、[119]、[130]。

图 3.2.20 为氪总截面测量，和氩的总截面曲线 (图 3.2.18) 的形状类似，从最低能量开始显著下降，在 1eV 改变斜率，到 Ps 形成阈值开始上升。峰在 35eV，Kr 的总截面曲线没有 R-T 极小，比较图 3.2.20 和图 3.2.18，Kr 的总截面大小在所有的能区比 Ar 大得多，特别是在低能时，大了 3 倍。Kr 的极化率比 Ar 大了 ~50%，电子数多了一倍。

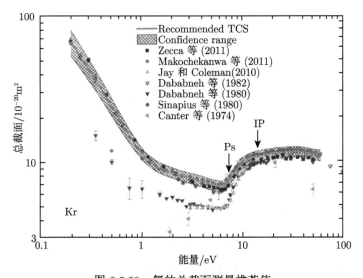

图 3.2.20　氪的总截面测量推荐值

从上到下的 7 个文献分别为文献 [27]、[83]、[132]~[136]

图 3.2.20 中氪的总截面的几个实验符合得很好，只有 [26]、[27] 差些，只有澳大利亚组对数据修正文献 [132] 向前角度散射。类似于 Ar(图 3.2.18)，ANU 组 [132] 和意大利 Trento 组 [136] 不同，Bielefeld 组 [83] 测量由于向前散射误差影响了 3 个工作，图 3.2.20 显示文献 [27]、[26]、[132]、[134] 的总截面和前面说的不符合。文献 [132] 和最近两个测量符合。

图 3.2.20 还给出和氪总截面的推荐值。ANU 组的数据对向前散射作修正，推荐值大致来自该文献。在 1eV 以下 ANU 组的最低点太低，这时推荐值用 Trento 组的，是低能时最好的。推荐值来自文献 [83]、[133]、[135]、[136]。文献 [26]、[27]、[132] 仅部分在推荐值之内 (6~20eV，和 ~10eV 以上)。文献 [134] 在误差之外。

图 3.2.21 中是氪的各种计算总截面，计算的总截面显示都跨越很大的区间。两个最新的理论 [92,130] 很好理解。

5) 正电子和氙的散射总截面

氙是最稀少的原子，最近 40 年总截面的实验工作按时间先后有 [27]、[83]、[121]、

[122]、[132]~[134]、[138]、[137]，理论工作按时间先后有 [134]、[139]~[145]。由于电子数多，对理论工作是挑战。

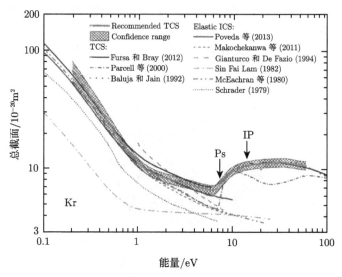

图 3.2.21　　氪的总截面计算推荐值

左面从上到下的 3 个文献是文献 [92]、[119]、[130]。右面的文献是弹性散射积分截面 ICS 计算，在这里我们没有涉及

图 3.2.22 给出上面文献关于总截面的比较，低能时与稳定惰性气体和最大原子极化率的性质符合 (表 3.2.2)，从 0.25eV 开始到 ~4eV 看到总截面减少，然后由于 Ps 形成通道的打开总截面上升，吃惊的是总截面在 10eV 左右达到最大值后，在第一离化能前又缓慢下降。与图 3.2.18 和图 3.2.20 比较，出现最重的惰性气体的总截面明显大于第二重的惰性气体，符合物理–化学中性质 (表 3.2.2)。在氪中总截面实验的比较，不同实验定性符合，仅 ANU 组数据 [137] 作了向前散射修正。文献 [83]、[137]、[138] 大小接近。高分辨弹性微分截面 DCS 可以测定向前散射关联，3 个数据变得更一致。图 3.2.22 中其他结果显示比后面要说的 3 个结果有小的总截面，当入射能量变小时矛盾变大，这和早期的实验符合。ANU 组 [137] 和 Trento 组 [138]，随着入射能量减小向前散射关联减小 [84]。

氪的总截面推荐值如图 3.2.23 所示。大部分来自 ANU 组数据，按向前散射修正。在 1eV 以下推荐值来自 Trento，没有修正，和 Detroit 组数据 [132,133] 比相差小。在很低能量，真正的总截面大于 Trento 组结果 [83]，较高能量 (>7eV) 时，Coleman 等 [121] 的数据及 Jay 等 [134] 的数据大于图中要求的误差。

图 3.2.23 氪中总截面和弹性散射积分截面的理论结果。包括文献 [92]、[119]、[146]。氪中总截面 (和弹性散射积分截面 ICS) 的理论值，在 Ps 形成阈值以下的

能量关系是类似的，但是大小有差别，在低能 (0.1eV) 时相差 4 倍。大部分理论值比最近的总截面测量值低，也有在最低能量时比最近测量值大。由于有向前散射效应，也很难评估实验值和理论值哪个合适。Poveda 等 [97] 的计算和推荐值在 Ps 相差阈值以下最符合，而在第一离化能以上文献 [119] 最好。在这两个非弹性散射阈值之间没有一个理论值能在形状和大小上与推荐值符合。

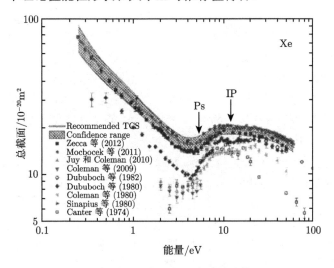

图 3.2.22　氙中总截面实验的比较

图中 9 个文献分别为文献 [27]、[83]、[121]、[122]、[132]∼[134]、[137]、[138]，还给出实验推荐值

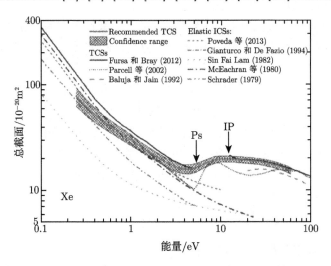

图 3.2.23　氙的总截面计算推荐值

左面从上到下的 3 个文献是文献 [92]、[119]、[146]；右面的文献是弹性散射积分截面 ICS 计算，在这里我们没有涉及

6) 惰性气体中正电子散射总截面的小结

这里我们综述了正电子和惰性气体的散射。这些测量始于 20 世纪 70 年代和 80 年代，最近的工作主要是对小角度散射作甄别，修正数据，再和前 20~40 年的工作比较。对特别小的散射角度修正，所以要做高质量的散射实验，主要是 Trento 大学和澳大利亚 ANU 组。数据已经改善很大，事实上，测量总截面工作转到非常低的能量 (<1eV) 的总截面，显示有 $1/E$ 的关系，Xe 显示有 $1/\sqrt{E}$ 能量关系。He 和 Ne 在 1eV 入射正电子能量以下的工作仍然不多，所以对这两种比较轻的惰性气体在非常低能量时的总截面性质仍然不很明确。

从实验的观点看，最近的测量得到改善，测量总截面的仪器得到改善，进一步需要增加慢正电子束流的强度，角度甄别，要扩展到 0.5eV 以下的低能区。在几百 eV 以上的能量区域已经不需要特别考虑，因为在高能时正电子散射截面会和电子散射截面合并，利用已经有的电子的数据就可以了。

需要特别注意的是正电子–原子 (或者分子) 共振散射截面，在理论研究中对共振散射是有信心的，但是在实验上由于受仪器分辨率的影响，观察受阻。要求仪器的分辨率好于 ~0.3eV(FWHM)，现在国内的设备与此要求相距甚远。由于现在的实验中正电子源的强度不够，限制了对正电子束缚于原子性质的预言，所以要求进一步增加源的活度，由于源十分昂贵，限制了国内绝大部分实验室从事散射研究，特别是共振散射研究。但是在正电子研究事业中正电子散射也是一项重要的工作，对原子物理和分子物理有很重要的作用，即使在国外现在也仅有为数不多的单位在研究，所以我们作了大量综述。

在理论方面有了很大发展，计算总截面，计算弹性散射积分截面，特别是使用了"收敛近耦合"近似和"模型势"近似。但是仍然需要进一步改善理论计算，增加和实验的对比。

正电子和氢原子散射，和惰性气体原子散射，和碱金属原子散射，需要高分辨率、高精度的测量，需要进一步研究共振散射。

在研究了正电子和惰性气体的散射总截面以后，还需要研究引起总截面变化的原因，如是由弹性散射引起的，还是非弹性散射 (如正电子素形成、离化或者激发) 引起的。这些统称为偏截面，总截面是否是所有偏截面之和呢？这些将在下面介绍。

10. 正电子和其他一些分子的散射总截面

1) 正电子和氮气散射的总截面

N_2 的数据在比较早就已经完成，Charlton 等 [32] 用 2~20eV 慢正电子束测量 N_2、CO_2、O_2、CH_4 等气体分子的总截面 (氢气已经在上面给出)，正电子和氮分子散射总截面如图 3.2.24 所示，设备是伦敦组设备，分辨率 FWHM 为 1~2eV。他们感兴趣地注意到对氮气显示从 7eV 起 σ_T 有增加，这比 8.8eV 的正电子素形成阈值低，和理论工作不太符合。

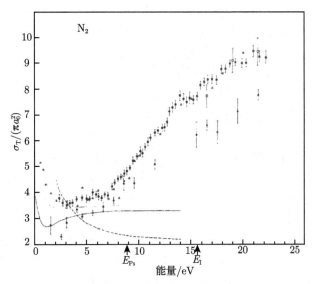

图 3.2.24　正电子和氮分子散射总截面

实验点：● 文献 [32]，□ 文献 [36]，△ 文献 [37]；理论结果：- - - - - 文献 [147]，—— 文献 [113]

对低能正电子和电子被 N_2 散射的总截面的对比如图 3.2.25 所示。

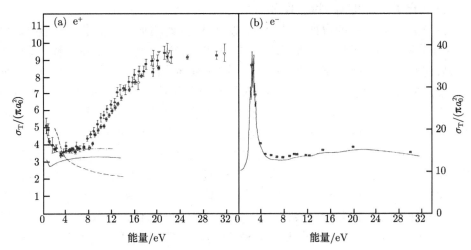

图 3.2.25　低能下正电子-N_2 和电子-N_2 总散射截面

(a) 正电子。实验：■ 文献 [41]；· 文献 [32]；○ 文献 [36]；▽ 文献 [148]。理论：- - - - 文献 [149]；——
文献 [113]；— · — 文献 [150]。(b) 低能电子–N_2 散射的简化的实验情况。不连续点来自文献 [41]，实线
来自文献 [151] 的仔细工作

Charlton 等[32] 和 Hoffman 等[41] 的数据在整个能区都能很好地符合，后者数据显示在 2eV 以下总截面很快上升。对每一点的仔细观察可揭示出一些有趣的性质，两个实验都指出在高能区截面都平稳地上升，但 Charlton 等[32] 发现在约 7eV 处开始上升，而底特律组发现在 8eV 处开始上升，这个差别的原因还并不清楚，因为两个能量和 8.8eV 的正电子素形成阈值都不符合，这种增加很可能如同 Charlton 等[32] 建议的是电子激发的开始，但 Schrader 等[152] 注意到不包括自旋跃迁的 N_2 分子激发的最低能阈为 8.6eV。

图 3.2.25 中 Darewych 等[149] 的计算结果，在 3~10eV 有一不正确的能量关系，这个结果被他们改良[150]，包括了更多的偏波，所得结果在 E_{Ps} 以下和 σ_T 的实验值能很好地符合。Gillespie 等[113] 应用极化轨道方法，得到了比实验值低的截面，最低接近 1eV，这在 Hoffman 等[41] 的数据中没有出现。Gianturco 等[49] 的数据 (在图 3.2.25 中没有画出) 发现能和实验很好地符合，特别是和 Charlton 等[32] 的数据很好地符合。

正电子的结果，在能量为 2~7eV 区有一很宽的极小值，这与 Hoffman 等[41] 和 Kennerly 等[151] 测量的低能电子截面 (图 3.2.25(b)) 形成显著的对比，电子弹射粒子惊人的性质是在 2eV 附近存在形状突出的共振中心，这是由于在碰撞时临时形成了一个负分子离子。这种现象已经被许多作者所讨论 (如文献 [153])，虽然在许多低能电子–分子系统中被观察到，但在所有的正电子–分子系统的研究中迄今还没有被观察到。

2) 正电子和氧气散射的总截面

图 3.2.26 是 O_2 的数据，显示 σ_T 从 2eV 开始增加，在正电子素形成阈值 (5.3eV) 处截面的斜率没有显著变化，说明从 E_{Ps} 到离化阈值 E_I，在这整个能区电子激发对都 σ_T 有贡献。但是在 8~13eV 截面是有结构的。最后的数据是对三个分别的能量的加权平均，都能通过这个能区，但是从统计上说 σ_T 相当不一样，这个情况在图 3.2.26 中类似，也可以从各个情况去看。这种结构的来源不能从总截面的测量中决定，期望是由于电子激发或者是 e^+-O_2 形成了化合物态。

图 3.2.27 是 Trento 大学 Chiari 等[154] 对 O_2 的测量以及理论计算的比较，随着技术的发展，可以在更低能量和更高能量下测量，而图 3.2.26 只是在用 2~20eV 慢正电子束测量，即只是图 3.2.27 中的一小段，两个实验的大小还是符合的。对氧的总截面 (TCS) 的测量一共有 8 个工作，3 个是伦敦组的测量[32,36,155]，时间在 1975~1983 年，一个是东京大学 1987 年测量[156]，一个是底特律组 Wayne 大学 1988 年的测量[157]，加州大学 2005 年的测量[158]，还有意大利 Trento 大学。第一个理论研究正电子–O_2 散射的是 Baluja 等[159]，能量在 10~5000eV 之间，然后是 Raj[160]，Reid 等[161]，De-Heng 等[162]，Mukherjee 等[163]，但是符合得并不好。

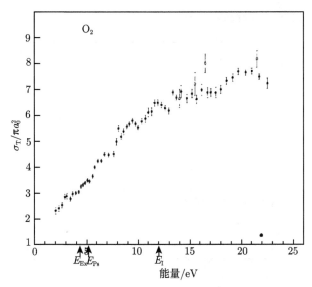

图 3.2.26 氧分子的正电子散射总截面

实验点: • 来自 Charlton 等 [32]，□ 来自 Charlton 等以前的工作 [36]

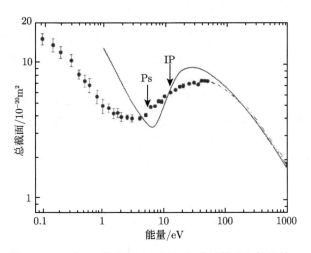

图 3.2.27 对 O_2 的测量 (•) 以及理论计算 (–) 的比较

3) 正电子和二氧化碳分子散射的总截面

低能正电子被 CO_2 散射的总截面如图 3.2.28 所示，低能正电子和电子被 CO_2 散射的总截面如图 3.2.29(a) 和 (b) 所示。在图 3.2.28 中，实验数据与 Charlton 等 [36] 和 Kauppila 等 [37] 的数据总体上是能够很好符合的。这里显著的性质是总截面有很大的上升。本分析方法包括了对几个跨越正电子峰的能区的截面的同时测定，在截面上大的上升应该是很明显的，在正电子素形成阈值 7.0eV 附近两个实验都揭示出在总截面上只有很小的峰。

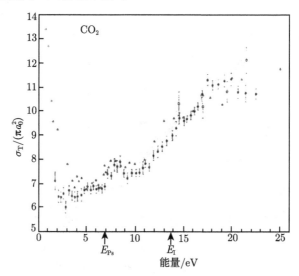

图 3.2.28　二氧化碳分子的正电子散射总截面

实验点: • 来自文献 [32] 的工作, □ 来自文献 [36] 的工作, △ 来自文献 [37] 的工作

在图 3.2.29 中 Hoffman 等 [41] 指出, 正电子和电子的两组数据在形状上是类似的, 但是电子的数据显示在 4eV 附近有一个很大形状的共振, 而正电子结果显示在 7.0eV 正电子素形成阈值时有一个 "凸起"。这个突然的上升在 Hoffman 等 [41] 和 Charlton 等 [32] 的测量中是明显的, 归因于正电子素形成的开始。而且两个实验都发现在大约 8eV 以上, 总截面有一个平台或者稍微下降, 然后是第二次上升。Kwan 等 [164] 指出在第一个激发态这个上升接近于正电子素形成的阈值, 而 Laricchia 等 [165,166] 后来的工作发现这个过程是和处于激发态的残余分子离子的基态正电子素的形成有关, 这个阈值大约为 10.5eV。

Charlton 等 [32] 和 Hoffman 等 [41] 的数据在大部分能区内都能很好地符合, 但前者的数据在 4eV 以下比后者低, 也和 Horbatsch 等 [167] 的理论工作进行了比较, 使用了极化势中的固定取舍点参数, 这些作者得到了和伦敦组很好符合的数据, 但当使用变能取舍点的方法时得到和底特律组更好符合的结果。图 3.2.23 中的曲线相应于每一个计算点, Gianturco 等 [168] 的理论工作 (没有画在图 3.2.29 中) 和实验能相当好地符合。

4) 正电子和甲烷分子散射的总截面

Charlton 等 [36] 在早期研究了在 CH_4 中正电子素形成和能量的关系, 在 CH_4 的情况下, 在 6.2eV 的 E_{Ps} 附近截面中有一个很好定义的斜率的变化 (图 3.2.30), 发现截面从阈值处开始上升, 在 10eV 和 11eV 之间达到最大, 测量显示总截面在 11eV 以上总截面停止上升, 在这个能量区域正电子素形成截面应该下降。因此似乎可以假设在这个能区电子激发过程是重要的。Schrader 等 [152] 研究正电子和 CH_4 的散射靶激发得到的阈值为 8.52eV。

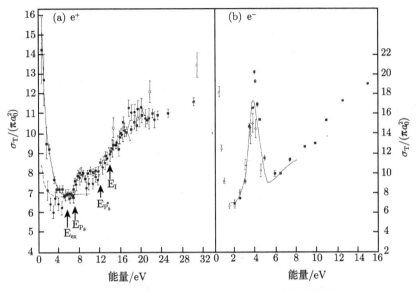

图 3.2.29 低能时正电子-CO_2 和电子-CO_2 总散射截面

(a) 正电子。实验: ■ 来自文献 [41]; ● 来自文献 [32]; ○ 来自文献 [36]。理论: 来自文献 [167]。两条曲线相应于在极化势的参数中应用了固定取舍点 (- - -) 和能量有关的取舍点 (— —)。(b) 电子的实验情况:

■ 来自文献 [41]; △ 来自文献 [169]; – – – 来自文献 [170]

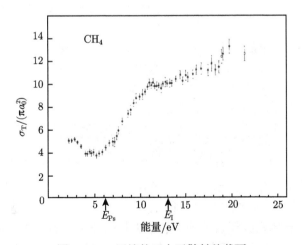

图 3.2.30 甲烷的正电子散射总截面

实验点: ● 来自 Charlton 等的工作 [32], □ 来自 Charltond 等 [36] 的工作

Zecca 等 [171] 测量了正电子和基本有机分子甲烷 (CH$_4$) 的散射总截面，能量区域 0.1~50eV，能量分辨率 ~100meV。他们还使用 Schwinger 多通道计算，静态和静态加极化水平近似，正电子能量为 0.001~10eV。计算能够和实验测量数据很好地定性符合。

图 3.2.31 是 Zecca 等 [171] 和文献 [32]、[36]、[157]、[172]、[173] 早期测量的比较，其趋势还是符合的，在低于 15 eV，Zecca 等 [171] 的结果和 Floeder 等 [173] 的结果符合，大于其他三个结果 [32,157,172]。Sullivan 等 [174] 认为是由于早期结果在低能时没有很好地处理小角散射，所以低估了总截面，而不是实验方法或者实验误差引起的。

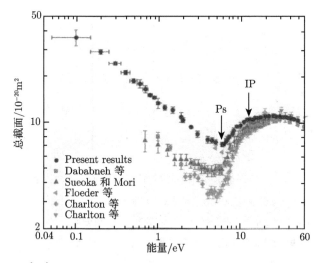

图 3.2.31　Zecca 等 [171] 和文献 [32]、[36]、[157]、[172]、[173] 早期测量共 6 次测量甲烷的正电子散射总截面的结果

在 6eV 时斜率有显著变化，是由于正电子素 Ps 形成截面加第一离化截面 IP

5) 正电子和水分子散射总截面的测量

事实上，人们除了研究了正电子和氖、氩等惰性气体之外，还研究了正电子和碱金属钠、钾等气体的散射，有和氢、氦类似的地方，也有一些不同。其他还有日本 [175] 对多原子分子、大分子总散射截面的测量，意大利特兰托 (Trento) 大学小组对甲醛 [176]、甲烷、乙烷 [171,177-180]、氧分子 [154]、乙烯树脂等的总截面测量 [181]，澳大利亚组用慢正电子束对乙烯树脂、尿嘧啶 [182,183] 的总散射截面的最新测量，我们不一一介绍了，只选择 H$_2$O 作为一个例子，这是由于迄今为止它是已经研究的具有大永久偶极子动量的很少数的分子中的一个。电子和水分子碰撞散射从 1929 年开始已经研究了很多年，Sueoka 等 [172,175,184,185] 的正电子散射数据如图 3.2.32 所示，他们是通过一个类似飞行时间系统得到结果的。从中可以

看出当碰撞能量上升和穿越过正电子素形成阈值时总截面没有显示出明显的增加和形状的变化，这和我们讨论的其他气体和惰性气体的结果成鲜明对照。事实上，从最初 1eV 的 $2\times10^{-15}\text{cm}^2$ 减小到 5eV 的 $7\times10^{-16}\text{cm}^2$，$\sigma_T$ 基本上是常数，直到 20eV(从这里开始在更高能量时逐步下降)。显然这里缺少正电子素的形成，从阈值附近弹性散射截面的情况可以想到有一可能的性质。所以迄今为止没有在水中正电子素形成的直接的研究，但用低能正电子碰撞冰的表面发现有大量正电子素发射出来[109]。在具有高偶极子动量的其他气体 (如 NH_3 和 CH_3Cl) 的正电子寿命谱研究中，已经发现有高的正电子素形成概率[186]。Sueoka 等[184] 用飞行时间谱测量 $1\sim400eV$ 的电子和正电子碰撞 H_2O 分子的散射总截面，在 200eV 以上和 2eV 以下正电子和电子的散射结果几乎一致。

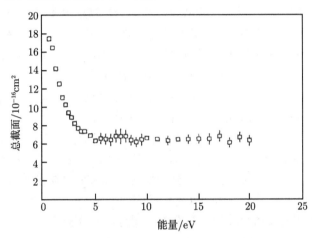

图 3.2.32   低能下正电子–H_2O 的总散射截面[184,185]

2006 年，Beale 等[187] 用改进的设备重新测量水的总截面，正电子能量范围扩大到 $7\sim417eV$，发现和 Sueoka 等[184,185] 的结果类似。

Singh 等[188] 理论计算了正电子和水的三微分离化截面。

3.2.2   总截面中的理论计算

总截面的测量值为理论计算提供了实验证据，为了解释总截面产生了众多的理论计算，我们在这里仅简单解释有关氢中的一些理论计算。

正电子散射时会有多种通道形成，如弹性散射、正电子素的形成、激发和离化、正电子湮没，要求正电子散射总截面原则上是所有开放通道的偏截面之和，当仅有少量通道开放时可以清楚地计算所有的偏截面，把它们加和，可得到 σ_T，如原子氢[189,65,66] 中的正电子散射。当弹射粒子能量继续增加时，对每一种偏截面都不能单独计算，虽然 McAlinden 等[190] 在氢原子的正电子散射中还是使用了耦合态近似进行计算, 并包含了多达 9 个态的靶原子, 波函数的扩展中有一个相等数目的正电子素态, 他们还允许膺态的离化。他们的氢原子 18 态结果和 Zhou 等[59] 的实验结果符合得很好, 他们得到了总截面的上限和下限。Kernoghan 等[191] 得到了 33 态的结果, 和 Zhou 等[62] 能量大于 100eV 的实验结果能更好地符合。在正电子素的形成阈以下, 实验结果落在精确的理论值以下。Mitroy[192] 和 Gien[193] 的正电子–氢散射研究中应用了包括氢原子和正电子素的几个态的耦合态近似, 耦合态方法的式样忽略了所有的 Ps 项。Winick 等[194,195] 应用 T 矩阵方法第一次计算了弹性散射振幅后计算在能量为 0~34eV 时正电子–氢散射的 σ_T, 在中等能量和较高能量, 在玻恩系列中展开为向前的弹性散射振幅是合适的, 在扩展中前面很少几项之和就可以给出对向前散射振幅的很好的近似。

Lugovskoy 等[196,197] 报道了两心收敛紧耦合计算正电子–锂碰撞。靶作为一个活化电子和一个不活跃的离子芯。正电子素形成通道在正负能量都利用, Laguerre-基态。大量通道和高偏波用于确保截面的收敛。发现 Ramsauer-Townsend 极小在总截面和弹性截面中的值是在注入能量为 0.0016eV 处。

Fedus 等[198] 用改进的有效区域理论 (ERT) 的分析方法研究正电子散射。有效区域理论早在 1949 年就开始应用于波函数的相移计算[199,200], 可以研究电子和惰性气体原子的散射。后来用长程极化势发展为改进的有效区域势 (MERT)[201,202], 现在增加更多的参数 (4~7 个参数)。Fedus 等[198] 用 MERT 理论计算了电子、正电子和 He、H_2、Ar、CH_4 的散射, 得到散射幅度和有效区域参数对 s 和 p 偏波积分截面结果, 进而得到微分截面和动量转移截面, 对 He、H_2、Ar、CH_4, 在正电子能量接近 0 时散射总截面都上升, 存在 R-T 极小, 和实验符合。

3.2.3   国内对正电子散射的理论研究

对国内关于正电子散射的理论研究我们只是作一个大概的提纲, 因为感兴趣的读者如果看中文的原文一定更容易交流。

甘肃广播电视大学宁雅丽[203] 用自由参数的模型势计算低入射能下 e+-He 的弹性散射。围绕 Ramsauer- Townsend 模型计算所得的结果, 其最小值接近于 Stein 等[80] 测量的数据, 由此计算出的总散射截面、微分和动量传递散射截面可与通用的实验数据和其他理论结果比较。

甘肃工业大学孙志红等[204] 用模型势方法和 STO 波函数系统地计算了低能正电子与 He、Ne、Ar、Kr、Xe 和 Rn 等惰性气体原子在非弹性阈值以下的散射角分布, 计算结果与已有的理论和实验数据吻合。通过对算得的大量微分截面 (散射角从 20° 到 160°) 的数据进行分析, 总结出了低能正电子与惰性气体原子弹性散射的规律。

孙志红等[205] 还用模型势方法和 STO 波函数, 对正电子与氦、氖、氩原子弹

性散射角分布 (非弹性阈值以下, 散射角从 20° 到 160°) 进行了系统的计算, 结果
与已有的理论和实验数据吻合。通过对计算所得的大量微分截面数据的分析, 总结
了低能正电子与惰性气体原子弹性散射的规律。

孙志红等 [206] 用模型势方法, 采用 STO 波函数, 计算了正电子与 Kr、Xe、Rn
的相互作用势, 进而用分波法系统计算了低能正电子与氪、氙、氡原子弹性散射角
在 20°∼160° 的微分截面, 结果与现有的理论计算及实验数值吻合, 并总结了低能
正电子与稀有气体原子散射角分布的规律。

河南师范大学施德恒等 [207] 利用可加性规则, 使用 Hartree-Fock 波函数, 采
用由束缚原子概念修正过的复光学势 (由静电势、极化势及吸收势三部分组成), 在
30∼3000eV 内对正电子被 CO、HCl、NH₃ 及 SiH₄ 散射的总截面进行了计算, 且将
计算结果与实验结果及其他理论计算结果进行了比较。结果表明, 利用被束缚原子
概念修正过的复光学势及可加性规则进行计算, 所得结果与实验结果的符合程度
要比利用未被束缚原子概念修正的复光学势及可加性规则进行计算得到的结果好
很多。因此, 在复光学势中采用束缚原子概念可提高正电子被分子散射的总截面的
计算准确度。

哈尔滨工业大学周雅君和同事等 [208] 计算了入射正电子能量 10eV, 40eV, 50eV,
氢原子从亚稳的 2s 态到 3s 态, 计算激发的微分截面, 方法是动量空间耦合道光
学模型。研究了在这个激发过程中离化统一体和 Ps 形成通道的影响。研究了在
10∼200eV 能量下的积分截面。他们还研究了正电子在注入时和氢类离子碰撞 Ps
形成过程, 使用了二心二通道程函 (eikonal) 终态连续统一体初始畸变波模式。对 Ps
形成到基态的微分截面和积分截面进行计算, 离子为 A$^{(Z-1)+}$, 核电荷 $Z = 1 \sim 9$。
与一级 Coulomb-Born 和连续统一体畸变波终态模式进行比较, 研究微分截面和
Thomas 双散射过程, 对 Ps 积分截面引入定标律, 在入射能量区域和 $Z \geqslant 3$ 的
氢类离子符合。

Ma 等 [209] 研究了正电子和氢碰撞时正电子素的形成。他们还用最新耦合通
道光学势方法 (CMCC), 在中等能量范围电子和正电子–Rb 散射的研究中发现, 连
续效应在能量增加到 100eV 时仍然非常重要。研究电子和正电子在 Rb 散射的连
续效应, 能量甚至高达 200eV。总的弹性和非弹性积分与微分截面已经计算, 并且
和已有的实验及理论数据进行对比。

另外, 中国科学院武汉物理与数学所史廷云等也做了些理论计算工作。我们期
待着国内有更多的实验和理论工作。

3.2.4 散射总截面的小结

正电子作为电子的反粒子, 在仔细研究了电子与各种气体分子和原子的散射
以后, 再把正电子作为入射粒子研究与各种气体分子和原子的散射显然是有意义

的，如上所述，研究得到一些对基础研究有意义的信息。正电子散射远比电子散射更复杂，有 5 个通道影响正电子散射。

由于正电子可以与靶中电子相区别，正电子没有交换相互作用。对正电子静态相互作用是斥力，而电子是引力。二者的极化相互作用都是引力。这些差别是简单的，可以比较正电子、电子和原子的散射。对正电子散射，在低能时静态和极化相互作用趋向于抵消，而对电子是相加。在足够高能量下仅保留静态相互作用，结果使正电子和电子的总散射截面一样大，可以由第一玻恩近似给出。

正电子湮没的通道很小，可以忽略，但是正电子素形成是很重要的，需要特别考虑。激发通道、离化通道在正电子散射和电子散射中都会遇到。

正电子散射物理是正电子物理和原子分子物理的交叉，事实上，用透射法和飞行时间谱方法测量简单气体散射总截面的方法在 20 世纪就已经得到主要结论，但是研究的步伐并没有停止。随着正电子物理中实验技术的发展，21 世纪以来，除了测量嘧啶、甲醇、甲醛及一些大分子气体外，更多的精力放在研究散射偏截面。

正电子散射总截面 σ_T 是所有可能被弹射粒子利用的散射通道上散射偏截面之和，这些通道包括弹性散射、Ps 形成、激发、离化和正电子-电子湮没，可能还有共振激发。在下一部分中我们介绍偏截面。上面我们已经介绍了一些偏截面，但是人们更注意研究和单独测量各种偏截面，研究微分截面、双微分截面等。

正电子物理中发展了正电子束技术，把正电子应用扩展到表面科学研究。在正电子散射物理中，把正电子束更进一步发展到更高分辨率的正电子束，这是一个重要进展，用更高分辨率的正电子束测量总截面，称为高总截面，得到一些不一样的性质，出现了一些奇怪的现象，如发现了共振散射，所以正电子物理和正电子散射物理在互相影响着发展，正电子研究散射现象至今仍然在进行和快速发展中。但是国内现在的情况主要是仅停留在以将正电子技术应用于缺陷研究为主，我们希望国内的正电子同行能够了解并深入研究正电子散射物理。

3.3　散射偏截面的计算和测量

下面我们考虑偏截面的测量问题。如果粗看，这里似乎和本章前一部分重复了，但是有区别。虽然都有弹性散射截面、正电子素形成截面、离化和激发截面等，似乎前面都已经提到过，但是前一部分仅测量了总截面，只是在解释的时候分析了影响总截面的各种原因。在这里我们要对各种因素进行测量，如测量弹性散射截面，需要排除其他因素，单独测量弹性散射截面。所以什么是偏截面？就是研究某一原因引起的散射截面称为偏截面。正电子总散射截面 σ_T 是所有可能被弹射粒子利用的散射通道上偏散射截面之和，这些通道包括：弹性散射、Ps 形成、激发、离化和正电子-电子湮没，可能还有共振激发。

3.3.1 弹性散射的偏截面

1. 弹性散射的理论

本小节我们描述动能区域从 0 到几 keV 范围内正电子被原子和分子弹性散射，主要集中在对角度求积分截面 σ_{el}，但是也涉及微分截面 $\sigma_{\mathrm{el}}/\mathrm{d}\Omega$。

在能量低于最低非弹性阈值时，弹性散射就是唯一的开放通道 (除了电子–正电子湮没之外，湮没总是可能的，但在这种情况下，通常只有小得可以忽略的截面)。对所有的原子，最低非弹性阈值是正电子素形成处，即能量为 E_{Ps} 时。对所有碱金属原子，即使入射能量为 0，正电子素仍有可能形成。分子靶通常有在 E_{Ps} 能量以下的旋转或者振动激发能量阈值，但弹性散射截面仍然期望是主要的，可超过非弹性通道的截面。

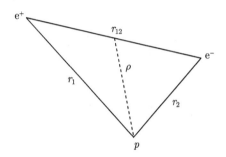

图 3.3.1　正电子–氢系统的坐标 [19]

在正电子–氢原子散射的情况下，若坐标的命名法如图 3.3.1 所示，正电子–氢系统的哈密顿量可以写成 [19]

$$H = -\frac{1}{2}\nabla_{r_1}^2 + \frac{1}{r_1} - \frac{1}{r_{12}} + H_{\mathrm{H}} \tag{3.3.1}$$

式中

$$H_{\mathrm{H}} = -\frac{1}{2}\nabla_{r_2}^2 - \frac{1}{r_2} \tag{3.3.2}$$

是氢原子的哈密顿量。如果弹性散射是唯一开放的通道，当正电子远离靶原子时，总波函数有乘积的形式：

$$\Psi(r_1, r_2) \underset{r_1 \to \infty}{\sim} F(r_1)\Phi_{\mathrm{H}}(r_2) \tag{3.3.3}$$

式中，$\Phi_{\mathrm{H}}(r_2)$ 是氢靶的波函数，形式为

$$\Phi_{\mathrm{H}}(r_2) = \frac{1}{\sqrt{\pi}}\exp(-r_2) \tag{3.3.4}$$

$$F(r_1) \underset{r_1 \to \infty}{\sim} \mathrm{e}^{\mathrm{i}kr_1} + f_{\mathrm{el}}(\theta)\frac{\mathrm{e}^{\mathrm{i}kr_1}}{r_1} \tag{3.3.5}$$

散射函数 $F(r_1)$ 的偏波扩展为

$$F(r_1) \underset{r_1 \to \infty}{\sim} \sum_{l=0}^{\infty} (2l+1)\mathrm{i}^l \left[\frac{\sin\left(kr_1 - \frac{1}{2}l\pi + \eta_l\right)}{kr_1} \right] \mathrm{P}_l(\cos\theta) \tag{3.3.6}$$

其中, η_l 是第 l 个偏波相移, $\mathrm{P}_l(\cos\theta)$ 是相应的勒让德 (Legendre) 函数。弹性散射的幅度为

$$f_{\mathrm{el}}(\theta) = \frac{1}{2\mathrm{i}k} \sum_{l=0}^{\infty} (2l+1)(\mathrm{e}^{2\mathrm{i}n_l} - 1)\mathrm{P}_l(\cos\theta) \tag{3.3.7}$$

弹性散射截面 σ_{el} 为

$$\sigma_{\mathrm{el}} = 2\pi \int_0^\pi |f_{\mathrm{el}}(\theta)|^2 \sin\theta \mathrm{d}\theta = \frac{4\pi}{k^2} \sum_{l=0}^{\infty} (2l+1)\sin^2 \eta_l \tag{3.3.8}$$

微分散射截面为

$$\frac{\mathrm{d}\sigma_{\mathrm{el}}}{\mathrm{d}\Omega}(\theta) = |f_{\mathrm{el}}(\theta)|^2 = A^2 + B^2 \tag{3.3.9}$$

式中

$$A = \frac{1}{2k} \sum_{l=0}^{\infty} (2l+1)(\cos 2\eta_l - 1)\mathrm{P}_l(\cos\theta) \tag{3.3.10}$$

$$B = \frac{1}{2k} \sum_{l=0}^{\infty} (2l+1)\sin 2\eta_l \mathrm{P}_l(\cos\theta) \tag{3.3.11}$$

从式 (3.3.7) 和式 (3.3.8) 容易得到

$$\sigma_{\mathrm{el}} = \frac{4\pi}{k} \mathrm{Im} f_{\mathrm{el}}(\theta = 0) \tag{3.3.12}$$

这就是光学定理, 它表达了在散射过程中粒子数的守恒。由此而产生一些理论计算, 图 3.3.2 是对正电子–氢原子散射偏截面的计算。

当正电子到达靶系统时, 它会使系统发生畸变, 这样总波函数不再有如式 (3.3.3) 中那样的分立形式, 然而一个等价的薛定谔方程可以从正电子中得出, 它的解仅仅是正电子坐标 r_1 的函数, 具有正确的渐近线形式, 但需要引入非局域光学势。因此, 为了得到精确的结果, 必须考虑靶的畸变, 一个相对容易的方法已经广泛地应用于研究正电子被各种靶散射, 这个方法是极化轨道方法。已经有各种理论计算, 所得结果和实验值进行比较, 可以极大地促进理论的发展。

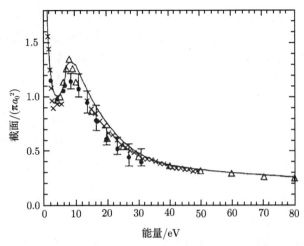

图 3.3.2　正电子–氢原子弹性散射截面的计算

—— 18 耦合态近似 [65]；× 中等能量 R 矩阵 [210]；· 动量 T 矩阵方法 [68]；△ 收敛紧耦合方法 [210]

　　在中等能量区域直至 80eV，正电子–氢弹性散射截面的最精确的值是 Kernoghan 等 [65] 的 18 耦合态结果，图 3.3.2 中同样给出了 Winick 等 [68] 的动量 T 矩阵方法的结果以及 Bray 等 [211] 的收敛紧耦合方法的结果，这三个方法的结果在能量大于 30eV 时都符合得很好。

　　曾毓繁 [212] 认为在过去的几十年中，对正电子–原子的散射的理论研究，发展了许多理论方法，例如，R 矩阵方法、密耦方法、玻恩近似方法等，但大多数理论方法都有一定的局限性。他们运用耦合通道光学势方法计算了中等能量下正电子–铷原子碰撞的电离，积分和总的散射截面。耦合通道光学势方法考虑了所有的反应通道。在计算正负电子与氢原子的散射截面时证明是成功的。目前耦合通道光学势方法已经被成功地推广到核外有两个价电子及多电子原子的情况。

2. 系统误差和弹性散射中的小角度散射

　　在前一节总截面测量中我们没有提到一些系统误差会影响正电子散射时对 σ_T 的测量误差，实际上在早期测量中就是用简单的方法得到初步结果，随着实验数量的增加，不同小组和不同实验之间的相互比较就提上日程；随着正电子理论的发展，实验和理论之间的比较也显得重要。我们现在比较全面地讨论这些误差，但是并不企图小结所有组的测量情况，各文献一般对他们的数据进行了分析，我们的小结基于 Charlton 的综述文章 [19]。

　　在透射方法和飞行时间谱方法中最常规的认识就是为了得到精确的 σ_T 值，必须分别精确测量入射流 I_0 和输运流 I、散射室中路径长度 L、气体压力 P、气体温度 T 等。在 20 世纪 70 年代和 80 年代，技术上变得可以达到比较高的精度，所用系统的误差一般已经在很多文献中描述。为了在很宽的能量范围内测定 σ_T，并使所用的统计误差一般要求小于 $\pm 5\%$。但是在不同小组的实验结果之间存在着远大于此要求的矛盾。这同样意味着在一些测量中存在着很大的系统误差，误差来自上面所列的参数中的一个或几个，也是由于每个组所使用的方法和设备的差异，Charlton[213] 小结后认为有以下四个主要的系统误差来源：

(1) 由于正电子在轴向磁场的螺线运动 (如果系统没有使用磁场，在弹射粒子上的其他效应将是重要的) 而在长度 L 中的误差；如果是正电子散射实验和电子散射实验的比较，由于正电子和电子在轴向磁场的螺线运动存在差异。

(2) 由气体室中末端效应引起的误差。

(3) 由于仪器测定的气体压力与散射中不同位置处不同压力 P 的不正确的绝对压力认定而引起的误差。

(4) 束流 I 中的误差，主要由于所探测的弹射粒子是弹性散射，粒子的能量损失很小，不能从非散射粒子流中区别开，即小角散射效应。

从误差 (1)，即螺线运动，实际上引起了正电子在散射区的飞行长度上的系统变化，这是一个可能会对 σ_T 产生全面误差的重要来源，它的任何贡献都会高估 σ_T，因为气体中的有效长度会比走直线时大了很多。特别是在低的碰撞能量时，束流的最后能量可以和从慢化体中发射的能量相比。在这些能量范围，所用慢化体的类型 (其材料和几何形状)、表面质量、在束流的某个角度的性质等，会影响主要使用静电元件的系统中束流的发散。在早期的伦敦组的工作中对给出的螺线运动的可能效应没有给予讨论，但是他们指出他们的测量是在碰撞能量 2eV 以下，不会引入这种误差。

上面所列误差 (2) 是由于气体室末端的效应，多伦多组早期的测量也是对末端效应的修正，这些修正是通过在两个或者更多的探测位置记录下束流的衰减，这就相应于总系统的长度变化，他们发现，外推到零长度，在他们的情况式 (3.2.1) 必须用一个因子去修正，对具体的气体，该因子是一个常数，但当散射区的压力变化时，这个因子随气体的密度呈指数变化。Mizogawa 等 [85] 通过在飞行路程上不同点处对压力的直接测量和计算积分估计了末端修正。更多的细节可见 Charlton 的小结文章 [213] 和文献 [76]、[105]。

在那些使用了长散射室的实验中，末端效应通常可以忽略，底特律组和斯旺西组的系统只需要通过测量沿室的压力梯度来修正，在伦敦组和阿林顿组的早期实验中也是这种情况，他们都把整个飞行路程的几何长度作为散射室的长度。Sinapius 等 [83] 在比勒费尔德 (Bielefeld) 的系统中使用了末端或者说本底气体修正，这时考虑了气体从散射室与插入慢化体与探测器区域的逃逸。

误差 (3) 即压力误差大概是在这几条中最不重要的，即使如此，Coleman 等 [81] 和 Charlton[213] 指出，应用电容压力计测量压力的绝对值可能因热流逸效应而复杂化，测量中所使用的仪器由厂商所提供的压力误差可以低到 0.15%～0.25%，但是传感器的电子学稳定性要求在温度 T_s（典型值 ≈350K），但实际温度 T 可能不是这个温度，所以有一个热流逸修正因子，还和传感器测量时的压力 P_s 有关，实际压力 P 需要修正：$P = P_s(T/T_s)^{1/2}$，这样在 297K 时有 4% 的影响。底特律组考虑了这个影响，但 Coleman 等 [81] 指出，还应该考虑管的直径和散射室到传感器的排列，可参考 Liang[214] 的方法，他们使用和底特律组相同的压力计，发现应该作比较小的调整，还和所研究的气体有关 (如对氢为 0.25%，对氦为 0.5%)，Mizogawa 等 [85] 采用了后一种方法，提供了一个如何计算误差的详细的讨论。

　　误差 (4)，即小角散射效应是最需要注意的，这时一部分正电子已经经历了小角散射，但是由于角度太小而仍然被探测到，并且不能在实验上从非散射束流中分辨出来，在气体流的条件下会影响束流的强度。尽管误差中最大的部分预期来自弹性散射通道，但对分子靶，小角散射碰撞中存在旋转激发和振动激发也是可能的。这个误差在某种程度上在所有实验测量 σ_T 中都有，事实上是由散射位置低于一个角度从而使正电子不能从非散射束流中分辨出来而引起的，可甄别的角度 θ_{disc} 不等于 0，有人已经报道了 θ_{disc} 的估计值，并交叉估计了误差的大小。

　　这个问题在飞行时间方法中同样存在，在弹性散射的情况，包括正电子能量损失很接近 0 的情况，在 TOF 谱中正电子以速度 v 散射通过一个角度为 θ 的时间 Δt 也增加：

$$\Delta t = l^2(\sec\theta - 1)/v \qquad (3.3.13)$$

式中，l 是散射点到 CEM 探头的几何距离，很清楚当 $\theta \to 0$ 时 $\Delta t \to 0$，在某些点，任何正电子都通过很小的角度弹性散射，将不能与不散射的束流区分。取决于微分弹性散射截面的详细性质，将导致在确定 I 时产生系统的过高估计，I 是出现气体时束流的强度。

　　正电子向前散射对 σ_T 测量值的影响首先被 Canter 等 [26] 在他们的低能和中等能量正电子被惰性气体散射的研究中得到简要的讨论，向前散射效应的详细讨论见文献 [84]、[215]，现在我们主要从实验的观点讨论一般的性质。

　　如上所述，如果散射的弹射粒子被当作非散射粒子检测到，则输运强度 I 会被高估，导致 σ_T 的测量值低于真实值。在完全的静电元件束流系统中，角度的分辨可以根据设备的几何布置而设定。当使用轴向磁场时，这是大多数的情况，必须探索对小角散射甄别的一些额外方法，这里我们简要地描述三种已经应用于正电子散射研究的方法。

　　第一个方法应用了磁场引导，对正电子产生一个磁镜效应而得到一个极高的倾斜角 $\theta_p^{[139]}$，注意对弹射粒子初始的传播是沿着磁场的轴向，倾斜角等于散射角，即 $\theta_p = \theta$，为了从散射区的低磁场区 B_1 转变到粒子探测的高磁场区 B_2，任何散射粒子的倾斜角都会增加,当它达到 90° 时,散射粒子不再能够到达探头位置,初步考虑后得到 θ_{disc} 为

$$\theta_{\text{disc}} = \arcsin(B_1/B_2)^{1/2} \tag{3.3.14}$$

注意如果弹射粒子满足绝热判据,θ_{disc} 是和弹射粒子的总动能无关的,即当螺线轨道发生旋转时,磁场并不改变粒子运动和磁轴的距离,更多的详细讨论见文献 [140]。

第二个甄别方法是应用孔隙和在磁场中增加拉莫尔半径来截取一些散射束流 [85,137],用这种方法角甄别的程度不仅取决于孔隙的半径 r_{ap},还取决于初始束流的直径。为了简化,设粒子的束流能量为 E,通过一均匀的磁场 B 被限制在系统的轴向,则

$$\theta_{\text{disc}} = \arcsin\left[r_{\text{ap}}eB/(2Em)^{1/2}\right] \tag{3.3.15}$$

应用这个公式,对有限直径的束流,平均的甄别角度可以简单地计算,但在高速时正电子在到达散射区前也许并不沿磁场线完全平滑地旋转,轨道的计算应该从孔隙效应来推导。

第三种甄别方法已经使用在这些把轴向磁场和 TOF 技术结合起来的系统中,在这种情况下可以得到

$$\theta_{\text{disc}} = \arcsin\left[\tau_{\text{r}}(2E/m)^{1/2}/l_2 + 1\right] \tag{3.3.16}$$

式中,l_2 是散射发生后的飞行路程的几何长度,在高能量下 τ_{r} 可解释为 TOF 系统的本征时间分辨率,在低能量下 TOF 非散射束流的扩展将远大于 τ_{r},它将更加适合于用别的最小分辨时间,所以大于 τ_{r} [32]。这里的关系和式 (3.3.13) 中所给出的关系很类似,除非特别强调 τ_{r} 的作用。很清楚,如果增加飞行时间,Δt 将小于 τ_{r},散射正电子不能从非散射束流中甄别出来。同样注意,应用 TOF 方法,θ_{disc} 将随弹射粒子动能的增加而减小。

最后,还有一种最好的甄别方法是和底特律组的设备相关的,应用了减速场 (RPA) 分析,它的有效性取决于入射能量 [137]:

$$\theta_{\text{disc}} = \arcsin\left[(\Delta E/E)(B_1/B_2)\right]^{1/2} \tag{3.3.17}$$

式中,B_1、B_2 分别涉及散射区、减速和探测区的磁场强度;ΔE 为有效能量分辨率,不管是作用于减速场分析器还是束流本身。关于 RPA 方法我们在后面还要介绍。

许多细节已经在无法甄别向前的小角散射的文献中得到充分讨论,特别是用低于正电子素形成阈能量撞击氢靶的实验,这种情况是很令人感兴趣的,因为这是最简单的靶,它应该遵循实验研究的规律,Humberston 等 [216] 也进行了基本的计

算, 这些讨论主要感兴趣的是实验时向前散射的效应, 也为了计算各种弹性散射截面和引用合适的 θ_{disc} 值。不幸的是这些分析的结果在不同实验中是矛盾的, 也和理论矛盾, 不能完整地解释实验中忽略的向前的散射, 这意味着在一些数据中出现了和能量有关的系统误差, 可能的原因有, 如上面所说的误差 (1), 或者是如果使用了很宽的能量范围, 可能是误差 (3) 引起, 虽然在测量中通常都已检查以确保 σ_T 的测量值和压力无关。尽管这样, 也有在大于 6eV 的正电子–氢散射的大部分实验中 σ_T 的理论值和实验值符合得相当好的情况。当然对许多靶, 在不同实验之间在比较宽的范围内还是符合的, 约 ±20%, 有时更好一些。

3.3.2 正电子湮没偏截面

虽然正电子湮没总是可能的, 但是由于正电子湮没的截面为 $10^{-20} \sim 10^{-22} \text{cm}^2$, 非常小, 所以对这个偏截面常常可以忽略, 我们就不涉及了。

3.3.3 正电子素形成的偏截面

Ps 的形成包括靶中一个电子捕获一个入射正电子并形成束缚态 Ps。这是碰撞问题中重新排列的一个最简单的例子, 也是正电子散射中特有的现象, 在电子散射中不会出现, 因此很吸引人们的注意, 不论是实验还是理论。

我们使用下式表示正电子和靶散射后生成正电子素:

$$e^+ + X \to Ps(n_{\text{Ps}}, l_{\text{Ps}}) + X^+(n_{\text{X}+}, l_{\text{X}+}) \tag{3.3.18}$$

式中, X 是靶原子或者分子, 处于基态, X^+ 表示靶的离化。圆括号内的量是 Ps 和残留离子态相应的主量子数和轨道角动量, 对于 n_{Ps} 和 $n_{\text{X}+}$ 的值主要在基态, Ps 形成的偏截面, 包括 Ps 和残留离子所有的可能态, 记为 σ_{Ps}。在实验上需要测量 σ_{Ps}, 在理论上需要计算 σ_{Ps}。

在理论方面, 正电子–氢散射的 Ps 形成的大部分工作中, 已经在正电子能量刚好在 Ore 能隙的整个范围内进行了研究。对 s 波散射研究最详细的是 Archer 等 [217] 在能量范围高到 $n_{\text{H}}=4$ 的氢激发阈值, 他们包含了公式中所有可能发生的反应通道的能量。

Shakeshaft 等 [218] 应用了畸变波玻恩近似计算 Ps 形成截面, 正电子能量范围为 13.6~200eV。他们的基态 Ps 形成结果能和在这个能量的低端的更精确的值很好地符合。

若入射正电子能量超过了靶原子离化能和正电子素束缚能之间的差, 正电子素就可以形成。如果靶原子的离化能小于 6.8eV, 即使入射动能为 0, 正电子素形成为基态是可能的, 对这个放热反应, 形成截面为无穷大。但更普通的是正电子素形成阈值是在一个正的弹射粒子能量上, 如对原子氢 6.8eV, 对氦为 17.8eV, 这是对任何原子的最高值。正电子注入激发的最低阈值是在比所有原子中形成基态正电子素更高的能量,因此在两个阈值之间存在一个能量间隙,其中仅有两个散射过程是弹性散射和基态正电子素可以形成。在这个能量间隙 (就是所谓的 Ore 能隙) 中,正电子素形成的更详细的理论研究已经完成。

1. 正电子素形成偏截面的实验测量

在实验中 Ps 的形成可以通过一些不同的信号来识别,这些可以小结为 [219]:

(1) 正电子从束流中损失:除了在飞行中湮没 (通常只有非常小的截面) 以外,Ps 的形成是唯一的能有效去除正电子的通道。

(2) Ps 形成后将发生 o-Ps 湮没,在真空中发射 3γ 射线,或者在它们打到实验设备上后发射 2γ 射线,而在飞行中也可能发射 2γ 射线,这是 p-Ps 湮没,其特征寿命为 125ps。

(3) Ps 的形成是可以监视的,因为残留离子可以从散射区域分离出来再加以探测。Ps 形成可以从产生离子的其他过程中辨别出来,即碰撞离化,因为在这些情况下正电子残留物是作为孤立离子处于终态,附在离子上。

下面可以看到,所有这些方法都可以用来研究 Ps 形成。

早在 1975 年,Coleman 等 [220] 就对所有的惰性气体用寿命方法测定正电子素形成比份,有可能估计氦的正电子素形成截面和正电子激发截面,对氖、氩也可以,精确度差些。从正电子素形成阈值 E_0 到离化势 E_I,显示对氦在 E_I 时这些截面近似为 $0.2\pi a_0^2$,对氖和氩稍微大些。

Charlton 等 [221] 在 1980 年用磁约束第一次测量了正电子素形成截面和能量的关系,方法是探测三重符合,3 光子来自 o-Ps 的衰减,还没有绝对截面的测量,但是他们确实提供了在 Ar、He、H 和 CH_4 中在 Ore 能隙的正电子素形成截面的形状的第一个直接指示。这也是在正电子–气体碰撞中第一个用于直接甄别 Ps 产物的实验,应用了磁约束低能束,使用了弯曲的螺线管把散射室从 ^{22}Na 源所能看到的直线上移开。碰撞气体室周围有 3 个大的 NaI(T1)γ 射线探头用作监视三重符合。这样所使用的信号是上面小结 (2) 中所描述的 o-Ps 的 3γ 湮没射线的信号。研究了几种气体,每一种情况下正电子能量增加到超过 Ps 形成阈值,发现 3γ 射线的信号在开始时很快上升,在几 eV 能量开始时又下降。

其他晚一些的实验,显示出上面的这个能量关系和 σ_{Ps} 的能量关系是不一样的,应该考虑下面的几个效应:第一,大多数快 o-Ps 是在散射室的壁上猝灭的,其结果是 3γ 射线信号的损失;第二,微分截面 $d\sigma_{el}/d\Omega$ 向前碰撞的限制意味着在动能大于几 eV 形成的很大部分的 o-Ps,或者从气体室逃逸,或者移到 3γ 射线测量效率低的区域,发生任何一个这样的事件,对真实的 σ_{Ps} 都是严重低估了。

在然后改进的实验中 [222],他们估计了所有惰性气体原子在从阈值到 150eV

的绝对截面。

σ_{Ps} 的可靠值首先由 Fornari 等 [223] 用基于探测方法 (1) 的技术得到，其设备如图 3.3.3 所示，飞行管长度为 2.3m，加上 10^{-2}T 的磁场，进入的束流已经从地球磁场中屏蔽掉，正电子束从退火钨网格慢化体中开始发射，慢化体加了电势 V_w 以使正电子的动能恒定 (在 eV_w 以上其平均能量为 1.3eV)。这种类型的设备第一次在得克萨斯州以外发展，慢正电子用薄的闪烁体技术定时，如图 3.3.3 所示。这种排列也允许测量束流的总衰减。在飞行路线的最后，束流用通道式电子倍增器检测。

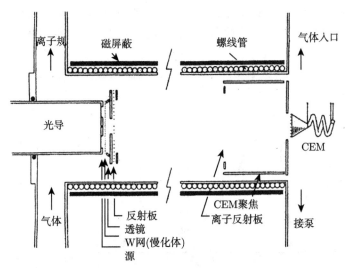

图 3.3.3 Fornari 等 [223] 发展的用于 Ps 形成研究的设备图示

为了测量截面，气体应该放在腔室内，用离子规测量每次在飞行路线末端的压力，根据真空泵的分布必须沿飞行路线作压力梯度的修正，需要加气体限制孔并吸收一些散射束。作为基本技术，需要测量所有散射的正电子，但由于形成 Ps 而损失的除外。把初始束流的斑点减小到 5mm 直径有利于完全测量，用于比较的探头放在 10mm 远处，在源/慢化体附近加了高透射的栅，所加电位为 V_w，这样实际上可以反射全部背散射正电子，这些正电子再沿着向前方向散射，并被轴向磁场约束到达探头。

2. 氢分子和氢原子的正电子素形成偏截面

图 3.3.4 是 Kernoghan 等 [191] 的 Ps 形成截面的理论计算和 Zhou 等 [62] 的实验点。

在测量了氢原子和氢分子的总截面之后，Zhou 等 [62] 在 1997 年增加了测量正电子素形成截面，他们用 1~302eV 正电子入射能量，测量得到正电子和电子被氢原子和氢分子散射的总截面和正电子素形成截面，参考其他的理论计算。对氢原子，在图 3.3.5 中看到正电子–H 总截面和偏截面测量和计算，其中 Total 表示测量总截面，Sum 表示把几个偏截面相加之和，如果我们测量 σ_{Ps} 和所有的偏截面都是正确的，我们期望所有这些偏截面之和 (Sum) 应该等于我们的测量 σ_T(Total)。我们可以感兴趣地看到各种偏截面对 σ_T 的关系的相对规律。在 10~35eV，Ps 形成是所有偏截面中对 σ_T 贡献最大的，在 15eV 附近达到最大值，是 15eV 时弹性散射截面的几倍，弹性散射截面是第二大因素，又是在 50eV 附近达到最大值时比离化截面大了 3 倍多。在 15eV 附近 σ_{Ps} 达到最大值，它对 σ_T 的贡献大约为 60%。弹性散射偏截面对正电子–H 原子散射中对 σ_T 的贡献小于 1/5。而在电子–H 原子散射中，在 15eV 时弹性散射偏截面对 σ_T 的贡献估计大于 80%，在 30eV 时对 Q_T 的贡献估计仍然有 60%。

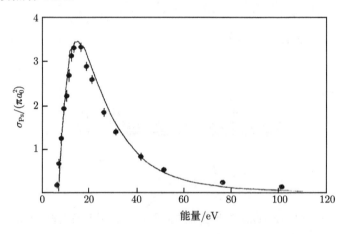

图 3.3.4 在正电子和氢原子碰撞中 Ps 形成截面

氢: — Kernoghan 等 [191] 对 Ps 形成截面的 33 个耦合态的结果，还含 Zhou 等 [62] 的实验点

1998 年，伦敦组 Stein 等 [225] 发展了一种技术去测量气体，包括金属蒸气靶的正电子素形成截面的上限和下限。下限是利用气体在气体室中形成的 p-Ps 的双光子湮没符合测量，三光子符合测量是在室壁上形成的 o-Ps 中的一部分在室壁上湮没。上限是来自输运中测量截面，在这里大部分散射正电子可以被测量到，其余部分在室壁上形成了正电子素，就不能在这里被探测到。

Laricchia 等 [226] 用静电束作了最综合的 Ps 形成截面测量，对较重的惰性气体 (Ne~Xe)，应用了 Moxom 等 [227] 描述的设备，他们测量了总离化截面，在正电子测量中最高的能量是高到足以在电子碰撞离化截面中直接离化。应用这些测量的截面，以及来自文献中其他各种组成的总离化截面的数据，他们能够得出 Ps 形成截面。

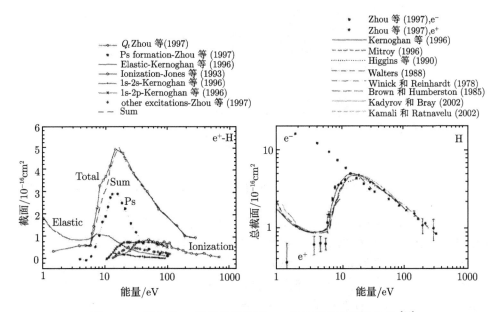

图 3.3.5　正电子-H 散射的总截面 σ_T 和各偏截面测量之和 [62]

图来自文献 [224]，图的上面有一些文献出处，由于比较多我们不一一注明了，需要的可以去原文查找

　　上面我们所描述的都是用透射方法测量正电子素形成偏截面，更新型的方法是阱基束测量正电子素形成偏截面，我们将在第 5 章描述。

　　如果把氢分子考虑成两个氢原子，可以假设分子的 Ps 形成截面是每个原子的两倍，Sural 等 [228] 通过对分子的玻恩结果和对原子氢的玻恩结果相比较试验这个假设的有效性，发现分子的结果不是可以近似地被原子结果的双倍来代替，而是三倍那么大，但是实验结果揭示出对这两种靶系统的 Ps 形成截面事实上在整个能量区域在数量级上相当类似。Biswas 等 [229] 用第一玻恩近似研究正电子-H_2 散射中 Ps 形成到 $n_{Ps}=2$ 激发态只产生很小的影响。

　　在正电子被原子氢散射中已经有许多关于 Ps 形成的理论研究，实验研究有文献 [54]、[55]、[60]，其设备如图 3.3.6 所示，也可以测量正电子-原子氢碰撞离化截面。最主要的困难之一是很低的离子信号测量速率，原因是低密度原子氢在气体束中的结合和相对弱的正电子束。为了克服后一个限制，装置安置到有很高正电子束强度的美国 Brookhaven 国家实验室的设备上，在那里实现 Ps 形成的实验。实验原理类似于比勒费尔德 (Bielefeld) 组在早期测量氢和 H_2 中 Ps 形成所使用的设备，Ps 信号是通过甄别离子的产生 (质子) 而在终态没有任何相伴的自由正电子。装置由靶气体束 (它混合了原子和分子氢) 和一个静电约束的正电子束相交，离子用 $8V \cdot cm^{-1}$ 的直流电场抽出，通过了四极质谱分析仪 (QMA)，在探测前先输运质子。

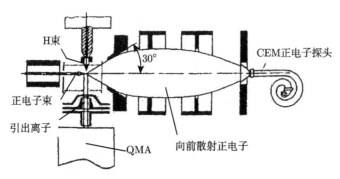

图 3.3.6 Bielefeld-Brookhaven 合作小组所发展的正电子–原子氢散射实验的设计图 [54]

原子氢是通过无线频率的 Slevin 类型的放电设备产生的, 条件是要求在长时间的获取数据中状态要很稳定, 在散射发生的区域, 氢分解的程度为 ≈55%, CEM 探头仅能探测在半角为 30° 的锥形中散射进来的正电子, 还能探测未散射的束流。对单位质量粒子作本底修正的四极质谱分析仪 (QMA) 测量, 由于 Ps 形成和离化都能产生离子, QMA 计数率正比于 $\sigma_{Ps}+\sigma_i^+$, 同时监视 QMA-CEM 符合速率, 它应该只和离化截面成正比。Ps 形成截面可以通过相减而得到, 在一个能量处如果 $\sigma_{Ps} \ll \sigma_i^+$, 则可以作合适的归一化。

Zhou 等 [62] 使用了透射方法测量原子氢的 Ps 形成偏截面, 他们使用了特殊的氢散射室, 加了射频放电管后可以把氢分子变成氢原子, 并且测量了二者之间的比例。

他们得到正电子在和氢原子散射后的偏截面公式为

$$Q_{Ps}(H) = \frac{N_{Ps}\varepsilon_{CEM}}{N_0 e^{-aL}\varepsilon_G F_G^2(1-e^{-aD})}\left[\frac{(1-f)}{\sqrt{2}f}Q_T(H_2) + Q_T(H)\right] - \frac{(1-f)}{\sqrt{2}f}Q_{Ps}(H_2)$$

(3.3.19)

式中, $Q_{Ps}(H)$ 是氢原子的正电子素偏截面; $Q_{Ps}(H_2)$ 是氢分子的正电子素偏截面 (已经在放电管没有打开时测量); N_0 是初始束流强度; $f = (1 - n_2/n_2')$, 与放电管打开时氢分子的数目 n_2 和放电管关闭时氢分子的数目 n_2' 有关; N_{Ps} 是在单位时间内在散射室到探头的距离中将形成正电子素的数目; ε_{CEM} 是 CEM 探头的测量效率; ε_G 是测量符合 0.511γ 射线的效率; F_G 是在室壁上产生的 0.511γ 射线的比份; D 是探头直径; $a = n_1 Q_T(H)+n_2 Q_T(H_2)$, n_1 和 n_2 分别为放电管打开时氢原子和氢分子的数目, $Q_T(H)$ 和 $Q_T(H_2)$ 分别为氢原子和氢分子的总截面 (已经事先测量); $Q_{Ps}(H_2)$ 是在放电管关闭时事先测量的正电子素的偏截面。

对 H_2 所存在的数据有 Bussard 等 [61] 的理论估算以及 Arlington 组和 Bielefeld 组在能量直至 ≈20eV 的实验值, 理论和实验符合得很好。在 20~35eV, 理论比实验高了约 30%, 在更高的能量, Ray 等 [230] 应用了分子 Jackson-Schiff 近似的计算，以及 Sural 等 [228] 应用了玻恩近似计算能够和实验符合，实验值只比理论值稍高。

3. 正电子素的激发态

Laricchia 等 [231] 研究了在正电子和气体的碰撞中形成的 Ps 会不会处于激发态。Ps 激发态通常用 Ps* 表示，它的形成见式 (3.3.18)，可以对 σ_{Ps} 产生很大的贡献，Laricchia 等 [231] 直接探测了气体中 Ps 形成的激发态。Ps* 是被紫外光子 (位于 243nm 的 Ps 莱曼 α 线) 和然后发生的基态 o-Ps 湮没 γ 射线之间的符合来监视和探测，低能正电子束通过一个半球形铝散射室，利用一涂 A1+MgF$_2$ 的玻璃管做的光导管连接起来，到一个对紫外光灵敏的光电管上。光子的能量被归于 Ps* 形成到 2^3P 态。Laricchia 等测量了 Ps* 形成效率 α_m，靶为氩、氪和 H$_2$。

通过估计莱曼 $\alpha \sim \gamma$ 射线的符合的探测效率的安排，Laricchia 等 [231] 能够估计 Ps* 产额的绝对效率。发现真正的 Ps* 形成效率为 $\alpha=(950\pm380)\alpha_m$，其结果对 H$_2$ 最大产额大约为 5%，比表面的 Ps* 产生的效率 $10^{-2}\sim10^{-3}$ 稍微大一些 [232,233]。不幸的是，还不可能把这些测量的产额去换算成激发态形成截面的绝对值。进一步的企图是应用这种紫外光子-离子符合去测量 Ps* 形成截面。

Laricchia 等 [165] 类似实验中报道了观察到瞬态激发和 Ps 形成，为什么在碰撞时能产生 Ps。剩余的离子是处于激发态吗？这个问题由 Kwan 等 [164] 在 CO$_2$ 中的实验试图去解释，观察到在 12eV 以上 σ_T 上升，认为是由于 Ps* 开始形成。

4. 正电子素的微分截面

Ps 形成的微分截面的测量：Ps 形成的微分截面 $d\sigma_{Ps}/d\Omega$ 就比积分截面包含了更多的信息，特别是在唯一的捕获过程中，它阐明了动力学和详细的机制，在较高动能时这是明显的，它预言了和 Thomas 双散射机制相关的打击效应。$d\sigma_{Ps}/d\Omega$ 的测量并不是一个容易的任务，我们看到只出现了极少的可利用的实验信息，我们注意到许多实验安排是可以用来测量 Ps 形成微分截面的，求和遍及 Ps 所有可能的量子态 (n_{Ps}, l_{Ps})，而计算通常用一个特殊的态来表示。

Laricchia 等 [234] 在发展了他们的 Ps 束后进行了第一个 Ps 微分截面的实验研究，他们应用了简单的探测系统，测量了在几个碰撞能量下在相对于入射正电子方向的一个很窄的角度范围内产生的 o-Ps 原子的产额。

Tang 等 [235] 带来了关于分子氢的小角测量的进一步信息，被甄别的 Ps 信号作为通道板的计数和光电管探测器探测的 γ 射线进行符合，整个探测器放在离气体室出口前约 175mm 远的地方，出口直径为 25mm 的孔，这样可以定义立体角，探测器可以垂直于 Ps 束流移动，在不同角度下测量。

在理论方面，McEachran 等 [236] 用从头计算相对论光学势方法模拟在惰性气体氖、氩、氪、氙中正电子素形成。所用方法首先通过原子的离化阈值减去基态正电子素束缚能 6.8eV，这个程序经过改进，当入射正电子能量增加时，正电子素形成截面比相应的直接离化截面更快地趋于 0，这和他们实验中氩、氪、氙在大部分能区时正电子素形成截面符合，而对氖，他们计算的截面在整个能区都太小。但是他们的方法预言的正电子素形成截面比以前更复杂的方法能够更好地和实验符合。

3.3.4   激发与离化

1. 激发

本节我们考虑正电子和原子或分子靶 X 的非弹性碰撞，结果使靶系统发生电子激发 (没有形成正电子素)，这些过程可以小结为

$$\mathrm{e^+}(E) + \mathrm{X} \to \mathrm{e^+}(E - \Delta E) + \mathrm{X^*} \tag{3.3.20}$$

式中，X* 是激发的中性靶 (没有电离)，E 是正电子的动能，ΔE 是碰撞中能量损失的量。靶能级发生不连续的能量激发，每次损失为 E_{ex}，在式 (3.3.20) 的情况下 ΔE 的值是固定的。对这些过程的截面看作 σ_{ex}，对其他弹射粒子，如电子，加上其他必要的符号来定义截面。总激发截面是积分偏激发截面之和。在激发的部分，我们将只处理电子的转换，分子中转动和振动过程将不予考虑。

用式 (3.3.20) 的实验研究的报道比较少，大部分使用了飞行时间 (TOF) 能量损失技术，而不是探测碰撞发生后发射的退激光子。

在图 3.3.5 中显示测量的总截面 Q_{T} 和正电子素形成截面 Q_{Ps} 之间的关系，以及其他计算和测量的正电子-氢原子偏截面的关系，包括由 Kernoghan 等 [191] 和 McAlinden 等 [237] 计算的弹性 (Elastic) 和激发 (ls-2s, ls-2p) 截面，以及 Jones 等 [58] 测量的离化截面 (Ioniz)。从中看到，正电子素形成截面和弹性散射截面是比较大的，电子激发偏截面比较小。图中把总截面和偏截面画在一起，容易看出总截面和偏截面的关系。他们期望所有这些偏截面之和 (Sum) 应该等于他们的测量 Q_{T}(Total)。

另一个例子是 Sullivan 等 [238] 测量氩的 $3\mathrm{p}^5 4\mathrm{s}$ 态的电子激发，如图 3.3.7 所示。这个激发态簇由四个能级组成，但只有其中的两个即 $3\mathrm{p}^5(^2\mathrm{P}_{3/2})4\mathrm{s}$ 和 $3\mathrm{p}^5(^2\mathrm{P}_{1/2})4\mathrm{s}$ 有总角动量 $J = 1$，激发能分别为 11.63eV 和 11.83eV 可以接受正电子碰撞。如果电子自旋轨道相互作用可以被忽略或者很弱，它们中的一个 (后者) 可以被激发。其余的两个态 $J = 0$ 和 2，是三重态 $3\mathrm{p}^5 4\mathrm{s}^3\mathrm{P}_{0,2}$ 的性质，不能被观察。在这些实验中，Sullivan 等能够把两个 $J = 1$ 的态分辨出来，并测量阈值至 30eV 的截面。这些结果显示在电子碰撞时激发截面在大小上有显著的相似性。图 3.3.7 比较了 Sullivan 等得到的两个 $J = 1$ 的态的总激发截面和 Coleman 等的结果 [239]

以及 Mori 等 [240] 的结果，还有 Campeanu 等 [241] 对这两个态的畸变波计算的结果。

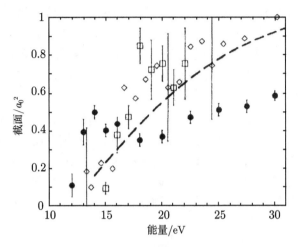

图 3.3.7 正电子碰撞氩，两个 $3p^5 4s(J=1)$ 态的激发，Sullivan 等 [238] 的结果 (•) 与激发所有激发态的以前的数据 ($\square$)[239]、($\diamond$)[240] 和 (– –)[241] 的计算的比较

2. 离化

在靶被正电子碰撞而引起单一的离化中，如果为剩余离子提供的反冲能可以忽略，在系统中超过离化阈值的总能量被出现的两种粒子所共享。如果 E_1 和 E_2 分别为正电子和电子的能量，E 是入射正电子的能量，由于总能量守恒，在这些量之间给出下面的关系式：

$$E = E_1 + E_2 - E_i \tag{3.3.21}$$

式中，E_i 是靶系统的离化能。这样对于所给定的入射正电子能量，出现的电子的能量唯一地由散射正电子的能量所决定。离化中的正电子有可能在 E_1 到 E_1+dE_1 的范围内在一个立体角 $d\Omega_1$ 中出现，而电子在立体角 $d\Omega_2$ 中出现，给出三重微分截面 $d\sigma_i^3/d\Omega_1 d\Omega_2 dE_1$。总离化截面可由对所出现的两种粒子的所有方向的微分截面和每一个粒子中的能量进行积分而得到。

在电子碰撞离化中，在出现的两个电子中不可能确定哪一个是入射的弹射粒子，或者哪一个电子原来是束缚于靶上的。考虑到所有电子的坐标，系统的总波函数应该是反对称的，所以在"直接"和"交换"振幅中没有清晰的分辨。在正电子碰撞离化中入射正电子可以和出现的电子明显地分辨开，而不会出现上面的麻烦。但正电子碰撞离化则由于存在开放的正电子素形成通道而复杂化，这样需要从靶原子或者靶分子中分割出一个电子。当入射的正电子能量在靶系统离化能以上几百 eV 时在正电子素形成和离化之间是容易分辨的：出现的两个粒子之间在能量和动量方面很可能存在很大的差别，正电子素形成截面比离化截面要小很多。但是当能量接近靶的离化阈值时，在离化和正电子素形成之间就不是很好分辨，离化通常是可以感知的，而正电子素可以激发到更高的态或者连续统一体的态。在两种过程中出现的两个粒子经历了互相吸引的终态相互作用，引起较高的关联运动。因此这里必然会存在一些疑问，离化处理的正确性如何？这需要在"真实的"离化，要感知的离化电子，并和正电子素激发到更高的态或者连续统一体的态上之间能清楚地分辨，分辨出哪些是最初束缚在靶上的电子。

图 3.3.8 中画出了最后发展定型的实验系统，它是 Jones 等 [58] 确定下来的，是为了研究正电子–氢电离研制出这套系统的。类似的仪器还被 Ashley 等 [242] 以及 Kara 等 [243,244] 使用。包括脉冲离子提取和离子输运系统的一些基本特征与 Knudsen 等 [245] 发展的仪器类似。Jones 等 [58] 引入 $E \times B$ 板，把慢正电子从源中的快 β^+ 粒子、二次电子和 γ 射线中排除出去。

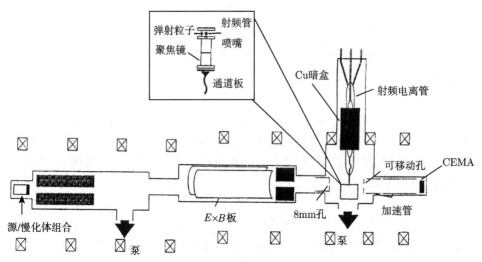

图 3.3.8　Jones 等 [58] 研究原子氢的正电子碰撞离化的仪器示意图

图形不是按比例画出的。带有十字叉的正方形表示亥姆霍兹线圈，图阴影的长方形表示不锈钢屏蔽层，基线中黑色的正方形表示铅屏蔽层

实验中的碰撞区域在射频放电管的输出端，它是原子氢的来源 [157]。如图 3.3.8 中插图画出的那样，位于两个提取板之间的接地输出管口要尽可能地靠近正电子束，所以碰撞区的几何形状对束流种类很重要。由于气体束有方向性和稀释的特点，在平板上施加电压前，一些离子一旦形成，就会从提取区域漂移出去。碰撞能量小于 100eV 时，因为散射正电子飞到 CEMA 和启动离子提取脉冲需要更长的时间，所以会造成离子信号的系统丢失。对此的补救措施是在散射区和 CEMA 中

间加入一个飞行管, 它可以使所有的正电子在飞离散射室前被高于 100V 的电压加速。

在测量期间, Jones 等 [58] 利用了以前的分子氢的正电子和电子碰撞电离数据, 以及原子氢的电子碰撞电离数据来进行绝对校准, 并且对他们的数据进行内部一致性检查。

图 3.3.9 中显示了 Jones 等 [58] 和 Hofmann 等 [246] 的实验结果, 并且把他们的结果与 Shah 等 [247] 的电子碰撞数据作了比较。图中还给出了 Kernoghan 等 [189]、Mitroy [248] 和 Janev 等 [249] 以及更早的一些人的计算结果。

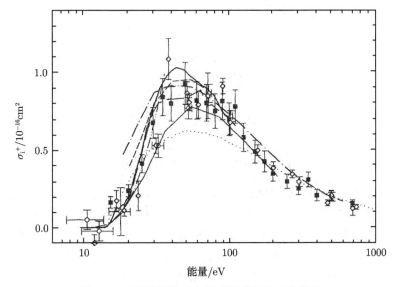

图 3.3.9　原子氢的正电子碰撞离化的部分数据

实验数据: ■ 来自文献 [58]。理论结果: —— 来自文献 [189]; —— 来自文献 [248]; —·— 来自文献 [249]; ······ 电子碰撞, 来自文献 [247]

图 3.3.10 中给出的最简单的情况是分子氢的非分解电离。图中列出的数据是 Knudsen 等 [245]、Fromme 等 [72]、Jacobsen 等 [250] 和 Moxom 等 [251] 对正电子, 以及 Rapp 等 [252,253] 对电子的测量结果。每组正电子数据在能量较高时符合得很好, 但是当能量低于 200eV 时, Jacobsen 等 [250] 的数据明显比其他人的数据低。在 100~200eV, Moxom 等 [251] 的数据通常比 Fromme 等 [72] 和 Knudsen 等 [245] 的数据大。理论计算是 Chen 等 [143] 得到的。

McEachran 等 [254] 使用复杂的光学势方法研究惰性气体中正电子引起的离化, 气体为氖、氩、氪、氙。他们把积分截面结果和实验的直接离化与其他理论计算比较, 能够很好地符合。

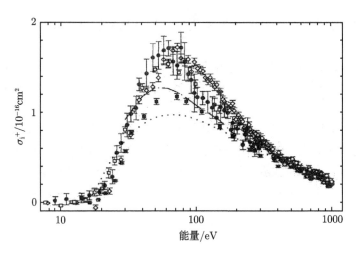

图 3.3.10   氢气分子的正电子碰撞电离

实验结果：◇ 来自文献 [251]；■ 来自文献 [250]；□ 来自文献 [245]；文献 [72]。—·— 来自文献 [143] 的
理论计算结果；······ 电子数据来自文献 [253]

3.3.5   散射偏截面的简单小结

在本章中我们大体按历史的时间顺序，介绍了在继电子的散射之后出现的正电子散射实验测量和部分理论研究。开始是总截面的测量，接着为了更好地理解截面，又测量引起截面变化的各个原因，即偏截面的测量。

下面我们用 Sueoka 等 [255] 用飞行谱方法测量的氦、氖、氩的正电子散射总截面，并且与以前测量或者计算的总截面和偏截面进行详细比较，加深对正电子总截面和偏截面的理解，他们认为总截面是所有偏截面之和，$Q_{el} + Q_{Ps} + Q_{ex} + Q_{ion}$，它们依次是正电子弹性散射截面、正电子素形成截面、正电子激发截面和正电子离化截面，他们测量了激发截面和离化截面，结合其他人的测量，对氦、氖、氩的正电子散射总截面是所有偏截面之和的结论还是满意的。我们给出的图中最上面的总截面曲线与所有偏截面之和曲线符合得很好，如图 3.3.11～ 图 3.3.14 所示。

大体上这些测量在 20 世纪已经完成，进入 21 世纪，除了对更复杂的分子进行总截面和偏截面测量外，又用更高分辨的正电子束测量，我们将在第 5 章介绍。

使人钦佩的是，一些国外的科学家，如 Coleman、Charlton、Canter 等，倾注了毕生的经历，从很早开始发表论文，在退休后仍然在从事正电子散射研究。又一些科学家，如 Mills Jr，似乎永远在创新，不断地有新的成果。

值得一提的是，哈尔滨工业大学的周雅君等在正电子散射的理论方面做了很多理论工作，但是国内的正电子实验工作和国外有很大的差距。

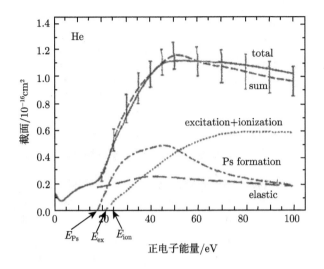

图 3.3.11 氦的正电子散射总截面和偏截面测量图 [255]

图中，total 表示总截面测量；sum 是所有偏截面之和；excitation+ionization 是激发偏截面加离化偏截面
之和；Ps formation 是 Ps 形成偏截面；elastic 是弹性散射偏截面

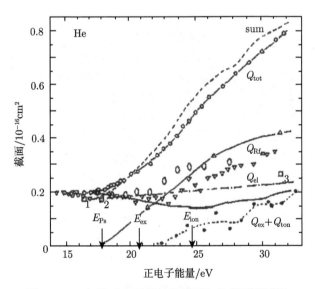

图 3.3.12 氦的正电子散射总截面和偏截面测量图

能量区域不一样，为 0～32eV。图中 Q_{tot} 表示总截面测量，sum 是所有偏截面之和，$Q_{ex}+Q_{ion}$ 是激发
截面加离化偏截面之和，Q_{Ps} 是正电子素形成偏截面，Q_{el} 是弹性散射偏截面，E_{Ps}、E_{ex}、E_{ion} 分别为正
电子素形成阈值、激发阈值、离化阈值 [255]

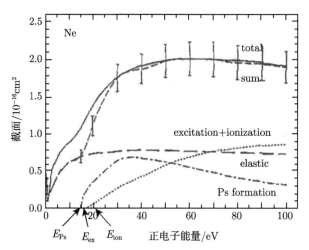

图 3.3.13　氖的正电子散射总截面和偏截面测量图

图中符号和图 3.3.11 一样 [255]

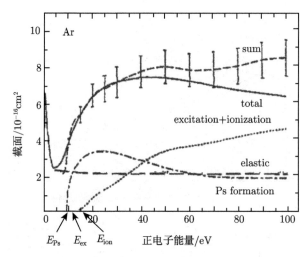

图 3.3.14　氩的正电子散射总截面和偏截面测量图

图中符号和图 3.3.11 一样 [255]

参 考 文 献

[1]　张明生. 激光光散射谱学. 北京: 科学出版社, 2008.

[2]　Tyndall J. Proc Roy Soc, 1868, 17: 223.

[3]　Rayleigh L. Phil Mag, 1899, 47: 314-375.

[4]　Mie G. Ann Physik, 1908，25:377; Mie scattering IUPAC Compendium of Chemical

Terminology. 2nd ed. 1997.

[5] Andrews T. Phil Trans Roy Soc, 1869, 159: 575-590.

[6] Brillouin L. Compt Rend, 1914, 158: 1331-1334; Ann Phys (Paris), 1922, 17: 88.

[7] Compton A. Phys Rev, 1923, 21(5): 483-502.

[8] Smekal A. Naturwiss, 1923, 11(43): 873-875.

[9] Raman C V, Krishnan K S. Nature, 1928, 121: 501, 502; Proc Roy Soc Lond, 1929, 122: 23.

[10] Landsberg G S, Mandelstam L I. Naturwiss, 1928, 16: 557.

[11] Rocard Y. Compt Rend, 1928, 186: 1107-1109.

[12] Cabannes J. Compt Rend, 1928, 186: 1201.

[13] Woodbury E J, Ng W K. Proc I R E, 1962, 50: 2367.

[14] Shen S T, Yao Y T, Wu T Y. Phys Rev, 1937, 51:235-238.

[15] Wu T Y. Vibrational Spectra & Structure of Polyatomic Molecules. Shanghai: China Sci Co, 1939.

[16] Placzek G, Rayleigh-streuang, Raman-Effekt, et al. 6. Part 2, Leipzig: Akademische Verlagsgesellschft, 1934.

[17] Born M, Huang K. Dynamical Theory of Crystals Lattice. Oxford: Oxford University Press, 1954.

[18] Thomson J J. The Corpuscular Theory of Matter. Constable: London Press, 1907.

[19] Charlton M, Humberston J W. Positron Physics. Cambridge: Cambridge University Press, 2001.

[20] Coleman P G, Gritiith T C, Heyland G R. Appl Phys, 1974, 4(1): 89, 90.

[21] Groce D E, Costello D G, McGowan J W, et al. Amerl Phys Soc, 1968, 13: 1397; 6th ICPEAC, Cambridge: MIT Press, 1969: 757.

[22] Costello D G, Groce D E, Herring D F, et al. Phys Rev B, 1972, 5(4): 1433-1436.

[23] Costello D G, Groce D E, Herring D F, et al. Can J Phys, 1972, 50(1): 23-33.

[24] Coleman P G, Grilfith T C, Heyland G R. Proc Roy Soc Ser A, 1973, 331(1578): 561-569.

[25] Canter K F, Coleman P G, Grilfith T C, et al. J Phys B, 1972, 5(8): L167-L169.

[26] Canter K F, Coleman P G, Griffith T C, et al. J Phys B, 1973, 6(8): L201-L203.

[27] Canter K F, Coleman P G, Griffith T C, et al. Appl Phys, 1974, 3(3): 249.

[28] Jaduszliwer B, Paul D A L. Can J Phys, 1973, 51(14): 1565-1572.

[29] Pendyala S, Zitzewitz P W, McGowan J W, et al. Phys Letters A, 1973, 43(3): 298-300.

[30] Daniel T N, Dutton J, Harris F M, et al. 7th ICPEAC, North-Holland, Amsterdam, 1971, 2: 917.

[31] Brenton A G, Dutton J, Harris F M. Proc 4th Int Conf on Positron Annihilation, Helsingor, Denmark, Abstracts A16, 1976.

[32] Charlton M, Griffith T C, Heyland G R, et al. J Phys B: At Mol Phys, 1983, 16(2): 323-341.

[33] Coleman P G, Griffith T C, Heyland G R, et al. Appl Phys, 1976, 11(4): 321-325.

[34] Coleman P G, Griffith T C, Heyland G R. Appl Phys, 1974, 5(3): 223-230.

[35] Charlton M, Griffith T C, Heyland G R, et al. J Phys B: At Mol Phys, 1980, 13(7): L239-L244.

[36] Charlton M, Griffith T C, Heyland G, et al. J Phys B: At Mol Phys, 1980, 13(11): L353-L356.

[37] Kauppila W E, Stein T S, Jesion G, et al. Proc 10th Int Conf on the Physics of Electronic and Atomic Collisions. Paris: Commissariat a 1'Energie Atomique, Abstracts 802-3 and 826-7, 1977.

[38] Baille P, Darewych J W, Hara S. J Phys B: At Mol Phys, 1974, 7(15): 2047-2054.

[39] Bhattacharyya P K, Ghosh A S. Phys Rev A, 1975, 12(5): 1881-1884.

[40] Hara S. J Phys B: At Mol Phys, 1974, 7(13): 1748.

[41] Hoffman K R, Dababneh M S, Hsieh Y F, et al. Phys Rev A, 1982, 25(3): 1393-1403.

[42] Deuring A, Floeder K, Fromme D, et al. J Phys B: At Mol Phys, 1983, 16(9): 1633-1656.

[43] Baille P, Darewych J W, Lodge J G. Can J Phys, 1974, 52(8): 667- 677.

[44] Chaudhury J, Ghosh A S, Sil N C. Phys Rev A, 1974, 10: 2257-2263.

[45] Armour E A G. J Phys B: At Mol Opt Phys, 1984, 17(11): L375-L382.

[46] Morrison M A, Gibson T L, Austin D. J Phys B: At Mol Phys, 1984, 17(13): 2725-2745.

[47] Armour E A G, Baker D J, Plummet M. J Phys B: At Mol Opt Phys, 1990, 23(17): 3057-3074.

[48] Danby G, Tennyson J. J Phys B: At Mol Opt Phys, 1990, 23(6): 1005-1016. and corrigendum 23: 2471.

[49] Gianturco F A, Mukherjee T. Phys Rev A, 1997, 55(2): 1044-1055.

[50] Dalba G, Fornasini P, Lazzizzera I, et al. J Phys B: At Mol Phys, 1980, 13(14): 2839-2848.

[51] Ferch J, Raith W, Schroder K. J Phys B: At Mol Phys, 1980, 13(7): 1481-1490.

[52] Massey H S W. Electronic and Ionic Impact Phenomena. Oxford: Oxford University Press, 1969.

[53] Slevin J, Stifling W. Rev Sci Inst, 1981, 52(11): 1780-1782.

[54] Van Wingerden B, Wagenaar R W, de Heer F J. J Phys B: At Mol Phys, 1980, 13(17): 3481-3491.

[55] Spicher G, Olsson B, Raith W, et al. Phys Rev Lett, 1990, 64(9): 1019-1022.

[56] Sperber W, Becker D, Lynn K G, et al. Phys Rev Lett, 1992, 68(2): 3690-3693.

[57] Weber M, Hofmann A, Raith W, et al. Hyperfine Interact, 1994, 89(1): 221-242.

[58]　Jones G O, Charlton M, Slevin J, et al. J Phys B, 1993, 26(15): L483-L488.

[59]　Zhou S, Kauppila W E, Kwan C K, et al. Phys Rev Lett, 1994, 72(10): 1443-1446.

[60]　Stein T S, Iiang J, Kauppila W E, et al. J Phys, 1996, 74(7/8): 313-333.

[61]　Bussard R W, Ramaty R, Drachman R J. Astrophys J, 1979, 228: 928-934.

[62]　Zhou S, Li H, Kauppila W E, et al. Phys Rev A, 1997, 55(1): 361-368.

[63]　Zhou S, Parikh S P, Kauppila W E, et al. Phys Rev Lett, 1994, 73(2): 236-239.

[64]　Surdutovich A, Jiang J, Kauppila W E, et al. Phys Rev A, 1996, 53(4): 2861-2864.

[65]　Kernoghan A A, McAlinden M T, Walters H R J. J Phys B: At Mol Opt Phys, 1995, 28(6): 1079-1094.

[66]　Kernoghan A A, McAlinden M T, Walters H R J, et al. J Phys B: At Mol Opt Phys, 1996, 29: 3971-3987.

[67]　de Heer F J, McDowell M R C, Wagenaar R W. J Phys B: At Mol Phys, 1977, 10(10): 1945-1953.

[68]　Winick J R, Reinhardt W P. Phys Rev A, 1978, 18(3): 910-934.

[69]　Walters H R J. J Phys B: At Mol Opt Phys, 1988, 21(10): 1893-1906.

[70]　Mills A P Jr. Nucl Instrum Methods B, 2002, 192(1): 107-116.

[71]　Omidvar K. Phys Rev A, 1975, 12(3): 911-926.

[72]　Fromme D, Kruse G, Raith W, et al. Phys Rev Lett, 1986, 57(24): 3031-3034.

[73]　Fromme D, Kruse G, Raith W. J Phys B: At Mol Opt Phys, 1988, 21(10): L262-L265.

[74]　Jaduszliwer B, Keever W M C, Paul D A L. Can J Phys, 1972, 50(12): 1414-1418.

[75]　Jaduszliwer B, Paul D A L. Can J Phys, 1972, 52(12): 1047-1049.

[76]　Jaduszliwer B, Nakashima A, Paul D A L. Can J Phys, 1975, 53(10): 962-967.

[77]　Burciaga J R, Coleman P G, Diana L M, et al. J Phys B, 1977, 10(15): L569-L572.

[78]　Brenton A G, Dutton J, Harris F M, et al. J Phys B, 1977, 10(13): 2699-2710.

[79]　Wilson W G. J Phys B, 1978, 11(20): L629-L633.

[80]　Stein T S, Kauppila W E, Pol V, et al. Phys Rev A, 1978, 17(5): 1600-1608.

[81]　Coleman P G, McNutt J D, Diana L M, et al. Phys Rev A, 1979, 20(1): 145-153.

[82]　Griffith T C, Heyland G R, Lines K S, et al. Appl Phys, 1979, 19(4): 431-437.

[83]　Sinapius G, Raith W, Wilson W G. J Phys B, 1980, 13: 4079-4090.

[84]　Kauppila W E, Stein T S, Smart J H, et al. Phys Rev A, 1981, 24(2): 725-742.

[85]　Mizogawa T, Nakayama Y, Kawaratami T, et al. Phys Rev A, 1985, 31(4): 2171-2179.

[86]　Karwasz G P, Pliszka D, Zecca A, et al. Nucl Instrum Methods Phys Res B, 2005, 240(3): 666-674.

[87]　Sullivan J P, Makochekanwa C, Jones A, et al. J Phys B, 2008, 41(8): 081001.

[88]　Caradonna P, Jones A, Makochekanwa C, et al. Phys Rev A, 2009, 80(3): 032710.

[89]　Caradonna P, Sullivan J P, Jones A, et al. Phys Rev A, 2009, 80(6): 060701(R).

[90]　Nagumo K, Nitta Y, Hoshino M, et al. J Phys Soc Jpn, 2011, 80(6): 064301.

[91]　Ficocelli V E. J Phys B, 1990, 23(8): L109-L114.

[92]   Baluja K L, Jain A. Phys Rev A, 1992, 46(3): 1279-1290.

[93]   Campbell C P, McAlinden M T, Kernoghan A A, et al. Nucl Instrum Methods Phys Res B, 1998, 143(1): 41-56.

[94]   Van Reeth P, Humberston J W. J Phys B, 1999, 32: 3651-3667.

[95]   Cheng Y J, Zhou Y J Chin Phys Lett, 2007, 24(1): 3408-3411.

[96]   Utamuratov R, Kadyrov A S, Fursa D V, et al. J Phys B, 2010, 43(12): 125203.

[97]   Poveda L A, Dutra A, Mohallem J R. Phys Rev A, 2013, 87(5): 052702.

[98]   Chiari L, Zecca A. Eur Phys J D, 2014, 68(10): 1-25.

[99]   Kukolich S G. Am J Phys, 1968, 36(8): 701-703.

[100]   Ramsauer C. Ann Phys, 1921, 369(6): 513-540.

[101]   Townsend J S, Bailey V A. Phil Mag, 1923, 46(274): 657-664.

[102]   Kauppila W E, Stein T S. Advances in Atomic, Molecular, and Optical Physics. San Diego: Academic Press, 1990, 26: 1-50.

[103]   Jaduszliwer B, Paul D A L. Can J Phys, 1974, 52(3): 272-277.

[104]   Jaduszliwer B, Paul D A L. Appl Phys, 1974, 3(4): 281-284.

[105]   Tsai J S, Lebow L, Paul D A L. Can J Phys, 1976, 54(17): 1741-1748.

[106]   Brenton A G, Dutton J, Harris F M. J Phys B, 1978, 11(1): L15-L19.

[107]   Charlton M, Laricchia G, Griffith T C, et al. J Phys B, 1984, 17: 4945-4951.

[108]   Jones A C L, Makochekanwa C, Caradonna P, et al. Phys Rev A, 2011, 83(3): 032701.

[109]   Nagumo K, Nitta Y, Hoshino M, et al. Eur Phys J D, 2012, 66(3): 1, 2.

[110]   Chiari L, Zecca A, Girardi S, et al. Phys Rev A, 2012, 85(5): 052711.

[111]   Massey H S W, Lawson J, Thompson D G. Quantum Theory of Atoms, Molecules and the Solid State, A Tribute to John C. Slater//Lowdin P O. New York: Academic Press, 1966: 203.

[112]   Schrader D M. Phys Rev A, 1979, 20(3): 918-932.

[113]   Gillespie E S, Thompson D G. J Phys B, 1975, 8(17): 2858-2868.

[114]   Campeanu R I, Dubau J. J Phys B, 1978, 11(18): L567-L570.

[115]   McEachran R P, Ryman A G, Stauffer A D. J Phys B, 1978, 11(3): 551-561.

[116]   Nakanishi H, Schrader D M. Phys Rev A, 1986, 34(3): 1823-1840.

[117]   Dzuba V A, Flambaum V V, Gribakin G F, et al. J Phys B, 1996, 29(14): 3151-3175.

[118]   Assafrao D, Walters H RJ, Arretche F, et al. Phys Rev A, 2011, 84(2): 022713.

[119]   Fursa D V, Bray I. New J Phys, 2012, 14(3): 035002.

[120]   Kauppila W E, Stein T S, Jesion G. Phys Rev Lett, 1976, 36(11): 580-584.

[121]   Coleman P G, McNutt J D, Diana L M, et al. Phys Rev A, 1980, 22(5): 2290-2292.

[122]   Coleman P G, Cheesman N, Lowry E R. Phys Rev Lett, 2009, 102(7): 173201.

[123]   Montgomery R E, LaBahn R W. Can J Phys, 1970, 48, 1288-1302.

[124]   Zecca A, Chiari L, Trainotti E, et al. J Phys B, 2012, 45(1): 015203.

[125]   McEachran R P, Ryman A G, Stauffer A D. J Phys B, 1979, 12(6): 1031-1041.

[126] Datta S K, Mandal S K, Khan P, et al. Phys Rev A, 1985, 32(1): 633-636.

[127] Jain A. Phys Rev A, 1990, 41(5): 2437-2444.

[128] Nahar S N, Wadehra J M. Phys Rev A, 1991, 43(3): 1275-1289.

[129] McAlinden M T, Walters H R J. Hyperfine Interact, 1992, 73(1/2): 65-83.

[130] Parcell L A, McEachran R P, Stauffer A D. Nucl Instrum Methods Phys Res B, 2000, 171(1): 113-118.

[131] Starrett C, Walters H. 2007, 161: 194-198.

[132] Dababneh M S, Kauppila W E, Downing J P, et al. Phys Rev A, 1980, 22(5): 1872-1877.

[133] Dababneh M S, Hsieh Y F, Kauppila W E, et al. Phys Rev A, 1982, 26(3): 1252-1259.

[134] Jay P M, Coleman P G. Phys Rev A, 2010, 82(1): 012701.

[135] Makochekanwa C, Machacek J R, Jones A C L, et al. Phys Rev A, 2011, 83(3): 032721.

[136] Zecca A, Chiari L, Trainotti E, et al. Eur Phys J D, 2011, 64(2/3): 317-321.

[137] Machacek J R, Makochekanwa C, Jones A C L, et al. New J Phys, 2011, 13(12): 125004.

[138] Zecca A, Chiari L, Trainotti E, et al. J Phys B, 2012, 45(8): 085203.

[139] Callaway J, LaBahn R W, Pu R T, et al. Phys Rev, 1968, 168(1): 12-21.

[140] Pai M, Hewson P, Vogt E, et al. Phys Lett A, 1976, 56(3): 169-172.

[141] Willis S L, Hata J, McDowell M R C, et al. J Phys B, 1981, 14(15): 2687-2704.

[142] Diana L M, Coleman P G, Brooks D L, et al. Proceedings of the Third International Workshop on Positron (Electron)–Gas Scattering. Singapore: World Scientific, 1986: 296.

[143] Chen Z, Msezane A Z. Phys Rev A, 1994, 49(3): 1752-1756.

[144] Zecca A, Chiari L, Sarkar A, et al. New J Phys, 2011, 13(11): 115001.

[145] McEachran R P, Sullivan J P, Buckman S J, et al. J Phys B, 2012, 45(4): 045207.

[146] Parcell L A, McEachran R P, Stauffer A D. Nucl Instrum Methods Phys Res B, 2002, 192(1): 180-184.

[147] Darewych J W, Baille P. J Phys B: At Mol Phys, 1974, 7(1): L1-L4.

[148] Dutton J, Evans C J, Mansour H L. ICPA6, 1982: 82-84.

[149] Darewych J W. J Phys B: At Mol Phys, 1987, 20: 5917-5924.

[150] Darewych J W. J Phys B: At Mol Phys, 1982, 15(12): L415-L419.

[151] Kennerly R E. Phys Rev A, 1980, 21(6):1876-1883.

[152] Schrader D M, Svetic R E. Can J Phys, 1982, 60(4): 517-542.

[153] Schulz G J. Rev Mod Phys, 1973, 45(3): 378-422.

[154] Chiari L, Zecca A, Girardi S, et al. J Phys B: At Mol Opt Phys, 2012, 45(21): 215206.

[155] Coleman P G, Griffith T C, Heyland G R, et al. Atomic Physics. New York: Plenum, 1975: 355.

[156] Katayama Y, Sueoka O, Mori S. J Phys B: At Mol Phys, 1987, 20(7): 1645-1657.

[157] Dababneh M S, Hsieh Y F, Kauppila W E, et al. Phys Rev A, 1988, 38(3): 1207-1216.

[158] Marler J P, Surko C M. Phys Rev A, 2005, 72(6): 062713.

[159] Baluja K L, Jain A. Phys Rev A, 1992, 45(11): 7838-7845.

[160] Raj D. Phys Lett A, 1993, 174(4): 304-307.

[161] Reid D D, Wadehra J M. Chem Phys Lett, 1999, 311(5): 385-389.

[162] De-Heng S, Yu-Fang L, Jin-Feng S, et al. Phys, 2005, 14(5): 964-968.

[163] Mukherjee T, Ghosh A S. J Phys B: At Mol Opt Phys, 1996, 29(11): 2347-2353.

[164] Kwan C K, Hsieh Y F, Kauppila W E, et al. Phys Rev Lett, 1984, 52(16): 1417-1420.

[165] Laricchia G, Charlton M, Griffith T C. J Phys B: At Mol Opt Phys, 1988, 21(9):
       L227-L232.

[166] Laricchia G, Moxom J. Phys Lett A, 1993, 174(3): 255-257.

[167] Horbatsch M, Darewych J W. J Phys B: At Mol Phys, 1983, 16(21): 4059-4064.

[168] Gianturco F A, Paioletti P. Phys Rev A, 1997, 55(5): 3491-3503.

[169] Ferch J, Masche C, Raith W. J Phys B: At Mol Phys, 1981, 14(3): L97-L100.

[170] Szmytkowski C, Zubek M. Chem Phys Lett, 1978, 57(1): 105-108.

[171] Zecca A, Chiari L, Trainotti E, et al. Phys Rev A, 2012, 85(1): 012707.

[172] Sueoka O, Mori S. J Phys B, 1986, 19(23): 4035-4050.

[173] Floeder K, Fromme D, Raith W, et al. J Phys B, 1985, 18(16): 3347-3359.

[174] Sullivan J P, Makochekanwa C, Jones A, et al. J Phys B, 2011, 44(3): 035201.

[175] Sueoka O, Mori S, Katayama Y. J Phys B: At Mol Phys, 1986, 19: L373-L378.

[176] Zecca A, Trainotti E, Chiari L, et al. J Phys B: At Mol Opt Phys, 2011, 44(19):
       195202.

[177] Chiari L, Zecca A, Giradi S, et al. J Phys B: At Mol Opt Phys, 2012, 45: 215206

[178] Bettega M H F, Sanchez S A, Varella M T N, et al. Phys Rev A, 2012, 86(2): 022709.

[179] Chiari L, Zecca A, Trainotti E, et al. Phys Rev A, 2013, 87(3): 032707.

[180] Chiari L, Zecca A. Eur Phys J, 2014, D 68: 297.

[181] Chiari L, Zecca A, Blanco F, et al. J Phys B: At Mol Opt Phys, 2014, 47: 175202.

[182] Machacek J R, Anderson E K, Makochekanwa C, et al. Phys Rev A, 2013, 88: 042715.

[183] Anderson E K, Boadle R A, Machacek J R, et al. The Journal of Chemical Physics,
       2014, 141: 034306.

[184] Sueoka O, Mori S, Katayama Y. J Phys B: At Mol Phys, 1987, 20(13): 3237-3246.

[185] Sueoka O, Mori S, Hamada A. J Phys B: At Mol Opt Phys, 1994, 27(7): 1453-1465.

[186] Eldrup M, Vehanen A, Schultz P J, et al. Phys Rev B, 1985, 32(11): 7048-7064.

[187] Beale J, Armitage S, Laricchia G. J Phys B: At Mol Opt Phys, 2006, 39: 1337-1344.

[188] Singh P, Purohit G, Champion C, et al. Phys Rev A, 2014, 89(3): 032714.

[189] Humberston J W. Adv At Mol Phys, 1986, 22: 1-36.

[190] McAlinden M T, Kernoghan A A, Walters H R J. J Phys B: At Mol Opt Phys, 1997, 30(6): 1543-1561.

[191] Kernoghan A A, Robinson D J R, McAlinden M T, et al. J Phys B: At Mol Opt Phys, 1996, 29(10): 2089-2102.

[192] Mitroy J, Ratnavelu K. J Phys B: At Mol Opt Phys, 1995, 28(2): 287-306.

[193] Gien T T. Phys Rev A, 1997, 56(2): 1332-1337.

[194] Winick J R, Reinhardt W P. Phys Rev A, 1978, 18(3): 910-924.

[195] Winick J R, Reinhardt W P. Phys Rev A, 1978, 18(3): 925-934.

[196] Lugovskoy A V, Kadyrov A S, Bray I, et al. Phys Rev A, 2010, 82(6): 062708.

[197] Lugovskoy A V, Utamuratov R, Kadyrov A S, et al. Phys Rev A, 2013, 87(4): 042708.

[198] Fedus K, Karwasz G P, Idziaszek Z. Phys Rev A, 2013, 88(1): 012704.

[199] Blatt J M, Jackson J D. Phys Rev, 1949, 76(1): 18-37.

[200] Bethe H A. Phys Rev, 1949, 76(1): 38-50.

[201] Idziaszek Z, Karwasz G. Phys Rev A, 2006, 73(6): 064701.

[202] Idziaszek Z, Karwasz G. Eur Phys J D, 2009, 51(3): 347-355.

[203] 宁雅丽. 甘肃广播电视大学学报, 2003, 13(3): 32–38.

[204] 孙志红. 原子核物理评论, 2002, 19: 73-76.

[205] 孙志红, 戴彤. 兰州铁道学院学报, 2003, 22(1): 123-126.

[206] 孙志红, 戴彤. 甘肃工业大学学报, 2003, 29(1): 143-145.

[207] 施德恒, 孙金锋, 朱遵略, 等. 物理学报, 2006, 55(5): 2228-2233.

[208] Ma J, Cheng Y, Wang Y C, et al. J Phys B: At Mol Opt Phys, 2011, 44(17): 175203; Jiao L, Wang Y, Zhou Y. J Phys B: At Mol Opt Phys, 2012, 45(8): 085204.

[209] Ma J, Cheng Y, Wang Y C, et al. Phys Plasmas, 2012, 19(6): 063303.

[210] Chin J H, Ratnavelu K, Zhou Y. AIP Conference Proceedings, 2014, 1588(1): 151-154.

[211] Bray I, Stelbovics A T. Phys Rev A, 1994, 49(4): R2224-R2226.

[212] 曾毓繁. 中等能量下正电子与铷原子碰撞的理论研究. 吉林大学硕士学位论文, 2004.

[213] Charlton M. Rep Prog Phys, 1985, 48(6): 737-793.

[214] Liang S C. Can J Chem, 1955, 33(2): 279-285.

[215] Kauppila W E, Stein T S. Can J Phys, 1982, 60(4): 471-493.

[216] Humberston J W. J Phys B: At Mol Phys, 1978, 11(11): L343-L346.

[217] Archer B J, Parker G A, Pack R T. Phys Rev A, 1990, 41(3): 1303-1310.

[218] Shakeshaft R, Wadehra J M. Phys Rev A, 1980, 22(3): 968-978.

[219] Raith W. Atomic Physics with Positrons. New York: Plenum Press, 1987: 1-14.

[220] Coleman P G, Griffith T C, Heyland G R, et al. J Phys B: Atom Molec Phys, 1975, 8(10): L185-L189.

[221] Charlton M, Griffith T C, Heyland G R, et al. J Phys E: At Mol Phys, 1980, 13(24): L757-L760.

[222] Charlton M, Clark G, Griffith T C, et al. J Phys B: At Mol Phys, 1983, 16: L465.

[223] Fornari L S, Diana L M, Coleman P G. Phys Rev Lett, 1983, 51(25): 2276- 2279.

[224] Laricchia G, Armitage S, Kover A. Advances in Atomic, Molecular, and Optical Physics. USA: Academic Press, 2008:1-47.

[225] Stein T S, Harte M, Jiang J, et al. Nucl Instrum Methods B, 1998, 143(1): 68-80.

[226] Laricchia G, Van Reeth P, Szluinska M, et al. J Phys B: At Mol Opt Phys, 2002, 35(11): 2525-2540.

[227] Moxom J, Laricchia G, Charlton M. J Phys B: At Mol Opt Phys, 1995, 28(7): 1331-1347.

[228] Sural D P, Mukherjee S C. Physica, 1970, 49(2): 249-260.

[229] Biswas P K, Basu M, Ghosh A S, et al. J Phys B: At Mol Opt Phys, 1991, 24(15): 3507-3515.

[230] Ray A, Ray P P, Saha B C. J Phys B: At Mol Phys, 1980, 13(22): 4509-4519.

[231] Laricchia G, Charlton M, Clark G, et al. Phys Lett A, 1985, 109(3): 97-100.

[232] Schoepf D C, Berko S, Canter K F, et al. Phys Rev A, 1992, 45(3): 1407-1411.

[233] Steiger T D, Conti R S. Phys Rev A, 1992, 45(5): 2744-2752.

[234] Laricchia G, Charlton M, Davies S A, et al. J Phys B: At Mol Phys, 1987, 20(3): L99-L105.

[235] Tang S, Surko C M. Phys Rev A, 1993, 47(2): R743-R746.

[236] McEachran R P, Stauffer A D. J Phys B: At Mol Opt Phys, 2013, 46(7): 075203.

[237] McAlinden M T, Kernoghan A A, Waiters H R J. J Phys B: At Mol Opt Phys, 1996, 29: 555-569.

[238] Sullivan J P, Marler J P, Gilbert S J, Buckman S J, et al. Phys. Rev. Lett., 2001, 87(7): 073201.

[239] Coleman P G, Hutton J T, Cook D R. Can J Phys, 1982, 60(4): 584-590.

[240] Mori S, Sueoka O. J Phys B: At Mol Opt Phys, 1994, 27(18): 4349-4364.

[241] Campeanu R I, McEachran R P, Stauffer A D. Nucl Instrum Methods B, 2002, 192(1): 146-149.

[242] Ashley P N, Moxom J, Laricchia G. Phys Rev Lett, 1996, 77(7): 1250-1253.

[243] Kara V, Paludan K, Moxom J, et al. J Phys B: At Mol Opt Phys, 1997, 30(7): 3933-3949.

[244] Kara V, Paludan K, Moxom J, et al. Nuc Inst Meth B, 1997, 143(1): 94-99.

[245] Knudsen H, Brun-Nielsen L, Charlton M, et al. J Phys B: At Mol Opt Phys, 1990, 23(21): 3955-3976.

[246] Hofmann A, Falke T, Raith W, et al. J Phys B: At Mol Opt Phys, 1997, 30(14): 3297-3303.

[247] Shah M B, Elliot D S, Gilbody H B. J Phys B: At Mol Phys, 1987, 20(14): 3501-3514.

[248] Mitroy J. J Phys B: At Mol Opt Phys, 1996, 29(7): L263-L269.

[249] Janev R K, Solov'ev E A. Photonic, Electronic and Atomic Collisions. Singpore: World Scientific, 1998: 393-398.

[250] Jacobsen F M, Frandsen N P, Knudsen H, et al. J Phys B: At Mol Opt Phys, 1995, 28(21): 4675-4689.

[251] Moxom J, Ashley P, Laricchia G. Can J Phys, 1996, 74(7/8): 367-372.

[252] Rapp D, Englander-Golden P. J Chem Phys, 1965, 43(5): 1464-1479.

[253] Rapp D, Englander-Golden P, Briglia D D. J Chem Phys, 1965, 42(12): 4081-4085.

[254] McEachran R P, Stauffer A D. J Phys B: At Mol Opt Phys, 2010, 43(21): 215209.

[255] Sueoka O, Mont S. J Phys B: At Mol Opt Phys, 1994, 27(20): 5083-5088.

第4章 气体中的正电子湮没

4.1 引 言

在国内正电子的研究领域主要是做固体样品，国内的一些单位也设计过液体样品室，如做过液晶，但涉及的实验很少，气体样品国内的研究组似乎没有涉及过。其实正电子在气体中的湮没也是很重要的一部分，我们在这里介绍一下，以弥补国内对这方面认识的缺少。

在国外，气体分子的正电子湮没研究主要应用了两种技术，第一种技术在 1949 年以后，测量密度比较高时的寿命谱，测量有效电子数 Z_{eff}，气体典型密度为一个标准大气压 (101.3kPa) 或者更高，测量温度在 300K 条件下；第二种是在 1988 年以后，利用彭宁阱技术，测量正电子热化后的有效电子数 $Z_{\mathrm{eff}}^{\mathrm{th}}$ 时，气体密度低得多 (如 $< 10^{-7}$amagat)，这里 amagat 是一个密度单位 (1amagat=2.69×10^{19}cm^{-3}，1amagat 是理想气体在一个标准大气压和室温 (273.15K) 下时每立方厘米内的气体原子的数量)。正电子的热化是在彭宁阱中完成的，可以研究很宽范围的化学种类，包括在 300K 时有很低蒸汽压的物质。我们先介绍第一种技术。

气体中的正电子研究历史是很早的，在 20 世纪 40 年代和 50 年代，Deutsch 等[1-3] 研究了在大气压下原子和分子气体中的正电子湮没率，这些研究在某些程度上被看作现代正电子原子物理的开端。1951 年，Deutsch[2] 在气体中进行了一系列正电子湮没的精细实验，终于发现了正电子素 (以前 Mohorovicic 已经预言正电子素[4])，之后正电子素的特性得到了研究，包括进一步研究 Ps 基态，特别是三重态正电子素 1^3S_1，它的基本特性的实验和理论研究，包括超精细结构、湮没寿命、湮没所遵循的选择定则、3γ 射线湮没模式对光子能谱的计算等，当时发展的许多技术至今仍在使用。这些内容现在更多地归于正电子素化学，也是大家熟悉的，我们不再详细描述。

我们把范围缩小到纯粹是 "气体中正电子研究"。由于低能量的正电子 (如零点零几电子伏特) 和电子发生湮没的截面大，所以较高能量的正电子进入湮没介质时首先需要通过和介质的相互作用而降低能量，然后才发生湮没，降低能量的过程称为热化。在固体中这个相互作用几乎不用考虑，因为介质密度大，只用 3ps 量级的时间就可以了。但是在气体中由于密度远小于固体，热化时间很长，而且相互作用的距离很长，可以想象需要一个很大的容器，中间放正电子源。这给测量正电子寿命谱和多普勒谱带来很大的不利因素, 因为湮没时间和地点都变化很大。容器做大了, 测量效率会很低, 本底会很大。还有正电子会打到容器壁上, 造成正电子不是在待研究的气体介质中湮没, 所以要从所得结果中扣除容器壁上的湮没。如果要使热化距离更短, 可以使用稠密气体, 如几十个大气压, 就变成一个压力容器, 实验会变得困难。如果用慢正电子来做, 由于入射正电子的能量很低, 热化距离短了, 效率会大大提高。所以现在以慢正电子束研究为主。

对各种靶原子和分子, Deutsch[2,3] 已经用不同的技术研究 amagat 密度的气体中的湮没, 使气体足够密, 以慢化快正电子, 信息中包含了湮没信号的时间分布。如果使用 ^{22}Na 源, 时间的 "起始" 信号是探测 1.28MeV 的 γ 射线, 它是伴随着正电子发射从放射源中产生的。可以有不同的湮没事件, 包括瞬发湮没, 这是由快正电子在慢化时发生的湮没; 正电子慢化后的湮没; 长寿命的尾部是由于 o-Ps 衰变; 随着初始的发展, 许多工作者[5,6] 发展了相对精致的技术。

4.2 在高密度气体中的实验

在低能正电子束建成之前, 研究正电子和原子、分子相互作用的唯一方法是研究正电子和它们的湮没。因此得到的信息是直接从湮没信息得到的, 主要考虑的是正电子是否热化。本节我们考虑低能正电子束在气体中湮没。

正电子湮没所遵循的基本物理原理已经在国内许多文献中论述, 如第 1 章中的文献 [1]~[4], 在非相对论限制的情况下, 正电子--电子对湮没成双伽马射线的狄拉克 (Dirac) 湮没截面为 $\sigma_{2\gamma} = 4\pi r_0^2 c/v$, 即第 1 章式 (1.4.2)。如果在正电子附近电子的密度为 n_e, 湮没率为 $\lambda_{2\gamma} = 4\pi r_0^2 c n_e$。因为 $r_0 \sim 10^{-4} a_0$, 这里 a_0 是玻尔半径, 湮没截面应该比典型的原子散射过程小很多。而在正电子能量为零时, 弹性散射截面 σ_{el} 为

$$\sigma_{e1}(k = 0) = 4\pi a^2 \qquad (4.2.1)$$

式中, a 是散射长度, a 和 a_0 在同一个量级。

如果湮没为双 γ 射线, 要求正电子--电子对处于自旋单态, 只有 1/4 的电子是在非极化的状态, 这样的电子和正电子形成自旋单态, 剩下的电子将和正电子形成自旋三重态, 湮没为 3γ 射线, 并且湮没率低得多 (不到 2γ 湮没率的 1%)。这样总的自由正电子湮没率为

$$\lambda_{\rm f} \cong \pi r_0^2 c n_{\rm e} \qquad (4.2.2)$$

这个公式就是我们常说的狄拉克湮没率公式, 是国内 30 多年正电子湮没的主要公式, 是研究的基础, 正电子寿命谱就是测量湮没率 λ 的倒数 τ, 和动量有关的

湮没率是多普勒展宽谱仪的基础。在样品为金属材料时，式 (4.2.2) 是必须要遵循的，从中可以研究样品中的电子密度，由于微缺陷中电子密度与缺陷的浓度和体积有关，所以正电子湮没技术可以研究微缺陷。唯一的考虑是由于正电子的参与引起电子密度在正电子所在处的浓缩，使湮没率增加几倍至几十倍，即所谓的增强效应 (见第 1 章文献 [3] 第 31 页)。

如果电子是束缚于原子或者分子之中，每个原子或分子有 Z 个价电子，而原子或分子的密度数为 n，电子密度为 n_e，则有 $n_e = nZ$。因此如果正电子–原子体系没有受到干扰 (不考虑增强效应)，自由湮没率可以写成

$$\lambda_f \cong \pi r_0^2 cnZ \tag{4.2.3}$$

在气体中，实际上正电子会影响原子或分子中的电荷分布，结果使正电子周围的电子密度增强。可以用有效电子数 Z_{eff} 来代替 Z，这样湮没率可表达为

$$\lambda_f = \pi r_0^2 cnZ_{eff} = 0.201\rho Z_{eff} \quad (\mu s^{-1}) \tag{4.2.4}$$

式中，ρ 是气体密度，单位为 amagat，湮没截面就变为

$$\sigma_{2\gamma} = \lambda_f/(vn) = \pi r_0^2 cZ_{eff}/v \tag{4.2.5}$$

原子或分子靶会受到正电子的干扰，特别是正电子处于非常低的速度情况下更明显，Z_{eff} 将比 Z 大很多。当正电子的速度增加，电子只有很少的时间和正电子的微扰场作用，Z_{eff} 开始下降。

在原子氢和氦中，Z_{eff} 和正电子动量 (能量) 的依赖关系的例子如图 4.2.1 所示，得到的结果中应用了非常精确的弹性散射波函数。在分子中，Z_{eff} 的适度精确计算的唯一的例子是 H_2[7]，应用了低能散射下精心的变分波函数，但是这样一个 Z_{eff} 值对波函数的质量很敏感，即使在这个计算中也仅得到 10.2 的值，而作为对比，室温下实验室值为 14.8，这是在这种分子中用此方法得到的理论计算中最接近于测量值的。我们把 Z_{eff} 和 Z 相差几十倍以下的分子称为小分子，如 H_2、N_2、O_2、CO、N_2O、CH_4 分子。

对于这些系统，每一个 Z_{eff} 值都超过了相应 Z 值一个不算很大的因子，特别是在原子氢的情况，在非常低的能量下差不多大了 9 倍，对氦这个因子仅为 4 倍。在极化度很大的原子中，如氢，最外层电子很容易被入射的正电子所吸引，使湮没率增大。在早期研究 Z_{eff} 值和靶的偶极子极化率 α 之间的关系中，Osmon[8] 就已经发现对于许多简单的原子和分子，能按 $\langle Z_{eff} \rangle \propto \alpha^{1.25}$ 的关系和实验值符合得很好，Z_{eff} 的实验测量值我们用 $\langle Z_{eff} \rangle$ 表示。但后来得到的数据符合 $\langle Z_{eff} \rangle \propto \alpha$ 关系[9]。有些分子，特别是大的有机分子[10] 并不符合这个模式，Z_{eff} 的值比分子中电

子数大了许多个量级, 如在苯中 Z_{eff} 大约为 18000, 在蒽中大了 10^6。解释此现象的一个理论认为, 之所以引起如此大的值是由于正电子形成了膺束缚态, 或与分子发生了共振, 这样正电子被捕获在分子附近, 比通常的碰撞时间大了很多。我们把 Z_{eff} 和 Z 相差特别大的分子称为大分子, 如大的链烷分子。

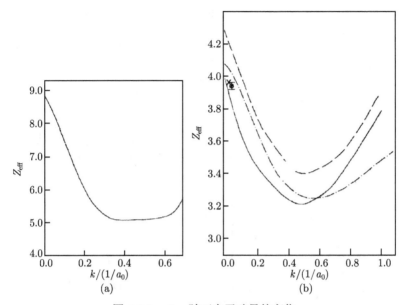

图 4.2.1 Z_{eff} 随正电子动量的变化

(a) 原子氢[11]; (b) 氢[12]: ——, 应用了氦模型 H5---[12], 氦模型 H1—·—[13], 符号 ×[14,15], 符号 ·[16]

1. 固体中正电子湮没寿命的测量和分解

如何把正电子寿命谱图应用于固体物理和材料科学? 图 4.2.2 是典型的固体中正电子湮没寿命谱, 在单晶、多晶、有缺陷晶体、离子晶体、聚合物中的寿命谱略有不同。分析该图像可以应用缺陷捕获模型。捕获模型是在 1969~1970 年建立的, 使正电子湮没技术的应用从固体物理扩展到材料科学领域。下面我们分析如何解析这种谱图, 其实这种分析在国内正电子界是非常熟悉的, 所以我们不会涉及细节。

1) 二态捕获模型

把晶体从微观上分为两个部位, 一个部位是晶体结构完整的部位, 另一个部位是有空位型缺陷的部位, 设正电子在这两部位的正电子数分别为 n_{f} 和 n_{d}, 下标 f 和 d 分别表示正电子处于自由态和缺陷捕获态, 因为当正电子处于晶体结构完整的部位, 在各处的机会均等, 正电子可以在各处自由游走, 所以是自由的 (free)。而当正电子处于有缺陷的部位, 正电子被缺陷所吸引 (下面还会讲到, 空位型缺陷带有负电荷), 正电子就不能自由游走 (被捕获住), 就是局域态, 或者称为缺陷态

(defect)。

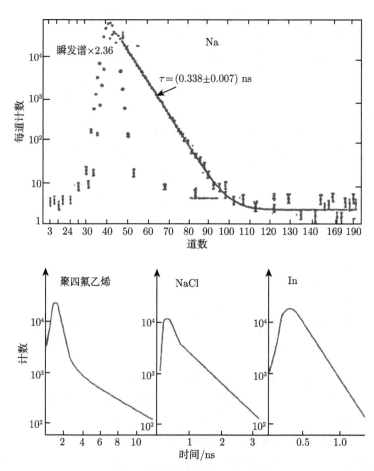

图 4.2.2   固体中的正电子寿命谱

则可以得到下列方程：

$$\begin{cases} \dfrac{\mathrm{d}n_{\mathrm{f}}\left(t\right)}{\mathrm{d}t} = -\lambda_{\mathrm{f}}n_{\mathrm{f}}\left(t\right) - \kappa n_{\mathrm{f}}\left(t\right) + \gamma n_{\mathrm{d}}\left(t\right) \\[2mm] \dfrac{\mathrm{d}n_{\mathrm{d}}\left(t\right)}{\mathrm{d}t} = -\lambda_{\mathrm{d}}n_{\mathrm{d}}\left(t\right) + \kappa n_{\mathrm{f}}\left(t\right) - \gamma n_{\mathrm{d}}\left(t\right) \end{cases} \tag{4.2.6}$$

式中，两个式子等号左边的项分别表示自由态正电子数和缺陷捕获态正电子数随时间的变化率 (减小)；λ 表示湮没率，带 λ 的两项分别表示自由态正电子数和缺陷捕获态正电子数随着湮没而减少，所以前面是负号；带 κ 的两项表示正电子从自由态到缺陷捕获态的转移，所以上面的式子对自由态是减少的，前面是负号，对下面的式子缺陷捕获态是增加的，前面是正号；带 γ 的两项表示正电子从缺陷捕获态到自由态的转移, 所以对上面的式子自由态是增加的, 前面是正号, 对下面的式子缺陷捕获态是减少的, 前面是负号。

方程 (4.2.6) 是一阶常微分方程, 需要设初始条件。在这里设初始条件并不难, 在比较完整的晶体中, 没有缺陷的部位占了极大部分, 如缺陷占 1ppm, 即百万分之一, 10^{-6}, $t=0$ 时一次性注入 N_0 个正电子, 设所有这些正电子都处于无缺陷晶格处, 误差只有 10^{-6}, 所以设 $t=0$ 时: $n_f(0)=N_0$, $n_d(0)=0$, N_0 为开始时正电子的总数, 以后正电子只减少, 不增加, 没有新的正电子注入。

解一阶常微分方程得寿命谱形式:

$$S(t)=\lambda_f n_f + \lambda_d n_d$$
$$=N_0 I_1 \Gamma_1 e^{-\Gamma_1 t} + N_0 I_2 \Gamma_2 e^{-\Gamma_2 t} \tag{4.2.7}$$

平均寿命:

$$\tau = \sum_i I_i \tau_i \tag{4.2.8}$$

体寿命:

$$\tau_b = \sum_i I_i / \tau_i \tag{4.2.9}$$

$$\Gamma_1 = \frac{1}{2}\left\{\lambda_f + \kappa + \lambda_d + \gamma + \sqrt{[(\lambda_f + \kappa) - (\lambda_d + \gamma)]^2 + 4\kappa\gamma}\right\} \tag{4.2.10}$$

$$\Gamma_2 = \frac{1}{2}\left\{\lambda_f + \kappa + \lambda_d + \gamma - \sqrt{[(\lambda_f + \kappa) - (\lambda_d + \gamma)]^2 + 4\kappa\gamma}\right\} \tag{4.2.11}$$

$$I_1 = \frac{\lambda_f(\lambda_f + \kappa - \Gamma_2) + \lambda_d \kappa}{(\Gamma_1 - \Gamma_2)\Gamma_1} \tag{4.2.12}$$

$$I_2 = \frac{\lambda_f[\Gamma_1 - (\lambda_f + \kappa)] + \lambda_d \kappa}{(\Gamma_1 - \Gamma_2)\Gamma_2} \tag{4.2.13}$$

2) 指数拟合程序

前面我们通过测量得到了谱图, 再建立了数学模型, 下面还需要通过计算机把谱解出来。谱是由分立的数据点所组成, 每个点都有误差, 需要计算机的卷积和去卷积技术。现在主要有三类拟合方法:

(1) 不考虑分辨函数。以三寿命谱为例。先从谱的最右端取若干道 (可以认为这若干道主要是由于 τ_3 的贡献), 以最小二乘拟合的方法求出 τ_3(在半对数坐标图上指数函数为一条直线), 求出 τ_3 在整个谱中的贡献并从整个谱中扣除 (在图上延长直线到最左端), 在扣除 τ_3 后的新谱中再按上述办法求出 τ_2, 最后剩下 τ_1。每

个 τ 直线下的面积为该寿命成分的强度 (需要归一化)。该方法的优点是给学生讲解寿命谱的分解时特别直观，缺点是由于不考虑仪器的分辨函数，仅适用于聚合物等寿命比较长的谱，对金属样品会造成大的误差。这是最原始的处理方法。

(2) 考虑分辨函数。如 POSITRON-FIT 程序，在国际上比较通用，使用方便，不用输入正确的寿命初值，计算机可以正确地拟合出寿命和强度。

(3) 拉普拉斯变换。CONTIN 程序，国际上的新程序，但要求总计数大于 10^7 个，使测量时间增加十倍。

实际上还有其他程序，如 LT 程序，MELT 拟合分析。关于寿命谱的计算程序是国内几十年的实验基础，大家都很熟悉，我们在这里没有必要介绍了，如果需要了解可看第 1 章文献 [3]、[4] 中介绍和给出的文献。

在分析缺陷时，τ_2 大表示缺陷体积大，I_2 大表示缺陷数量多，但是这里缺陷的多少只是相对变化，要知道绝对浓度需要有一个基准值。

2. 气体中正电子湮没寿命谱的测量和分解

气体的寿命谱和固体的寿命谱是不一样的，第一，固体中正电子热化时间很短，所以正电子都在热化后湮没；而气体的密度比固体低很多，热化时间很长，一些正电子在热化过程中就湮没了。第二，在固体样品中常采用样品 - 正电子源 - 样品的 "夹馅" 式排列，正电子只能在固体样品中湮没 (除了极少量的正电子在正电子源和其衬底中湮没)，在气体样品中容器的尺寸有限，一些正电子入射到容器壁上湮没。第三，在气体中正电子很容易生成正电子素，其湮没特性和自由正电子湮没特性不一样。

Coleman 等[5] 对常规寿命谱发展了高计数率的设备，有许多优越性。在 Deutsch 的技术中使用 amagat 密度的气体，使气体足够密，以慢化快正电子，信息中包含了湮没信号的时间分布。在这种技术中，常规的 ^{22}Na 源放在离气体室很近的地方，气体室中充了试验气体。时间的 "起始" 信号是探测 1.28MeV 能量的 γ 射线，它是伴随着正电子发射而产生的。几种过程可以用来辨别湮没事件的时间分布细节的分析。包括瞬发湮没，这是由于快正电子在慢化时发生的湮没及来自于正电子在源中和气体室的壁上的湮没；慢化后正电子的湮没 (或者如果发生热化，产生麦克斯韦分布)；长寿命的尾部是由于 o-Ps 衰变；随着初始的发展，许多工作者发展了相对精致的技术。

使用常规源方法，正电子能量分布在很宽的范围，从 ～1keV 到 ～0.5MeV，为了降低正电子的能量，必须想办法把正电子慢化。早期测量湮没率的实验用探测物质本身作为慢化体，测量正电子产生到湮没信号之间的时间延迟谱。一个典型的实验就是伴随正电子从 ^{22}Na 源中发射而放出的 1.28MeV 的 γ 射线作为起始信号，测量正电子双光子湮没而产生的 0.511MeVγ 信号作为终止信号，这就是常规的寿命谱仪。为了使寿命谱达到足够的信噪比,只能测量气体密度 ⩾0.1 amagat 的气体。这种方法至今仍然在使用,如在 2013 年 Charlton 等[17] 使用 100kBq(1Bq=1s^{-1}) 的 ^{22}Na 源滴在 10μm 厚的 kapton 膜,放在气体样品室中心,使用的寿命谱是常规的寿命谱仪和塑料闪烁体探头。不锈钢样品室,内径为 35mm,长度为 210mm,可以加压力到 10atm。记录气体压力,温度 293K,可以计算气体密度。对 N_2, O_2, CO, N_2O, CH_4 分子得到 293K 时 $\langle Z_{eff} \rangle$ 值。

这样测量的 amagat 量级密度的气体中的寿命谱如图 4.2.3 所示,显然这样的谱和我们熟悉的寿命谱 (图 4.2.2) 是不一样的,对固体的寿命谱,我们习惯于选择几个拟合参数,连同原始谱一起输入计算机,一秒后全部信息就得到了。

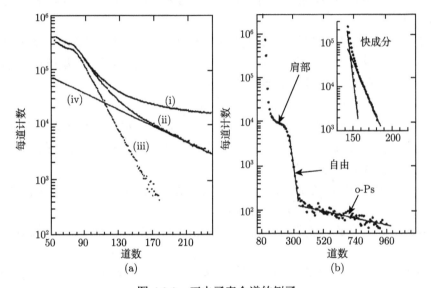

图 4.2.3　正电子寿命谱的例子

(a) 氩气中, (b) 氙气中。测量氩气时密度为 6.3 amagat,温度为 297K,道宽为 1.92ns。在 (a) 中, (i) 表示原始数据, (ii) 表示去掉本底后的信号, (iii) 表示自由正电子成分, (iv) 表示拟合得到的 o-Ps 成分。在 (b) 中,氙的测量是在室温,密度为 9.64amagat,道宽为 0.109ns,小插图表示从中抽出的快成分,讨论见文献 [18]、[19]

气体的寿命谱中,在大多数情况下谱中有一个很大的峰出现在很短的时间区域,这个峰通常叫作"瞬发峰",它是来自于正电子在源中和气体室的壁上的湮没,它的寿命是几十 ps,瞬发峰中还包含 p-Ps 湮没 (125ps),在图 4.2.3(b) 的氙谱中看得特别明显,就是图中最左边陡峭的部分,显然这不是正电子在气体中的湮没,不是我们需要的部分。

在瞬发峰的右面就是肩部,相应于自由正电子从最低非弹性散射能量到热化能的慢化过程中的湮没。

肩部的右边是平衡区, 平衡区是我们需要的寿命谱。

气体寿命谱的分析[19] 需要下面的 10 步:

第 1 步: 设事件总数为 N_s, 其中包含了气体中湮没事件, 当然也包含了在源和容器壁上的湮没 (这些造成了瞬发峰的主体)。

第 2 步: 应用上面所描述的早期的分析方法, 谱中在每一个可分辨的成分中的事件数可以用回推到 $t = 0$ 处的拟合来推导出, 这样可以产生 o-Ps 和自由正电子的事件数, 分别用 $N_{\text{o-Ps}}$ 和 N_f 表示, 再加上任何来自其他快成分的贡献数 N_F。事实上, $N_{\text{o-Ps}}$ 将必须被修正以允许对 o-Ps 和自由正电子事件探测效率上的差别, 因为它们来自不同的湮没模式, 这一点是很重要的, 可以确定绝对的 Ps 比份, 见下面的第 6 步。

第 3 步: p-Ps 事件的数目对其他谱也有贡献, 但是不能正常地被分解出来, 因为它们出现在瞬发峰中, 可以假设等于 $N_{\text{o-Ps}}/3$, 其理由是基于自旋统计, 是由相关的形成几率所支配, 所以 Ps 事件的总数为 $N_{\text{Ps}} = 4N_{\text{o-Ps}}/3$。

第 4 步: 这样气体事件总数 N_G 定义为 $N_G = 4N_{\text{o-Ps}}/3 + N_f + N_F$。

第 5 步: 气体部分的比份 $G = N_G/N_s$, 可以从不同气体对 β^+ 粒子的阻止率的比较中推导出来, 此外, 一个意外低的 G 值可以指示出在谱中出现了快成分, 但是不能从瞬发峰中推导出来的。

第 6 步: 在正电子寿命的工作中, 正电子素形成比份 F 是最广泛采用的可观察方法之一, 它可以定义为 $F = N_{\text{Ps}}/N_G$。

经过了这些步骤, 我们可以得到大家比较熟悉的正电子寿命谱, 如图 4.2.4 所示。

第 7 步: o-Ps 衰减率的平均值 $\langle \lambda_p \rangle$ 可以从谱的平衡部位中得出, 这表现为自湮没率 $_0\lambda_{\text{o-Ps}}$ 和由于与周围介质发生碰撞而引起的猝灭率之和, 这样 $\langle \lambda_p \rangle$ 可以写为

$$\begin{aligned} \langle \lambda_p \rangle &= {}_0\lambda_{\text{o-Ps}} + \langle q \rangle \rho \\ &= {}_0\lambda_{\text{o-Ps}} + 0.804\rho \langle {}_1Z_{\text{eff}} \rangle \; (\mu s^{-1}) \end{aligned} \tag{4.2.14}$$

式中, ρ 按式 (4.2.4) 定义, $\langle q \rangle$ 是所谓的猝灭系数, 根据文献 [15] $\langle {}_1Z_{\text{eff}} \rangle$ 是每个原子或者分子中对猝灭有影响的有效电子数的测量, 需要对湮没处所有 Ps 速度分布求平均。$\langle {}_1Z_{\text{eff}} \rangle$ 值将在后面讨论, 在各种气体介质中按照式 (4.2.14) 给出的有效区域, 将涉及 Ps 及其与其他系统的相互作用。

第 8 步: 如上所述, 一旦 o-Ps 成分已经被拟合出来, 自由正电子湮没的时间谱 $S_f(t)$ 可以从总的气体谱 $G(t)$ 中得到, 只要减去指数形式的 o-Ps 成分, 所以可

以写成

$$S_{\mathrm{f}}(t) = G(t) - \langle \lambda_{\mathrm{p}} \rangle \, N_{\mathrm{o\text{-}Ps}} \exp(-\langle \lambda_{\mathrm{p}} \rangle \, t) \tag{4.2.15}$$

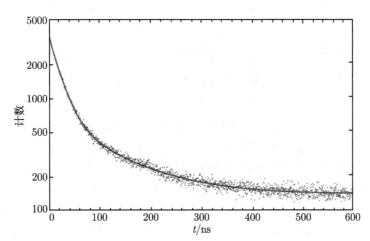

图 4.2.4　去除瞬发峰后的 5.56amagat 时 CO 的寿命谱

直线是用双指数拟合加上本底,自由正电子衰变率为 $(46.0 \pm 0.3)\mu s^{-1}$。引自文献 [17]

当瞬发的自由正电子湮没率和时间有关时,它就特别有用 (即在肩部),定义为

$$\langle \lambda_{\mathrm{f}}(t) \rangle = \frac{S_{\mathrm{f}}(t)}{\displaystyle\int_0^\infty S_{\mathrm{f}}(t')\mathrm{d}t'} = 0.201\rho \, \langle Z_{\mathrm{eff}}(t) \rangle \quad (\mu s^{-1}) \tag{4.2.16}$$

式中,Z_{eff} 是有效电子密度,其意义和我们在固体样品中的意义是一样的,是一个重要参数。

肩部的意义相应于自由正电子从最低非弹性散射能量到热化能的慢化过程中的时间。如在纯氦中,自由正电子通过弹性碰撞即使从 17.7eV 慢化到热化能所需要的时间相对于寿命谱的肩部,超过 1800(ns amagat),这个单位是肩部宽度,时间加密度,意味着是自由正电子成分从 17.7eV 开始慢化,在达到热化区域以前就花去了平均寿命的 1.5 倍的时间,

第 9 步:肩部的宽度可以表达为和密度无关的项 $\tau_{\mathrm{s}}\rho$,其单位为 ns amagat,τ_{s} 通常由文献 [20] 的定义所给出,由

$$\langle Z_{\mathrm{eff}}(\tau_{\mathrm{s}}) \rangle = \langle Z_{\mathrm{eff}} \rangle - 0.1 \, \langle \Delta Z \rangle \tag{4.2.17}$$

得到肩部宽度的参数。

第 10 步:如果在谱中有可以从瞬发峰中分辨出来的任何快成分,如图 4.2.3(b) 所示氙的情况,如果在瞬发峰到来前 $\langle Z_{\mathrm{eff}}(t) \rangle$ 突然上升,它们的出现可以显示出

来。这种成分的谱可以仅从自由正电子成分中减去而推导出来, 这就需要涉及肩部形状的假设。

从以上方法我们可以得到 Z_{eff} 参数, 这是一个很有意义的参数, 人们发现它反映的不光是电子密度的增强, 而且反映了共振湮没。

3. 用定时飞行谱测量气体中正电子湮没寿命谱

最初的定时飞行谱也是属于上面所说的第一种技术, 即能量比较高的正电子测量。

我们已经在 2.4.1 节第 2 部分中说到有两个方法测量正电子通过固定距离 (飞行路径), 得到正电子的速度和能量。

第一种方法应用了脉冲电子加速器, 有机械脉冲作为起始, 到达气体靶, 湮没光子作为终止。第二种方法, 早在 1972 年, Coleman 等[20,21] 发展了用飞行时间方法测定离开慢化体时正电子的速度, 从而直接测量气体中正电子寿命谱。他们用同位素源, 先通过一塑料闪烁体产生起始信号, 终止信号用湮没光子。同位素源方法比第一种的加速器方法价格更低, 但是两种方法中随机符合都很高。所以飞行时间谱要对本底修正, 减去一个由于随机符合产生的常数成分, 可以用三种方法推导: ①用 Coleman 等发展的数据恢复程序; ②减去一个没有气体的谱; ③在谱的平坦部分取 100 道的平均计数, 再相减。

在我们介绍的第二种方法中, 正电子来自 ^{22}Na, 通过一薄塑料闪烁体。这个方法可以用弱源给出高的计数率, 因为从原来的所有正电子中 ~30% 可以进入气体容器和被探测到, 比测量瞬发的 1.28MeVγ 射线效率高得多。困难是由于有塑料在容器中要确保系统干净。此外, 正电子进入容器需要经过一薄的铝窗, 气体密度最大到 ~15amagat。由于在塑料中湮没, 也出现在寿命成分中, 用了薄塑料闪烁体, 整个时间分辨率 2~3ns(FWHM)。已经得到氩、氖、氮的寿命数据, 以及真空寿命谱和用氟利昂气体的 o-Ps 谱。具体的设备如图 3.2.2 所示, 数据分析方法和前面类似。

飞行时间谱方法还可以用于截面测量, 我们将在第 5 章介绍。

4.3   阱基正电子束

阱基正电子束是一种全新的技术, 中国科学院高能物理研究所和武汉大学最近从国外进口了全套技术。我们介绍为什么要用阱基束技术。

刚才我们在 4.2 节中看到, 我们原来的正电子湮没研究是固体中以狄拉克湮没率公式为基础的, 由于增强效应, 湮没率可能比公式计算的大几倍到几十倍, 这是合理的。靶分子原来是电子的多体系统, 正电子的加入扰动了原来的系统, 使电子很快地在正电子周围聚集,更多的电子聚集在周围,湮没率必然要增大。

前面已经说过,Deutsch[2] 在 1951 年的实验中发现了正电子素,对气体周围正电子湮没做了一系列精细实验后指出由湮没率所决定的其他重要效应,包括认为正电子会吸附到多原子分子上,如氟利昂 (CCl_2F_2)。Paul 等[22] 进一步研究了正电子在分子气体中的衰变,他们研究了如丁烷这么大的链烷分子,发现比从 Dirac 湮没率公式出发的湮没率大了 500 倍,认为这是由正电子–分子束缚态的形成而引起的。Goldanskii 等[23] 从理论上认为大湮没是由低阶虚态或者正电子在靶上的弱束缚态,后来在分子上的湮没进一步由 Smith 等[24] 分析,他们探索大湮没率是由振动共振引起的可能性。在 20 世纪 60 年代和 70 年代继续这个工作,使用了不同于 Deutsch 的技术研究湮没率,研究在正电子和原子及选择的分子碰撞中产生正电子素的比份,研究结果由 Griffith 等[25] 在 1978 年就作了详细的、极好的长达 109 页的评论,在气体中正电子湮没过程的测量也做了气体密度函数和正电子温度关系的工作,以及加电场的气体[25~31]。

早期的研究大都是在一个大气压下 (1amagat 密度气体中和 ~300K) 研究与气体的散射和湮没,在这种情况下试验气体本身慢化了从放射源中出来的快正电子。此时气体密度很大,如果研究正电子散射,在高气体密度下正电子会和多个原子或者分子发生多次散射。如果希望只和一个原子或者分子发生单次的散射,就必然要在很稀薄的气体中。但由于早期实验中正电子的能量很高,需要使正电子很多次和分子碰撞来降低正电子的能量,这就使实验陷入两难的矛盾。唯一的解决方法就是在正电子进入散射室之前就通过其他方法降低正电子的能量。实现的方式有两种,一是国内已经有的普通的慢正电子束,这些在第 1 章文献 [3]、[4] 中已经详细介绍,我们不再介绍,这种方法的缺点是能量仍然很高,需要进一步降低能量,所以引入了第二种方法:阱基束方法,这是全新的方法,现在国内才开始起步。

自从 1988 年以来,一种从根本上不同的研究正电子在气体中湮没的新方法已经被美国加州大学的 Surko 等[32,33] 发展起来,它基于来自低能慢正电子束中的正电子再被束缚于低密度气体中的势阱中。这种称为 buffer-gas traps(简写为 BG 势阱),我们在这里翻译为缓冲气体势阱式慢正电子束,或者简单地称为阱基 (正电子) 束 (trap-based positron beam)。阱基束可用于正电子激发的分子振动激发研究[34]。Sullivan 等[35] 第一次测量了由正电子引发的分子的态分辨绝对电子激发截面。Gilbert 等[36] 第一次从实验上证明了在大分子中由于振动激发而产生了异常大的湮没率。由此发展出一种低温正电子势阱,有能力产生一种能量分辨率低至 1meV 的正电子束。

图 4.3.1 是阱基束工作原理示意图,图 4.3.2 是它的具体结构图。正电子还是来自于 ^{22}Na 源,用固体氖慢化到 eV 量级,效率为 1%~2%。到 1996 年,50mCi 的 ^{22}Na 已经达到每秒 ~(5~10)×10^6 个慢正电子。现在已经达到 10^8 个慢正电子。

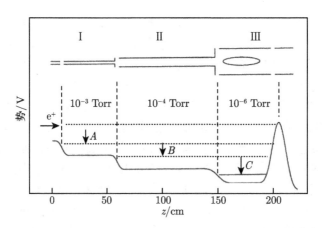

图 4.3.1   三级缓冲气体积聚器 (阱基束) 工作原理示意图[32]

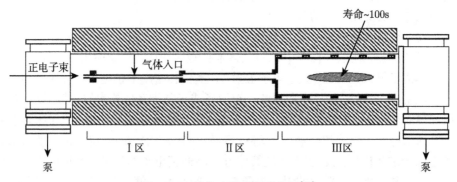

图 4.3.2   阱基束的具体结构图[37]

如图 4.3.2 所示, 阱基束的核心是彭宁阱, 因为有极好的封闭特性, 所以它是最成功的积累正电子的技术。这种设备由均匀的磁场 (如 $B \sim 0.05$—0.15 T) 和电势组成, 电势加在圆柱形的电极上以产生沿着 B 方向的势阱。在这种势阱中可以最有效地捕获正电子的方法是使用缓冲气体, 在 1988 年首次发展, 缓冲气体势阱已经在正电子原子物理实验中得到日益多的使用。

图 4.3.1 是三级缓冲气体积聚器操作原理示意图, 每个区的电极有不同的电势 (图 4.3.1 中 I、II、III区分别用 A、B、C 表示电势), 大致原理是: 三级缓冲气体积聚器有三个缓冲气体室, 或者说三个区, 四周是用液氮 (77K) 或者酒精水 (-7℃) 冷却, 整个处于真空中。每个区有不同的电势和缓冲气体压力, 利用一个连续的气体流入和不同真空泵, 每个区用不同的真空泵抽气, 有不同的气体压力, 分别为 10^{-3} Torr、10^{-4} Torr、10^{-6} Torr。

连续气体氮气先输入 I 区。正电子也进入 I 区, 在 I 区维持在一个相对高的压力 ($\sim 10^{-3}$ Torr), 那里有分子氮气, 正电子和它发生一系列的非弹性碰撞而损失能

量 (在图 4.3.4 中为 A)。

正电子在一个 0.15T 磁场的引导下进入 II 区，那里气体的压力低些 (真空高一些)，正电子再作非弹性碰撞而进一步损失能量，正电子再进入 III 区，那里气体的压力尽可能低 (更高真空，可以减少湮没)，降低电极温度 (典型为 300K)，正电子可以被保存下来。当压强为 5×10^{-7}Torr 时，正电子在那里可以保存 60s，如果抽掉更多的气体，可以保存 3h。

用分子氮已经得到最高的捕获效率，应用势能的安排每级 $\sim$9eV 以便在每一级发生捕获碰撞，然后正电子截面测量指示出这个能量相应于一个截面上峰 (可能是共振)，是 N_2 的电子激发态的最低一级，而主要的能量损失——正电子素形成——在这个能量时相对是比较小的。

在第 III 级典型的正电子寿命是 $\sim$60s，这一级的压力 $\sim 5 \times 10^{-7}$Torr。少量的四氯化碳加到该级 (如 10^{-7}Torr) 以帮助冷却和减少热化时间 (冷却时间 $\tau_c \sim$0.1s)。应用固体氖慢化体这样一个三级势阱，捕获效率可以达到 10%$\sim$30%，用 100mCi^{22}Na 源和固体氖慢化体可达到正电子积累率 $\sim 3 \times 10^6$s^{-1}。捕获态正电子等离子体可以为原子物理提供"原位"实验，也可以形成冷正电子束。

图 4.3.3 是加了减速势分析器 (RPA) 的阱基束，用于散射研究。积累室 (III 区) 中的电势上升和加速正电子使其离开势阱，所以正电子能量为 $E_+ = e(V - V_c)$。在散射室中没有湮没或者没有生成正电子素的正电子再由磁场引导进入减速势分析器 (RPA)，再飞行到湮没板上湮没并由 γ 探头测量。气体室中的磁场为 0.09T，RPA 中也一样，但可以从 0 调节到 0.09T。截面的测量是通过根据散射室的磁场 (B_c) 而减小 RPA 区的磁场 (B_{RPA})，这样平行于散射束，根据 $(B_{RPA}/B_c) \propto (\sin^2\theta_{RPA}/\sin^2\theta_c)$，这里 θ_{RPA} 和 θ_c 是 RPA 室和散射室路径角，就可以分析总的能量损失。加州大学的正电子束流具有高的能量分辨率 ($\Delta E_+ \geqslant 0.025$eV)。

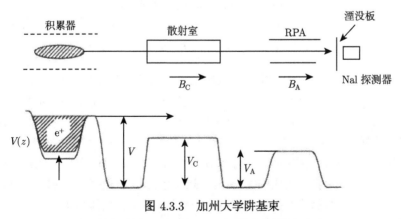

图 4.3.3　加州大学阱基束

上图为电极结构示意图，下图用于研究散射的电势

加磁场正电子束的形成可用于散射实验[38]，受限制的势阱 (即图 4.3.1 中的 III
级) 小心地提供势能，在势垒 V 以上可以聚焦正电子，设束流能量 $E = eV$，这
里 e 是正电子电荷。束流中平行能量分散性 $\Delta E_\parallel$ 可以尽可能低，或低于冷正电子
云 (即 $\Delta E_\parallel \leqslant 0.025$ eV)。对高分辨的原子物理实验，通常要求以脉冲方式操作，用
小的正电子脉冲束可避免表面电荷变宽。受限制的正电子流强典型近似为每脉冲
$(1\sim3)\times10^4$ 个正电子，脉冲宽度 $\sim3\mu s$，重复频率 ~4 Hz。

图 4.3.4 是 Greaves 等[39] 的阱基束示意图，注意，本图中正电子入射方向
和前面三个图是相反的，是从右面进入。前面的三个区一样，正电子先通过区域
I, II, III，再在区域 III 的尾部被电势垒反射。在这个区域，正电子有比较大的机
会 (大约 30%) 由于和气体发生电激发而损失动能。然后这些正电子被捕获，通过
激发分子的振动和转动跃迁而最后损失其能量。大约在 1s 后它们冷却到室温，存
留在压力为 10^{-6} torr 的区域 III。

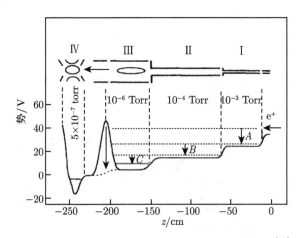

图 4.3.4　Greaves 正电子势阱中电极结构的示意图[39]

也显示出沿着不同区域气压的变化，电势沿势阱的变化。字母 A、B 和 C 表示正电子和 N_2 缓冲气体碰撞
的能量损失。注意，本图中正电子入射方向和前面三个图是相反的

在这种方法中，正电子可以连续地堆积，进入的数目是时间的函数 $N(t) =$
$R\tau[1 - \exp(-t/\tau)]$，这里 R 是捕获率，τ 是正电子在势阱中的寿命。如图 4.3.5(a)
所示，在 100s 的时间内有超过 10^7 个正电子积累起来，如果必要，正电子可以被
"穿梭"到势阱的 IV 区，在这里有一个近似双曲线的电极，并降低势垒。在缺少额
外气体的情况下，在 IV 区中的正电子寿命很大程度上受正电子在 N_2 缓冲气体中
湮没的支配。图 4.3.5 显示在这些情况下寿命约为 60s，如果把 N_2 抽掉，还可以增
加到 30min。这个时间仍然受势阱中和剩余气体湮没的限制 (压力为 7×10^{-10}Torr)，
因为在同样的环境中保留的电子能够被限制在 3h 的时间常数内。

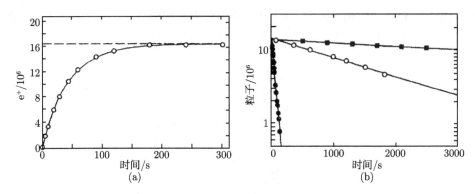

图 4.3.5　(a) 正电子堆积在如图 4.3.4 所示的势阱中。(b) 正电子的储存: 氮气压力为
5×10^{-7}Torr; ○ 没有氮气本底压力为 7×10^{-10}Torr; ■ 同样条件下储存电子

引自文献 [39]

　　一旦正电子的积累已经完成, 就可以在系统中加气体进行湮没研究, 它受测量的被捕获粒子数目所影响。这样, 正电子寿命, 以及和它相关连的 $\langle Z_{\mathrm{eff}} \rangle$ 参数的值就可以在确保单个正电子–分子相互作用的情况下推演出来。测量湮没辐射的多普勒展宽也可以得到信息。另外, Greaves 等[39] 表明捕获正电子的能量如何能够在可控制的方式下用一个突然的无线电频率的脉冲加到势阱中的一个电极上而使正电子的能量增加, 这已经被用于确定惰性气体中湮没率的能量关系[40]。

　　阱基束还可以利用聚束技术, 阱基束的一个强大的能力是能够用简单的技术产生超短脉冲, 来自势阱的脉冲束可用射频聚束, 所以有很大优点, 特别是射频束的重复频率可以超过 50MHz。对正电子寿命测量用脉冲正电子束是最方便的, 长寿命的成分可以和聚合物、多孔材料联系, 能够精确测量。阱基束可以在一个很宽的重复频率范围。另外, 阱基束的脉冲技术是简单的和低成本的。阱基束本质上是脉冲束, 也有可能产生准静态的束流, 这时连续地从势阱中释放正电子。各种技术可以产生短脉冲正电子素, 包括射频聚束[41]、谐波势聚束[42]、定时势聚束[42] 和线性加速器聚束[43]。定时势聚束特别适合于阱基束, 因为它使用了超冷性质的束, 并且很简单。

　　阱基正电子束还可以高效地使亮度增强, 用了等离子体技术, 原理如图 4.3.6 所示。正电子积累在彭宁阱中, 加一个旋转式电极, 径向压缩[44], 角动量由等离子体振荡器激励进入等离子体, 导致正电子等离子体的直径压缩, 需要冷却, 有缓冲气体 CF$_4$。旋转电场通常用适当相位的正弦波加到分割电极上产生, 电极包围了正电子, 如图 4.3.6 所示。

　　进一步压缩束流的直径可以从势阱中得到受控释放的正电子, 由于正电子空间电荷在等离子体的中心空间势是高的, 在最初释放的正电子有小的直径 D, 这是等离子体本身。如果正电子以这种方式释放，密度腔中由于向内的径向传送，而等离子体从旋转电场继续装满，束流能够窄到 $4\lambda_D$ 的直径。

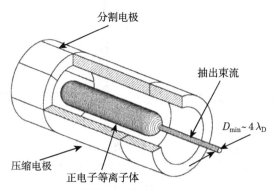

图 4.3.6   切除一部分电极的正电子势阱图

显示亮度增强的概念，径向压缩，从等离子体的中心抽出正电子，分割电极用于产生旋转电场，在每个分割
电极上加适当相位的正弦波[44]

现在正电子原子物理实验中能够达到的状态还不能和电子的原子物理实验的状态相比拟，在 1978 年正电子束的分辨率是 1eV，刚能达到使用的条件。目前束流的分辨率目标是 1meV 和亚 meV(零点几 meV)。人们有信心将来能达到此目标，我们期望正电子原子物理能够产生新的前景。有效正电子势阱的出现使事情发生了转折，新一轮实验使用阱基束正电子，所以捕获态正电子可以在低密度 (如低于 10^{-6} amagat) 气体中研究，这就能严格地保证湮没是由于二元碰撞而不是多粒子碰撞。用阱基慢正电子束可得到效率高的、脉冲式的、能量可调的低能束流，而且能量的分散性很小。

有了阱基束，连同原来的普通正电子寿命谱方法和慢正电子束，我们可以研究在小气体分子和大气体分子中的正电子湮没。

4.4   小分子中的正电子湮没

4.4.1   研究分子共振湮没的物理意义

下面我们要介绍正电子的共振湮没，这是一种和我们熟悉的固体中的湮没很不一样的湮没方式，主要特点是湮没率特别大，引起了人们极大的兴趣，正电子湮没除了在物理中得到应用外，在其他领域也有很好的应用。如在医学中可以利用湮没时两根成 180° 相反方向的 γ 射线，多角度符合定位后可以知道病变的具体位置，制成正电子发射 γ 射线断层摄影术 (或者称正电子断层显像仪，简称为 PET) 见第 1 章文献 [4]，可以诊断人类的血液循环系统和新陈代谢，如正电子源沿脑中血管流动的异常可以发现病变位置, 是一种发展迅速的新型医学仪器[45]。

低能正电子 (如 ≤50 eV) 的共振湮没对天体物理有影响, 来自地球外的 511keV 湮没辐射已经为天体物理过程的解释提供了有用的证据[46-48]。在星际之间有一些简单的碳氢化合物, 天体中也有一些正电子, 人们发现正电子发生了过量湮没, 换句话说就是似乎了发现大量来路不明的正电子, 长期困惑了人们。随着正电子-稀薄气体湮没的研究, 发现正电子在自然界振动引起共振, 导致湮没截面增加了一个最大到 10^7 的因子。这提示我们在以后的天体物理应用中一定要研究这个效应。

新的研究还有正电子素原子的玻色凝聚、反物质和反氢研究、湮没伽马光子激光[49-52], 每一个都是独立的领域。

4.4.2 有效电子数和实验测量

从前面已经知道, 湮没过程是正电子和电子密度的交叠, 此时湮没遵循狄拉克公式:

$$\lambda_D = \pi r_0^2 c n_e \tag{4.4.1}$$

式中, r_0 是经典电子半径, $r_0 = e^2/mc^2$, e 是电子电荷量, m 是电子质量, c 是光速; n_e 是正电子所在处的电子密度。

在固体中含有大量电子, 有多体效应, 正电子的正电荷的引入必然会引起电子密度的重新分布, 使局部电子密度增加, 从而使湮没率增加, 这是容易理解的。

人们把新的湮没率归一化到式 (4.4.1), 得到 Z_{eff} 是一个无量纲的量, 称为有效电子数, 如果正电子是和完全不关联分子的电子湮没, 我们期望 $Z_{eff} \sim Z$, 这里 Z 是分子的电子数, 是按自由电子密度给出的。

早在 1951 年, Deutsch[2,3] 就测量了正电子在一些气体中的湮没, 他发现了一些奇怪的现象, 测量了正电子在氩和氮中的湮没率, 发现基本上还是遵循式 (4.4.1) 的, 但是在氟利昂-12(CCl_2F_2) 中湮没率特别大, 他把此现象归因于正电子-分子附加态共振湮没过程。后来 Paul 等[22] 在 1963 年测量了链烷分子 (C_nH_{2n+2}), 从甲烷到丁烷, $n = 1 \sim 4$, 他们发现湮没率 λ 比 λ_D 大很多倍, 而且 λ/λ_D 随分子体积指数增加。后来人们又发现在 ($C_{16}H_{34}$) 中大于 10^4 倍。

我们在前面已经给出了小分子和大分子的定义: 把 Z_{eff} 和 Z 相差几十倍以下的分子称为小分子, 如 H_2、N_2、O_2、CO、N_2O、CH_4 分子; 把 Z_{eff} 和 Z 相差特别大的分子称为大分子, 如大的链烷分子。我们给出一些小分子的 Z_{eff} 值, 见表 4.4.1。

表 4.4.1 中是一些简单气体和惰性气体, 它们的 Z_{eff} 值在几十、几百以下, 这些分子的湮没率显示并不束缚正电子, 并没有显示共振的现象, 只是简单的增强湮没率。

表 4.4.1   一些气体的有效电子数 Z_{eff}

气体	密度区域/amagat	Z_{eff}
He	18~60	3.94±0.02
Ne	7~39	5.99±0.08
Ar	0~280	27~18
Kr	0~117	66.8~39.5
Xe	1~6	320±10
D_2	12~39	13.6±0.1
H_2	19~170	13.6~12.6
N_2	0~234	30.6~18.6
CO	0~172	38.5~24
CO_2	0~48	50~120
O_2	7~215	26~19

从传统上说，在气体中 Z_{eff} 的实验值已经从正电子寿命谱的测量中推导出来，这里我们把 Z_{eff} 的实验测量值用 $\langle Z_{eff} \rangle$ 表示，而 Z_{eff} 是有效电子数的一般表述或者是理论值。正电子在气体中扩散、热化，最后湮没。每一个正电子的寿命是单独测量的，许多寿命数据积累成寿命谱。$\langle Z_{eff} \rangle$ 是正电子速度分布 $y(v,t)$ 的平均，这里 $y(v,t)\mathrm{d}v$ 是当一大群正电子进入气体后在时间 t 时刻速度在 v 到 $v+\mathrm{d}v$ 间隔内正电子的密度数。这样 Z_{eff} 的平均速度的时间关系为

$$\langle Z_{eff}(t) \rangle = \frac{\int_0^\infty Z_{eff}(v)\, y(v,t)\, \mathrm{d}v}{\int_0^\infty y(v,t)\, \mathrm{d}v} \tag{4.4.2}$$

若慢化过程不是很快，一些正电子在热化前湮没，在惰性气体的寿命谱数据中出现这种情况。在惰性气体和 N_2 中已经直接观察到热化的肩部，但是大部分分子气体的热化时间太短，不能直接分辨出来。在表 4.4.2 中给出了测量所得的惰性气体的肩部宽度的参数，其定义见式 (4.4.3)。

表 4.4.2   一些气体中的肩部宽度[19]

气体	肩部宽度 $\tau_s\rho$/(ns amagat)
He	1700±50
Ne	2300±200
Ar	362±5
Kr	325±6
Xe	178±3

肩部的宽度可以表达为和密度无关的项 $\tau_s\rho$，其单位为 ns amagat，τ_s 通常由

文献 [53] 的定义所给出, 有

$$\langle Z_{\text{eff}}(\tau_s)\rangle = \langle Z_{\text{eff}}\rangle - 0.1\langle \Delta Z\rangle \tag{4.4.3}$$

Charlton 等[17] 测量了室温下正电子寿命谱, 研究正电子在小分子气体 N_2、O_2、CO、N_2O、CH 中的湮没, 密度在 10amagat 以内, 分析自由正电子湮没率作为密度的函数, 得到湮没参数 $\langle Z_{\text{eff}}\rangle$, 特别是对 H_2 的数据。

在所有的情况下, 寿命谱都包含很大的瞬发峰, 这是由于在源膜和支撑物中湮没, 以及在容器壁上湮没。在此峰后, 即使正电子停留在气体中湮没, 仍然可以按两成分拟合, 包含固定本底。对大部分气体研究, 两成分中较快的成分是由于自由正电子湮没, 其余是 o-Ps 湮没, 这样 $\langle \lambda_e\rangle$ 可以对每一个密度而得到。研究中的气体样品是商用纯度, 没有进一步提纯。表 4.4.3 是详细情况, 没有列出杂质, 但是杂质起很重要的作用。表 4.4.3 中没有发现碳氢杂质。

表 4.4.3   气体纯度和推荐的 $\langle Z_{\text{eff}}\rangle$ 值[17]

气体	气体纯度	推荐的 $\langle Z_{\text{eff}}\rangle$ 值	推荐的 $\langle Z_{\text{eff}}\rangle$ 值 (其他文献)
N_2	99.9998%	30.8±0.2	30.5
O_2	99.999%	26.5±0.1	26
CO	99.5%	39.7±1.0	38.5
N_2O	99.5%	68.2±1.0	78
CH_4	99.995%	140.0±0.8	140
H_2	不同杂质浓度	16.0±0.2	14.7

下面我们分析正电子在几个小分子中的湮没[17]。

1. 氢气的有效电子数

Gribakin 等[54] 小结了分子氢的理论工作, 分析正电子-分子湮没。Armour 等[7,55,56] 作了一系列 Kohn 变分计算, 对 H_2 得到 $\langle Z_{\text{eff}}\rangle$ 从早期的 2 到后来的 10。但是现在 Zhang 等[57] 对 H_2 得到 15.7, Lima 和同事等[58-60] 得到 7.3。

对氢气有三个实验得到室温时 $\langle Z_{\text{eff}}\rangle$[61-63], 虽然实验的目的不一样 (如为了研究自由正电子湮没率与密度的关系, 研究正电子形成正电子素的比份等)。McNutt 等[63] 发现平均值为 14.8±0.2, 密度为 10~47amagat, Wright 等[18] 得到 $\langle Z_{\text{eff}}\rangle = ((16.02\pm0.08)-(0.042\pm0.003))\rho$, 密度 12~37amagat。Wright 等得到最高值 15.5±0.2, 密度约 12amagat。Laricchia 等[62] 研究的密度范围为 20~40 amagat, 得到 14.61±0.14。如果把 Laricchia 等的密度代入 Wright 等的公式, 得到平均值 14.76±0.20, 和 Laricchia 符合。对 McNutt 等[63] 的密度得到平均值 14.82±0.22。

因此, Gribakin 等[64,65] 认为所有的三个实验符合得很好, 选择对 H_2 的 $\langle Z_{\text{eff}}\rangle = 16.0\pm0.2$。

2. 氮的有效电子数

Charlton 等[17] 对 N_2 的数据拟合如图 4.4.1 所示, 得到 $\langle \lambda_e \rangle = (6.24 \pm 0.04)\rho$, 相应于 $\langle Z_{eff} \rangle = 31.0 \pm 0.2$。

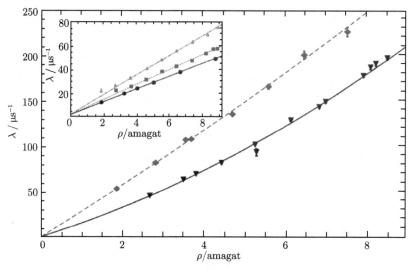

图 4.4.1 自由正电子湮没率和气体密度的关系[17]

T=293K, CH_4(◆), N_2O(▼), 插图中 CO(▼), N_2(■), O_2(●)。线是拟合的, 见正文

在文献 [17] 以前已经有几个对氮气的 $\langle Z_{eff} \rangle$ 室温测量, 主要是伦敦组的, 最早的测量[66] 在 7~28 amagat 区域, 平均 $\langle Z_{eff} \rangle$=28.89±0.11。Coleman 等[67] 在 5~70amagat 密度区域发现是线性的, 发现能和从非常低的密度起外推到零密度的结果很好地符合, 得到零密度时 $\langle Z_{eff} \rangle$=30.6±0.2。这个值表示氮气中正电子已经慢化[68], Sharma 等[69] 得到 77K 时的值。

Tao[70] 发现 $\langle Z_{eff} \rangle$ 值 =28.9±0.4, 范围在 8~45amagat。Coleman 等[67] 发现 $\langle \lambda_e \rangle$ 在低密度线性外推到 $\langle Z_{eff} \rangle$ 值以下, 在很宽范围内平均值低于真实的值。Tao[70] 的自由正电子湮没数据大致上和密度成线性关系, 可能和早期工作有矛盾, 早期工作[67,70] 没有使用纯氮气。

而 Charlton 等[17] 认可 Coleman 等[67] 在零密度的外推值, 所以 Charlton 等[17] 推荐氮气的实验值 $\langle Z_{eff} \rangle$=30.8±0.2。

理论工作有 Darewych 等[71]、Gianturco 等[72]、Lima 和同事[58,59], 最早是 Cooper 等 [55] 用 Born-Oppenheirner 近似, 得到室温 $\langle Z_{eff} \rangle$ 大约为 23, 这和实验比较符合了, 但是后来用紧耦合[72] 和多通道方法[58,59] 得到 $\langle Z_{eff} \rangle$ 值在 10~48, 太分散了, 所以理论关于氮气的 $\langle Z_{eff} \rangle$ 到 2013 年仍然不确定。

3. 氧气的有效电子数

Charlton 等[17] 对 O_2 的数据拟合如图 4.4.1 所示,得到 $\langle \lambda_e \rangle =(5.30\pm0.02)\rho$,作为三体修正和零密度符合,结果为 $\langle Z_{eff} \rangle =26.4\pm0.1$。在低密度显示有小的密度关系,得到 $\langle Z_{eff} \rangle =28.0\pm0.5$,纯度 99.7%[73]。两个实验稍微不一致。Charlton 等[17] 取加权平均,O_2 的 $\langle Z_{eff} \rangle =26.5\pm0.1$。

O_2 的理论工作[72] 只有一个,两种方法,得到 $\langle Z_{eff} \rangle$ 分别为 65 和 54,与实验不符合。

4. 一氧化碳的有效电子数

Charlton 等[17] 对拟合 CO 数据如图 4.4.1 所示,得 $\langle \lambda_e \rangle =(8.20\pm0.04)\rho$,$\langle Z_{eff} \rangle =40.8\pm0.2$。Griffith 等[74] 得到唯一的其他值 $\langle Z_{eff} \rangle =38.5\sim24$,密度 $0\sim172$arnagat,没有给出误差。他们原来的实验值等于 69.4[5],给出了误差,但是气体有杂质。

CO 气体纯度 99.5%,是研究中最不纯的,所以测量值 $\langle Z_{eff} \rangle$ 很可能高了,Griffith 等[74] 没有给出杂质浓度,如果取平均,对 CO 气体 $\langle Z_{eff} \rangle =39.7\pm1.0$。CO 的理论工作有文献 [72],得到值为 33,和实验还算符合。

5. 一氧化二氮的有效电子数

Charlton 等[17] 对 N_2O 的数据如图 4.4.1 所示,得 $\langle \lambda_e \rangle =(13.7\pm0.2)\rho+(1.05\pm0.04)\rho^2$,$\langle Z_{eff} \rangle =68.2\pm1.0$,比 Heyland 等[75] 的 78 稍低,但是他们没有给出杂质,没有理论工作,所以 Charlton 等[17] 只能推荐 N_2O 的 $\langle Z_{eff} \rangle = 68.2\pm1.0$。

6. 甲烷的有效电子数

Charlton 等[17] 对 CH_4 的数据如图 4.4.1 所示,得 $\langle \lambda_e \rangle = (27.2\pm0.5)\rho+(0.42\pm0.13)\rho^2$,$\langle Z_{eff} \rangle = 135.3\pm2.5$。

有几个实验值可以比较,Smith 等[24] 得到 139.6 ± 1.0,密度在 2amagat 以下。甲烷中 $\langle Z_{eff} \rangle$ 的性质受电场影响[28],得到零电场时的值 142.7 ± 2.0,密度约 1amagat。McNutt 等[27] 广泛研究了甲烷中正电子和正电子素的性质,发现在低密度时等于 153.7 ± 0.9。最后 Wright 等[9] 得到低密度时的值为 142 ± 2,在 16amagat 时上升到 155。这三个工作都详细研究了杂质,应用其信息,杂质对 $\langle Z_{eff} \rangle$ 的影响可以忽略。

Mao 等[28]、Smith 等[24] 和 Wright 等[9] 的工作比较符合,但是对 Charlton 等[17] 的工作,McNutt 等[27] 发现 $\langle Z_{eff} \rangle$ 值与他们很不一样。如果 Charlton 等[17] 的数据得到 $\langle Z_{eff} \rangle$ 的平均值约为 142,就和 Wright 等[9] 的结果矛盾,他们测量的密度区域是和 Charlton 等[17] 类似的,但是没有与 Paul 和同事[24,28] 的结果矛盾,似乎 McNutt 等的结果高估了室温时的 $\langle Z_{eff} \rangle$,因为他们最后的值是对三个温度测

量值的平均, 而其中两个低于室温, 由于期望 $\langle Z_{\text{eff}} \rangle$ 值会随温度的下降而增加, 这些效应会使他们的结果和平均值不一致。这样 Charlton 等[17] 推荐 $\langle Z_{\text{eff}} \rangle$ 值是对所有研究结果的加权平均, 包括 McNutt 等[27], 对 CH$_4$ 得到 $\langle Z_{\text{eff}} \rangle$= 140.0± 0.8。

理论方面有 Jain 等[61,76] 和 Gianturco 等[77], 极化势模型[76] 得到 $\langle Z_{\text{eff}} \rangle$ 约 100, 和实验还可以接受, Gianturco 等[77] 得到 $\langle Z_{\text{eff}} \rangle$ 约 65。所以把甲烷也算作小分子。

7. 高密度气体的小结

上面我们介绍的是密度高的气体, 典型为 1 amagat (=2.69×10^{25} m^{-3}), 一般出现三体效应, 在室温研究时用反应式:

$$e^+ + M + M \rightarrow e^+ MM^* \rightarrow 2\gamma + M^+ + M \tag{4.4.4}$$

式中, M 是分子, 如果是二体反应式, 可写为

$$e^+ + M \rightarrow e^+ M^* \rightarrow 2\gamma + M^+ \tag{4.4.5}$$

其中的中间复合物 e$^+$M* 和 e$^+$MM* 考虑成它的形式使 $\langle Z_{\text{eff}} \rangle \gg Z$, 包括了正电子临时束缚于分子系统。"*"表示复合物的中间激发态, 因为正电子的动能要立即分布在里面。湮没要和复合物的破裂竞争, 破裂后回到原来的成分。在 $\langle Z_{\text{eff}} \rangle \gg Z$ 的分子种类中, 对湮没截面有两类贡献, 即共振湮没和直接截面[74,75]。后者能对所有的分子发生, 这时不管是否生成中间复合物。但是前者必须包括临时的共振吸附。

Heyland 等[75] 提供了一个经验模型研究 $\langle Z_{\text{eff}} \rangle$ 的密度关系, 定义为 $\langle Z_{\text{eff}}(\rho) \rangle$, 发现在高温下典型值是大于相关临界温度的 2 倍。他们注意到对几个气体有关系式 $\langle Z_{\text{eff}}(\rho) \rangle = \langle Z_{\text{eff}} \rangle / (1 + \beta \rho)$, 这里 β 是一个正的常数。

Colucci 等[78] 对 SF$_6$, CO$_2$(■) 的实验结果如图 4.4.2 所示。实际上湮没率和

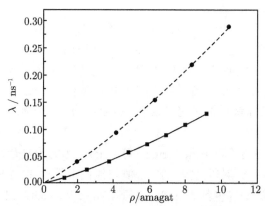

图 4.4.2   自由正电子湮没率和气体密度的关系

SF$_6$(●), CO$_2$(■), T=297 K

气体密度、温度及正电子能量都是有关系的。

在 CO_2 和 SF_6 气体中测量正电子寿命,温度 297~400 K,密度最大 10amagat。得到每个温度下的电子密度的平均值 $\langle Z_{eff} \rangle$ 参数,观察湮没率和密度的关系,发现在和单个分子或者一对分子湮没时的湮没率是一样的。在每个温度下也测量了三体 (正电子加上两个分子) 的湮没系数 $\langle b \rangle$,$\langle Z_{eff} \rangle$ 和 $\langle b \rangle$ 近似与温度无关。

4.4.3　低密度气体平均湮没率 $\langle \lambda_e \rangle$ 和气体密度的关系

Charlton 等[79] 假设在低密度气体中式 (4.4.4) 极少发生,而式 (4.4.5) 可以发生 (有或者没有复杂的中间复合物),湮没率改写为

$$\langle \lambda_e \rangle = \langle a \rangle \rho + \langle b \rangle \rho^2 = \omega \langle Z_{eff} \rangle \rho + \langle b \rangle \rho^2 \qquad (4.4.6)$$

按式 (4.4.6) 拟合 $\langle \lambda_e \rangle$,得到 $\langle Z_{eff} \rangle$ 和 $\langle b \rangle$,这里 $\langle \lambda_e \rangle$ 的单位是 μs^{-1},ρ 是气体密度,单位 amagat,前面的因子 $\omega = 0.201 \mu s^{-1}$ $amagat^{-1}$ 是密度归一化狄拉克自由电子气湮没率。拟合 $\langle \lambda_e \rangle$ 产生参数 $\langle Z_{eff} \rangle$,这是二体 e^+–M(分子) 的相互作用特性。他们认为如果密度不是特别低,也会有三体效应,如果不考虑三体效应,会过高估计 $\langle Z_{eff} \rangle$。

He 和 Ar 中 Z_{eff} 值随气体密度的增加而稳定地减小[80],对 Ne,从 6~1000 amagat 仍然保持常数。对 Kr,在密度低于 30 amagat 时 Z_{eff} 保持常数,但超过 30amagat 后 Z_{eff} 很快下降。对 Xe,在密度低于 6amagat 时 Z_{eff} 保持常数,但超过 6amagat 后 Z_{eff} 很快下降。

实验上的进展也需要理论上相应的发展,或者理论应该先得到发展。

4.4.4　有效电子数的理论研究

在正电子扩散的理论研究中,这时考虑一大群正电子在给定的时间内同时进入气体,然后研究速度分布的时间关系,通过适当的扩散方程,得到正电子热化和湮没。假设一大群正电子进入后,所有的正电子能量在正电子素形成阈以下,正电子只可能发生弹性碰撞和湮没,速度分布可从下列扩散方程中得到理论推导[81]:

$$
\begin{aligned}
\frac{\partial y(v,t)}{\partial t} = \frac{\partial}{\partial v} & \left\{ \left[\frac{e^2 \varepsilon^2}{3m^2 n v \sigma_M(v)} + \frac{v n \sigma_M(v) k_B T}{M} \right] \frac{\partial y(v,t)}{\partial v} \right. \\
& \left. + \left[\frac{m^2 v n \sigma_M(v)}{M} - \frac{2 e^2 \varepsilon^2}{3 m^2 v^2 n \sigma_M(v)} - \frac{2 n \sigma_M(v) k_B T}{M} \right] y(v,t) \right\} \\
& - \lambda_f(v) y(v,t)
\end{aligned} \qquad (4.4.7)
$$

式中,ε 是穿越气体室的横向电场,T 是气体的温度,k_B 是玻尔兹曼常量,M 是每个气体原子的质量,$\sigma_M(v)$ 是动量转化的截面,$\lambda_f(v)$ 是湮没率。动量转化截面定

义为

$$\sigma_{\mathrm{M}}(v) = 2\pi \int_0^\pi |f(\theta)|^2 (1 - \cos\theta) \sin\theta \mathrm{d}\theta \tag{4.4.8}$$

这也可以表示为偏波相移:

$$\sigma_{\mathrm{M}}(v) = \frac{4\pi}{k^2} \sum_{l=0}^\infty (l+1) \sin^2(\eta_l - \eta_{l+1}) \tag{4.4.9}$$

已经从弹性散射波函数中选择适当的初始速度分布 $y(v, t = 0)$ 后计算得到 $\sigma_{\mathrm{M}}(v)$ 和 $\lambda_{\mathrm{f}}(v)$, 可以从扩散方程中求解出在之后所有时间内的正电子的理论速度分布。如果选择合理的初始速度分布, 只要不是在 $t = 0$ 后很短的时间内, 扩散方程的求解并不十分灵敏于它的形式。用这种方法得到的氦气体中在零电场下正电子扩散的时间关系 $\langle Z_{\mathrm{eff}}(t) \rangle$ 如图 4.4.3 所示。方程 (4.4.7) 的输入数据 $\sigma_{\mathrm{M}}(v)$ 和 $\lambda_{\mathrm{f}}(v)$ 可从相移和散射波函数中求出[83-85]。

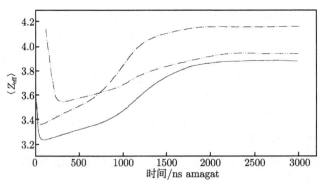

图 4.4.3　在室温下和零电场下正电子扩散在氦气体中的 $\langle Z_{\mathrm{eff}} \rangle$ 的时间关系

实验值: —·— 来自文献 [16]; 理论值: —— 氦模型 H5; —·— 氦模型 H1, 都引自文献 [82]

经过足够长的时间正电子达到平衡, 这样 $y(v, t) = f(v)\exp(-\langle \lambda_{\mathrm{f}} \rangle t)$, 这里 $\langle \lambda_{\mathrm{f}} \rangle$ 是平衡时的正电子湮没率, $f(v)$ 是相应的速度分布, 它是与时间无关的方程的解:

$$\frac{\mathrm{d}}{\mathrm{d}v}\left\{ \left[\frac{e^2\varepsilon^2}{3m^2nv\sigma_{\mathrm{M}}(v)} + \frac{vn\sigma_{\mathrm{M}}(v)k_{\mathrm{B}}T}{M} \right] \frac{\mathrm{d}f(v)}{\mathrm{d}v} \right.$$

$$\left. + \left[\frac{m^2v\sigma_{\mathrm{M}}(v)}{M} - \frac{2e^2\varepsilon^2}{3m^2v^2n\sigma_{\mathrm{M}}(v)} - \frac{2n\sigma_{\mathrm{M}}(v)k_{\mathrm{B}}T}{M} \right] f(v) \right\} \tag{4.4.10}$$

$$- \lambda_{\mathrm{f}}(v)f(v)$$

$$= -\langle \lambda_{\mathrm{F}} \rangle f(v)$$

Z_{eff} 的平衡值为

$$\langle Z_{\rm eff} \rangle = \frac{\int_0^\infty Z_{\rm eff}(v)\, f(v)\, {\rm d}v}{\int_0^\infty f(v)\, {\rm d}v} = \frac{\langle \lambda_{\rm f} \rangle}{\pi r_0^2 cn} \qquad (4.4.11)$$

如果和速度有关的湮没率在整个平衡速度分布的宽度中近似为常数 $\lambda_{\rm f}(v)$, 则有 $\lambda_{\rm f}(v)f(v) \approx \langle \lambda_{\rm f} \rangle f(v)$, 方程 (4.4.10) 的解有以下形式:

$$f(v) = Cv^2 \exp \left\{ -\int_0^v \left[\frac{M}{3} \left(\frac{e\varepsilon}{mnv'\sigma_{\rm M}(v')} \right)^2 + k_{\rm B}T \right]^{-1} mv'{\rm d}v' \right\} \qquad (4.4.12)$$

式中, C 是归一化常数。对零电场可以简化为麦克斯韦-玻尔兹曼形式:

$$f(v) = Cv^2 \exp \left[-mv^2/(2k_{\rm B}T) \right] \qquad (4.4.13)$$

在这种情况下, 在氚中湮没率和 $Z_{\rm eff}$ 是随正电子能量很快变化的函数[86], 上面简化的引入并不适用, 必须求解方程 (4.4.10)。$f(v)$ 的函数形式在方程 (4.4.12) 中给出, Campeanu 等[82] 用来研究 $\langle Z_{\rm eff} \rangle$ 的平衡值随电场和温度的变化, 他们的结果中随电场的变化如图 4.4.4 所示。

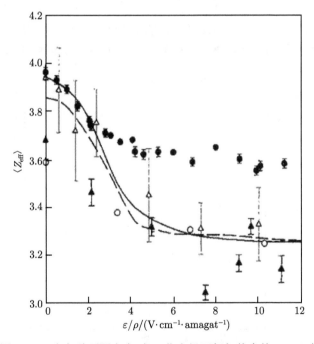

图 4.4.4 在各种不同密度-归一化电场下氢气体中的 $\langle Z_{\rm eff} \rangle$ 值

(●)35.7amagat; (△)3.5amagat, 文献 [31]; ○ 文献 [87]; ▲文献 [88]。文献 [82] 的计算结果 (——) 和文献 [89] 的计算结果 (---) 也显示在图中

　　关于双湮没 γ 射线的角关联和多普勒展宽测量的实验技术依赖于正电子–电子对在湮没前直接的运动所引起的两根 γ 射线按不同的方向发射，于是产生一个和精确的共直线的偏差角 θ，以及和 511keV 的能量偏差。这样对 γ 射线角关联的测量提供了电子–正电子湮没对的动量分布的信息。在许多情况下可以认为正电子在湮没前已经热化，所以湮没对的动量主要是电子的动量，但是当正电子接近原子时，正电子–原子之间吸引的相互作用使正电子的速度稍微增加，电子也随着向正电子处被吸引而修正它的速度，因此正电子–电子湮没对的动量分布并不完全等同于在没有受到扰动的原子中电子的动量分布。正比于动量 **p** 的电子–正电子湮没对的湮没几率为

$$\Gamma\left(p\right)=\int\left|\exp\left(-\mathrm{i}p\cdot r_1\right)\Psi\left(r_1,r_2,\cdots,r_{Z+1}\right)\delta\left(r_1-r_2\right)\right|^2\mathrm{d}r_1\mathrm{d}r_2\cdots\mathrm{d}r_{Z+1} \quad (4.4.14)$$

　　在气体中，许多确定角关联函数的方法中，只有在两个 γ 射线投影到一个给定平面上的角度时才加以测定，因此为了和实验对比，双 γ 射线的理论角关联函数应该对两个动量分量中相关部分积分而得到分布函数：

$$F\left(\theta\right)=\int\Gamma\left(p_x=mc\theta,p_y,p_z\right)\mathrm{d}p_y\mathrm{d}p_z \quad (4.4.15)$$

　　作为一个例子，原子氢中零能量入射的正电子–氢散射时，用精确的变分波函数得到正电子湮没的角分布函数[11] 并显示在图 4.4.5 中。图中还显示了用玻恩近

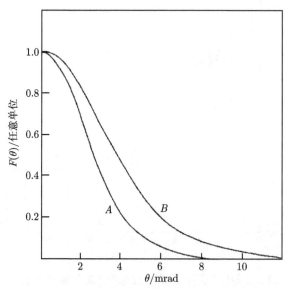

图 4.4.5　以热化能入射到原子氢的正电子双 γ 湮没角关联函数 $F(\theta)$

A. 用精确的变分波函数得到的 $F(\theta)$；B. 用玻恩近似得到的 $F(\theta)$

似得到的分布函数, 此时对正电子和原子波函数都没有因相互作用而加以修正, 因此后一条曲线表示了在未扰动氢原子中的电子的动量分布。扰动时的精确波函数的分布函数窄于未扰动时, 因为电子本身被吸引并向正电子靠拢, 离核远一些, 因此增大了和低动量电子配对的几率。

氦的动量转移和湮没截面的计算应用了精确的弹性散射波函数, 对各种跨越肩部的 $\langle Z_{\text{eff}}(t) \rangle$ 在理论和实验之间进行了详细比较, 是在零电场和 300K 温度下所得结果。理论和 Coleman 等[16] 的室温下的实验都能符合得很好。实验中处理了在 $t = 0$ 附近时正电子直接在气体中湮没对谱所作的贡献, 在理论上涉及初始速度分布选择的不确定性是很大的。证实正电子在气体中的扩散和湮没是可以用精确的扩散方程来描述的, 扩散方程由 Farazdel 等[90,91] 提供, 应用了蒙特卡罗技术。他们使用了微分散射截面和湮没率进行了计算[84], 得到了和时间有关的湮没率, 与文献 [82] 能极好地符合。

已经对很多气体在很宽的密度范围内测量了湮没率的平衡参数 $\langle Z_{\text{eff}} \rangle$, 本节我们只研究低密度和室温情况, 这时多体效应可以被忽略, 其结果可以和散射理论得到的结果进行比较。

表 4.4.4 给出了从氦到氙的 $\langle Z_{\text{eff}} \rangle$ 的理论和实验值, 传统的寿命谱实验发现 $\langle Z_{\text{eff}} \rangle$ 是和密度有关的, 特别是对氩、氪和氙。表 4.4.4 中所引在低密度下的值, 从理论和实验所得值是能够很好符合的, 重靶的理论结果已经由 McEachran 等[92,93] 的结果所给出, 他们系统地研究了所有的惰性气体, 应用了极化轨道近似。对氦最精确的理论值为 3.88[94], 与最精确的实验值 3.94±0.02[16] 能很好地符合, 对氦气更详细的实验工作的研究见文献 [74]。

表 4.4.4 在低密度和室温下惰性气体中 $\langle Z_{\text{eff}} \rangle$ 的实验和理论值[74]

气体	$\langle Z_{\text{eff}}(t) \rangle$ 实验	$\langle Z_{\text{eff}}(t) \rangle$ 理论
He	3.94 ± 0.02	3.88
Ne	5.99 ± 0.08	7.0 ± 0.3
Ar	26.77 ± 0.09	27.6
Kr	65.7 ± 0.3	57.6 ± 2.9
Xe	320 ± 5	217±11

表 4.4.4 中所引 $\langle Z_{\text{eff}} \rangle$ 的理论值已经进行了速度平均, 以相应于室温正电子速度分布, 这对氙来说特别重要, 这时低能理论结果的变化非常快, 在氙的工作中, Wright 等[18] 报道他们测量的 "平衡" 值 $\langle Z_{\text{eff}} \rangle$=320±5, 由于在这种气体中不完全的正电子热化和很高几率的超热化, 这个结果将是偏低估计的。在氙中加少量的 H_2、He 或者 N_2, 以期望更快地使正电子热化, 可得到这个试探性的结

论。发现 $\langle Z_{eff} \rangle$ 增加到约 400，这个值被 Murphy 等[95] 所修正，他们使用了阱基束方法来确定在很低压力 (约 10^{-4} Pa) 下的湮没率，传统的寿命方法和正电子阱基束方法的结果是一致的，对氩也是这样，但是在氪的情况下，Iwata 等[10] 发现 $\langle Z_{eff} \rangle \approx 90$，而原先的值在 65~66，见表 4.4.4。Wright 等[18] 研究了氪的混合气体，所提供的明确的证据显示这并不是由在传统的寿命谱实验中不完全的热化效应所引起的。

在分子气体中许多正电子湮没实验应用了传统的寿命谱技术，表 4.4.5 给出了在分子类的情况下 $\langle Z_{eff} \rangle$ 值的选择范围[61,75]。Heyland 等[75] 把这些气体分为很宽的两类：$\langle Z_{eff} \rangle \approx Z$ 和 $\langle Z_{eff} \rangle \gg Z$，我们在这里把这些气体分为小分子和大分子，当然小分子和大分子的界线是模糊的。

表 4.4.5   对不同的分子气体，在低气体密度和 297K 下 $\langle Z_{eff} \rangle$ 的标准值，还列出了 Z 值以供比较

气体	Z	$\langle Z_{eff} \rangle$	气体	Z	$\langle Z_{eff} \rangle$
H_2	2	14.7	CH_4	10	140
D_2	2	14.7	C_2H_6	18	660
N_2	14	30.5	C_3H_8	26	3500
CO	14	38.5	C_4H_{10}	34	15000
NO	15	34	CH_3Cl	26	15000
O_2	16	26	CCl_2F_2	58	700
CO_2	22	53	NO_2	23	1090
N_2O	22	78	NH_3	10	1300

在小分子 H_2 的情况下，McNutt 等[63] 对 $\langle Z_{eff} \rangle$ 的低密度的测量值和 Wright 等[18] 的结果一致，Armour 等[7] 研究了正电子-H_2 的散射，其中一部分应用了 Kohn 变分方法，还使用了更加精心制作的试验波函数，允许正电子-电子关联，他们得到零能量时的值为 $\langle Z_{eff} \rangle = 10.2$，和室温下实验值 14.7 符合得比较好，但是要求理论进一步改进。

在 N_2 的情况下理论值和实验值也能比较，Darewych 等[71] 在 9MeV 和 38MeV 分别计算得 $\langle Z_{eff} \rangle = 22$ 和 20，与 Coleman 等[66] 和 Tao[70] 在 297K 的实验值及 Sharma 等[69] 在 77K 的实验值很好地符合。人们也对甲烷感兴趣，$\langle Z_{eff} \rangle$ 的测量值为 140，从单独散射考虑太大一些 (如见 McNutt 等[27] 和其中的参考文献)，但是 Jain 等[61] 唯一的计算发现在 297K 时 $\langle Z_{eff} \rangle \approx 100$，考虑到靶的复杂性，也是能很好符合的。

下面我们分析 $\langle Z_{eff} \rangle \gg Z$ 的情况，就是在一些大分子的情况。

4.5 大分子的振动 Feshbach 共振 (VFR) 湮没

4.5.1 什么是大分子的振动 Feshbach 共振 (VFR)

前面已经说过，在实验中大家把湮没率归一化到狄拉克湮没率，见式 (4.2.4)，所以得到的 $\langle Z_{\text{eff}} \rangle$ 是一个无量纲的量，称为 "有效电子数"，再把新的湮没率归一化到 Z，Z 是根据正常的电子密度由狄拉克公式得到的电子数：

$$Z_{\text{eff}}/Z = \lambda_{\text{eff}}/\lambda_{\text{D}} = \lambda_{\text{eff}}/\left(\pi r_0^2 cn\right) = n_{\text{eff}}/n_{\text{e}} \qquad (4.5.1)$$

前面已经说了，早在 1951 年，Deutsch[2,3] 就测量了正电子在一些气体中的湮没，他发现了一些奇怪的现象，他测量了正电子在小分子氩和氮中的湮没率，发现基本上还是遵循狄拉克公式的，但是在氟利昂-12(CCl_2F_2) 中湮没率特别大，他把此现象归因于正电子–分子束缚态共振湮没过程。后来 Paul 等[22] 在 1963 年测量了链烷分子 (C_nH_{2n+2})，从甲烷到丁烷，$n = 1 \sim 4$，他发现湮没率 λ 比 λ_{D} 大很多倍 (这里 λ_{D} 是根据狄拉克公式计算的湮没率)，而且 $\lambda/\lambda_{\text{D}}$ 随分子体积而呈指数增加。后来人们又发现在正十六烷 ($C_{16}H_{34}$) 中大于 10^4 倍。$Z_{\text{eff}}/Z = 10000$，即认为有效电子数大了 10000 倍，那人们自然要问："为什么电子数多出一万倍？"

早期的研究大都是在一个大气压下研究正电子和气体的散射和湮没，气体原子的密度大约为 1amagat，后来研究低密度气体，实验发现湮没率大到 980 万倍。显然人们会探讨其原因。

自从 Deutsch 第一次发现湮没率增加以来，人们认为是某种共振束缚态现象，Goldanskii 等[23] 认为在正电子能量为零时出现共振增强湮没，是由于束缚或者虚正电子态。Smith 等[24] 归因于振动共振，但由于缺少低能正电子实验，进展受阻。

在物理中人们在研究物质时一般使用低能和二体散射事件，但如果包含了反粒子，发现原来的方法则很难适用，阱基束的出现使事情发生了转折，新一轮实验使用低能正电子，可以在低密度 (如低于 10^{-6} amagat) 气体中研究，这就能严格地保证湮没是由于二元碰撞而不是多粒子碰撞[96]。

阱基正电子束具有窄的能量分布 (~ 20 meV)。应用这种束流测量了原子和分子中的正电子湮没，湮没率作为正电子能量的函数，正电子能量从 50meV 到几 eV、几十 eV，结果发现和分子振动模有关的 Feshbach 共振模式 (VFR)[97]①。

阱基束另外的优点是可以测量整个 $Z_{\text{eff}}(\varepsilon)$ 谱，分辨出 Z_{eff} 作为入射正电子能量 ε 的函数[36]。实验能够提供关于湮没的更微观的信息，包括在产生大湮没率时分子振动的说明。而常规的寿命谱方法只能对 ε 取平均。

---

① "和分子振动模有关的 Feshbach 共振模式" 是一个我们要多次使用的术语，用 VFR 表示。

至关紧要的一点是：VFR 模型需要在正电子和分子之间存在一个束缚态。入射正电子激发一个振动模式，同时从连续统一体上转化到束缚态上。在同时存在低阶的振动激发和正电子束缚态的情况下，在二体碰撞中形成长寿命的正电子-分子共振复合体。这种准束缚态的寿命在振动退激时受正电子会自动分离的限制。寿命的上限小于等于 0.1ns，这是原子密度的电子出现时的正电子湮没率的限制值。

这里需要特别指出，正电子的 VFR 并不是正电子领域的独创，而是借鉴于电子的共振散射，就是说在电子散射中已经普遍使用，VFR 理论最早来自于红外活化模[98]。和分子振动模有关的 Feshbach 共振模式 (VFR) 的第一次引入是在 1968 年 Bardsley[99] 用于电子重结合的再分离的解释，在电子的情况下，和分子振动模有关的 Feshbach 共振模式 (VFR) 导致很大的附加态截面，典型的情况能达到热电子能量的最大值[100]，对于许多复杂的多原子分子可以形成长寿命的母体负离子。可以和电子—分子的振动附加态共振进行比较[100,101]，电子碰撞的结果产生长寿命的亚稳的母体阴离子或者分子碎片式的负离子，主要的机制是电子被分子俘获产生负离子共振态[100]。这种游离的附加态必须通过基态电子形状共振或者电子激发分子而进行。这种共振在二原子、三原子和多原子核素是非常普通的，能量区域为 0~4eV。理论描述包括复杂的 Born-Oppenheimer 势能表面等理论[102-104]。所有的数据都表明，在和分子的低能碰撞中正电子通常并没有形成形状共振或者电子 Feshbach 共振，只有能量分辨湮没研究指出 VFR 起了重要的作用。

4.5.2 大分子的振动 Feshbach 共振 (VFR) 湮没

用常规的正电子寿命谱仪就可以发现在一些分子中有效电子数特别大。但是由于正电子能量比较高，需要比较稠密的气体去热化正电子，所以气体密度不能太低，于是会发生正电子和气体分子的多次散射，从而出现对气体密度高低都不合适的两难问题。现在有了阱基束，就可以克服这个问题，阱基束的特点是能量低而且可控，所以可以称为能量分辨湮没测量。

随着正电子捕获技术的发展，已经能够研究低分子密度下的正电子湮没 (如 $n_m \leqslant 10^{-6}$amagat)，并且能够确保正电子达到真正的热化，排除了高密度气体情况下 (amagat 量级) 会产生分子聚团或者其他的多粒子效应而产生大的湮没率。

1. 能量分辨湮没的实验测量 (可控能量的湮没测量)

下面我们从实验角度介绍一下能量分辨湮没测量，实验的中心内容是测量正电子和分子的湮没作为入射正电子能量的函数[36,105-107]）。湮没室如图 4.5.1 所示，包括一个镀金的圆筒形的电极，直径 4.4cm，长 17cm。γ 射线探头和相应的屏蔽使探头的磁场的区域长度 ≤15cm，方向沿着湮没室的轴线。外侧的磁场线圈使磁场为 0.075~0.095T，在探头位置为最低值。金属屏蔽气体室和探头之间存在 γ 射线延迟。

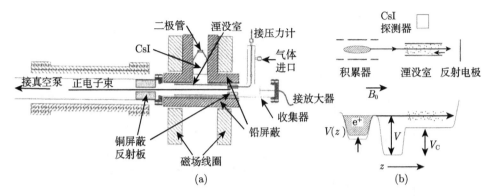

图 4.5.1 (a) 气体室，屏蔽，探测设备，用于能量可控的正电子湮没测量；
(b) 湮没靶室示意图

单个 γ 射线用 CsI 晶体和光电二极管探头测量，后面是中心位于 511keV 的单道分析器。沿正电子束路径的绝对探头效率和灵敏度用 γ 射线试验源定标。

正电子脉冲几次通过气体室，记录下湮没事件，总散射保持在 15% 以下，测量中典型的时间窗为 ~15μs[107]。正电子保持飞行状态，湮没事件被记录下来并避免严重的 γ 本底信号。为了避免探头饱和，平均信号水平大致为每 10 个正电子脉冲有一个计数。典型的试验气体压强为 0.1~100μTorr，对不同的化学物质湮没率变化很大。本底信号应低于在湮没室中每通过 10^9 个正电子产生一个本底计数。

典型的谱是正电子的能量区域为 500meV 以下，能量间隔为 10~15meV，在每个能量下通过 10~25 个脉冲，测量重复几百次。散射测量要求能量大于 50meV，$Z_{\rm eff}$ 的绝对值与探头效率、脉冲强度、探头的平均灵敏长度和试验气体的压强有关。

一些实验研究湮没率作为气体温度的函数，有时把温度降到 100K 以下，以确保试验气体是热化的。

图 4.5.2 是类似的实验安排，有更高的效率。实验中正电子先在彭宁阱中被捕获和冷却到 300K，然后热化缓冲气体被抽出，加入低压 (如 ~10^{-6}Torr) 试验气体，测量湮没率作为时间的函数[10,32,108~110]。束流可以在室中来回穿梭 (典型的可以有 2~5 个来回)，正电子被限制在这个排斥电极和势阱的出口之间。正电子能量可以用室电极作为一个 RPA 而得到测量，正电子能量可以用计算室中垂直能量而得到修正[36,105]。正电子平均能量可以从 0.05eV 变化到 ~100 eV。

由于在正电子湮没中很难清晰地区分大分子和小分子，在小分子中也有可能存在共振湮没，我们先介绍在大分子中的正电子共振湮没，因为在大分子中的共振湮没更明显。

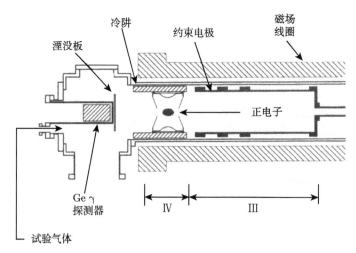

图 4.5.2   在正电子彭宁阱中原位正电子湮没测量的安排

正电子来自三级积累器, 它位于图中右侧, 正电子输入第四级, 它位于湮没板和 γ 射线探头附近,

有高的探测效率

2. 湮没于大分子

对于大分子, 所有的链烷 (甲烷除外) 都有 VFR 效应, ε_b 值随碳原子数 n 的增加而线性增加, Z_{eff} 的增加近似与 n 呈指数关系。大部分碳氢化合物, 包括芬芳类分子、链烷、乙醇, 显示有类似的共振湮没谱。在这里我们也很难严格地区分小分子和大分子, 图 4.5.3 中的丁烷应该算是大分子了。

在理论上理解分子中共振正电子湮没有很多进展[64,111,112]。一个定量的理论在红外活化振动模的绝缘共振中得到发展, 并在实验上在选择的小分子中观察到。典型的例子是甲基卤代物, CH_3X, 这里 X 表示 F, 如 Cl、Br 原子。正电子耦合到红外活化模是应用了来自红外吸收测量的数据评估偶极近似理论。理论中唯一的自由参数是正电子束缚能, 这可以从实验中测得。这样在甲基卤代物中产生的理论湮没谱和实验测量很好地符合[98]。

更严格的检验需要对正电子束缚能有微小变化的不同同位素物质, 对含氘的实验就是如此。对 CH_3Cl 和 CH_3Br 的束缚能的测量可以预言与它们类似的含氘物质的 Z_{eff}, 其理论和实验结果符合得极好, 而且没有调整参数[113]。对其他小分子, 如乙烯、甲醇, 红外活化模和多模振动是显著的, 必须要能对观察值进行解释[113]。

对小的多原子分子理论应该能够解释 Z_{eff}, 其中正电子耦合到模基分子振动模 Feshbach 共振模 (VFR) 上, 有可能有一些谐波, 这些是可以估计的 (如它们是偶极子耦合)。它们的 Z_{eff} 值在几百至几千。但对含大于 1~2 个碳的大分子的 Z_{eff}

值不能用此理论解释 (如图 4.5.3 中丁烷)。目前描述大湮没率的物理图像是有大密度的共振振动,已知的如 "暗态"[111,112],它们并不直接耦合到正电子统一体。正电子首先通过振动 "门口态" 束缚到分子上 (如通过耦合模基分子振动模有关的 Feshbach 共振模式 (VFR))[64],振动能量转移到暗态,此过程认为是分子间振动能量重新分布 (IVR)。这种 IVR 对分子中许多物理和化学过程是很重要的,包括游离附加态[115-118]。

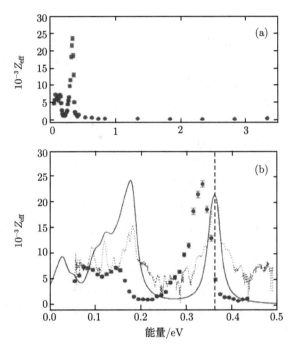

图 4.5.3　丁烷[54] 中归一化正电子湮没率 $Z_{\text{eff}}(\varepsilon)$ 和总正电子入射能量
ε 之间的函数关系

(a) 直至 Ps 形成阈值 E_{th}=3.8 eV 处的测量。大黑点曲线 (●) 是正电子谱。(b) 分子振动处的测量。大黑点曲线还是 (a) 中的正电子谱,小黑点曲线 (·) 是红外吸收谱[114],实线表示振动模密度 (任意单位),竖的虚线是 C-H 伸展基波的平均能量 (约 0.36eV)

　　共振大小对 Z_{eff} 的贡献显示对束缚能 ε_{b} 和对正电子入射能量 ε 之间只有一个相对弱的关系,大约是 $g = (\varepsilon_{\text{b}}/\varepsilon)^{1/2}$ 的形式,来自于比较普通的理论考虑。这个关系中如果要提取公因子,从实验上得出 Z_{eff}/g 的大小尺度为 $\sim N^4$,N 是分子中的原子密度。这个和 N 的关系反映了在分子振动谱的密度上随振动模的数量的增加而很快增加。这个关系对解释 IVR 确实在湮没过程中起重要作用是一个证据。

　　在大分子中估计 Z_{eff} 值,假设 IVR 过程是完整的,在统计上所有的模起作用,

预言 Z_{eff} 值远远地超过了观察值。这些在 Z_{eff} 和能量关系上的估计也是失败的，这个关系很大程度上受模基振动门口态决定。一个假设，如果不能被证实，IVR 过程就不能说是完整的运行。看来只能选择多模振动的耦合中有很大比例是不活化的。Z_{eff} 的计算需要振动模耦合的详细知识。

能量分辨湮没实验可以对正电子–分子束缚能提供测量，可以直接利用式(4.5.2)：

$$\varepsilon_\nu = \omega_\nu - \varepsilon_{\text{b}} \tag{4.5.2}$$

其中，ε_{b} 是正电子–分子束缚能，ω_ν 振动模的能量，ε_ν 是相应于模 ν 时和分子振动模有关的 Feshbach 共振模式 (VFR) 的能量。相应于模 ν 时和分子振动模有关的 Feshbach 共振模式 (VFR) 的能量 = 振动模的能量–正电子-分子束缚能。在图 4.5.3 中对丁烷很容易看到 C-H 伸展振动共振的漂移，正电子 Z_{eff} 相应的峰值在 330 meV，根据红外振动模频率是 365 meV，指示出正电子束缚能 ε_{b}=35 meV(330meV =365meV−35meV)，在更低能量处是由于 C-C 模和 C-H 弯曲模与显示相同的下移。图 4.5.3 中正电子能量不断下降，到 330 meV 时发生共振。

或者对非常弱束缚态间接地通过 Z_{eff} 和 g 的关系，对小分子如 CH_3F，大约在 1meV，对大链烷分子，大约在 300 meV[107,119]。最近的分析指出，对束缚能近似随分子偶极子极化率和偶极子动量的增加而线性增加，对芬芳类分子，还和 π 键的数目有关[120,121]。

在原子中已经对一些核素进行了相对精确的正电子束缚能理论预言[122]，但还没有实验。有一些工作涉及正电子束缚于分子的计算，如文献 [123]~[137]，这些分子中大部分有大的容易束缚的偶极子动量。而大部分分子的束缚能已经由实验得到，不管是非极化的还是弱极化的。

3. 卤代的作用——卤代甲烷作为和分子振动模有关的 Feshbach 共振模式(VFR) 的基准样品

单一的卤代甲烷是一种检验正电子和分子振动模有关的 Feshbach 共振模式 (VFR) 理论的近乎完美的分子系列。每个分子有六个振动自由度，都是偶极子活化，基波振动有三个能量分离对：C-H 伸展模，C-H 弯曲模和 C-X 模，这里 X 表示卤素 (Cl，Br 等)，这里涉及的基本知识是：甲烷的基本式是 CH_4，用一个 X 代替一个 H，如 X=Cl 或者 X=Br，就是 CH_3Cl 和 CH_3Br，成为卤代甲烷。图 4.5.4 显示了能量可调湮没谱和红外吸收谱，从 CH_3Cl 和 CH_3Br 我们可以看到 VFR 中所有来自红外活化的模式，高能峰是由于 C-H 伸展模，宽的低能峰是 C-H 弯曲模和 C-X 模，还没有证据证明有多方式的和分子振动有关的共振模式 (即 VFR)。

如图 4.5.4 所示，正电子的 C-H 伸展共振在能量上的向下漂移是随卤素原子的尺寸的增加而更向低能漂移的，反映出束缚能的增加 (式 (4.5.2))。弯曲模的能量

从 CH_3F 的接近于零 (图 4.5.4(a) 左边的宽峰) 到 CH_3Br 的 40meV(图 4.5.4(c) 中间的峰)。除非正电子束缚到分子上,否则和分子振动模有关的 Feshbach 共振模式 (VFR) 不能发生,在 CH_3F 中 C-H 伸展峰的小的正的能量漂移更像是非常小的束缚能的结果和在模能量上小的正的漂移。

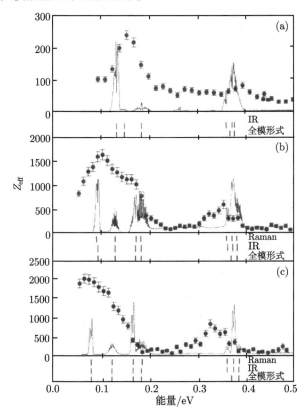

图 4.5.4   甲基卤化物的湮没率 Z_{eff}(●) 和红外吸收 (实曲线)

(a) CH_3F; (b)CH_3Cl; (c)CH_3Br [106]。图下的竖直虚线表示红外 (IR) 和拉曼 (Raman) 的振动能量与所选模的频率 ("全模形式")

根据式 (4.5.2),有

$$\bar{Z}_{eff}^{(res)}(\bar{\varepsilon}) = 2\pi^2 \rho_{ep} \sum_{\nu} \frac{b_\nu \Gamma_\nu^e}{k_\nu \Gamma_\nu} \Delta(\bar{\varepsilon} - \varepsilon_\nu) \qquad (4.5.3)$$

小分子的湮没率可以在考虑了仪器的正电子能量分辨率 $f_b(\varepsilon)$ 后用Breit-Wigner 共振对每一个模 ν 求和而得到,在卤代甲烷中所有的模都是偶极活化。这样弹性捕获率 (大致粗略地正比于红外强度) 期望比湮没率大很多,结果 $\Gamma \approx \Gamma^e$,方程

(4.5.3) 可以很大简化 (详细推导见文献 [106])，我们可以得到

$$\bar{Z}_{\text{eff}}^{(\text{res})}\left(\bar{\varepsilon}\right) = \pi F \sum_{\nu} g_{\nu} b_{\nu} \Delta\left(\bar{\varepsilon} - \varepsilon_{\nu}\right) \tag{4.5.4}$$

这是小分子上的共振湮没率，这里 $g_{\nu} = \sqrt{\varepsilon_b/\varepsilon_{\nu}}$，因为已经假设 F 是常数，在给定的小分子的偶极活化的量级由 g_{ν} 因子所决定。唯一的可调参数是束缚能，这可以用比较实验而得到。用方程 (4.5.4) 对卤代甲烷和它的含重氢相似物的计数如图 4.5.5 所示，包括来自非共振的直接湮没。

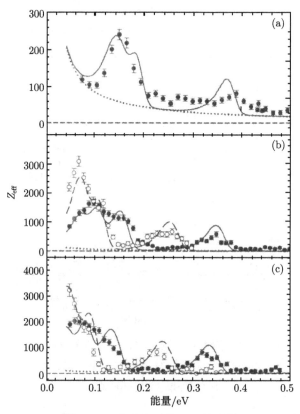

图 4.5.5　实验和理论 Z_{eff} 的比较

对甲基甲烷 CH_3X(● 和实曲线) 和 CD_3X(○ 和虚线)，(a)X=F，ε_b=0.3 meV；(b)X=Cl，ε_b=25 meV；(c)X=Br，ε_b=40 meV[98,106,113]。点线表示直接湮没的贡献

对两个大的卤素，束缚能可以从正电子的 C-H 伸展峰得到，对 CH_3F 小的束缚能[98] 通过拟合 Z_{eff} 的大小得到。对 CH_3F、CH_3Cl 和 CH_3Br，束缚能分别为 0.3meV，25meV 和 40 meV，理论和 Z_{eff} 的实验谱之间符合得很好。在束缚能增加时，湮没峰向能量的下方漂移，增量也和 g 因子的预言一致。理论也对这些特性的

绝对值进行成功的预言。

对大量的碳氢化合物,实验已经证明正电子束缚于分子之上,当氢原子被氘原子替代时这种束缚是不变的。这一点是使人产生疑虑的,因为开始人们认为束缚能是电子的初级函数而不是振动能级自由度的函数[105]。它们之间的唯一区别是氘原子有较低的振动能量,这是由于它在 C-D 模中有较大的约化质量。对含氢物质的束缚能可用于对含氘物质 Z_{eff} 的预言,这对理论提出了要求。这种比较如图 4.5.5 所示,g 因子和峰的大小对含氘物质是较大的,因为共振发生在较小的正电子碰撞能量。在理论上就没有未知的参数,含氘物质的工作也可以和含氢物质的工作一样很好地开展。据我们所知,还没有其他理论对峰的大小和形状以及正电子–分子工作有如此一致的看法。

1) 正己烷的 VFR

在链烷 (C_nH_{2n+2}) 中的湮没率为我们的讨论提供了很好的起始点。图 4.5.6 是对 6 碳链烷正己烷 (C_6H_{14}) 湮没率 $Z_{eff}(\varepsilon)$ 作为入射正电子能量 ε 的函数关系[105],并和红外吸收谱[107] 对照,测量了正电子-正己烷电子偶极子耦合。和其他链烷一样,正己烷有很大的和基础振动有关的共振湮没,它和红外谱大致上是平行的。在 $\varepsilon \sim 285$ meV 的主峰是由于 C-H 伸展振动模的激发,所以我们称之为 "C-H 伸展峰"。它比红外谱的模能量 ~ 365 meV 下移了 80 meV,这是因为正电子-正己烷束缚能。峰的形状完全由阱基正电子束的能量分散性所决定[98],谱在 $\varepsilon \leqslant 0.13$ eV 时的增强是由于来自其他振动模 (如 C-C 模和 C-H 弯曲模) 的 VFR(和分子振动模有关的 Feshbach 共振模式)。

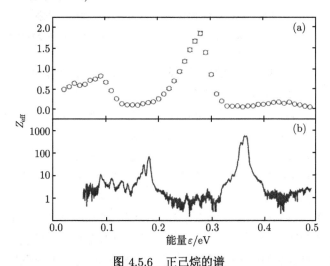

图 4.5.6 正己烷的谱

(a) 正电子 Z_{eff} 谱;(b) 红外吸收谱 (对数坐标,任意单位)[107]。注意到 Z_{eff} 谱 80 meV 的下移是由于正电子正己烷的束缚能,计入这个量以后,两个谱强的峰发生在相同的能量

2) 甲醇的 VFR

在甲基卤化物中, 每个振动模产生一个可测量的和分子振动模有关的 Feshbach 共振模式 (VFR), 其相对大小由 g 因子给出, 没有多模激发的证据。实验显示"选择规则"对其他各种物质是不严格的。如在电子–分子碰撞中正电子期望可以激发振动, 这样正常的偶极子是禁戒的。即使在捕获率长至如 $\Gamma_\nu^e \gg \Gamma_\nu^a$, 没有相当大的振动, VFR 的湮没性质可以用理论描述。图 4.5.7 是甲醇 (CH$_3$OH) 的 Z_{eff} 谱中高阶振动的证据。在除了其他 O-H 伸展振动以外, 这种振动谱也是类似的。但是甲醇的 Z_{eff} 谱和 CH$_3$F 的谱及其他甲基卤化物的谱特别不一样, 在高和低能量的峰的大小上, 甲醇峰的大小比 CH$_3$F 大了相对多。

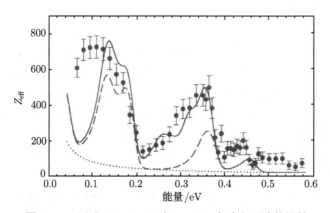

图 4.5.7   甲醇 (CH$_3$OH) 中 Z_{eff}(●) 实验和理论的比较

点线来自直接湮没 $Z_{eff}^{(dir)}$ 的贡献, 虚线是由于和分子振动模有关的 Feshbach 共振模式 (VFR) 共振的总的 Z_{eff}, 基波振动时 ε_b=2 meV, 实曲线是包括 12 个模和 9 个谐波的共振湮没的总 Z_{eff} 及合成[113]

正电子的 C-H 伸展峰和在低能时的峰指示出甲醇中的束缚能是比较小的, CH$_3$F 中拟合所得束缚能为 0.3 meV; 甲醇中可能大一个量级, 但仍然在实验能量的不确定范围以内。有证据证明在 C-H 伸展模以上有一个额外的峰, 推测是由于 O-H 伸展模, 它的能量 ω_{OH}=456 meV。如果这个解释是正确的, 和分子振动模有关的 Feshbach 共振模式 (VFR) 相对 ω_{OH} 的向下漂移的总量会稍大于正电子束缚能。

我们可以改变束缚能去更好地描述图 4.5.7 中所看到 Z_{eff} 的某些增强, 谱中的一些性质不能用模基和分子振动模有关的 Feshbach 共振模式 (VFR) 来解释, 特别是甲醇中高能峰, 比卤代甲烷和相应 C-H 伸展峰以及红外活化模的预言要宽得多, 在大小上也更接近低能峰。这个矛盾只能根据考虑附加共振来解决。

在复合波中的复杂的周期性振荡中, 包含基波和谐波。和该振荡最长周期相等的正弦波分量称为基波, 相应于这个周期的频率称为基本频率, 频率等于基本频率的整倍数的正弦波分量称为谐波。

图 4.5.7 显示应用了束缚能为 2meV 的两个计算结果。虚线仅包括基波振动，都是偶极子活化。解释这种谱的下降相当简略。在甲醇中的红外吸收测量揭示存在一些相对弱的谐波和联合共振 (有些类似于费米共振)。应用这些数据允许我们去估计弹性散射速率 Γ_ν^e。它们通常小于基波振动，但仍满足 $\Gamma_\nu^e \gg \Gamma^a$。加了这样的 9 个双量子谐波，联合了 12 个基波，其结果如图 4.5.7 中的实线所示。该预言清楚地显示和实验符合得很好。这些比较提供了很强的证据证明多模振动可以对小分子的 Z_{eff} 谱有很大的贡献。但仍然有两个矛盾：一是 O-H 伸展峰的很大的下移，二是在 100meV 以下有很高的实验 Z_{eff} 值。在甲醇中在 40meV 有一个扭转的模，它的谐波和联合波可以提供在这个区域缺少的谱的加权，现在还没有人去估计这个效应。

3) 偶极子禁戒振动和 VFR

甲醇中的理论分析指出多模振动可以给湮没谱相当大的加权。也有很强的证据指出模的贡献是弱的 (或者是有名无实的零) 偶极子耦合可以产生和分子振动模有关的 Feshbach 共振模式 (VFR)，它们可以引起高阶非偶极子耦合 (如电子–四极子活化模)，但是还没有简单的方法去确定它们可能的贡献。在乙烯中，这些非偶极子的特性作为一个例子由实验和理论给出 Z_{eff} 谱，显示于图 4.5.8(a)。该分子有 5 个红外活化模和 6 个红外非活化模，C-H 伸展峰的漂移指示出大约 10meV 的束缚能。

使用了 Bishop 等[138] 的红外强度，在这些模之间的能区完全失去了贡献，并不是取决于正电子–振动耦合的性质，所有振动位于 $\Gamma_\nu \approx \Gamma_\nu^e \gg \Gamma^a$ 内对 Z_{eff} 的贡献是相等的 (即在 g 因子以内)，如图 4.5.8 所示，包括其余模 (即 A_g 和 B_g 对称性，相应捕获 s-、p– 和 d-波正电子) 将很大地改善一致性。进一步包含 14 个红外活化联合振动 (没有显示) 的结果，其 Z_{eff} 值超过了其他观察的实验值。但是如图 4.5.8 所示，如果我们按一个经验因子 $\Gamma_\nu^e/\Gamma_\nu = 1/n$，$n$ 是有关的振动量子数，就可以预言和实验测量谱符合得很好。这种分析显示，在乙烯两个最大峰之间几乎所有的谱的权重，至少在原理上，可以归因于多模分子振动模有关的 Feshbach 共振模式 (VFR)。但是目前仅一个 "ad hoc" 方法适用于 "边界线" 振动捕获通道是否位于耦合强度 (由 Γ^a 确定) 的切断值之上或者之下。

4) 分子尺寸对 VFR 大小的影响

在 Gribakin 等[98] 的理论框架内，可以更清晰地表明在显示 "小分子" 性质的分子以及显示 "大分子" 性质的分子之间的差别 (即 Z_{eff} 值可以与分子的大小有关而不是由模和分子振动模有关的 Feshbach 共振模式 (VFR) 理论预言的那样)，但是在物理上可靠的阈值仍不清楚。

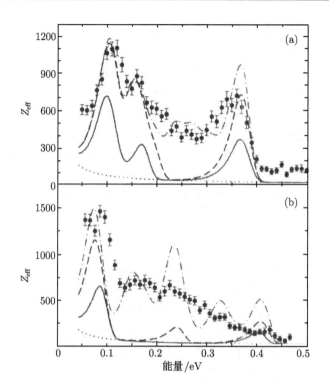

图 4.5.8   乙烯中实验 Z_{eff} (●) 和理论的比较

(a) 乙烯 (C_2H_4, ε_b =10 meV)；(b) 乙炔 (C_2H_2, ε_b=5 meV)。点曲线，直接湮没 $Z_{\text{eff}}^{(\text{dir})}$；实曲线，由于所有红外活化模的总 $Z_{\text{eff}}^{(\text{dir})}$。在 (a) 中，虚线由于捕获 s-，p-和 d-正电子的 A_g，B_g 和 B_μ 模总 Z_{eff}，链状曲线，与加 14 个红外活化谐波和联合波的情况一样[139]。在 (b) 中，长虚线，所有模，链状曲线，具有 $\Sigma_{g,u} \Pi_{g,u}$ 和 Δ_g 对称性的所有模。贡献所有谐波和联合波的是加权 $1/n$ 的 ad hoc 方法，这里 n 是振动量子数

　　较大的分子显示有大的和分子振动模有关的 Feshbach 共振模式 (VFR) 的湮没，这些不能够用正电子耦合到基波来解释，也不能用和谐波振动的耦合来解释，这些分子显示了特别的增强机制，显示其基本共振随分子大小而极快地增加。能够显示有增强 VFR 的最小的分子是乙烷，如图 4.5.9 所示，该分子的 Z_{eff} 谱和其他分子有明显不同的形状。高能的 C-H 伸展峰比低能时 C-H 弯曲峰大 3 倍，这和 VFR 大小的简单的 g 尺度不符合，对乙烷的计算 Z_{eff} 值如图 4.5.9 所示，指示出红外活化的 VFR，偶极子禁止模型，正电子的 s-，p-，d-波捕获，可以解释低能谱，但是不能解释 C-H 伸展峰的大小，也不能解释低能和高能峰 Z_{eff} 的大小，这些只能用谐波和分子振动模有关的 Feshbach 共振模式 (VFR) 来解释。

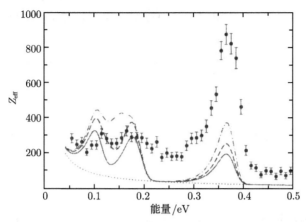

图 4.5.9　乙烷 (C_2H_6) 实验的 Z_{eff} 谱 (●) 和理论谱

在计算中用了 $\varepsilon_b=1$ meV，用点曲线表示，直接湮没得到的 Z_{eff} 谱。实线表示和红外活化模型一样；虚线
表示按 A_1 模型；链线表示和附加 E_g 模式一样

　　对丙烷和环丙烷有类似的解释，这些分子显示高和低能峰都有很强的增强，而这些共振之间的多模 "本底" 并没有显示类似的增强，但是分子的大小似乎没有精确地预言 Z_{eff} 的大小。如图 4.5.10 所示，对乙醇 (C_2H_5OH，比乙烷多一个原子) 没有这种增强。实验的 Z_{eff} 和简单的红外活化 VFR 理论很好地符合。

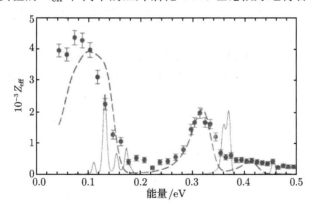

图 4.5.10　对乙醇 (C_2H_5OH)，实验的 Z_{eff}(●)，红外吸收谱 (实线) 的比较，理论的 Z_{eff}(虚线)
计算的 [用 $\varepsilon_b=45$ meV 计算，模的频率和偶极子大小见 Shaw 等[140]]

　　Sullivan 等[141] 用阱基束第一次测量了湮没率作为入射正电子能量的函数，测量了很多分子，一些结果如图 4.5.11 所示。谱中有峰，相应于分子中有振动模存在。具体说，最大的峰是分子振动 C-H 伸展模，湮没谱的峰比分子振动模在能量上向下漂移，可以用最近的理论解释，理论预言存在正电子束缚态，支持正电子-分子合成物的振动共振[64]，漂移是正电子束缚能的测量。在碳氢化合物链的情况，束

缚能随分子中碳原子数的增加而增加，图 4.5.12 显示对链烷的能量漂移，最大到含 12 个碳原子。

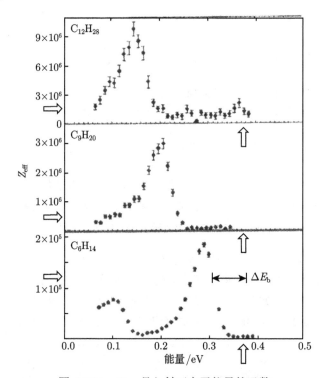

图 4.5.11　Z_{eff} 是入射正电子能量的函数

对正十二烷、壬烷、正己烷，垂直轴上的箭头表示 C-H 伸展振动模，显示了正己烷的束缚能[141]

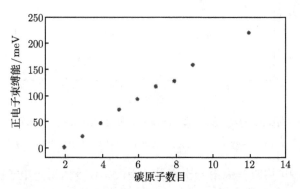

图 4.5.12　链烷 (C_nH_{2n+2}) 中正电子束缚能作为碳原子数目的函数[141]

5) 小分子中的非共振湮没

许多分子并不显示出共振湮没，而是显示 Z_{eff} 变化相对平滑的无特色的谱。为了更好地理解这些分子, 回想起观察中介湮没和分子振动模有关的 Feshbach 共振模式 (VFR) 时的最小需要是存在 "正电子–分子束缚态和振动模共同耦合到正电子上" 的要求。

弱束缚存在时, $\varepsilon_b = \kappa^2/2$ 是和正电子–分子散射长度 κ^{-1} 有大的正值相关的, 共振的大小由 $g = \kappa/k$ 确定, 如果 κ 是一个负的值, 束缚态将被统一体中的虚态所代替, 和分子振动模有关的 Feshbach 共振模式 (VFR) 将不存在, 但是在这两种情况下我们期望由于直接湮没而形成在非共振湮没的本底正比于 $(k^2 + \kappa^2)^{-1}$ (见式 (4.5.5))。

$$Z_{\text{eff}}^{(\text{dir})} = F/(\kappa^2 + k^2) \tag{4.5.5}$$

对于非极化的或者很弱极化的分子很难束缚于正电子, 所以这些分子中的许多分子缺少和分子振动模有关的 Feshbach 共振模式 (VFR) 是不奇怪的。CO_2 就是这样的一个分子, 它具有相对平坦的谱, 在 150meV $Z_{\text{eff}} \approx 35$ 时, 热化后 $Z_{\text{eff}} \approx 54.7$, 因为这种分子有 22 个电子, 这些 Z_{eff} 值和非关联电子气的预言并不远。应用振动接近于耦合的形式, Gianturco 等[142] 预言这是一个无共振谱, 有一个接近的常数 $Z_{\text{eff}} \approx 50$, 这和实验符合得很好了。

甲烷 (CH_4) 的谱如图 4.5.13 所示, 这也是一个平坦而无特色的谱, CF_4 谱与之类似, 无论大小和与 Z_{eff} 的能量关系都类似 (没有在图中画出), 这和一些分子并不支持正电子束缚态的情况一致。所以就反驳了早期的一个假设, 这是基于对甲烷和氟替代物的室温 Z_{eff} 的分析。但是在和分子振动模有关的 Feshbach 共振模式 (VFR) 活化和 VFR 不活化之间的差别的认识还是十分不足的。图 4.5.13 是 CH_4 和 CH_3F 的比较, 图 4.5.5 的分析指出 CH_3F 只有非常小的束缚能 (~ 0.3 meV), 但是它在 150 meV 处产生了一个明显的共振, 谱中分担了邻近的 C-H 伸展模是几乎不用怀疑的。

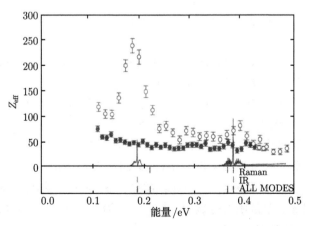

图 4.5.13 对 CH_4(●) 和 CH_3F(○) 所测的 Z_{eff} 谱, 以及对甲烷的红外吸收谱 (实曲线)

图 4.5.14 显示水分子也缺少明显的和分子振动模有关的 Feshbach 共振模式 (VFR)，随着能量的下降，Z_{eff} 缓慢上升，在 300K 热化能 Z_{eff} 达到 319，这个谱用直接湮没可以很好解释，在 1meV 处拟合参数符合虚态解释。

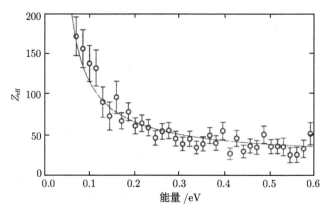

图 4.5.14   水的实验 Z_{eff} 谱 (○)

拟合是以直接湮没模型为基础的。实曲线：用 $\kappa^2/2=0.3meV$ 由式 (4.5.5)

计算 Z_{eff} 加上一个常数 20 补偿

对这些小的多原子分子的 Z_{eff} 数据可以和 Gianturco 等[142,143] 的直接湮没计算①进行比较，在这些工作中正电子–分子相互作用是按局域相关极化势来描述的，Z_{eff} 指示出电子–正电子接触密度增强因子。计算预言正电子在 0.5~1eV 以下能量的下降，Z_{eff} 会有一个稳定的上升。对 CH_4，NH_3，H_2O 的计算湮没率 (包括处于热化能量的正电子) 比实验值要低大约一半，而对 CF_4 计算的 Z_{eff} 大约要大 2 倍。除了 NH_3 外，计算证实和分子振动模有关的 Feshbach 共振模式 (VFR) 并不是这些分子中解释 Z_{eff} 谱所必需的。

一些分子显示其他的谱特性。一个例子是 CH_4 中位于约 380meV 处的锯齿状振动中心 (图 4.5.13)。红外谱指示出在该能量处有很强的吸收，Z_{eff} 谱的大小和形状与其他分子中所观察到的和分子振动模有关的 Feshbach 共振模式 (VFR) 并不符合。这种锯齿状的性质在 CO_2 和 H_2O 的 Z_{eff} 谱中也已经观察到。

这些性质的来源目前还并不清楚。Fornari 等[144] 预言水应该有很强的共振激发截面，并且有尖锐的起始点。耦合通道会在 Z_{eff} 谱中近振动激发阈值处附加上一些结构。另一种考虑是 Young 等[107] 建议这种性质应该是在直接湮没和共振湮没之间的干涉。后一种看法与 CO_2，H_2O 和 CH_4 并不束缚正电子的证据相一致。

其他和分子振动模有关的 Feshbach 共振模式 (VFR) 类型无关的性质可以预言或者允许其理论，但是还没有被观察到。一个例子是形状共振，如果正电子可以

①原则上式 (4.5.5) 对这种分子应该按永久偶极动量修正。

暂时捕获于正能量势垒之内，这是可能发生的。但是低能正电子散射和湮没通常主要是和入射正电子波函数的 s 波成分有关，其中没有离心位垒。此外，原子核心是相斥的，所以形状共振是不太可能的。在其他系统，包括预言 Mg 原子中一个 p 波正电子形状共振，在立方烷 (C_8H_8)，C_{20} 和 C_{60} 中笼态形状共振。如果出现虚态，并可以导致一个长寿命的中间态 (如在振动去激发碰撞之后)，期望产生一个宽的谱特征。实验研究证实这种预言。

6) 小分子小结

Gribakin 等[98] 的理论为小分子中理解共振湮没提供了一个显然有用的框架，对每个和分子振动模有关的 Feshbach 共振模式 (VFR) 相对贡献是共振弹性散射和湮没之间的竞争。像耦合到正电子统一体是足够强的，每个共振的大小正比于 $g = (\varepsilon_b/\varepsilon)^{1/2}$，湮没谱是不同共振之和。

在甲基卤代物和乙醇的情况，简单的 g 尺度的条件被应用玻恩 - 偶极子型近似的捕获率的直接计算所证实。在甲基卤代物时，束缚能通过测量质子化核素的大小而得到，并作为含氘核素的的预言，这样可对理论提供一个严格的实验，所以在实验和理论之间符合得相当好。

但是在其他情况下，红外活化模的和分子振动模有关的 Feshbach 共振模式 (VFR) 不足以解释所观察到的湮没谱。在甲醇中必须引入偶极子活化多模振动；在乙烯和乙炔中我们必须引入红外非活化和 n 量子谐波，以及联合去匹配实验测量的 Z_{eff}。在这些情况下，VFR 的谐波和联合振动必须立即调整 (即乘上因子 $1/n$) 去匹配实验值 Z_{eff}。

这个理论也有助于说明被束缚的单独的核素具有增强的 Z_{eff}(即超过了单共振的预言)，对这个转变可靠的因子应该是近共振处分子的尺寸和振动态密度，这个增强似乎应该是分子间振动能量重新分布 (IVR)。在如乙烷那么小的分子和丙烷中也有些证据说明已经在应用这种理论。

4. 在大分子中分子间振动能量重新分布 (IVR) 共振湮没

1) 概述

表 4.5.1 指出，大分子的湮没率随分子增大而快速增长。在小分子也有类似情况，这么大的湮没率理解为正电子通过和分子振动模有关的 Feshbach 共振模式 (VFR) 的附加态，如图 4.5.3 所示，在丁烷中 Z_{eff} 谱有独特的峰，此处正电子和红外峰有很强的关联，但是正电子峰从束缚能处向下漂移。作为典型的小分子情况，大分子中的 VFR 也主要发生在能量相应于基波振动的位置。在链烷核素中低能的平坦谱 (如图中 140meV 以下) 是由于 C-H 弯曲键模和 C-C 模，而高能时峰是由于 C-H 伸展模。但是在大分子的情况，此峰中 Z_{eff} 值比小分子中 VFR 增强了几个量级。

表 4.5.1   一些分子的湮没率 Z_{eff} 和束缚能 ε_b

分类	分子	Z	ε_b/meV	Z_{eff}
小的无机分子	H_2O	10	<0	170
	NH_3	9	>0	300
甲基卤化物	CH_3F	18	>0	250
	CH_3Br	44	40	2000
链烷	CH_4	10	<0	70
	C_2H_6	18	>0	900
	C_3H_8	26	10	10500
	C_6H_{14}	50	80	184000
	$C_{12}H_{26}$	98	220	$9800000 \approx 10^7$
酒精	CH_3OH	18	>0	750
	C_2H_5OH	26	45	4500
芳香族	C_6H_6	42	150	47000
	$C_{10}H_8$	68	300	$1240000 \approx 10^6$

为了用振动模来鉴定共振峰，图 4.5.15 是丁烷和壬烷的谱[110]，并且全部是含氘成分，当氘成分的谱用振动模频率来修正的时候，含氘和含氢的数据符合得很好。

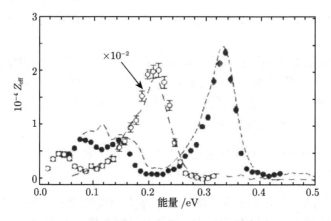

图 4.5.15　氢化丁烷 (实圆点)[105] 和壬烷 (空心点) 的 Z_{eff} 谱[107] 与完全氘化的丁烷 (虚线)
和壬烷 (链曲线)[105] 的比较

氘化物的模能量已经在标尺上适当地压缩质量因子以便和相应的氢化物匹配，而正电子束缚能假设是独立
于氘化物的，对每个入射正电子能量用适当的 g 因子来定标的 Z_{eff} 值

图 4.5.16 和图 4.5.17 所示在链烷 C_nH_{2n+2} 分子中室温下 Z_{eff} 对 Z 的比随 Z 而指数增加，直到有 10 个碳原子 ($n = 10$)，然后趋向于饱和，对 $n \geqslant 10$ 观察到

$Z_{\mathrm{eff}}/Z \geqslant 10^4$。

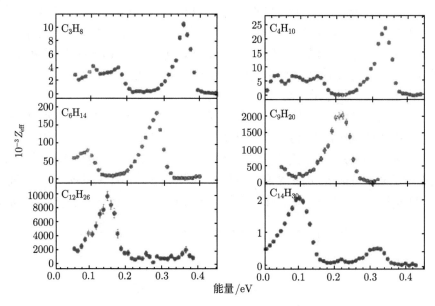

图 4.5.16 对各种链烷分子[110]，入射正电子能量作为 Z_{eff} 谱的函数关系

当分子大小增加时，显示出谱系统漂移到正电子能量更低处。对所有谱，除了 $C_{14}H_{30}$ 外，Z_{eff} 值是绝对值，而 $C_{14}H_{30}$ 则在蒸气压下很难测量，只能取任意单位

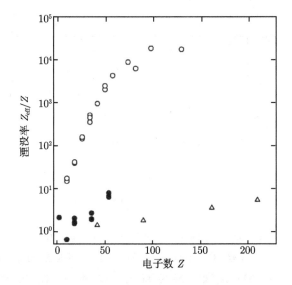

图 4.5.17 Z_{eff}/Z 作为 Z 的函数

● 惰性气体，○ 链烷，△ 过氟代链烷，正电子来自势阱，300K 麦克斯韦分布[110]

　　为了从物理上增加根本性认识, Iwata 等对甲烷 (CH_4)、含氘甲烷 (CD_4)、氟代甲烷 (CH_3F)、丁烷 (C_4H_{10}) 调查了正电子温度 T_{e+} 和 Z_{eff} 的关系, 利用无线电频率加热含有试验气体的势阱中正电子[110]。除了氟代甲烷, 对其他所有分子 Z_{eff} 显示随温度 T_{e+} 而很快下降, 温度范围从 0.025eV 到 ~0.05 eV。然后在温度从 0.1eV 直到 ~0.35eV, 又是缓慢减小, 达到研究时最高温度。据推测在高能时 Z_{eff} 的缓慢减小是由于正电子和分子振动的相互作用。

　　随着可调阱基束的发展, 在这个能量区域已经有了更多具有权威性的测量, 重点是分子振动的规律, 作为图 4.5.3 丁烷的补充, 图 4.5.18 显示对丁烷 Z_{eff} 和正电子能量之间的关系, 应用了冷束技术[36]。如图 4.5.18(a) 所示, 对能量从 0.4eV 直到正电子素形成阈值 Z_{eff} 的值并不是比 Z 大很多, 但在低能时 Z_{eff} 有很大的增加。如图 4.5.18(b) 所示, 对丁烷和含氘丁烷, 由于氢原子被氘原子替代, 但能量以

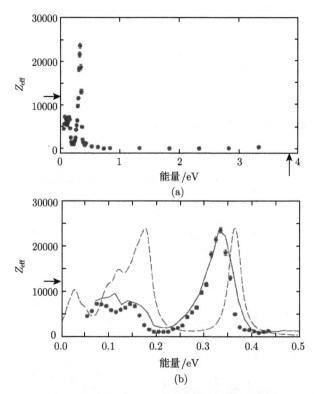

图 4.5.18　丁烷中 Z_{eff} 作为正电子能量的函数

(a)0~5eV, (b)0~0.5eV。引自文献 [36]、[105]。(a) 中横坐标上的箭头是正电子素形成阈值。(b) 中完全含氘丁烷的 Z_{eff} 谱 C_4D_{10}(实线), 为了使大小的标尺和 C-H 峰匹配, 能量标尺适当地缩小了若干个因子。丁烷的振动模谱也见于 (b) 以作比较 (虚线, Z_{eff} 的垂直标尺是任意的), 每一个模展宽了 25meV[64]。纵坐标上箭头指示出 Z_{eff} 的值, 300K 麦克斯韦分布

振动频率的变化为标尺, Z_{eff} 的能量关系是很类似的。这个实验提供了明确的证据证明在这些分子中低能正电子时 Z_{eff} 的增强是由于分子振动的激发。对比分子振动模型的谱的形状, 这在图 4.5.18(b) 中显示, 也可以加以认定, 这些振动模谱是能够和 Z_{eff} 的峰匹配的。谱中相应于 C-H 伸展振动模的最明显的峰位于近 0.36eV 处。同时如果把测量的 Z_{eff} 的能量关系和振动模进行比较, 可以指示出在丁烷中前者的峰向下漂移了 $\Delta\varepsilon \sim 30$meV。

图 4.5.19 显示部分氟代和完全氟代甲烷的 $Z_{eff}(\varepsilon)$, 在部分氟代分子中在 ~ 0.14 eV 处有一个峰, 这是一些模的范围 (即 C-F 分子模, C-H 摆动模和 C-H 形变模)。无论是甲烷还是四氟甲烷都没有任何突出的性质 (如大链烷中的 C-H 伸展峰)。

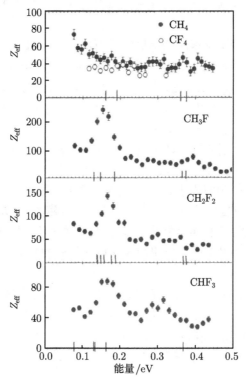

图 4.5.19 系列氟代甲烷 CH_xF_{4-x} 的 Z_{eff} 谱[47]

门口态模型为大分子中湮没的讨论提供了通常的处理方法。对此模型特别重要的是将 "和分子大小增加而观察到共振湮没率快速增加" 与 "分子间振动能量重新分布 (IVR)" 连接了起来。一些实验和分析阐明此物理图像在一些情况下有定量关系。

Jones 等[118] 给出几种分子的湮没谱和振动分析, 阐明分子内部的振动重新分布 (IVR) 是在近共振振动多模激发的时候分子振动能量的重新分布[22,75,143]。以前用分子内部的振动重新分布 (IVR) 定性解释了两个正电子湮没实验结果, 一个是正电子和大的链烷分子的共振湮没率显著增加, 另一个是用氟代原子替代后这些链烷的共振湮没率减小。Jones 等[118] 认为 IVR 是一个过程, 分析包括在乙醛中 C=O 伸展模的增强湮没[108], 三氯甲烷-d 中 C-D 伸展模的抑制湮没, 三氯甲烷中 C-H 模和 C-Cl 模的抑制与增强的混合。Jones 等[118] 给出了一个模缩放因子 β_v, 由测量分子内部的振动重新分布 (IVR) 效应的经验提供。对分子内部的振动重新分布 (IVR), 抑制时 $\beta_v < 1$, 增强 $\beta_v > 1$, 没有分子内部的振动重新分布 (IVR) 的共振 $\beta_v = 1$。提出隔离模型可以显示 IVR 的影响。用这些结果, 发展了振动分析的框架, 用于预言 IVR 的重要性, 分析是增强还是抑制共振。这些分析用来解释在链烷中观察到的一般性质, 论证 IVR 在大部分分子中是重要的。

2) 链烷分子的例子

链烷分子比其他分子核素研究得更广泛 (图 4.5.3 和图 4.5.15)。图 4.5.16 显示 6 个例子, 这些谱很像基波振动的谱, 由于正电子–分子束缚能而向下漂移, 在链烷中每加上一个碳基单体, 束缚能就增加 20~25meV。这样对于丙烷为 10meV, 而壬烷为 145meV。共振湮没峰的大小增加很快, 指示出存在分子间振动能量重新分布 (IVR), 虽然还不完整, 但是能够看到。

大分子的一个有区别的特性是它们格外强的共振湮没。在正己烷中最高的 C-H 伸展共振在 285meV, 比 1-溴代甲烷大了两个量级[144]。事实上, 在链烷中正电子束缚能随分子大小 (即分子中碳的数目 n) 而线性增加, 湮没峰的大小随 n 呈指数增加。因为基础振动的数目仅随分子大小线性增加, 单模的 VFR(和分子振动模有关的 Feshbach 共振模式) 不能解释在大分子中 Z_{eff} 的大小。另外, 链烷 Z_{eff} 谱的形状随分子大小只有很小的变化, 说明如果有任何另外的共振, 它们可以单模 VFR 退激。

Laricchia 等[145] 研究了 1-氯代正己烷 $C_6H_{13}Cl$, 芳香族分子苯和萘, 它们有比相同大小的链烷分子大得多的束缚能。数据中也有第二 (即 "正电子激发") 束缚态, 这是在非常大的链烷中观察到的 (即 $n \geqslant 12$)。关键的发现是湮没率和正电子入射能量的关系和束缚能的关系在简单的理论考虑中是比从增加分子振动自由度的数目的结果弱很多。

小分子共振湮没理论指出在 Z_{eff} 谱中束缚能受一定的规则的限制:

$$Z_{\mathrm{eff}} \propto b_\nu \varepsilon(g) = b_\nu / \sqrt{\varepsilon_{\mathrm{b}} / \varepsilon} \tag{4.5.6}$$

式中, b_ν 是激发共振捕获态的多样性。振动耦合仅通过正电子捕获率 Γ^{e} 而出现, 对非常弱的共振, 总捕获率 Γ 往往被取消。

如图 4.5.20 所示, 链烷的 Z_{eff} 谱大于自我相似的乙烷, 它们首先由因子 $g(\varepsilon)$ 的比例而定, 然后其结果 $Z_{\mathrm{eff}}/g(\varepsilon)$ 的大小要按 C-H 伸展峰而归一化, 最后由于它

们的束缚能谱会向上漂移。一个惊人的分析结果是在链烷中高能和低能峰的相对
大小维持和分子尺寸为 3 的同样大小的一个因子，而 Z_{eff} 的大小为 10^3 的因子，
此情况目前还不能理解。自我相似谱结果会随分子尺寸的增加而向下漂移，就像正
电子束缚能增加时一样。由热化正电子的测量的 Z_{eff} 谱在热化能区可以用振动模
作用于相应的和分子振动模有关的 Feshbach 共振模 (VFR) 而得到，这样在能量
分辨测量和热化 Z_{eff} 测量之间产生一个定量连接的方法。

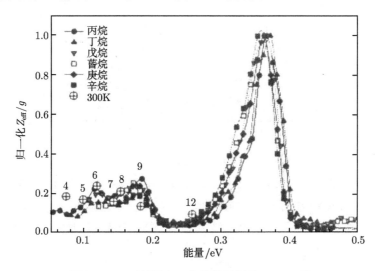

图 4.5.20 对链烷归一化的能量漂移 Z_{eff}/g 谱

$n = 3 \sim 8$ 个碳原子，作为比较，对链烷的室温数据也画出 (加 + 号的圆点)，能量为 $\varepsilon_b + \varepsilon_T$，其中
$\varepsilon_T = (3/2)k_B T = 37.5$ meV。每个室温数据标以分子中含碳原子数 n，见正文内更详细说明

当链烷的尺寸增加到超过 12 个碳原子，成为正十二烷，在能量接近于 C-H 伸
展峰时 Z_{eff} 谱出现一个新的性质，如图 4.5.21 所示，这个峰随链烷尺寸的增加而
长大，在能量上向下漂移，就像原先的 C-H 伸展峰。在正十六烷中 (16 碳链烷)C-H
峰发生在近 55meV 入射正电子能量，相应于束缚能为 310meV。

新的共振归于第二个正电子束缚态，即分子中的第一正电子激发态，它是由
C-H 伸展峰和分子振动模有关的 Feshbach 共振模 (VFR) 以类似于大基态峰的
方法和小的正电子入射能量下出现的。在正十二烷中，365meV 处的小峰鉴别为第
一 C-H 伸展峰，是几 meV 的正电子激发束缚态，在 150meV 处较大的峰是正电子
位于基态。这些正电子峰能和理论计算符合得很好。

这些正电子激发共振态的一个重要性质是和同一个分子的相应基态共振的相
对大小。对于小分子共振的贡献期望为 $g = \sqrt{\varepsilon_b/\varepsilon}$，无论对于正十二烷和正十六
烷，第一和第二 C-H 伸展共振束缚态的大小之比等于 g 因子对这些共振之比。特

别是正电子交叠密度正比于 $\sqrt{\varepsilon_b}$，对第二束缚态期望要小一些，因为它有小的束缚能。图 4.5.18 显示了正电子激发态的 Z_{eff} 尺度和谱的 g 的尺度关系，在大分子中在决定湮没峰的大小时都显示出和 g 因子之间重要的规律。

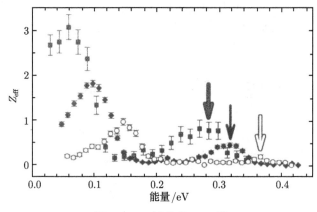

图 4.5.21　链烷的 Z_{eff} 谱

正十二烷 (○)，正十二烷 (◆)，正十六烷 (■)。垂直的箭头表示在每个分子中 C-H 伸展模和分子振动模有关的 Feshbach 共振模式 (VFR) 峰的第二束缚态的位置 (即第一正电子激发态)。正十二烷和正十六烷的谱已经任意归一化，因为它们的蒸气压太低，难以测量。低能处的大峰是 C-H 伸展模 VFR 峰的第一激发态 (正电子基态)

3) Z_{eff}、束缚能和分子尺寸之间的关系

已经测量 Z_{eff} 谱作为碳氢化合物核素数目的函数，加上一些简单的链烷[36,105]。这些分子中的许多有很明显的可以确定的湮没共振，C-H 伸展参与共振，典型的、最突出的，我们可以推断出正电子束缚能的值，为了更好地甄别束缚能和分子大小的规律，我们开始考察苯和氯化正己烷。这两种分子的尺寸有异常大的束缚能。

图 4.5.22 是对苯的能量分辨湮没谱的测量[146]，一个宽的本底出现在以前的测量中[106]，通过降低输运能量以防止正电子素在气体室外面形成以消除本底。在以前的谱和图 4.5.22 的谱中都显示一个大的峰，位于正电子入射能量 $\varepsilon \sim 230$ meV 处。在碳氢化合物中 C-H 伸展模通常产生主要的共振，在苯中测量到一个模中心位于 380 meV 附近[147]，假设这是苯中 C-H 伸展峰的特性，意味着正电子束缚能为 150 meV，比类似大小的链烷分子正己烷的束缚能大很多。

为了确定峰的一致性，完全氘代的苯 (苯-d6) 的湮没谱也已经测量。由于氘代和非氘代的核素有相同的电子基态，假设有一样的束缚能，在以前的观察中观察到和其他碳氢化合物是一致的[36]。苯-d6 的 Z_{eff} 谱如图 4.5.22 所示，主要是一个位于 148 meV 处的单峰，以及一个在低能一端的平台。把这些数据与苯和氘代苯的数据放在一起，二者的峰都是由 C-H 伸展模引起的，指示出有公共的束缚能，150meV。

特别是，如果这个束缚能值是正确的，峰的能量之比为 1.28，与 C-H 和 C-D 伸展模的能量的期望比 1.34 很接近。同样，类似的小分子[148,146] 和上面是一致的。峰高的比例由两种分子的 g 因子之比给出的，为 0.78。经过这些标尺的调整，苯-d6 谱的结果在曲线中与苯的大小和谱的形状很类似。这些显示在图 4.5.22 的虚线中。

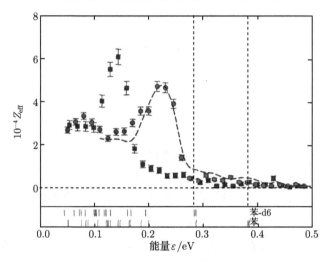

图 4.5.22 Z_{eff} 谱的测量

●苯，■苯-d6[146]。垂直虚线标志苯中 C-H 伸展模和苯-d6 中 C-D 伸展模的平均能量。虚曲线是苯 d6 谱，来自模能量 $\varepsilon_\nu = \varepsilon - \varepsilon_b$，标尺为 1.28，假设 ε_b=150meV，最高标尺为 0.78，最低的平面表示在苯中和苯-d6 的正电子振动模[147]

简单地说，正电子-苯相互作用似乎很不同于正电子-链烷的相互作用。苯的束缚能 (ε_b=150 meV) 是和壬烷 (9 个碳原子的链烷) 一样大，尽管苯 C_6H_6 只有 6 个碳原子，正己烷 (ε_b =80 meV) 也是 6 个，苯比丙烷 (ε_b ~10 meV) 多一个原子，苯也有相对小的 Z_{eff} 值，苯在丁烷 C_4H_{10} 和戊烷 C_5H_{12} 之间。苯有异常深的束缚能，是由于苯具有芳香族分子特有的电子结构。

另一种分子也有很深的束缚能，是 1-氯代正己烷，它的 Z_{eff} 谱和正己烷的谱见文献 [146]，显示在图 4.5.23 中。前者有束缚能 175 meV 和 C-H 伸展模的峰，峰高度为 Z_{eff}^{CH}=5.2×10⁵。这两个参数都大于正己烷的，正己烷 (ε_b=80 meV，Z_{eff}^{CH}= 1.8×10⁵)，即使原子数目相同，价电子的数目也类似，1-氯代正己烷的束缚能比正己烷大。

当 1-氯代正己烷和正己烷用 g 归一化，C-H 伸展峰高度的比例并不是 1，推导出为 2.8 到 1.6。这就暗示它们的 ε 和 ε_b 关系是与苯类似的。如果用 1-氟代正己烷，这个对照是尖锐的，即使在归一化以后[105,106]，它仍有小得多的 C-H 伸展峰高度。显示 1-氟代正己烷有额外的正电子逃逸机制，这在 1-氯代正己烷中或者正己烷中没有出现。

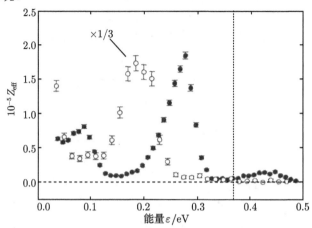

图 4.5.23　Z_{eff} 谱的测量

● 1-氯代正己烷, 标尺 1/3[146]; ○ 正己烷[105]。注意氯代成分使束缚能有很大增加

　　上面讨论的额外的机制, 在环丙烷和环己烷中测量了束缚能和 C-H 伸展共振大小[106], 还有 1-卤代甲烷 (CH_3X, 这里 X 表示 F, Cl, Br)[106]、甲醇 (CH_3OH)、二环芳香族、萘, 三种大的链烷中第一和第二 (即正电子激发) 束缚态共振 Z_{eff}。图 4.5.24 显示各种核素的 C-H 伸展共振 Z_{eff} 和束缚能的关系, 链烷落在单一曲线

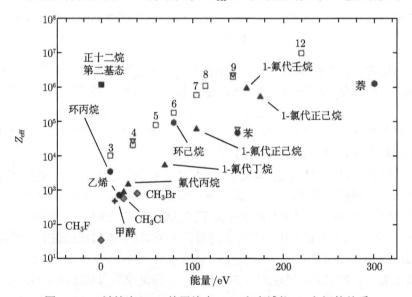

图 4.5.24　链烷中 C-H 伸展峰中 Z_{eff} 和束缚能 ε_b 之间的关系

C_nH_{2n+2}(□), n 是碳的数量; 卤代甲烷 (◇); 乙烯 (●); 甲醇 (+); 1-氯代正己烷 (△); 含氟链烷 (▲);

含氘核素 (▽)

上，其他核素，如苯和 1-氯代正己烷散落在曲线下面，这显示 Z_{eff} 受一个因子的影响，比受束缚能的影响大得多。

在小分子中，如 1-卤代甲烷，因子 $g = \sqrt{\varepsilon_b/\varepsilon}$，唯一提供了 Z_{eff} 共振的相对大小的完整描述，能够绝对预言 Z_{eff} 谱[98]，而这个绝对预言在大分子中是不可能的，显示 ε 和 ε_b 的关系是一样的。这个关系是不能在图 4.5.25 中归一化的，这里显示 Z_{eff}/g 和原子数目的关系。很清楚该参数比图 4.5.24 有很大改善。作为参考，各种核素的数据，包括其中的大部分显示在图 4.5.25，也出现在表 4.5.2 中 (在图 4.5.25 没有显示的是正十二烷的第二束缚态，由于它很大的不确定性，在 $1/g$ 中引起该分子的束缚能接近为零值)。

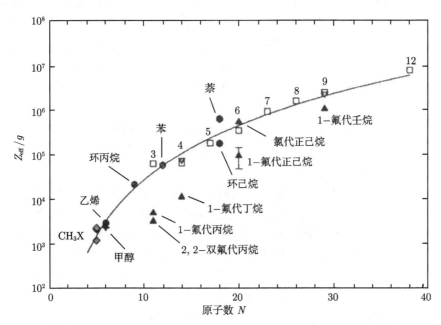

图 4.5.25　在 C-H 伸展峰处 Z_{eff} 的大小和分子中原子数目的关系

由 $g = \sqrt{\varepsilon_b/\varepsilon}$ 因子归一化。符号和图 4.5.24 一样，实线是对数据的拟合，1-氟代正己烷的误差棒指示出对这个数据有不寻常大的不确定性

在图 4.5.25 和表 4.5.2 中指出，在碳氢化合物中具有类似数目的原子就有类似的归一化 C-H 伸展峰的高度。与图 4.5.24 不同，苯不再是局外物。其他分子，如环己烷和环丙烷，都有相对小的 Z_{eff} 值[106]，也趋向于接近链烷的线。最好的经验拟合倾向是简单的指数定律 $Z_{eff}/g = 2.3 \times N^\eta$，这里 N 是原子的数目，$\eta=4.1$。唯一主要的例外是指数的尺度，我们看来是氟替代物成分的，如 1-氟代正己烷和 1-氟代壬烷 (没有在图 4.5.25(b) 中显示)[105,106]。

正十四烷 (14 个碳原子的链烷) 和正十六烷 (16 个碳原子的链烷) 的数据也没有在图 4.5.25(b) 中显示。这些像蜡一样的成分，它们的 Z_{eff} 绝对值不确定，因为很难测定这种试验气体的压力。这些分子显示共振是由于第一和第二 (即正电子激发) 束缚态。Z_{eff}/g 尺度的值来自它们的第一和第二 C-H 伸展峰几乎是一样的。

事实上，Z_{eff}/g 和原子数 N 的关系是很强的 (或者说本质上和振动自由度数目 $3N-6$ 的关系是很强的) 是感兴趣的暗示。以前认为 Z_{eff} 的很快增长是由于单模振动共振起了 "门口" 的作用[64]，它的能量被转移到多模振动激发的高阶中很大的储存器中。这个过程就称为 IVR，其结果是使 Z_{eff} 有很大的增强，粗略地正比于附近的态密度，换句话说，是期望随自由度数目而指数增长。而实验显示 Z_{eff} 没有如总的振动模密度增长那么快，而如单一模型的预言一样[64]，实际上 Z_{eff} 确能随振动自由度数目那么快增长，说明发生了部分 IVR。

在图 4.5.24 中，正电子–分子湮没已经对很多不同的化学核素进行研究，而在这些分子中，振动模和能级在不同方法中是不一样的，所有的碳氢化合物都含有很强的 C-H 伸展振动模，在湮没共振中起主要的作用。从而提供一个方便的基准去确定正电子–分子束缚能以及湮没率的大小。

在分子结构中相对小的变化对正电子束缚能和湮没率都有很大的影响。如在 1-氯代正己烷的在 C-H 伸展峰相当于正己烷向下漂移了近 100meV，而 C-H 伸展共振的大小却增加了近 3 倍。

根据链烷的数据我们可以总结出束缚能和湮没共振的大小是强烈相关的，但是这个假设没有得到图 4.5.24 所示数据的支持。除了链烷以外，束缚能和 C-H 伸展共振的大小似乎只有很弱的关联。如 1-氯代正己烷、苯、萘，在类似束缚能的情况下，它们的 Z_{eff} 值大小是一个量级或者远小于链烷的 Z_{eff} 值。

缺少 Z_{eff} 与束缚能的关联激励人们进一步分析 Z_{eff} 的大小。图 4.5.25 显示 C-H 伸展峰的 Z_{eff} 的作为原子数目 N 的函数的数据，用 g 归一化。除了部分氟代化合物以外，下面我们讨论在相对宽的分子范围内湮没率的大小，数据都接近于通用曲线。1-氯代正己烷和苯不再是在图 4.5.24 的局外。Z_{eff} 与 N 的经验的尺度是由 Young 等[119] 发现的。

Z_{eff} 和 $g = \kappa/k$ 呈线性关系是不惊讶的，只要很弱的束缚关系 (即 $\kappa \ll 1\text{a.u.}$) 是适用的。此外，随入射正电子波函数的归一化引出 $1/k$ 因子。奇怪的是 g 的尺度似乎并不仅是 Z_{eff} 和 ε_{b}，而态的整个振动密度和原子数 N 有关，而在 N 没有变化时也能变化 (即化学替代物)。进一步说小分子理论假设振动激发正电子–分子复合体的寿命比湮没时间要短。但是如果由分子间振动能量重新分布 IVR 达到的态是很长的寿命，共振的大小应该和捕获率有关而不是和 g 有关。湮没率应该是饱和的，仅随分子大小而线性增加。

表 4.5.2 各种大分子的物理参数和湮没数据[107]

核素	N	Z	μ/deb	α/A³	E_i/eV	ε_b/meV	Z_{eff}^{CH}	Z_{eff}^{th}	Z_{eff}/g
链烷									
甲烷	5	10	0	2.6	12.7			142	
乙烷	8	18	0	4.44	11.52	0	900	660	
丙烷	11	26	0.08	6.29	11.14	10	10500	3500	63000
丁烷	14	34	0	8.14	10.63	35	21000	11300	65000
戊烷	17	42	0	9.98	10.35	60	80000	37800	180000
正己烷	20	50	0	11.83	10.18	80	184000	120000	350000
庚烷	23	58	0	13.68	9.9	105	590000	242000	930000
辛烷	26	66	0	15.52	10.03	115	1090000	585000	1610000
壬烷	29	74	0	17.37	10.02	145	2000000	643000	2500000
正十二烷	38	98	0	22.91	9.93	220	9800000	1780000	8000000
第二基态	38	98	0	22.91	9.93	0	1200000		
正十四烷	44	114		26.61		260	11x		6.8x
第二基态	44	114		26.61		50	2.8x		7.0x
正十六烷	50	130	0	30.31	9.91	310	15y c	2230000	6.4y c
第二基态	50	130	0	30.31	9.91	100	4.0y c		6.5y c
链烷异构体									
异戊烷	17	42	0.13	9.98	10.32	60	80000	50500	180000
环烷									
环丙烷	9	24				10	3600		21500
环己烷	18	48	0	9.88	9.88	80	94000	20000	180000
苯	12	42	0	10.4	9.25	150	47000	15000	58000
萘	18	68	0	16.59	8.15	300	1240000	494000	640000
卤代链烷									
1-氟代庚烷	11	34		5.97		35	1520		4700
2,2-双氟代丙烷	11	42		5.88	11.42	25	900	8130	3300
1-氟代丁烷	14	42		7.8		70	5600		11500
1-氟代正己烷	20	58		11.46		80	60000±30000	269000	110000±60000
1-卤代正己烷	20	66		13.59	10.3	175	520000		540000
1-氟代壬烷	29	82		16.98		145	930000		1150000
氘代物									
d-苯	12	68	0	10.4	9.25	150	61000	36900	57500
d-丁烷	14	34				35	28500		75000
d-壬烷	29	74	0	17.37		145	2400000	641000	2300000
d-萘	18	68				~300			

N 是原子数, Z 是电子数, 静态偶极子动量为 μ, 单位为 deb(1deb=3.33564×10⁻³⁰C·m), 偶极子极化率为 α, 离化能为 E_i, 在室温下热化正电子的湮没率为 Z_{eff}^{th}, 实验测定的正电子束缚能为 ε_b, 在 C-H 伸展 VFR 的湮没率为 Z_{eff}^{CH}, 归一化的湮没率为 Z_{eff}^{CH}/g

4) 大分子中湮没的有希望的一个模型

用现在的理论去理解大分子中湮没谱还是不完整的, 不可能去解释大的 Z_{eff} 值, 这个值是仅用振动基波的和分子振动模有关的 Feshbach 共振模式 (VFR) 去观察的。这个困难有可能克服, 可以在复杂多模 VFR 中考虑模基共振作为正电子捕获的门口态, 但是假设完整的分子间振动能量重新分布 (IVR) 显示应该随着分子大小的增加而比观察到的增加得更快一些。另外, 当所有的联合振动和谐波振动都假设和正电子统一体耦合, 其结果所得谱应该是没有特色的, 和实验测量谱稍微有点关系。不过目前的理论模式还是为解释实验结果中的一部分提供了有用的框架。

5) 非弹性自动分离

非弹性逃逸通道是潜在的重要机制, 它可以限制共振湮没峰的大小。当共振捕获正电子时它可以发生, 它可以由退激而从分子上释放, 它不是在初始的捕获中产生的。这样的振动既可以通过共振捕获而引起的分子间振动能量重新分布 (IVR) 而激发, 也可以由热而激发。这些过程会导致湮没率的减小, 因为正电子会在分子上花费更多的时间。

一个重要的考虑是非弹性过程如何使共振 Z_{eff} 受束缚能的影响。如果正电子位于很弱的束缚态, 许多振动模都有足够的能量把它弹射出去。如果正电子位于很深的束缚态, 只有极少的模可以这样把它弹射。这样如果非弹性过程出现, 人们期望在 Z_{eff} 和 ε_{b} 的关系中有另外一个关系, 将比和 g 的关系要高一些, 但是这和一些实验结果相抵触。如在正十四烷和正十六烷的第一和第二束缚态, C-H 伸展峰大小严格地和 g 的尺度有关, 而没有和 ε_{b} 有另外的关系。此外, 对近乎全部分子, C-H 伸展峰的 Z_{eff} 有近乎严格的 $Z_{\mathrm{eff}}/g \propto N^{4.1}$ 的尺度, 相对小的偏离是由于它们各不相同的束缚能。这样似乎把非弹性逃逸通道排斥在外, 而这通常认为对确定 Z_{eff} 值是很重要的。

缺少 Z_{eff} 和 ε_{b} 的关系, 在 ε_{b} 以下 g 是特别感兴趣的, 如果 $\varepsilon_{\nu} < \varepsilon_{\mathrm{b}}$, 束缚正电子不能通过能量为 ε_{ν} 的模的退激而逃逸, 这样 ε_{b} 的增加应该缺少这些非弹性散射的通道, 结果使 Z_{eff} 有额外的增强, 背离了图 4.5.25 中 "通常" 的曲线。但是该曲线有很少的例外。在这种考虑中, 对正十四烷或者正十六烷的第二束缚态的结果应该显示特别大的效应。正十四烷和束缚能有因子 ~6 的差别, 在它的基态和第二激发态之间。但是这个结果事实上对 Z_{eff}/g 没有变化。同样 1-氯代正己烷和正己烷在归一化后仅有一个不大的剩余的偏离。这样, 似乎是具有更少量能量损失的非弹性逃逸通道是不活跃的。

关键的发现是在分子中振动自由度的数目, 而不是正电子束缚能, 在确定共振湮没率中起主要的作用。此外, 束缚能的关系似乎可以用 g 因子完全描述。作为推论, 作为很少的例外通常的尺度 $Z_{\mathrm{eff}}/g = 2.3 \times N^{\eta}$ 提供了间接的证据说明在大部分碳氢化合物中非弹性逃逸通道在确定 C-H 伸展共振的大小时是相对不重要的。

6) 氟替代物链烷

但是有一个重要的例外,如图 4.5.25 所示,部分含氟链烷,如 1-氟代链烷,数据指示出含一个氟原子替代物,在所指定的链烷中,对一个终端氢,将减小在 Z_{eff} 中 C-H 伸展峰的高度能达一个量级。C-F 伸展模将起很重要的作用,显然这是一个非弹性过程,因为在 CF_4 中正电子碰撞激发 C-F 伸展振动截面是非常大的。

这样一个非弹性通道,C-F 伸展模将起很重要的作用,显然这是一个非弹性过程,可以通过总的后捕获逃逸率的增加而很大地减小 Z_{eff} 的大小:

$$Z_{eff} \propto \frac{\Gamma_\nu^e}{\Gamma_\nu^a + \Gamma_\nu^e + \Gamma_\nu^i} \tag{4.5.7}$$

式中,Γ_ν^i 是非弹性逃逸率 (如通过去激发模式 n,能量为 ε_n)。Γ_ν^i 的增加将使 Z_{eff} 减小,这个过程需要包含准退激成分的多模态 ν,其中 n 是已经激发。这些限制对位于 $\varepsilon = \omega_n - \varepsilon_b$ 的阈值有影响,高于此时 Z_{eff} 将减小。

如图 4.5.26 所示,对 1-和 2, 2-氟代丙烷 Z_{eff} 谱显示,和相应的氢代物相比,在大正电子入射能量时有抑制,在 1-氟代丙烷中假设 ε_b=30 meV 和 ω_{CF} ≈120 meV,C-F 伸展湮没共振期望在 ~90 meV 时发生。在 2, 2-氟代丙烷中假设 ε_b=25 meV 和 ω_{CF} ≈150 meV,C-F 伸展峰期望在 ~125 meV 时发生。在两种情况下在这些阈值能量附近发生 Z_{eff} 抑制。

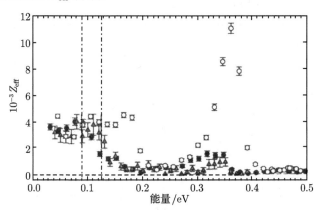

图 4.5.26 几种链烷的 Z_{eff} 谱[54]

对丙烷 (○), 1-氟代丙烷 (●), 2,2-氟代丙烷 (△),垂直点虚线表示在每一种分子中 C-F 伸展共振期望能量和逃逸阈值,基于 C-F 伸展模

如 Young 等[107] 讨论在大的部分氟代链烷,1-氟代丁烷,1-氯代正己烷,1-氟代壬烷等类似的含氢分子中在高正电子入射能量时的大小 Z_{eff} 有类似的减小。但是在较小的正电子能量时在 Z_{eff} 谱的大小也有增加,但产生逃逸通道阈值的性质还不是很清楚。1-氟代壬烷的行为更难以解释在这种分子中 160meV 的正电子束缚

能似乎排除 C-F 伸展模 ($\omega_n \leqslant 127$ meV)，它的作用像非弹性逃逸通道，但是在高能时湮没的减小已经观察到，目前对此还不能理解。

7) 分子的温度对 Z_{eff} 的影响

当分子处于有限温度内，正电子能量的分离而抑制 Z_{eff} 可以先于热激发模而存在，而不是那些附加态过程的激发。期望随着分子温度的减小 Z_{eff} 会有很大的增加，这可以经验地解释在链烷分子中的观察值 $Z_{\text{eff}} \propto 2n + 2\exp(\varepsilon_b/k_B T)$。对各个不同的温度一个定性上不同的效应由 Nishimura 等[148] 提出，他们建议振动激发和相应的分子几何的变化可以要求导致或者更多正电子捕获到分子上，这样影响湮没共振的活化。在这个模式中，人们期望增加分子温度会使 Z_{eff} 增加。

在特殊结构的冷样品室中进行实验，Z_{eff} 谱可以在不同的分子温度下进行测量。小心地确保试验气体是在流动的气体系统中，冷却到冷样品室的环境温度。另外，试验气体的压力维持在低于每一温度的平衡蒸气压的安全区域内以避免在表面和样品室内饱和。对戊烷在 153K 和 300K 的谱如图 4.5.27 所示，在分子温度变化时 C-H 伸展共振的大小只有很小的增加 ($\sim$10%)，而在低的入射正电子能量，Z_{eff} 的增加稍微大一些 ($\sim$30%)。对庚烷在 195K 和 300K 得到类似的结果，但在低的入射正电子能量，Z_{eff} 的增加更大一些 ($\sim$50%)。两种分子的谱都显示它们的束缚能并没有随分子温度的增加而有大的变化。

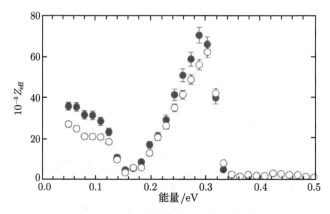

图 4.5.27　应用冷样品室对戊烷的 Z_{eff} 进行能量分辨测量[149,150]

300K($\bigcirc$) 和 153K($\bullet$)

这些实验结果清楚地显示出 Z_{eff} 结果趋向于得出如 Nishimura 等[148] 所考虑的建议，在 C_2H_2，C_2H_4 和 C_2H_6 中分子键的热形变可以很大地增强束缚能，因此增加和分子振动模有关的 Feshbach 共振模式 (VFR) 中介正电子附加态和湮没率。这些数据显示一个相反的趋向，也就是增加分子温度导致小的 Z_{eff} 值。

这些发现也被其他结果所证实，它指出还缺少热激发逃逸通道。对热激发模能够有效地提供给逃逸，它们的能量必须超过正电子束缚能。当束缚能增加时 (如随链烷的尺寸)，人们期望这些通道会关闭。因此热活化分离将使共振 Z_{eff} 对 ε_b 产生附加的关系，将大于 g 因子。

8) 其他分子间振动能量重新分布有关的现象

尽管 $N^{4.1}$ 尺度关系为分子间振动能量重新分布 (IVR) 提供了很强有力的证据，但分子间振动能量重新分布 (IVR) 仍然是一个很大的问题，我们在这里讨论一些显著的结果。

部分氟取代链烷提供了很清晰的后捕获振动能量转移的例子，由于非弹性分离而抑制 Z_{eff} 谱。所谓的"中间"多模态包含了激发 C-F 伸展模提示有一个重叠的分子间振动能量重新分布 (IVR) 模式，这里通过不断增长的暗态系列而发生振动能量重新分布 (IVR) 的增加。这就能解释为什么在所有可能的激发中仅有少量的多模激发包含在 C-F 伸展模中，显示了一个不成比例的影响。类似的重叠模已经在苯酚描述激光激发振动动力学中得到研究，以及对乙炔的伸展模的计算分子间振动能量重新分布 (IVR) 速率中得到解释。

通常轮状的链烷在 300K 时其热化 Z_{eff} 比含氢的链烷更大，同样也有证据说明部分含氘的苯和它们的替代苯的热化 Z_{eff} 值有类似的增加。这些观察到的 Z_{eff} 的增加是由于振动"暗态"密度的增加，类似的现象可以说明在 CCl_4 和 CBr_4 中大的热化 Z_{eff} 值 (分别为 9000 和 40000)。

目前并不清楚是什么造成了"好的"振动门口态。在大多数大的碳氢化合物中它仅仅是基态振动而出现，并产生和分子振动模有关的 Feshbach 共振模式 (VFR)，但是也有些例外。图 4.5.28 显示苯的 Z_{eff} 谱，由它的束缚能向上漂移，并和红外吸收谱进行比较。注意在 Z_{eff} 漂移谱的 ~235 meV 处是一个明显的峰，附近没有基态振动，有两个红外活化联合振动，分别在红外谱的 227meV 和 244meV 处。这样，在谱中出现的额外的峰是异常强的捕获多模门口态的证据，被分子间振动能量重新分布 (IVR) 而加强。

在说明分子间振动能量重新的规律时，比较丙烷和环丙烷是很有意义的。图 4.5.29 显示把丙烷分子转化为环形的，使 C-H 峰减小到三分之一，近似地和 N^4 尺度相符。同时在低能处高的平坦处变窄，变成一个宽的峰，但是在环丙烷中它的大小事实上和丙烷是一样大的。这样环丙烷谱并没有遵守在链烷中观察到的自我类似的尺度，这可能是在低能峰中包含了模基和分子振动模有关的 Feshbach 共振模式 (VFR)，由分子间振动能量重新而引起的小的增强。环丙烷中 C-H 峰的减小也许是由于缺少低频率的模，这也与在环丙烷中和丙烷相比在 C-H 伸展峰能量处有特别低的振动密度的情况相符。

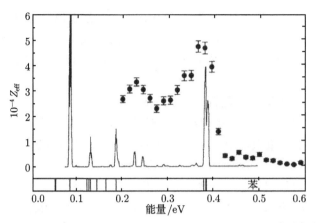

图 4.5.28   苯的能量分辨 Z_{eff} 谱 (●) 和红外吸收谱 (实曲线)

Z_{eff} 谱在束缚能 (ε_{b}=150 meV) 有向上的漂移。归一化的红外吸收谱的坐标是任意的,

竖直线显示振动模的位置

　　如图 4.5.29 所示,在环丙烷中大约在 250meV 处 (即在 C-H 伸展模和低能模之间的间隙) 有一个可确认的性质,它在丙烷和大分子碳氢化合物中并没有显示,在这个能量区域,有红外峰,像是由于联合和谐波振动 (类似于在苯中所观察到的)。这再一次指出可感知的红外耦合是可能的,它预言了在大分子中的多模门口态。在环丙烷这个峰并没有显著地增强 (如相对于 C-H 伸展共振),看上去接近于在小分子中观察到的由联合和谐波引起的和分子振动模有关的 Feshbach 共振模式 (VFR)。这个现象需要进一步的研究。

　　9) 共振湮没的理论

　　现在成功的定量理论是小分子中 Feshbach 共振正电子湮没理论,这时所有的振动模与入射正电子有很大的偶极子耦合[149]。这个理论预言湮没率是正电子能量的函数,可以用共振之和来解释,共振的大小可以由与能量有关的 g 因子给出。

　　对大分子,定量预言还不太可能,部分原因是振动谱太稠密,但是一个仍然可用的理论是用 VFR 形式去描述 Z_{eff},这是对包含许多共振的小能量间隙求平均[64]。按原子单位:

$$Z_{\text{eff}} = \frac{2\pi^2 \rho_{\text{ep}}}{k} \frac{\Gamma^{\text{e}}(\varepsilon)}{\Gamma(\varepsilon)} \rho(\varepsilon + \varepsilon_{\text{b}}) \tag{4.5.8}$$

式中,$k \propto \sqrt{\varepsilon}$ 是正电子动量,ρ_{ep} 是在束缚态中电子-正电子接触密度,Γ^{e} 是正电子弹性共振 (即捕获) 宽度,Γ 是在正电子能量为 ε 时总的共振宽度,$\rho(\varepsilon + \varepsilon_{\text{b}})$ 是可用的振动态密度。理论和实验指出正电子-分子束缚能 ε_{b} 是和激发的振动模无关的[36,64]。

共振湮没率是正比于捕获率 Γ^e 和捕获以后的湮没几率，后一个湮没率又正比于 ρ_{ep}/Γ 总宽度 $\Gamma = \Gamma^a + \Gamma^e + \Gamma^i$ 包括捕获后所有过程的竞争，包括湮没率 Γ^a、弹性重发射几率 Γ^e 和非弹性重发射的几率 Γ^i。通常假设 $\Gamma \approx \Gamma^e$，但是直到现在只有在小分子中得到证实。在一些分子中，Γ^i 的贡献是重要的，在和给定的非弹性逃逸相联系的具体的能量阈值以上，在共振 Z_{eff} 中可以在测量中推导出结果。

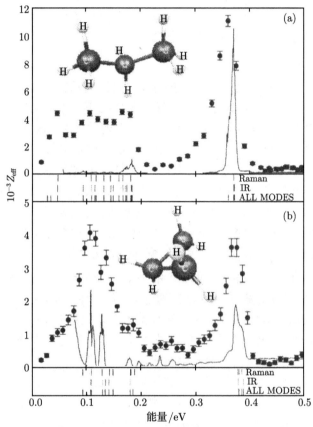

图 4.5.29　能量分辨 Z_{eff} 谱 ($\bullet$)

(a) 丙烷, (b) 环丙烷。实曲线是归一化红外吸收谱，每个图底下的竖线显示振动模。图中还有分子结构

对于简单的束缚态正电子波函数的 s 波模 $\rho_{ep} \propto \sqrt{\varepsilon_b}$[112]，在这种情况下，每个 Z_{eff} 共振有明确的关系，对方程 (4.5.8) 中对 ε 和 ε_b 是通过一个简单的尺度因子：

$$g = \sqrt{\varepsilon_b/\varepsilon} \tag{4.5.9}$$

式中，$\varepsilon = \omega_\nu - \varepsilon_b$，$\omega_\nu$ 是包括振动共振的能量。除了这个因子，Z_{eff} 是在正电子、核和电子之间唯一的动力学。

在大分子，如有两个或更多碳原子的碳氢化合物中，这些动力学起了日益增加的重要规律。对这些分子，完全按简单的单模 VFR 解释，共振湮没率相对于振动自由度的数目增长非常快。根据证据，当分子嵌泡于多模分子振动的大槽，湮没率的大小可以很大地增强，并不是说分子直接和入射正电子耦合。这将通过 IVR 过程而发生，这时来初始振动激发能量 (如基础态) 很快地弛豫到准退激振动的槽中，正电子慢化的过程分离导致湮没几率增加。在这个限制中，我们可以考虑 $\rho(\varepsilon + \varepsilon_b)$ 是到这些"暗"振动态的密度，替代这些直接耦合到自由正电子的态密度 (即单激发模)，这就是引起大湮没率的原因。

10) 大分子总结

在大分子的 Z_{eff} 谱中有几个确定的性质，它们显示有一系列的峰，这里的正电子类似于基态振动，由于正电子–分子束缚能而向下漂移。这些共振的振幅随分子大小而很快增长，但是和束缚能显示只有相对弱的关系，和正电子入射能量之间通过 g 因子而有对应关系。在碳氢化合物中 C-H 伸展共振的振幅遵循指数定律 $Z_{\text{eff}}/g = 2.3 \times N^\eta$，这里 N 是原子的数目，$\eta=4.1$ 的经验关系。这个关系尺度很像反映出随分子大小的增加分子的振动自由度的数目很快增长。这说明和分子振动模有关的 Feshbach 共振模 (VFR) 随分子间振动能量重新分布 (IVR) 而增强。但是这种 IVR 似乎是受限制的，并没有达到统计上完全的终态。非弹性逃逸通道似乎是相对不重要的，至少在迄今为止所研究的碳氢化合物中。

对大分子中的湮没过程的理论理解并没有像在小分子中发展得那么好。定性地说，正电子似乎有振动基态 (或者在某些情况下，如苯，有联合态或者谐波态) 和增加到门口态共振。振动能量给予分子可以流入准退化暗态中的一部分态。但是这个图像如果是正确的，必须有逃逸通道；如果不正确，所有的和分子振动模有关的 Feshbach 共振模 (VFR) 将对湮没率给出近似同样的贡献。考虑到可利用的实验证据，共振 Z_{eff} 的大小由扩散到某些 (受限制) 的暗态系列和正电子通过它将进入的门口态或者其他邻近的门口态将"准非弹性"逃逸过程，是似是而非的。

除了这个定性的图像，有一个相对贫乏的理解效应，最主要的是在链烷中观察到的自我类似谱的论证，还有不经常发生的多模分子振动模有关的 Feshbach 共振模 (VFR)，以及在部分氟替代链烷中观察到的非弹性分离。这些效应提示许多类型的复杂内部动力学急切地需要一个可靠的 VFR 增强湮没机制，它可以处理特殊情况。至少应该保证进一步的研究，如用高的正电子能量分辨实验去确定更详细的额外的过程。

对正电子在大的链烷分子中的共振湮没，产生了巨大的 Z_{eff} 值，这种现象是奇特的、难以理解的。由于国内正电子届尚未对此类现象进行实验研究，我们仅介绍了国外的实验和理论研究并作了分析，希望对国内正电子同行有益。

陷基束是一门新的技术, 能够产生高分辨的低能正电子束, 可以研究正电子散射过程, 包括第一次观察到正电子–分子共振, 证明正电子–分子束缚态, 测量态选择激发过程。电子和正电子的散射可以探测团簇 (如 C_{60}) 和大分子的性质、电子态、振动态和体积, 预言正电子入射在分子内和神奇的"笼状"发生共振[17], 可以在真空中在位测量, 是一个探测内部的潜在的灵敏探针。

另一个潜在方法是正电子入射引起俄歇谱[150], 由于俄歇电子的特点, 能量很低, 固体深层即使产生俄歇电子也不能穿透出来而加以利用, 从而要求入射正电子的能量必须很低, 低能正电子正是适应了这一要求, 它不能穿透到固体或者团簇很深的地方, 正电子和固体或者团簇原子的内层电子湮没, 引发俄歇效应而产生第二个电子, 分析俄歇电子, 提供表面信息。低能正电子比电子引起的俄歇效应有很大的优点, 入射电子需要比较高的能量才能打出俄歇电子, 结果产生很大不想要的二次电子, 造成很大的本底, 而正电子不会与电子混淆。

正电子导致的离化和正电子吸附等各种技术也可以研究团簇和大分子[141]。

参 考 文 献

[1] Shearer J W, Deutsch M. Phys Rev, 1949, 76: 462.

[2] Deutsch M. Phys Rev, 1951, 82(3): 455-456.

[3] Deutsch M. Phys Rev, 1951, 83(4): 866-867.

[4] Mohorovicic S. Astron Nachr, 1934, 253(4): 93-108.

[5] Coleman P G, Griffith T C, Heyland G R, et al. Appl Phys, 1974, 3(4): 271, 272.

[6] MacKenzie I K. Positron Solid-State Physics//Proc Int. School of Physics "Enrico Fermi" Course 83. Amsterdam: North-Holland, 1983: 196.

[7] Armour E A G, Baker D J, Plummet M. J Phys B: At Mol Opt Phys, 1990, 23(17): 3057-3074.

[8] Osmon P E. Phys Rev, 1965, 140(1A): A8-A10.

[9] Wright G L, Charlton M, Clark G, et al. J Phys B: At Mol Phys, 1983, 16(2): 4065-4088.

[10] Iwata K, Greaves R G, Murphy T J, et al. Phys Rev A, 1995, 51(1): 473-487.

[11] Humberston J W, Wallace J B G. J Phys B: At Mol Phys, 1972, 5(6): 1138-1148.

[12] Campeanu R I, Humberston J W. J Phys B: At Mol Phys, 1977, 10(2): 239-250.

[13] McEachran R P, Morgan D L, Ryman A G, et al. J Phys B: At Mol Phys, 1977, 10: 663-677.

[14] Roellig L O, Kelly T M. Phys Rev Lett, 1965, 15(19): 746-748.

[15] Fraser P A. Adv At Mol Phys, 1968, 4: 63-107.

[16] Coleman P G, Griffith T C, Heyland G R, et al. J Phys B: At Mol Phys, 1975, 8(10): 1734-1743.

[17] Charlton M, Giles T, Lewis H, et al. J Phys B: At Mol Opt Phys, 2013, 46 (19): 195001.

[18] Wright G L, Charlton M, Griffith T C, et al. J Phys B: At Mol Phys, 1985, 18(21), 4327-4348.

[19] Charlton M, Humberston J W. Positron Physics. Cambridge: Cambridge University Press, 2001.

[20] Coleman P G, Griflith T C, Heyland G R. J Phys, 1972, 5(4): 376-378.

[21] Coleman P G, Griftith T C, Hughes V W, et al. J Phys B, 1973, 6: 2155.

[22] Paul D A L, Saint-Pierre L. Phys Rev Lett, 1963, 11(11): 493-495.

[23] Goldanskii V I, Sayasov Y S. Phys Lett, 1964, 13(4): 300-301.

[24] Smith P M, Paul D A L. Can J Phys, 1970, 48(24): 2984-2990.

[25] Griffith T C, Heyland G R. Phys Rep, 1978, 39(3): 169-277.

[26] Orth P H R, Jones G. Phys Rev, 1969, 183(1): 7-15.

[27] McNutt J D, Summerour V B, Ray A D, et al. J Chem Phys, 1975, 62(5): 1777-1789.

[28] Mao A C, Paul D A L. Can J Phys, 1977, 55(3): 235-239.

[29] Heyland G R, Charlton M, Griffith T C, et al. Chem Phys, 1985, 95(1): 157-163.

[30] Sharma S C, Hyatt S D, Ward M H, et al. J Phys B: At Mol Phys, 1985, 18(15): 3245-3254.

[31] Davies S A, Charlton M, Griffith T C. J Phys B: At Mol Opt Phys, 1989, 22(2): 327-340.

[32] Surko C M, Passner A, Leventhal M, et al. Phys Rev Lett, 1988, 61(16), 1831-1834.

[33] Murphy T J, Surko C M. Phys Rev A, 1992, 46(9): 5696-5705.

[34] Sullivan J P, Gilbert S J, Surko C M, et al. Phys Rev Lett, 2001, 86(8): 1494-1497.

[35] Sullivan J P, Marler J P, Gilbert S J, et al. Phys Rev Lett, 2001, 87(7): 073201-073400.

[36] Gilbert S J, Barnes L D, Sullivan J P, et al. Phys Rev Lett, 2002, 88(4): 043201-043600.

[37] Greavesa R G, Moxom J M. Materials Science Forum Vols, 2004, 445/446: 419-423; ICPA13- P419.

[38] Surko C M, Gribakin G F, Buckman S J. J Phys B: At Mol Opt Phys, 2005, 2005:38.

[39] Greaves R G, Tinkle M D, Surko C M. Phys Plasmas, 1994, 1(5): 14391446.

[40] Kurz C, Greaves R G, Surko C M. Phys Rev Lett, 1996, 77(14): 2929-2932.

[41] Sperr P, Kögel G, Willutzki P, et al. Appl Surf Sci, 1997, 116: 78-81.

[42] Mills Jr A P. Appl Surf Sci, 1980, 22(3): 273-276.

[43] Hirose M, Nakajyo T, Washio M. Appl Surf Sci, 1997, 116: 63-67.

[44] Greaves R G, Surko C M. Phys Rev Lett, 2000, 85(9): 1883-1886.

[45] Wahl R L. Principles and Practice of Positron Emission Tomography. Philadelphia, PA: Lippincott Williams & Wilkins, 2002.

[46] Ramaty R, Leventhal M, Chan K W, et al. Astrophys J, 1992, 392: L63-L66.

[47] Churazov E, Sunyaev R, Sazonov S, et al. Mon Not R Astron Soc, 2005, 357(4): 1337-1386.

[48] Guessoum N, Jean P, Gillard W. Mon Not R Astron Soc, 2010, 402(2): 1171-1178.

[49] Mills A P. Nucl Instr Meth Phys Res B, 2002, 192(1): 107-116.

[50] Mills A P. Radiat Phys Chem, 2007, 76(2): 76-83.

[51] Mills A P. Cassidy D B, Greaves R G. Mater Sci Forum, 2004, 445: 424-429.

[52] Cassidy D B, Mills A P. Nature, 2007, 449(7159): 195-197.

[53] Paul D A L, Leung C Y. Can J Phys, 1968, 46(24): 2779-2788.

[54] Gribakin G F, Young J A, Surko C M. Rev Mod Phys, 2010, 82(3): 2557-2608.

[55] Cooper J N, Armour E A G, Plummer M. J Phys B: At Mol Opt Phys, 2008, 41(24): 245201.

[56] Armour E A G, Baker D J. J Phys B: At Mol Phys, 1985, 18(24): L845-L850.

[57] Zhang J Y, Mitroy J, Varga K. Phys Rev Lett, 2009, 103(22): 223202.

[58] de Carvalho C R C, do Varella M T N, Lima M A P, et al. Nucl Instr Meth Phys Res B, 2000, 171(1): 33-46.

[59] do Varella M T N, de Carvalho C R C, Lima M A P. Nucl Inst Meth Phys Res B, 2002, 192(1): 225-237.

[60] Lino J L S, Germano J S E, da Silva E P, et al. Phys Rev A, 1998, 58(5): 3502-3506.

[61] Jain A. J Phys B: At Mol Opt Phys, 1990, 23(5): 863-884.

[62] Laricchia G, Charlton M, Beling C D, et al. J Phys B: At Mol Phys, 1987, 20(8): 1865-1874.

[63] McNutt J D, Sharma S C, Brisbon R D. Phys Rev A, 1979, 20(1): 347-356.

[64] Gribakin G F. Phys Rev A, 2000, 61(2): 022720.

[65] Gribakin G F, Gill P M W. Nucl Instr Meth Phys Res B, 2004, 221: 30-35.

[66] Coleman P G, Griffith T C, Heyland G R, et al. Atomic Physics. 4th ed. G zu Putlitz, E W Weber and A Winnaker, 1975: 355.

[67] Coleman P G, Griffith T C, Heyland G R, et al. Proc 4th Int Conf on Positron Annihilation, Helsingor, 1976: 62-67.

[68] Coleman P G. J Phys B: At Mol Phys, 1981, 14(14): 2509-2518.

[69] Sharma S C, McNutt J D. Phys Rev A, 1978, 18(4): 1426-1434.

[70] Tao S J. Phys Rev A, 1970, 2(5): 1669-1674.

[71] Darewych J W, Baille P. J Phys B: At Mol Phys, 1974, 7(1): L1-L4.

[72] Gianturco F A, Mukherjee T. Nucl Instr Meth Phys Res B, 2000, 171(1): 17-32.

[73] Wright G L. Ph.D. thesis, University of London, 1982.

[74] Griffith T C, Heyland G R, Lines K S, et al. J Phys B: At Mol Phys, 1978, 11: L635-L637.

[75] Heyland G R, Charlton M, Griffith T C, et al. Can J Phys, 1982, 60(4): 503-516.

[76] Jain A, Thompson D G. J Phys B: At Mol Phys, 1983, 16(6): 1113-1124.

[77] Gianturco F A, Mukherjee T, Occhigrossi A. Phys Rev A, 2001, 64(3): 032715.

[78] Colucci M G, Van Der Werf D P, Charlton M. J Phys B: At Mol Opt Phys, 2011, 44(17): 175204.

[79] Charlton M, Van Der Werf D P, Lewis R J, et al. J Phys B: At Mol Opt Phys, 2006, 39(17): L329-L334.

[80] Griffith T C, Charlton M, Clark G, et al. Positron Annihilation, 1982, 61.

[81] Orth P H R, Jones G. Phys Rev, 1969, 183(1): 16-22.

[82] Campeanu R I, Dubau J. J Phys B: At Mol Phys, 1978, 11: L567-L570.

[83] Humberston J W. J Phys B: At Mol Phys, 1973, 6(11): L305-L308.

[84] Campeanu P I, Humberston J W. J Phys B: At Mol Phys, 1975, 8(11): L244-L248.

[85] Campeanu R I, Humberston J W. J Phys B: At Mol Phys, 1977, 10(5): L153-L158.

[86] Schrader D M, Svetic R E. Can J Phys, 1982, 60(4): 517-542.

[87] Leung C Y, Paul D A L. J Phys B: At Mol Phys, 1969, 2(12): 1278-1292.

[88] Lee G F, Orth P H R, Jones G. Phys Lett A, 1969, 28(10): 674-675.

[89] Shizgal B, Ness K. J Phys B: At Mol Phys, 1987, 20(4): 847-865.

[90] Farazdel A, Epstein I R. Phys Rev A, 1977, 16(2): 518-524.

[91] Farazdel A, Epstein I R. Phys Rev A, 1978, 17(2): 577-586.

[92] McEachran R P, Ryman A G, Stauffer A D. J Phys B: At Mol Phys, 1978, 11(3): 551-561.

[93] McEachran R P, Stauffer A D, Campbell L E M. J Phys B: At Mol Phys, 1980, 13(6): 1281-1292.

[94] Van Reeth P, Humberston J W, Iwata K, et al. J Phys B: At Mol Opt Phys, 1996, 29(12): L465-L471.

[95] Murphy T J, Surko C M. J Phys B: At Mol Opt Phys, 1990, 23(21): L727-L732.

[96] Iakubov I T, Khrapak A G. Rep Prog Phys, 1982, 45(7): 697-751.

[97] Gribakin G F. Nucl Instr Meth Phys Res B, 2002, 192(1): 26-39.

[98] Gribakin G F, Lee C M R. Phys Rev Lett, 2006, 97(19): 193201.

[99] Bardsley J N. J Phys B: At Mol Phys, 1968, 1(3): 365-380.

[100] Christophorou L G, McCorkle D L, Christodoulides A A. Electron-molecule Interactions and Their Applications, 1984, 1: 478.

[101] Hotop H, Ruf M W, Allan M, et al. Adv At Mol Phys, 2003, 49: 85-216.

[102] O'malley T F. Phys Rev, 1966, 150(1): 14-29.

[103] Bardsley J N. J Phys B: At Mol Phys, 1968, 1(3): 349-364.

[104] Domcke W. J Phys B: At Mol Phys, 1981, 14(24): 4889-4922.

[105] Barnes L D, Gilbert S J, Surko C M. Phys Rev A, 2003, 67(3): 032706.

[106] Barnes L D, Young J A, Surko C M. Phys Rev A, 2006, 74(1): 012706.

[107] Young J A, Surko C M. Phys Rev A, 2008, 77(5): 052704.

[108]   Murphy T J, Surko C M. Phys Rev Lett, 1991, 67(21): 2954-2957.

[109]   Iwata K, Greaves R G, Surko C M. Phys Rev A, 1997, 55(5): 3586-3604.

[110]   Iwata K, Gribakin G F, Greaves R G, et al. Phys Rev A, 2000, 61(2): 022719.

[111]   Danielson J R, Jones A C L, Natisin M R, et al. Phys Rev A, 2013, 88(6): 062702.

[112]   Gribakin G.//Surko C M, Gianturco F A. New Directions in Antimatter Chemistry
        and Physics. Dordrecht: Kluwer, 2001: 366.

[113]   Young J A, Gribakin G F, Lee C M R, et al. Phys Rev A, 2008, 77(6): 060702.

[114]   Linstrom P J, Mallard W G. NIST Chemistry WebBook, NIST Standard Reference
        Database Number 69. National Institute of Standards and Technology, Gaithersburg
        MD, 2005.

[115]   Uzer T, Miller W H. Phys Rep, 1991, 199(2): 73-146.

[116]   Uzer T, Miller W H. Nucl Instr Meth Phys Res B, 2002, 192: 225.

[117]   Nesbitt D J, Field R W. J Phys Chem, 1996, 100(31): 12735-12756.

[118]   Jones A C L, Danielson J R, Natisin M R, et al. Phys Rev Lett, 2013, 110(22):
        223201.

[119]   Young J A, Surko C M. Phys Rev A, 2008, 78(3): 032702.

[120]   Danielson J R, Young J A, Surko C M. J Phys B: At Mol Opt Phys, 2009, 42(23):
        235203.

[121]   Danielson J R, Gosselin J J, Surko C M. Phys Rev Lett, 2010, 104(23): 233201.

[122]   Mitroy J. Phys Rev A, 2002, 66(2): 022716.

[123]   Schrader D M, Wang C M. J Phys Chem, 1976, 80(22): 2507-2518.

[124]   Kurtz H A, Jordan K D. J Phys B: At Mol Phys, 1978, 11(16): L479-L482.

[125]   Kurtz H A, Jordan K D. J Chem Phys, 1981, 75(4): 1876-1887.

[126]   Danby G, Tennyson J. Phys Rev Lett, 1988, 61(24): 2737-2739.

[127]   Bressanini D, Mella M, Morosi G. J Chem Phys, 1998, 109(14):5931-5935.

[128]   Strasburger K. J Chem Phys, 1999, 111(23): 10555-10558.

[129]   Strasburger K. J Chem Phys, 2001, 114: 615-616.

[130]   Strasburger K. Struct Chem, 2004, 15(5): 415-420.

[131]   Schrader D M, Moxom J.//Surko C M, Gianturco F A. New Directions in Antimatter
        Chemistry and Physics. Dordrecht: Kluwer Academic, 2001: 263.

[132]   Tachikawa M, Buenker R J, Kimura M. J Chem Phys, 2003, 119(10): 5005-5009.

[133]   Buenker R J, Liebermann H P, Melnikov V, et al. J Phys Chem A, 2005, 109(26):
        5956-5964.

[134]   Chojnacki H, Strasburger K. Mol Phys, 2006, 104(13-14): 2273-2276.

[135]   Gianturco F A, Franz J, Buenker R J, et al. Phys Rev A, 2006, 73(2): 022705.

[136]   Buenker R J, Liebermann H P. Nucl Instr Meth Phys Res B, 2008, 266(3): 483-490.

[137]   Carey R, Lucchese R R, Gianturco F A. Phys Rev A, 2008, 78(1): 012706.

[138]   Bishop D M, Cheung L M. J Phys Chem Ref Data, 1982, 11(1): 119-133.

[139]　Georges R, Bach M, Herman M. Mol Phys, 1999, 97(1/2): 279-292.

[140]　Shaw R A, Wieser H, Dutler R, et al. J Am Chem Soc, 1990, 112(14): 5401-5410.

[141]　Sullivan J P, Barnes L J, Marler J P, et al. Mater Sci Forum, 2004, 445: 435-439.

[142]　Gianturco F A, Mukherjee T. Europhys Lett, 1999, 48(5): 519-525.

[143]　Gianturco F A, Mukherjee T. Eur J Phys D, 1999, 7(2): 211-218.

[144]　Fornari L S, Diana L M, Coleman P G. Phys Rev Lett, 1983, 51(25): 2276-2279.

[145]　Laricchia G, Charlton M, Davies S A, et al. J Phys B: At Mol Phys, 1987, 20(3): L99-L106.

[146]　Young J A, Surko C M. Phys Rev Lett, 2007, 99(13): 133201.

[147]　NIST Chemistry WebBook. URL http://webbook.nist.gov/chemistry/[2005].

[148]　Nishimura T, Gianturco F A. Phys Rev A, 2005, 72(2): 022706.

[149]　Gribakin G F, Lee C M R. Nucl Instr Meth Phys Res B, 2006, 247(1): 31-37.

[150]　Weiss A, Mayer R, Jibaly M, et al. Phys Rev Lett, 1988, 61(19): 2245-2248.

第5章　高分辨测量总截面和共振散射

5.1　引　言

在第 3 章中我们已经详细介绍了正电子散射和散射截面,为什么这里又要介绍正电子散射?因为早期的散射实验中入射正电子能量比较高,能量分辨率差。后来随着正电子能量宽度越来越窄,分辨率越来越高。正电子散射有了共振散射,共振散射在早期是无法测量的。但是为了理解共振散射,我们需要先从共振湮没开始介绍。所以在第 4 章介绍了正电子共振湮没以后,我们回过头来再一次研究正电子散射,因为我们已经介绍了阱基束。正电子阱基束不仅可更灵敏地测量总截面 (绝对测量),而且也可测量偏截面,特别是电子激发,本部分也包括偏截面测量的新进展。

用了新的方法,用超低能量、超高分辨率的正电子束做正电子散射实验又有新的发现。为了和原来测量的总截面区别,用高分辨率测量的总截面称为高分辨总截面,简称为高总截面 (grand total cross sections)。同时也把研究对象扩展到更广泛的材料,如重要的工业用分子材料或医学应用的生物大分子。

前面已经说过,从历史的角度看,当然先有电子散射。在研究了电子散射之后,人们自然想到电子的反粒子——正电子的散射问题。在国外,用常规设备的正电子散射实验实际上在 20 世纪已经基本完成。由于历史的原因,中国国内的正电子研究基本上是在 1979 年以后起步,而且在很长的一段时间内就是以常规的设备研究一些如材料中缺陷、化学中的问题。熟悉中国历史的人对这一种情况是可以理解的。现在在慢正电子束等很多方面,国内和国际上最领先的研究之间的差距已经大大缩小,国内也开始有阱基束设备,但是在正电子散射的实验方面,国内可以说还没有起步,国外高分辨率正电子研究正电子散射的历史也不很长,主要是 21 世纪的事情。而国内少数实验室也已经具备了实验条件。我们对这一领域已经关注很久,但是对最新的研究仍然理解得很不够,我们写下来希望起一个抛砖引玉的作用,希望得到正电子同行、电子散射和电子动量研究的学者的忠告。

正电子散射和电子散射是有基本差别的,特别是在低能的时候。差别来自以下几个方面:一是电荷不一样,这不言而喻;二是电子散射和被散射电子不可区分,可以存在散射电子和被散射电子的交换过程,正电子则不能和电子交换,是可以区别的;三是正电子可以湮没和形成正电子素,正电子素中的电子还可以和原子或者分子中的电子交换而发生拾取 (pick-off) 湮没, 这是一个很强的非弹性散射通道。由于这些差别, 研究低能正电子散射是重要的。

但是从实验的角度看, 早期的正电子散射有很多不足之处, 特别是在低能时。低能 (<50eV) 正电子散射研究受无法得到高分辨束流的困扰, 用钨为慢化体的慢束分辨率 >0.5eV, 对很多低能散射来说, 该分辨率太差。而且正电子束流比电子束流强度低很多, 电子束的流量可以轻易达到 $\sim 10^{15}\mathrm{s}^{-1}$, 而正电子束, 花了很多钱, 克服了很多困难, 流量才为 $\sim 10^7\mathrm{s}^{-1}$, 和电子束相比太弱了。近 20 多年来, 正电子散射有了很大改善[1−8], 有了高分辨率的阱基束, 设计了很多新的方法, Sullivan 等[2] 的文献是第一批用阱基束研究正电子和氩的散射实验。

5.2   共振散射理论基础[9]

在整个散射实验范围里, 最奇特的现象大概就是共振散射了。它最简单的形式就是 (作为能量函数的) 总截面出现尖锐峰。在原子物理、核物理、粒子物理中都可以观察到这种共振散射现象。对这种现象有许多不同的理论研究, 它们全都认为, 在入射粒子某些能量 E_k 处, 入射粒子–靶粒子系统可以构成准束缚态。入射粒子被俘获而处于这类亚稳状态。这种准束缚态的存在是导致散射总截面突然增大的直接原因。具体说, 根据分波法散射振幅

$$f(\theta) = \frac{1}{2ki}\sum_{l=0}^{\infty}(2l+1)(s_l-1)\mathrm{P}_l(\cos\theta) = \frac{1}{k}\sum_{l=0}^{\infty}(2l+1)\mathrm{e}^{\mathrm{i}\delta_l(E)}\sin\delta_l(E)\mathrm{P}_l(\cos\theta)$$

$$(5.2.1)$$

$\delta_l(E)$ 和 $s_l(E) = \mathrm{e}^{2\mathrm{i}\delta_l(E)}$ 分别为 l 分波的相移及 S 矩阵元。令 $E = \hbar^2k^2/2m$, 将 k 推广到复平面, 用 Jost 函数 $\ell_l(k)$ 表示有

$$s_l(k) = \exp(2\mathrm{i}\delta_l(k)) = \ell_l^*(k)/\ell_l(k), \quad \ell_l(k) = |\ell_l(k)|\,\mathrm{e}^{-\mathrm{i}\delta_l(k)} \qquad (5.2.2)$$

一般地说, $\ell_l(k)$ 在复平面 k 物理叶上半平面 (k 虚部为正, 对应推迟 Green 函数, 出射球面波), $\mathrm{Im}\,k > 0$ 的极点对应束缚态; 在非物理叶下半平面 (k 虚部为负, 对应超前 Green 函数, 入射球面波), $\mathrm{Im}\,k < 0$ 的极点可以解释为共振。因此, 在共振散射的共振峰附近, 可令

$$E = p^2/2m = \hbar^2k^2/2m = E_R - \mathrm{i}\frac{\Gamma}{2} \qquad (5.2.3)$$

能量取复值的含义是, 共振散射时, 准定态波函数的时间因子为

$$\psi(t) = \mathrm{e}^{-\mathrm{i}Et/\hbar}\varepsilon(t) = \mathrm{e}^{-\mathrm{i}E_Rt/\hbar-\Gamma t/2\hbar}\varepsilon(t), \quad \varepsilon(t) = \begin{cases} 0, & t < 0 \\ 1, & t \geqslant 0 \end{cases} \qquad (5.2.4)$$

于是 $|\psi(t)|^2 - \mathrm{e}^{-\Gamma t/\hbar}$，$\tau = \hbar/\Gamma$ 是共振态衰变平均寿命。由此，波函数模平方给出所有概率都按 $\exp(-\Gamma t/\hbar)$ 规律随时间衰减。特别是，发现入射粒子留在这个准稳定系统之内的概率是按这个规律随时间衰减的。$\psi(t)$ 的傅里叶变换为

$$\psi(E) = \int_{-\infty}^{\infty} \psi(t)\mathrm{e}^{\mathrm{i}Et/\hbar}\mathrm{d}t = \int_0^{\infty} \mathrm{e}^{\mathrm{i}(E-E_R+\mathrm{i}\Gamma/2)t/\hbar}\mathrm{d}t = \frac{\mathrm{i}\hbar}{(E-E_R)+\mathrm{i}\Gamma/2} \qquad (5.2.5)$$

于是，准定态波函数模平方将正比于共振散射截面 $|\psi(E)|^2 \propto \sigma(E)$。但此结果也可以由相移 $\delta_l(E)$ 的共振现象推得：由于 $\delta_l(E)$ 随散射能量变化经过 $\pi/2$ 时，分波振幅达最大，散射发生共振

$$\mathrm{e}^{\mathrm{i}\delta_l(E)}\sin\delta_l(E) \to \mathrm{i} \qquad (5.2.6)$$

相应能量 $E = E_R$。此式提示，共振能量附近分波振幅有参数化表达式

$$\mathrm{e}^{\mathrm{i}\delta_l(E)}\sin\delta_l(E) = \frac{\Gamma/2}{(E-E_R)-\mathrm{i}\Gamma/2} \qquad (5.2.7)$$

显然，共振峰附近，仅 $\delta_l(E) \to \pi/2$ 的 l 分波重要。于是

$$f(\theta) = \frac{1}{k}(2l+1)\frac{\Gamma/2}{(E-E_R)-\mathrm{i}\Gamma/2}\mathrm{P}_l(\cos\theta) \qquad (5.2.8)$$

光学定理 $\sigma_{\text{tot}}(E) = 4\pi\mathrm{Im}f(0)/k$ 给出共振峰附近总截面 Breit-Wigner 公式

$$\sigma_{\text{tot}}(E) = \frac{4\pi}{k^2}(2l+1)\frac{(\Gamma/2)^2}{(E-E_R)^2+(\Gamma/2)^2} \qquad (5.2.9)$$

共振峰处最大截面为 $\sigma_{\text{tot}}^{\max} = \frac{4\pi}{k^2}(2l+1)$，测量 $\sigma_{\text{tot}}^{\max}$ 就能给出共振峰的角动量。

低能散射下，共振区内粒子德布罗意 (de Broglie) 波长远大于散射系统尺寸，只有 s 分波 ($l = 0$) 散射是重要的。靠近共振点处，可将相移分解为 "背景相移 δ_{backg}" 和 "共振相移 $\delta_{l,\text{reson}}$" 两部分，低能共振前者很小，因此

$$\delta_l(E) = \delta_{l,\text{backg}} + \delta_{l,\text{reson}}, \quad \delta_{l,\text{reson}} = -\arg(E - E_{\text{reson}}) \qquad (5.2.10)$$

说明 $\delta_l(E)$ 等于自靠近 E_R 的实轴点 E 到共振散射点 E_{reson} 连线的辐角。求得

$$|\sin\delta_l| \approx |\sin\delta_{l,\text{reson}}| = \Gamma/2\sqrt{(E-E_R)^2+(\Gamma/2)^2} \qquad (5.2.11)$$

正是上面参数化表达式 (5.2.7)。

由以上分析和参数化表达式，得到一个简单的总结性结论：从表面上看，共振的标志是极点处振幅 $s_l(k)$ 数值达极大，但从本质上说，共振是由极点附近振幅 $s_l(k)$ 的相位 $\delta_l(E)$ 迅速变化所引起的。

最后, 讨论共振散射中时间滞后问题。对于吸引势, 出射分波相位被拉回朝向散射中心 $\delta_0 > 0$, 但它们随入射能量增加而减少。于是, 对共振情况下的 s 散射分波, 其滞后时间的量级为 $\tau_{\mathrm{reson}} \approx \dfrac{1}{v_0} \left| \dfrac{\mathrm{d}\delta_0}{\mathrm{d}k} \right| = \dfrac{a}{v_0}$; 与此同时, 设靶尺寸为 b, 则势散射时间延迟为 $\tau_{\mathrm{poten}} \approx b/v_0$。于是, 导致共振散射的准束缚态的存活时间应当远大于散射经过时间, 即

$$\tau_{\mathrm{reson}} \geqslant \tau_{\mathrm{poten}} \tag{5.2.12}$$

这应当是准束缚态存在的又一个必要证据, 在这个能量区域, 电子激发态可以作为母离子形成共振。

5.3　实验设备介绍

高总截面实验的设备大体上和前面总截面测量是类似的, 主要区别是用了气体缓冲式阱基束, 使得能量分辨率更高, 用了减速势分析器 RPA, 可以分辨散射是哪一种散射, 如能够得到弹性散射, 散射中形成 Ps, 还有激发和离化的比例等内容。

前面已经说过加州大学 "Surko" 缓冲气体式阱基束[10-18], 是高分辨慢正电子束的基础。

如 Jones 等[8] 用高分辨阱基束方法测量总截面, 用 50mCi 的 ^{22}Na 源和固体氖慢化体, 能量分散性 ≈ 1.5 eV, 效率 1%, 电流 0.5~1pA。慢化体效率要随时间而下降, 每天降低 5%~10%, 一旦正电子束流不够强, 可由计算机控制自动生长新慢化体。把冷指升温到 ≈ 20K, 把旧慢化体蒸发掉, 再冷却到 7.4K。计算机控制氖的流量, 压强达到 $\approx 6 \times 10^{-4}$Torr, 冷冻成新的慢化体。用轴向磁场 (~ 100Gs) 静电引导到势阱, 势阱有两个压力段, 用 N_2 和 CF_4 缓冲气体, 效率为 5%, 平均脉冲电流 50fA, 频率 80~100Hz, 每个脉冲含 1000~4000 个正电子, 能量分辨率在 50~80meV 区域内变化。在 530Gs 磁场下从势阱中引出脉冲, 进入 20cm 长的散射室, 里面含惰性气体。大的磁场确保所有的正电子, 由于形成正电子素而损失的除外, 散射和未散射束流都透射过散射室, 再进入带 RPA 的能量分析器[14], 通过 RPA 的正电子在势阱的后壁上湮没, 用多通道板探头测量 γ 信号。其设备和前面第 4 章介绍的阱基束类似, 所以这里不再重复。

和总截面测量实验中一样, 最基本的元件是需要一个气体室。散射总截面是通过正电子束流的衰减和然后使用 Beer-Lambert(B-L) 定律计算得到的高总截面 (Beer-Lambert 见第 3 章)。这些实验中的许多实验是用飞行时间法得到每一个正电子在散射室内的能量。典型的方法是先让正电子通过一薄的闪烁体产生起始信号, 散射正电子用 CEM 测量作为终止信号。记录正电子流能量分布, 再比较气体

室内有无散射靶 (气体) 时正电子能量的变化，散射总截面于是就按下式得到:

$$\sigma_{\mathrm{GT}}(E) = \frac{1}{nL} \ln \frac{I_0(E)}{I_\mathrm{g}(E)} \tag{5.3.1}$$

实际上这个公式和以前的 Beer-Lambert 定律:

$$I/I_0 = \exp(-nL\sigma_{\mathrm{T}}) \tag{5.3.2}$$

是完全一样的，所以是 Beer-Lambert 定律的另一种形式，但是由于有了能量的函数，而且由于束流的能量分辨率有了很大提高，所以式 (5.3.1) 是高总截面 Beer-Lambert 公式。这里 $I_\mathrm{g}(E)$ 和 $I_0(E)$ 分别为能量为 E 时正电子在样品室中有气体和没有气体情况下透射过去的正电子束流的强度，L 是放气体的样品室的长度，n 是样品室中气体的密度数。

气体室长度 L 是一个事先知道的量。实验中首先测量气体室中没有气体而透射到出口的正电子流量 $I_0(E)$。再充上气体，用一个能精确测量气体压力的仪器测定 n 的量，得到 nL 值。测量气体室中有气体时能够透射到出口的正电子流量 $I_\mathrm{g}(E)$，理论上散射正电子由于角度发生偏转而不能到达探头，但实际上仍然有一些发生了散射，但由于散射角比较小，没有超出探头测量立体角，所以也被探头接收了，误认为是没有发生散射的，这样就低估了总截面。这是无法完全克服的，因为探头的测量立体角总是需要的。

在大多数情况下，对此修正的步骤是: ①用大的散射室和小的出口以减小向前散射的立体角; ②在正电子探头前应用减速势设备 (RPA)，以拒绝任何通过出口的非弹性散射正电子。应用不充分的甄别效应以使向前小角散射不在 $I_\mathrm{g}(E)$ 的增加之中，结果减小了总截面的测量值 (详见下文)。

5.4 实验过程和小角散射的甄别

本来本节也应该在设备介绍中，但是由于问题的特殊性，我们另立一小节。

在用 Beer-Lambert 定律计算总截面时，主要问题是如何甄别未散射的正电子和小角向前散射的正电子之间的区别。这是低能量分辨率的情况下测量总截面时存在的主要问题。

什么是小角散射问题? 原来在分辨率低的情况下，小角散射无法克服，就是说正电子发生了散射，但是由于散射角很小，在探头的测量立体角之内，探头无法把它们与没有散射的正电子区分开，换句话说，探头把发生小角散射的散射正电子看作未散射的正电子，势必对散射截面的计算造成误差，结果低估了散射截面。现在由于用了高分辨率、低能量正电子束流和减速势分析器 (RPA)，有效解决了小角散射所造成的散射正电子无法和未散射入射束流区别的问题。

高分辨率、低能量正电子束流容易理解, 什么是减速势分析器? 它如何能够区分小角散射和未散射正电子?

减速势分析器 (RPA) 位于散射室和探头之间, 如图 5.4.1 所示, 磁场方向平行于轴的方向, 即正电子运动方向。正电子前进中是旋转的, 总动量分为两个分量, 平行于磁场方向 $E_\parallel$ 和垂直于磁场方向 $E_\perp$。正电子并不是在气体室湮没, 通过 RPA 分析平行能量, 平行能量大的可以通过 RPA, 在真空室后面的板上湮没, 用 NaI 探头探测。

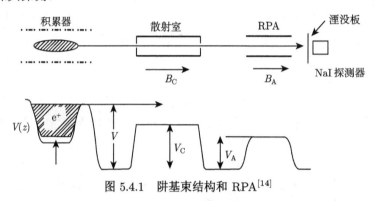

图 5.4.1   阱基束结构和 RPA[14]

如果正电子在气体室发生散射, 正电子的能量中平行分量会转变为垂直分量 (如果没有发生散射, 平行分量不会变化), 具体的量由散射角 (θ) 决定, 如果只有弹性散射, 能量是守恒的, 则 $E_T = E' = E_\parallel + E_\perp$ (这里 ′ 表示最后的值), 此时 θ 和入射能量 E_T 有关, 最后平行能量 $E_\parallel'$ 为[14]

$$E_\parallel' = E_T \cos^2 \theta \tag{5.4.1}$$

RPA 方法仅测量正电子的最后平行能量 $E_\parallel'$ (由 RPA 的电压决定), 得到微分截面。在只有弹性散射的情况下, 最后的平行能量不等于最初的平行能量, 而是最初的能量乘以 $\cos^2\theta$。这样截面的绝对值可以归一化到入射束强度的输运信号, 与气体室的长度和路径长度有关, 而不需要知道入射束的电流。由于出入口都很小 (直径 0.5cm), 气压和长度可以精确测量, 原来来自小角散射的不确定性现在得到改善, 大约能使总截面的值提高 10%[14]。

如果入射正电子的能量大于最低的非弹性散射阈值, 式 (5.4.1) 就无效 (因为可能发生了非弹性散射), $E_\parallel'$ 的减小将是入射能量变成垂直能量引起的损失和分子、原子能量损失的结合, 可以设置一个最高入射能量作为上限, 这样就可以不求助于其他方法。如氩中的电子第一激发态阈值是 8.32eV, 高于实验中正电子入射能量 8eV 的上限, 所以不会引起电子激发, 也不形成正电子素, 而只发生弹性散射, 所以正电子的损失直接与气体和 RPA 条件有关。

但是即使如此，仍然还存在一个特征角 $\theta_{\min}$，低于此角，散射正电子无法和入射束流区别，从 0 开始增加正电子束的能量，随能量增加，简单计算见式 (5.4.2)：

$$\theta_{\min} = \arcsin\left(\sqrt{\frac{e\Delta V}{E_{\mathrm{SC}}}}\right) \tag{5.4.2}$$

式中，ΔV 是所加电势和使其减到一半时的差别，此时测量的传输强度 I_{m} 可以测量；E_{SC} 是正电子入射能量，单位 eV；e 是电荷，等于 1。

在这些实验中，传输比用 RPA 测量，散射室中有气体，RPA 甄别束流的轴向成分的能量，由于各种散射而通过某些角度，就可以简单测量总截面。这种方法仍然会损失一些向前弹性散射的比例，在传统实验中都会如此，如果增加入射正电子的能量，这个问题变得小一些。

为了测量 I_0，在散射室内没有气体，使 RPA 的电势为 0，理论上所有的正电子可以被探头测量到。

再充入气体，正电子从气体室出口出来引导通过 RPA，分析它们的能量分量 ($E_{\parallel}$)，这是平行于轴向磁场，仅那些 ($E_{\parallel}/e$) 在 RPA 设置的势上面的正电子才可以通过 RPA 而被双层微通道板 (MCP) 或 NaI 探头测量，这时会发生正电子弹性散射。

如图 5.4.2 所示，如果是氦气，氦中正电子素形成阈值 17.8eV，第一离化能为 24.6eV，由于入射强度 (I_0) 是要衰减的，所以要特别小心让所有的入射正电子都被探测到。这时设 RPA 的电势 =0V，就是横坐标为 0 时，选择气体室的电势为 (V_{cell})，使得 $0 < E_{\mathrm{in}} \leqslant 17.8\mathrm{eV}$，在该能区内的正电子可以被探测到，此时没有形成正电子素，因为正电子入射能量小于正电子素形成阈值。

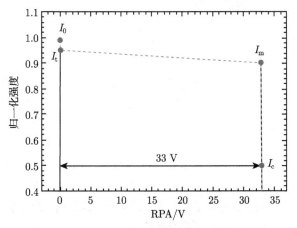

图 5.4.2　33eV 入射正电子氦的高总截面测量

RPA 数据 (●)，I_{c}=0.5 相应于切割势

如果入射正电子能量 E_{in} 高于正电子素形成阈值, 入射强度 (I_0) 是要衰减的, 有部分正电子由于形成 Ps 而损失。这时设置 RPA=0V(E_{in}=33eV), 测量得到输运束强度 (I_t), 这里去除了由于形成正电子素而损失的正电子。如果 E_{in}=33eV, 而 RPA 电势 =33V, 理论上输运束中仅未散射的部分可以被测量到, 称为 (I_m), 就是把发生弹性散射、Ps 形成、激发、离化等部分都去除了。

应用 Beer-Lambert 定律, 通过实验和式 (5.4.3) 可以得到各个过程中的截面, 式中 n 是气体密度数, L 是气体室长度, F 是测量强度中的适当部分, 这个公式和第 3 章中的公式是一样的。

$$\sigma = -(1/nL)\ln(F) \tag{5.4.3}$$

式 (5.4.3) 中分三种情况:

(1) 如果 $F = I_m/I_0$, 因为 I_m 是未散射正电子部分, 即最后到达探头的正电子部分, 计算得到高总截面 (σ_{GT}), 如果入射能量低于正电子素形成阈值, 得到的截面就是弹性散射截面, 如果入射能量很高, F 就是包括弹性散射、正电子素形成、激发、离化等通道的正电子, 所以就是总截面, 但是为了和第 3 章中分辨率差时的总截面有所区别, 称为 (grand) 总截面, 意思是高分辨总截面, 简称为高总截面, 分辨率低时仍然称为总截面。

(2) 如果 $F = I_t/I_0$, 得到 Ps 形成截面 (σ_{Ps}), 因为能量仅高于正电子素形成阈值。

(3) 如果 $F = I_m/I_t$, 就得到高总截面中去除 Ps 形成截面的那一部分截面, 称为 (σ_{GT-Ps})。

我们先主要关心式 (5.4.3) 中 $F = I_m/I_0$, 是需要实验计算的散射部分的高总截面 (σ_{GT})。

高总截面 σ_{GT} 可以写成

$$\sigma_{GT} = \frac{1}{nL}\ln\left(\frac{I_0}{I_m}\right) \tag{5.4.4}$$

这个公式和前面式 (5.4.1) 是一样的。

如果还没有说明白, 下面是另一种说法: 为了测量有磁场时的散射截面, 要利用在磁场中的正电子轨道, 总能量为 E_T 的正电子, 能量可以分成两个分量: $E_T = E_{||} + E_{\perp}$, 这里 $E_{||}$ 是平行于场的运动能量, $E_{\perp}$ 是回旋运动垂直于场的能量。如在实验中入射束 $E_{||} > 8$ eV, $E_{\perp} \sim 0.025$eV。RPA 仅测量 $E_{||}$。许多散射过程可以改变 $E_{||}$, 从能量角度考虑弹性散射和非弹性散射都是可能的。对每一个过程, 正电子可以通过一个散射角 θ 散射, 在这个过程中散射可以把总能量中的一部分从 $E_{||}$ 转换到 $E_{\perp}$, 设 E_T 为初始正电子总能量 (这里原来用 E_i, 为了和上面统一, 也为了和离化能区别, 改为 E_T), 散射后为能量 E_s:

$$E_s = E_T \qquad (弹性散射) \tag{5.4.5}$$

$$E_{\mathrm{s}} = E_{\mathrm{T}} - E_{\mathrm{ex}} \qquad \text{(非弹性散射)} \tag{5.4.6}$$

对弹性散射和非弹性散射都有

$$E_{\parallel} = E_{\mathrm{s}}\cos^2\theta \tag{5.4.7}$$

$$E_{\perp} = E_{\mathrm{s}}\sin^2\theta \tag{5.4.8}$$

式中，E_{ex} 是激发过程中的能量损失。这样所有的散射过程 (除了向前和向后的弹性散射) 可以导致 $E_{\parallel}$ 的损失，这将反映在被 RPA 测量的信号强度中。

图 5.4.3 是典型的 RPA 截止曲线，分为散射室中有和没有气体。没有气体时，正电子平稳地通过，直到右边的截止点突然下降，截止点标以 a，在这里减速势等于 $E_{\parallel}/e$。截止宽度的测量就是束流的能量分辨率的测量。有气体时可以看到散射效应，电压低于截止点时，由于散射效应曲线缓慢下降，在截止点突然下降。在电压低于截止 RPA 电压的整个区域，正电子能量 $E_{\parallel}$ 损失是由弹性散射中角度发生变化和非弹性散射碰撞两个方面引起的，截止电压也低一些。从式 (5.4.5) 和式 (5.4.6)、图 5.4.3 可以看到这种碰撞引起的 $E_{\parallel}$ 能量损失可以往回延伸到 0 能量，如果弹性散射的角度 $\theta=90°$，则 $E_{\parallel}=0$，$E_{\perp} = E_{\mathrm{T}}$。如果 $\theta > 90°$，正电子往回散射，但是它们又被势壁反射回来，这里定义为阱的末端，它们再一次通过气体室，假设它们不再发生碰撞而通过了，所以不能甄别散射角 $\theta(< 90°)$ 到 $(180° - \theta)$ 的区域。

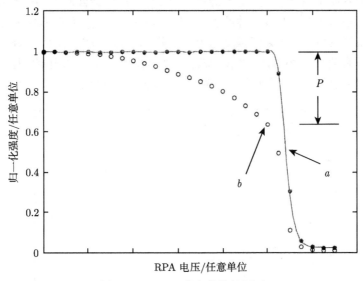

图 5.4.3 RPA 截止曲线的例子

测量时散射室中有气体 (○)，没有气体 (●)，束流强度归一化到 1。标以 a 的点 (●) 是没有气体，所以 a 处是束流截止处 (用实线连起来了，容易看)，标以 b 的点 (○) 是总截面测量。P 为发生任何散射事件的积分几率，见正文说明

　　当 RPA 曲线表示积分谱, 如果我们监视在电压接近于能量截止点时的透射正电子信号 (如图 5.4.3 中标以 b 的点), 这个信号和未散射信号 (通常归一化到 1) 之间的差别就是发生任何散射事件的几率, 这在图 5.4.3 中标以几率 P, 它和散射总截面 (Q_T) 的关系为

$$Q_T = P/(nL) \tag{5.4.9}$$

式中, n 是气体密度数; L 是散射发生的长度, L 取了散射室实际长度 (38.1 cm); 从图 5.4.3, $P \sim 0.4$, 对散射测量 P 的典型值要保持在小于 0.1。

　　到此已经把为什么要用 RPA 说明白了, 也给出高总截面的计算公式, 但是对正电子素形成截面还交待不很明确。下面是说明 RPA 的另一个图, 所有的信息需要得到高总截面 (σ_{GT}) 和正电子素 (Ps) 形成截面 (σ_{Ps}), 这些包含在 RPA 输运曲线中, 如图 5.4.4 所示。RPA 曲线中的每一点是输运的正电子数作为 RPA 势能的函数。I_0 是全部事件的强度, 就是原始束流强度, 当能量低于正电子素形成阈值 (E_{Ps}) 时, RPA 设置是输运全部正电子, 不管是散射的还是未散射的。I_t 是在希望的散射能量时测量的输运强度, I_t 和 I_0 之间的差正比于在散射室形成正电子素的正电子, 注意图 5.4.4 中的横坐标 0 点是 RPA 的 0V 点, 并不是说正电子的能量为 0, 正电子能量高于正电子素形成阈值 (如图 5.4.2 中所说 $E_{in} = 33$eV), 所以正电子射入气体室, 会形成正电子素, 还会产生弹性散射、激发和离化, 但是正电子使气体分子或者原子离化了, 正电子仍然是正电子, 仍然会被探测器接收到, 只有正电子形成了正电子素, 变成中性粒子, 才停止前进。从气体室是真空开始, 只要一输入要测量的气体, 原始束流强度马上就下降, 从 I_0 变成 I_t(RPA 电压 =0V), 所以只和 σ_{Ps} 有关, I_m 由 RPA 的设置决定, 其势能有一个小的固定电压补偿, 切割势 (V_C) 提供未散射强度的测量。I_b 测量在 RPA 切割势以上时的本底信号。

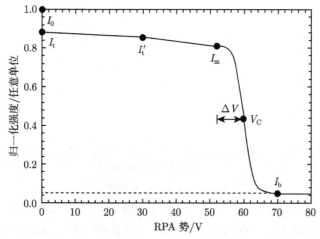

图 5.4.4　 RPA 输运曲线 (见正文)[8]

高总截面 σ_{GT} 的公式还是前面的式 (5.4.4)。偏截面可以从总截面的一部分中求出来,对正电子素形成偏截面可以从 R_{Ps} 和 R_{GT-Ps} 的比例中求出,见式 (5.4.10):

$$R_{Ps} = \frac{I_0 - I_t}{I_0 - I_m} \tag{5.4.10}$$

同样的 R_{GT-Ps} 是全部非正电子素散射通道的部分 (包括弹性散射,激发和离化,以及忽略的正电子湮没截面):

$$R_{GT-Ps} = \frac{I_t - I_m}{I_0 - I_m} \tag{5.4.11}$$

从这些比例再从高总截面可以简单计算总截面:

$$\sigma_{GT-Ps} = R_{GT-Ps}\sigma_{GT} \tag{5.4.12}$$

$$\sigma_{Ps} = R_{Ps}\sigma_{GT} \tag{5.4.13}$$

上面的三个图 (图 5.4.2~ 图 5.4.4) 都假设正电子束的能量分辨率非常好,或者无限好,但是实际上正电子束有一定的分辨率,分辨率太差对 I_m 等参数的测量存在问题,图 5.4.5 表示减速势分析器 (RPA) 测量的一个例子,平行能量为 1.7eV。正电子束磁场强度为 B。正电子能量为 E_T,E_T 可以分解为两个分量,$E_{\parallel}$ 为平行于电场的分量,$E_{\perp}$ 为垂直于电场的分量。结合正电子在垂直于 B 平面的旋转运动,能量分散性 $\Delta E_{\parallel}$ 由正电子从势阱中射出速率而定,而 $E_{\perp}$ 不受上面射出过程

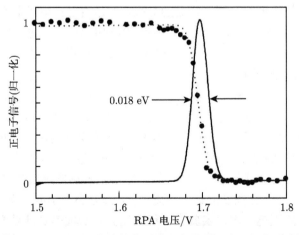

图 5.4.5 从 300K 正电子等离子体产生的阱基束平行能量分散性

典型的为 18~30 meV(FWHM)

的影响，所以它的大小只受捕获正电子等离子体温度的影响 (即 $E_\perp \sim k_\mathrm{B}T$=300 K，或 25 meV)。至今正电子湮没实验已经做到束流从 50meV 到几 eV 可调，散射实验已经在束流能量从 $\sim$0.2eV 到 100eV。

5.5　对简单气体 H_2，N_2，CO，Ar 绝对高总截面的实验测量

5.5.1　对 H_2 的高总截面的理论计算和测量[19,20]

和第 3 章中一样，氢作为最简单的分子往往先被测量。

低能电子散射截面测量和理论计算有很多形成准束缚态负离子或共振态的例子[19]。在能量低于第一离化势时大部分原子、分子显示有负离子共振的特性。对形成这些复合物的初步机制是由于：①相斥的角动量位垒的联合；②弹射粒子电子临时束缚；③吸引极化势能够形成一个 "形状共振"；④当能量低于中性激发态时发生负离子的双倍激发复合物，其中一个情况是发生 Feshbach 共振。电子临时束缚是常见的，但是并不意味着是唯一的，和系统的基态有关，由自动分离而很快衰减。共振态在能量上低于它的 "母离子" 态，必须由自动分离到其他低的激发态而衰减，或者进入通道。结果形状共振有短的寿命 ($10^{-15} \sim 10^{-14}$s)，而且非常宽的 (几百 meV) 能量宽度，同时 Feshbach 共振显示典型的长的寿命和窄的能量宽度 (1~10 meV)。

现在有许多精确的计算正电子-原子的束缚态[16,21] 和正电子-分子束缚态 (或准束缚共振) 解释在各种分子中观察到的反常的高湮没率[4,5,10,17]。但是直接的实验观察共振时正电子散射截面仍然很不够。如正电子散射时静态库仑势的相斥性质有可能减弱了相斥形状共振所需要的势垒，也是由于正电子散射实验中差的能量分辨率 (典型为 $\Delta E \geqslant$0.5 eV)，结果不能观察到尖锐的或者弱的性质。唯一的例外只有 Stein 等[22] 的研究探索正电子和 H_2、Ar、He 共振散射总截面，能量分辨为 $\sim$100 meV，但还是没有成功。

另一方面，有一些正电子和轻原子系统如 H、He 散射时共振的理论预言，特别是和原子氢在 $n=2$ 激发态附近存在 Feshbach 共振的预言。第一个是 1966 年 Mittleman[23]，之后用了各种方法，如紧耦合、合成坐标旋转、R 矩阵、球形紧耦合方法，见 Gien[24] 的小结。这些计算中最精细的是鉴别和氢原子的共振散射的数目，在氢原子激发阈值以下有 $n=2$，3，4。在正电子素形成通道 Ps($n=2$) 阈值附近也能预言共振，在预言宽度上有一些变化，大部分小于 1meV 宽。这样即使用高分辨 ($\sim$25meV) 的正电子散射实验也不能确定共振截面是否能够看见。耦合态计算[25] 已经显示正电子-He 散射时在 He($2^{3,1}S$) 阈值和 Ps($n=2$) 阈值有类似结构，没有理由相信这样的性质仅限于氦，其他原子和分子也期望有。

Varella 等[15] 的计算预言正电子和 H_2 弹性散射有尖锐 Feshbach 共振, 他们在固定核计算中使用了 Schwinger 变分技术, 包括静态和极化相互作用。极化效应允许 $(N+1)$ 个粒子系统的单激发, 他们发现可以在刚低于 $B^1\Sigma_u^+$ 态原子阈值以下有 Feshbach 共振, 这个共振的起源是两个低单激发态 $B^1\Sigma_u^+$ 和 $E^1\Sigma_g^+$ 的混合。从 Hartree-Fock 轨道计算这些态的能量分别为 12.75eV 和 13.14eV, 而相应于基态振动的实际值为 11.19eV 和 12.296eV。预言共振能量为 12.63eV, 是在计算的 $B^1\Sigma_u^+$ 激发阈值下面 120meV, 预言宽度为 8meV, 预言对弹性散射积分截面的贡献是比非共振截面大 20 倍, 结果是 8meV 宽, 峰处共振截面为 $\sim 13a_0^2$。

加州大学的 Sullivan 等[20] 用高分辨 ($\Delta E \sim 25$ meV FWHM) 研究 H_2, N_2, CO 分子和 Ar 原子的共振散射总截面, 能量低于低阶激发态阈值, 这样研究的基础是认为总截面的能量关系是可以用最高灵敏度的方法测量的, 在这个能量区域电子激发态可以作为母离子形成共振。他们的阱基束的技术数据为: 阱基束捕获和冷却来自 ^{22}Na 与固体氖慢化体的正电子, 以及氮分子和 CF_4 分子碰撞损失能量, 磁场为 ~ 0.1 T, 产生正电子脉冲, 能量宽度窄 (如 $\leqslant 25$ meV)。实际上空间电荷限制了脉冲中正电子数量, 每个脉冲 3×10^4 个正电子, 脉冲宽度 $\sim 1\mu s$, 周期 4Hz。

表 5.5.1　共振散射中可能的母离子态

靶	能量区域/eV	可能的母离子态	共振强度的上限/(a_0^2meV)
H_2	10.4~12.8	$B^1\Sigma_u^+, C^1\Pi, E^1\Sigma, F^1\Sigma$	2.0
N_2	7.9~8.9	$a'^1\Sigma, a^1\Pi, w^1\Delta$	2.0
CO	5.0~10.0	$A^1\Pi, I^1\Sigma, D^1\Delta$	11
Ar	11.0~12.0	$3p^5(^2P_{3/2,1/2})4s(j=1)$	6.3

图 5.5.1 显示正电子和 H_2 的总截面, 能量在 10.4~12.8eV。这覆盖了从 $B^1\Sigma$ 态的阈值以下约 0.8 eV 到 $F^1\Sigma$ 态的激发阈值以上约 0.5eV, 特别是包围了 Varella 等[15] 已经预言的存在 Feshbach 共振的能量区域。而截面的绝对值和其他数据比较是重要的。目前的数据已经有很高的统计精度。在图 5.5.1 中测量点的统计不确定性 (一个标准偏差) 为 $\sim 0.04a_0^2$, 小于图中点的大小, 图中不能看到以前 Varella 等[15] 预言的性质。积分截面共振的 "强度" 预言为约 $100a_0^2$ meV。从目前测量的总截面看, 他们保守地估计有 2 个标准偏差, 共振强度的上限为 $2a_0^2$ meV。这就只是预言值的 1/50, 就目前情况, 他们期望在测量中有很多引起高总截面灵敏度损失的原因, 而预言是针对积分弹性截面的。但是在预言的共振能量区域, 低于第一电子激发态阈值, 唯一打开的非弹性通道是振动激发和正电子素形成, 前者对总截面的贡献期望为百分之几, 而后者, 阈值为 8.63eV, 对总截面贡献将达到 20%[9]。这样他们估计如果存在共振, 基本上比 Varella 等预言更弱。就是说 Sullivan 等[20]

用高分辨的阱基束仍然没有看到期望的共振。

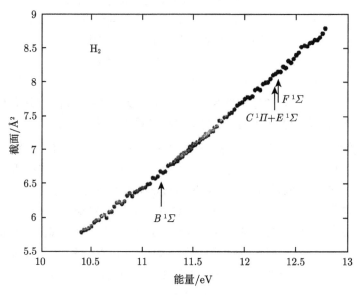

图 5.5.1　正电子和 H_2 散射的总截面测量

箭头表示电子激发态的阈值能量[20]

同样，2001 年 Sullivan 等[20] 对 H_2、N_2、CO、Ar 这四种分子精确测量正电子散射高总截面，目的是寻找和最低电子激发态的 Feshbach 共振，对这些靶没有观察到明显的共振特性。基于测量他们相信保守地说，在所研究的能量区域，强度的上限是在 $(2\sim11)a_0^2$meV 的范围内，和靶有关。特别是对 H_2 的结果不能证实 Schwinger 共振计算[15] 预言在 $B^1\Sigma$ 态的激发阈值以下的弹性散射通道内有很强的 Feshbach 共振，而总截面并不是用于研究窄的 Feshbach 共振时最灵敏的散射通道。对各种原子核简单分子的电子散射，这些特性已经观察到，通常比现在的灵敏度大很多。在正电子散射的情况，有更灵敏的、和态有关的积分截面测量，或者是角度微分截面测量需要去揭示有没有弱的散射过程。特别是积分截面测量是有可能的，可以用冷正电子束。我们希望有一个新的工具，用于正电子共振研究，或者准束缚态，也希望能进一步激发关于正电子共振的理论工作。

5.5.2　对惰性气体原子的散射高总截面测量

2009 年，Caradonna 等[6] 测量了正电子-氦的高总截面和 Ps 形成截面，入射能量 10～60eV。用高分辨 ($\sim$70meV) 阱基脉冲束，加高磁场，不需要归一化到其他截面就能够得到散射截面的绝对值，如图 5.5.2 所示。

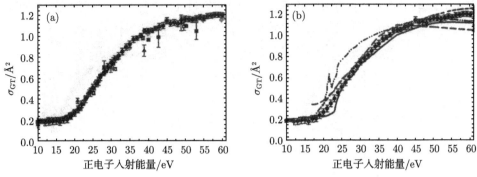

图 5.5.2 (a) 对氦测量的高总截面 (●)[6] 与 Brenton 等[27](▲), Kauppila
等[28](◆), Canter 等[29](■), Stein 等[30](◇), Coleman 等[31](□) 的比较; (b) 对氦测量的高
总截面 (●)[06] 与 Baluja 等理论计算[32](– – –) 的比较, 以及与 Cheng
等[33](——), Campbell 等[34](- -), CCC(l_{max}=8)(–) 计算的比较

对氦, 正电子激发电子的最低能量阈值高于基态 Ps 形成阈值, 因此存在一个
能量区域, 称为 Ore 能隙, 在高总截面中, 仅两个通道是打开的, 即弹性通道和 Ps
形成通道。可以忽略正电子湮没通道, 因为在 Ps 阈值以上它比弹性截面小 5 个量
级。对氦 Ore 能隙是在 Ps 形成阈值 17.8 eV 到 He(2^1S) 激发阈值 20.6eV, 注意
2^3S 态是在 19.8eV, 但是不能够被正电子激发, 因为它需要自旋翻转跃迁, 需要自
旋交换或者自旋轨道相互作用, 因此在 Ore 能隙内 (17.8 eV ≤ E ≤ 20.6 eV)[26]:

$$\sigma_{GT-PS} = \sigma_{el} \tag{5.5.1}$$

式中, σ_{el} 是弹性散射截面。

从图 5.5.2 中可以看到, 正电子-氦的高总截面随正电子能量不同, 总截面也不
同, 在正电子素形成通道打开后总截面上升。

2009 年, Jones 等[7] 用高分辨 ($\Delta E \sim 60$ meV FWHM) 正电子束的设备, 测量
了惰性气体氦、氖、氩的高总截面, 弹性散射截面, Ps 形成截面, 非弹性散射截
面。图 5.5.3~ 图 5.5.5 分别为氦、氖、氩的高总截面 (σ_{GT}), 正电子素形成总截面
(σ_{Ps}), 高总截面减去正电子素形成总截面 (σ_{GT-Ps}), 能量最大 60eV。

在以前的工作中, 1987 年 Campeanu 等[35] 的理论分析认为高总截面和 Ps 形
成截面应该有强的尖点结构, 在 Ps 阈值处很像存在 σ_{GT-Ps} 截面, 然后在 1992 年
Coleman 等[36] 的测量中, 由于分辨率差, 步长大 (图 5.5.5 中空心方块点), 弹性
散射总截面等于在 Ore 能隙, 所以实验结论仍然并不令人信服。Jones 等[7] 测量的
σ_{GT-Ps} 截面如图 5.5.4 所示, 与 Campeanu 等预言和 Coleman 等[36] 测量的比较,
由于 Jones 等[7] 的数据能量分辨率为 55meV, 能量步长 50meV, 确实指示出在 Ps
形成阈值和 2^1S 阈值之间的区域弹性散射总截面有向下的阶梯, 但是观察到的效

应和 Campeanu 等[35] 的预言并不一样，说明经过 17 年努力，当时的高分辨率测量仍然存在分辨率不够好的缺点，等待着进一步改善。

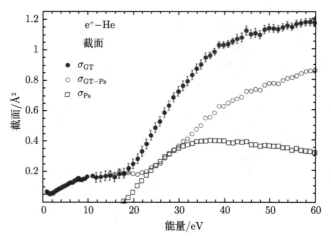

图 5.5.3   氦的高总截面 (●)，正电子素形成总截面 (□)，
高总截面减去正电子素形成总截面 (○)

能量最大 60eV[7]

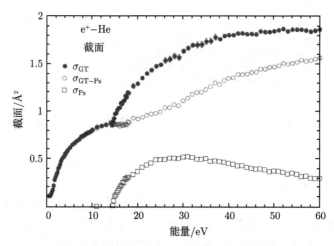

图 5.5.4   氖的高总截面 (●)，正电子素形成总截面 (□)，
高总截面减去正电子素形成总截面 (○)

能量最大 60eV[7]

2011 年，Jones 等[8] 测量了 Ne、Ar 的散射高总截面，并且和理论处理进行比较。正电子能量从 0.3eV 到 60eV，把实验高总截面测量、Ps 形成、高总截面减去 Ps 形成截面和以前实验比较。氖、氩原子的实验散射截面比氦更复杂的。正电子

素形成阈值: 氦为 17.8eV, 氖为 4.76eV, 氩为 8.96eV, 氪为 7.20eV, 氙为 5.33eV, 原子氢为 6.8eV。

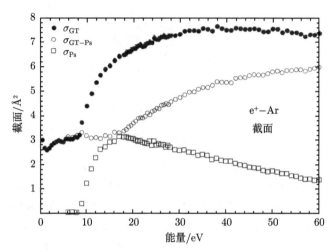

图 5.5.5   氩的高总截面 (●), 正电子素形成总截面 (□),
高总截面减去正电子素形成总截面 (○)
能量最大 60eV[7]

图 5.5.6(a) 和 (b) 是氪的高总截面测量及理论结果, 与其他理论和实验的比较, 最大到 Ps 形成阈值 (E_{Ps})。在 E_{Ps} 以下总截面原则上是由纯弹性散射组成的 (在这种情况下直接湮没可以忽略)。低于 E_{Ps}, 实验目的是研究 Ramsauer-Townsend(R-T) 极小, 发现截面主要是深的 R-T 极小, 极小的中心在 0.6~0.7eV, σ_{GT} 的极小值大致在 0.14Å^2。ROP 理论和 CCC 理论都发现极小在 0.7eV, 大小分别为 0.12Å^2 和 0.13Å^2。在 12eV 总截面很快地爬出极小, 几乎是平坦的, 在 14eV 达到最大值, 约 0.9Å^2。这个大小和 ROP 计算很符合, 但是 CCC 计算高了约 10%, 约为 1Å^2。

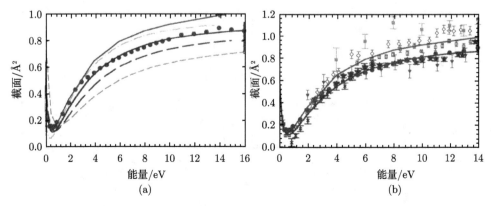

(a)   (b)

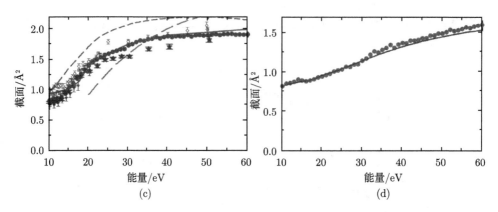

(c)   (d)

图 5.5.6   氖的高总截面和 $\sigma_{\mathrm{GT-Ps}}$ 测量

(a) 在 E_{Ps} 以下，与测量的 σ_{GT} 和理论的比较；(b) 在 E_{Ps} 以下，与测量的 σ_{GT} 和其他实验的比较；

(c) 在 E_{Ps} 以上，与测量的 σ_{GT} 和其他实验及理论的比较；(d) 在 E_{Ps} 以上，与测量的 $\sigma_{\mathrm{GT-Ps}}$ 和

ROP 方法的比较。测量 σ_{GT}；测量 $\sigma_{\mathrm{GT-Ps}}$；——，极化轨道方法的结果；——，CCC 结果；– –，Coleman

等[37]；——，McEachran 等[38]；- - - -，Nakanishi 等[39]；– –，Baluja 等[32]；– –，Dzuba

等[40]；，Canter 等[29]；，Jaduszliwer 等[41]；，Coleman 等[37]；，Stein 等[30]；×Sinapius

等[42]；·，Charlton 等[43]

　　图 5.5.6(c) 是 E_{Ps} 以上总截面，高总截面从 14.76eV 正电子素形成处开始尖锐上升，然后由于电子激发和离化继续上升，在 60eV 时高总截面似乎成了平台，最大值近似为 1.9Å²，CCC 结果与之符合。Baluja 等[32] 使用光学势模型，与 Coleman 等[37] 用求和方法及 Coleman 等[31] 的比较。Coleman 等的数据[31] 和测量结果符合。图 5.5.6(d) 在 E_{Ps} 以上，把测量的 $\sigma_{\mathrm{GT-Ps}}$ 和 ROP 方法的比较。

　　在图 5.5.7(a) 中把实验测量和理论计算 σ_{GT} 作了比较，包括 Montgomery 等[44]、McEachran 等[45]、Nakanishi 等[39] 和 Jain[46] 的工作。图 5.5.7(b) 把他们的高总截面和其他实验作比较，低于 E_{Ps}。原作者没有对数据进行详细解释。

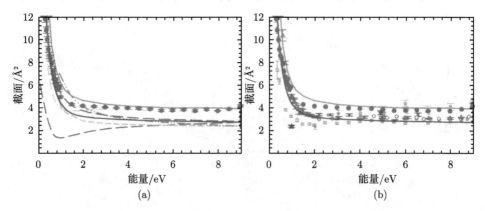

(a)   (b)

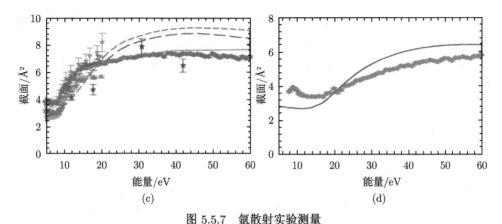

图 5.5.7　氩散射实验测量

(a)σ_{GT}，低于 E_{Ps}，与理论比较；(b)σ_{GT}，低于 E_{Ps}，与其他实验比较；(c)σ_{GT} 与理论和其他实验比较，大于 E_{Ps}；(d)σ_{GT-Ps} 与 ROP 计算比较，大于 E_{Ps}

5.5.3　Wigner 尖点问题

1. 什么是尖点问题

本节是关于高总截面的测量问题。本来世界上正电子散射研究最先进的几个小组: 美国加州大学、澳大利亚物质-反物质研究中心、意大利特兰托大学、英国伦敦大学等正专心测量高总截面，但是碰到一个 Wigner 尖点问题，这个问题是由理论预言提出的，前面我们说过，在 1987 年，Campeanu 等[35] 的理论分析认为高总截面和 Ps 形成截面应该有强的尖点结构，然后在 1992 年 Coleman 等[36] 的测量中，由于分辨率差，实验结论并不令人信服。到 2009 年，加州大学的 Jones 等[7] 测量仍然不满意。尖点问题本来是一个不引人注目的问题，但是这个问题实际上是对仪器分辨率、测量精度的一个考验，反映了正电子界最高级的实验技术之一，成了仪器好坏的试金石。这个问题到 2010 年 Jones 等[47] 的工作以后才开始清晰起来。又经过几年的努力，到 2014 年和 2015 年该专题的研究进展如何？下面我们叙述的顺序是: 先看早期尖点问题的来历，再看 2010 年 Jones 等[47] 对惰性气体看到了尖点，2014 年 Machacek 等[48] 的研究思路是看看和氖、氙等惰性气体等电子数的对应物 (氦-H_2，氖-H_2O，NH_3，CH_4 分子) 有没有尖点，发现惰性气体有尖点，但是水 (H_2O)，氨 (NH_3)，甲烷 (CH_4) 分子没有尖点，对慢正电子束的分辨率仍然不理想。截止到 2015 年，加州大学[3,49] 仍然在努力改进他们的设备。

从更远的历史看什么是尖点问题，这本来是电子散射中的一个问题，1948 年 Wigner[50] 第一个预言核散射截面中有尖点。从 20 世纪 60 年代开始，在电子散射实验中可以经常看到[51-54]。于是推广到测量正电子散射总截面和弹性散射截面时自然会碰到一个问题: 惰性气体的弹性散射截面有尖点吗？

在核物理[50] 和原子物理[54,55] 的 Wigner 尖点发生在一个新的非弹性散射通道开始打开时对原来的弹性散射的影响，一些关键的研究包括低能电子散射、非弹性散射通道打开时在弹性散射截面处出现尖点或者 “台阶”。很好的例子是文献 [55]，研究和中性氢的弹性散射，区域在 $n=2$ 的激发阈值处，Eyb 等[54] 测量钠的弹性散射，在 3^2P 共振区有激发阈值。观察到弹性散射微分截面在某个角度处有相当大的本底弹性散射截面。钠的 3^2P 共振跃迁有大于 98% 的总光学振荡强度来自原子，近阈值激发截面是非常大的，这样高强的近阈值的激发截面支撑了在弹性散射通道内的尖点效应。在玻色子和轻子散射中有许多通道耦合的例子，如反物质-物质碰撞，所以在正电子散射研究中也必然会碰到。因为 Wigner 尖点问题本质上是从实验上判断是否有新的散射通道产生的问题，因为如果一个散射通道突然打开，反映在截面曲线上很可能产生一个突变，使曲线出现一个峰或者台阶。

在正电子研究中，1987 年 Campeanu 等[35] 第一个研究氢中 Ps 形成阈值附近出现尖点问题，从 Ps 形成截面和总截面实验结果中得到弹性散射截面，发现弹性散射截面的峰位于 Ps 形成阈值处，然后在俄勒 (Ore) 能隙处下降 ~20%。从图 5.5.8 看 (图中虚线)，在最低的非弹性散射阈值 (正电子素形成阈值，17.8eV) 以下，弹性散射截面 Q_{el} 存在尖点，从最低非弹性散射阈值开始正电子素形成截面 Q_{Ps} 上升很快，这是很陡的尖点，在 3eV 以上 Q_{el} 很快下降 ~20%，激发截面 Q_{ex} 开启后总截面又明显上升。

正电子-氢的第一个激发阈值是 2^1S 激发，在 20.6eV，离化势在 24.6eV。在 17.8~20.6eV，Campeanu 等[35] 推导了 Q_{el} 的性质，是从总截面 Q_{tot} 中减去正电子素形成截面 Q_{Ps} 而得到，Q_{Ps} 和 Q_{tot} 的数据来自不同实验室的不同测量，可能存在误差，所以决定重新测量。

1992 年，Coleman 等[36] 在这个能区测量了 Ps 形成和总截面，用的是透射型设备，分辨率约 1.5eV，他们给出了详细的设备配置和测量过程。测量后他们认为 Campeanu 等这 20% 的下降并不能够重复，但是由于实验分辨率的限制也不能够排除，如图 5.5.8 中实心黑点所示。Coleman 等[36] 确实看到了一个台阶，从能量看粗略地等于 2^1S 激发态。

图 5.5.8 中最主要的性质是在 Ps 形成阈值处 Q_{el} 截面缺少如 Campeanu 等所说的尖点，或者至少说尖点不如虚线那样明显。弹性散射截面基本上是常数，直到激发阈值开启有如期望那样上升。激发截面 (低于离化阈值 24.6eV) 似乎稍微大于点线，但是没有超过系统误差。

2009 年，Caradonna 等[6] 用了更高分辨率的测量 (~70 meV)，在 Ps 形成阈值处弹性散射截面重复出现一个很弱的峰，这些结果和 Coleman 等[36] 直到 20.6eV 的第一激发阈值符合，在通过俄勒能隙时有不超过 5% 的下降。在俄勒能隙以后弹性散射截面测量偏离了 Coleman 等[36] 的数据，显示一个台阶，弹性散射截面有宽的尖点状性质，但比 Campeanu 等的期望小很多。Karwasz 等[56] 也报道了总截面的类似性质，但是在 Ps 形成阈值以下有台阶。

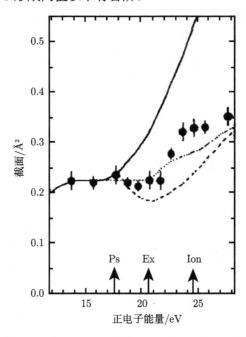

图 5.5.8   实心点是测量的 $Q_{el} + Q_{ex} + Q_{ion}$[36]；实线是总截面 Q_{tot}[30]；虚线是弹性散射截面加激发截面 $Q_{el} + Q_{ex}$，是由 Campeanu 等[35] 推导的；点线是
$$0.224\pi a_0^2 + Q_{ex}(2^1S + 2^1P) + Q_{ion}$$

在 Ps 形成阈值处半经验和理论研究尖点现象也在惰性气体中进行，Meyerhof 等[57] 预言在整个惰性气体会有很强的尖点，从总截面和 Ps 形成截面得到的弹性散射截面的尖点呈一直线。Van Reeth 等[58] 计算了正电子-氦在 Ps 形成阈值处弹性散射截面有一个很小的尖点，虽然很小，但是与其他预言和观察在定性上有差别。

随着正电子束能量分辨率的提高，这个问题在正电子散射中必然引起注意。为什么要研究 Ps 形成阈值附近截面曲线的变化？因为在 Ps 形成通道打开以前，弹性散射是唯一的通道，Ps 形成是第一个非弹性散射通道，所以预期在该处截面曲线有变化。

这个问题在 2010 年 Jones 等[47] 的工作以后才开始清晰起来。他们的设备和实验技术见文献 [2]、[13]，正电子用 50mCi 的 ^{22}Na，固体氖慢化体，磁场电场引导到 Surko 型阱基束，正电子受轴向磁场压缩，脉冲束的能量分辨率为 50~70meV，频率 100Hz，每个脉冲约 1000 个正电子。减速势分析器 (RPA) 位于散射室下面，用于决定散射正电子的能量，能量的绝对分辨精度估计好于 50meV。这个标准和已知的 Ps 形成阈值能量相等。正电子通过 RPA，由微通道板收集，可以测量透射强度作为减速势的函数。为了确定截面，需要测量透射强度，全部透射为 I_0，此时 RPA=0，全部正电子通过到达探头。调节 RPA，可以测量总截面、总 Ps 形成截面、总弹性散射截面[2,6]。用 Beer-Lambert 公式计算，Ps 形成和弹性散射截面可以从总截面计算：

$$\sigma_{\mathrm{Ps}} = R_{\mathrm{Ps}}\sigma_{\mathrm{GT}} \tag{5.5.2}$$

$$\sigma_{\mathrm{el}} = R_{\mathrm{el}}\sigma_{\mathrm{GT}} \tag{5.5.3}$$

式中，σ_{GT} 是高总截面，偏截面公式 R 由 Ps 形成 (Ps) 和弹性散射 (el) 的结果得到。He，Ne，Ar，Kr，Xe 的数据如图 5.5.9 所示。

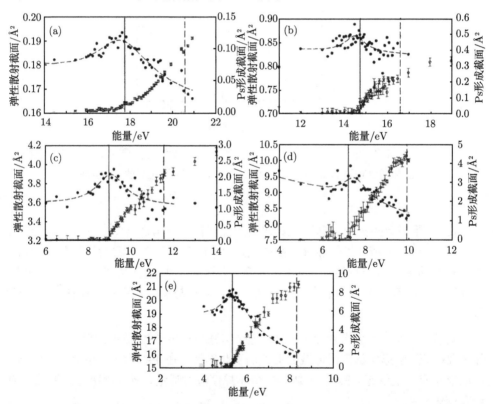

图 5.5.9　(a) 正电子-He；(b) 正电子-Ne；(c) 正电子-Ar；(d) 正电子-Kr；(e) 正电子-Xe
●弹性散射截面，○ Ps 形成截面，—5 个参数的 Lorentzian 拟合，垂直直线表示 Ps 形成阈值，垂直虚线表示第一激发阈值

经过这一系列的改进以后，2010 年 Jones 等[47] 从图 5.5.9 中可以看到对每一

种靶的弹性散射截面有一个清楚的峰，中心位于 Ps 形成阈值处，对 He~Xe 所有的 5 种惰性气体中在弹性散射通道内清楚地观察到加宽翼的 Wigner 尖点，能区为跨越 Ps 形成阈值，显示一系列的尖点，中心位于阈值处，尖点的大小随靶而不同，但是没有清楚的趋向表明尖点大小和原子数有关，与 Meyerhof 等的预言[57] 不一致，这些性质在弹性散射通道和 Ps 形成通道之间很强的耦合的结果，清楚地从实验上表明有虚 Ps 形成，他们的工作清楚地表明可以从实验上鉴别在正电子散射中的尖点，证实了许多年的猜想，很长时间以来人们猜想在 Ps 形成阈值附近它对散射起作用[57,59]。这是由于 Jones 等设备的角度分辨率 (50meV) 比以前的工作 (1500meV) 好很多，能够以 20° 向前小角散射角度分辨推导出总截面，所以能够分辨出以前不能测量或者不明显的尖点。

2. 一些分子中没有尖点

2014 年，Machacek 等[48] 的研究思路是看看和氦、氖等惰性气体等电子数的分子有没有尖点。和氦、氖等电子数对应物是氢–H₂，氖–H₂O，NH₃，CH₄，希望能更好地理解导致这些阈值性质的机制。理由是：在电子散射中常看到 "Wigner 尖点"，相应于一个新通道的打开，归因于两个散射通道之间很强的耦合。在正电子和惰性气体的散射中也看到一系列尖点[47]。在弹性散射总截面曲线中产生尖点或者凸起状是由于正电子素通道的打开。正电子素形成通道是典型的最大的偏截面，也位于电子激发和离化阈值的区域。

第一次实验是双电子，氦和氢分子，如图 5.5.10 所示，右图是氦在 Ps 形成阈值附近 (18.78 eV) 的弹性散射总截面，左图类似，H₂ 分子，正电子素阈值 8.63 eV。氦数据来自 Jones 等[47]，尖点状比较宽，He 截面尖点清楚，它的尖点和 Ps 形成阈

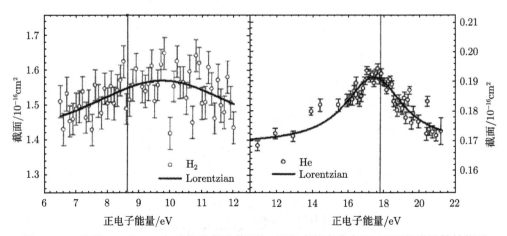

图 5.5.10　比较 He 和 H₂ 在正电子素形成阈值 (用竖直的直线表示) 附近的弹性散射截面
数据实线是由数据点拟合得到，考虑了线性本底，氦数据来自 Jones 等[47]

值很接近。氢分子弹性散射有比较宽的峰而且高了几 eV，在 Ps 形成阈值后没有下降，也许没有直接和正电子素形成阈值联系起来。

第二次实验在图 5.5.11 中，Ne，H_2O，NH_3，CH_4 都是 10 个电子系统，测量近 Ps 阈值附近弹性散射截面和正电子素形成截面，氖 (Ne) 显示其大小和形状与 Jones 等[47] 结果类似，在所有的惰性气体中 Ne 的弹性散射通道的尖点是最弱的，在 Ps 形成阈值时总截面大约只大了 4%，图 5.5.11(b) 是水分子 (H_2O)，阈值 5.82eV，测量的弹性散射截面和以前工作[60] 符合，没有尖点。图 5.5.11(c) 是氨 (NH_3)，阈值 3.39eV，Sueoka 等[61] 的高总截面的结果比这里稍微低，从图看没有尖点。图 5.5.11(d) 是甲烷 (CH_4)，阈值 5.82eV，以前有一些高总截面的测量[61−66]，需要更多的关于弹性散射总截面的测量，图中在 Ps 形成阈值附近也没有尖点。

四种分子，它们的特性 (偶极子动量，极化率，振动能量能级等) 见表 5.5.2，但是没有包括转动阈值，较重的分子在 50meV 以下。希望用这些关键参数来解释这些分子缺少阈值结构的原因。

已经看到，对 He 或者 Ne 原子的等电子对应物 (不是氢、氖本身)，没有阈值特性 Wigner 尖点，在 H_2 的情况是一个宽的在 Ps 阈值以上大约 2eV 的峰，但是 Jones 等[47] 没有看到任何特性。

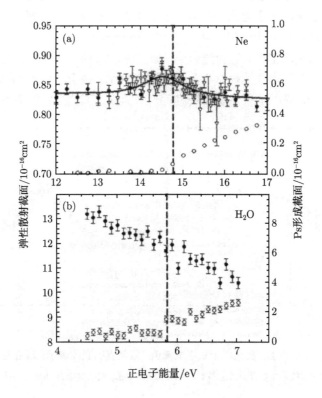

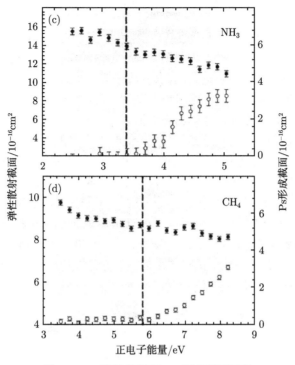

图 5.5.11　弹性散射和 Ps 形成截面测量

(a) 氖 (Ne)；(b) 水 (H_2O)；(c) 氨 (NH_3)；(d) 甲烷 (CH_4)。能量是在 Ps 形成阈值附近

　　我们想起所有的惰性气体，在 Ps 形成通道应该打开以前，只有另一个通道是打开的，即弹性散射通道，这样，束流的损失只能是由于近 Ps 阈值形成通道和弹性散射通道的耦合。在所有惰性气体中，下一个散射通道是低阶的电子激发，由于要到大于 Ps 形成阈值后几 eV 时才打开，所以在 Ps 阈值和第一电子激发之间，存在 Ore 间隙，能够打开的通道只有弹性散射和 Ps 形成通道。

表 5.5.2　一些分子靶的物理性质[48]

分子靶	He	H_2	Ne	CH_4	H_2O	NH_3
正电子素形成阈值/eV	17.78	8.63	14.76	5.82	5.82	3.39
偶极子极化率/a_0^3	1.38	6.74	24.56	17.61	9.78	14.56
偶极子动量/D	0	0	0	0	1.85	1.42
振动阈值/eV		0.545		0.162	0.198	0.118
电子激发阈值/eV	20.6	11.8	16.6	8.61	7.14	5.67

　　相反，对其他分子靶还有别的自由度、振动和转动运动，这样还有另外的散射通道在 Ps 形成阈值的区域打开，分子可以处理偶极子动量，可以很强地增大散射通道，特别是导致在低能下/或者小角散射时的非常大的截面[67]，有关参数见

表 5.5.2。

对所有的惰性气体, Ps 形成阈值低于第一电子激发态, 如果忽略直接湮没, 在正电子素形成阈值以下唯一的开放通道是弹性散射通道, 对其它原子靶, 和所有的分子, 在能量等于 Ps 形成阈值, 可能有一个或者几个其它非弹性散射通道。特别是分子如果有额外的自由度, 旋转的或者振动, 某些情况下, 这些额外的自由度提供了附加的散射通道。有许多旋转和振动散射通道在 Ps 形成阈值处打开。

这里考虑的四种分子在能量达到 Ps 阈值时有许多能打开的散射通道 (包括谐波的联合模), 到现在还是未知的, 这些散射通道会反映在截面的大小上。在 Ne 和等电子系列的情况下, 第一个电子激发是在 Ps 形成通道之上, 对其他三种分子也是这样, 见表 5.5.2。但是每个分子有一些基模, 见表 5.5.3, 在能量为几百 meV 的典型情况会打开, 幸运的是对甲烷正电子碰撞振动激发已经测量, Sullivan 等[67] 还和电子碰撞振动激发进行比较, 显示出很好的符合, 给出了可利用的电子散射数据的限制。因此, 为了便于讨论, 我们将给出电子碰撞振动激发的数据, 可以用于 Ps 形成阈值下振动截面大小的估计。

表 5.5.3　振动模的能量和对称性[48]

靶	模	E_ν/meV	对称性
H_2O	ν_1	453.4	$C_{2\nu}$
	ν_2	197.8	
	ν_3	465.7	
CH_4	ν_1	361.7	T_d
	ν_2	190.2	
	ν_3	374.3	
	ν_4	161.9	
NH_3	ν_1	413.7	$C_{3\nu}$
	ν_2	117.8	
	ν_3	427.0	
	ν_4	201.7	

1) 氢

在分子氢的情况, 正电子碰撞引发的 ν_1 振动激发是可以测量的[68], 测量从阈值增加到 4 eV, 但是结果显示正电子碰撞的振动激发截面是随着能量增加而缓慢地下降, 所以从测量有理由假设 H_2 振动激发的大小是散射总截面的 5% 以下, 这个非零的振动通道是足够大的, 可以考虑是 Wigner 尖点的候选者, 氢中尖点是 11%[47], 低于他们的测量。

2) 水

水有 3 个正则振动模, 见表 5.5.3, 他们测量了这些模, 在弹性散射中无法和第二个振动模完全分开, 但是初期的结果并不和 Khakoo 等[69]、El-Zein 等[70] 的电子散射结果在大小上一致。他们用电子数据估计了在 Ps 形成通道打开时总的 ($\nu_1 + \nu_2 + \nu_3$) 振动截面的大小，Ps 形成通道的截面大约是 1 Å^2，约为在 Ps 形成通道打开时总截面的 10%，而在氖中尖点的大小近似为 4%[47]，这样，有可能存在好几个振动散射通道，但是这些非零的通道对弹性散射截面的 Wigner 尖点并不能提供很明显的贡献。

3) 氨

氨有 4 个正则振动模，见表 5.5.3，但是一个也没有用正电子碰撞探测过。氨的电子碰撞的振动激发结果有不同的数据[71]，能量在 Ps 形成阈值附近。整合第一和第三振动模的微分截面产生振动总截面的值大约是 0.58 Å^2，大约是在 Ps 形成通道打开时高总截面的 4%，Ps 形成阈值是 3.39 eV。

4) 甲烷

甲烷有 4 个正则振动模，从基态开始用正电子碰撞激发 CH$_4$，Sullivan 等[67]测量了激发这些模的截面，应该注意第一和第三模是基本简并的，第二和第四也是。有限的能量分辨率 ~25meV 不足以完全分开正则模[67]，但是测量从阈值开始一直延伸到 4eV，修正的玻恩近似[72] 给出足够好的振动激发的能量关系，可以用于估计激发模的大小，$\nu_1 + \nu_3$ 模为约 0.2Å^2，$\nu_2 + \nu_4$ 模为约 0.1Å^2。因此 Ps 形成截面估计 ($\nu_1 + \nu_2 + \nu_3 + \nu_4$) 激发截面为 0.3Å^2，这样 4 个通道都打开了。图 5.5.11 的测量显示甲烷在 Ps 形成阈值附近的弹性散射截面没有尖点，在这个能量振动激发截面估计对总截面的贡献约为 4%。

所以 Machacek 等[48] 通过对 H$_2$、H$_2$O、NH$_3$、CH$_4$ 四种分子测量了正电子散射时的 Wigner 尖点问题，研究耦合对 Wigner 的贡献。氖观察到尖点，其他三种分子没有观察到尖点，这四种分子的总的振动激发相对于总截面有类似大小的比例。没有测量到尖点是由于在 Ps 形成阈值附近非零的振动激发低于现在实验设备的可探测极限，所以无法测量到太小的尖点。出现了许多谐振模，但是太小。他们建议应该用更详细的实验进一步研究这些分子，研究有无偶极子动量、有不同对称性 (线性的或者球对称的) 分子，要进一步探测在 Ps 形成阈值附近的弹性散射截面，正电子碰撞引起振动激发的研究实际上到现在为止还没有真正详细的探测，提供额外的有利于 Wigner 尖点组态。关于 Wigner 尖点形状的理论计算也很有限，应该进一步探索，以引导实验工作。出现尖点是可能的，但是太小，低于现在实验设备的测量极限。尖点的正电子测量可以为物理领域提供耦合现象，但是紧迫需要更多的理论计算和实验研究。

从 2015 年开始，加州大学[3,48] 一直努力进一步改进他们的设备，期望的目标是 1meV 和亚 meV(零点几 meV)。我们也期待着他们的仪器有更好的性能。

在叙述了尖点问题以后，下面我们仍然回到高总截面测量的内容。

5.5.4　对复杂气体原子的散射 (高) 总截面测量

近年来，人们把正电子散射的工作扩展到系统研究工业上重要的有机材料，包括苯、环正己烷、苯胺[75]、甲醇、乙醇[76]、丙酮[77]、甲醛[78]、2，2，4-三甲苯戊烷[79]，工作的重点是它们本身的物理化学性质和散射动力学，特别是靶-分子偶极矩极化率 (α) 和永久偶极矩动量 (μ)，如果分子是极化的，也涉及理论计算[78] 或者独立原子模型和修正规律，发现 α 和 μ 在散射过程都有临界规律。

水的总截面实验[80,81]，3-羟基-四氢呋喃[82]、嘧啶[83,84] 的总截面的测量曲线是随着能量不连续的，容易和正电子素形成或者直接离化联系起来。这个不连续使他们定性推断是否有 Ps 形成或者在近阈值有激发。澳大利亚组直接测量水中[60]、3-羟基-四氢呋喃[82,85]、四氢呋喃[85,86] 和三甲苯戊烷[87,88]，证实这些分子有正电子素形成这个性质。

1. 乙烯树脂 ($C_4H_6O_2$) 的高总截面测量[89]

2014 年，Chiari 等[89] 研究了乙烯树脂 ($C_4H_6O_2$) 的正电子散射总截面，它有很强的永久偶极子动量 ($\sim$1.8D) 和大的偶极子极化率 ($\sim$59.39 au)。α 和 μ 对热化湮没参数 (Z_{eff}) 有重要的规律。图 5.5.12 为乙烯树脂总截面测量曲线，开始时从

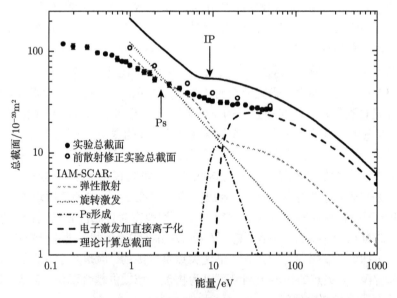

图 5.5.12　乙烯树脂的总截面测量 ($\times 10^{-20} \text{m}^2$)

未修正 (●)，小角修正 (○)。理论计算 (IAM-SCAR)：弹性散射 (----)，旋转激发 (········)，Ps 形成 (—·—·—)，电子激发加直接离化 (———)，理论计算总截面 TCS(——)。箭头表示阈值：Ps 为正电子素形成阈值，IP 为第一离化阈值

0.15 eV 直到正电子素形成阈值 $E_{Ps} = 2.39$ eV，总截面单调地下降，之后当正电子能量增加时，总截面继续下降，虽然在正电子素形成通道和离化通道之间似乎有些不连续。注意，横坐标和纵坐标都是对数的。乙烯树脂是极化分子，有比较大的偶极矩极化率，他们相信观察到的总截面的能量关系和它的本征物理-化学特性有很大的关系。特别是偶极子极化率是长程相互作用，足以克服静态相互作用，因此在低能散射时起很重要的作用。

在图 5.5.12 中，Chiari 等对数据进行小角散射修正，修正后测量的总截面和理论计算在形状上更加符合，特别是在低能部分，未修正的更平坦一些，但是修正后和计算值之间仍然有很大的差别，大致差了一倍。

由于该工作是第一次测量乙烯树脂，所以没有其他结果可以比较。Chiari 等修正了测量总截面后和理论符合得更好，理论也许高估了总截面。正电子素形成截面的峰值估计是从总截面中抽取的，更好地符合理论值，我们期待着有更多工作。

2. 尿嘧啶的高总截面测量[90]

2014 年，Anderson 等[90] 用高分辨阱基束进行了低能正电子和尿嘧啶散射的高总截面、Ps 形成截面、弹性散射微分截面的测量和计算，能量从低到中等能量（1~180eV），总截面和以前实验测量[91] 符合得很好，但是低于他们自己在文献 [90]

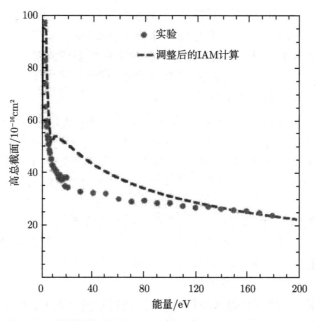

图 5.5.13　尿嘧啶的散射高总截面 ($10^{-16}\mathrm{cm}^2$) 和调整后的 IAM 计算的比较

总截面乘以 2.21 后和 IAM 计算在高能时符合

中的理论值，即使在高能时仍然不符合，预想在高能时实验值应该和理论值合并。说明实验数据异常，低了 2~3 倍。能量在 150eV 时 IAM 计算是正常的，他们应该把实验数据乘以 2.21。有些随意地得到本次测量的 Ps 形成截面的峰，也需要乘以 2.42。总截面乘以 2.21 后和 IAM 计算在高能时符合。产生误差的原因可能是尿嘧啶的蒸气压无法直接测量，由于是温度比较高的测量，也无法避免尿嘧啶向外逸出，从而影响气体密度的估计。

5.6   总结及展望

本章介绍采用低能量、高分辨率的正电子束和减速势分析器 (RPA)，有效解决了小角散射所造成的散射正电子无法和未散射入射束流区别的问题。正电子散射实验研究了简单气体和惰性气体原子的高分辨总截面与共振散射，以及高总截面和 Ps 形成截面的尖点结构问题。

在整个散射实验范围里，最奇特的现象大概就是共振散射了，它最简单的形式就是 (作为能量函数的) 总截面出现尖锐峰。理论预测在入射粒子某些能量 E_k 处，入射粒子–靶粒子系统可以构成准束缚态。入射粒子被俘获而处于这类亚稳状态。这种准束缚态的存在是导致散射总截面突然增大的直接原因。对各种原子核简单分子的电子散射，这些特性已经观察到，通常比现在的灵敏度大很多。然而，在正电子散射的情况，目前高分辨的阱基束仍然没有看到期望的共振。

用了新的方法，用低能量、高分辨率的正电子束研究简单气体绝对高总截面及偏截面，特别是电子激发，可更清楚分辨各种高总截面和偏截面随能量的变化规律，也与理论计算一致。同时也把研究对象扩展到更广泛的材料，如重要的工业用分子材料或医学应用的生物大分子。

理论及实验分析了出现 Wigner 尖点的原因，对所有的惰性气体靶，Ps 形成阈值低于第一电子激发态，在 Ps 形成通道打开以前，弹性散射是唯一的通道，Ps 形成是第一个非弹性散射通道，由于近 Ps 阈值形成通道和弹性散射通道的强耦合截面曲线出现 Wigner 尖点。对其他原子靶和所有的分子靶，在能量等于 Ps 形成阈值，可能有一个或者几个其他非弹性散射通道。特别是分子如果有额外的自由度，旋转的或者振动，某些情况下，这些额外的自由度提供了附加的散射通道。有许多旋转和振动散射通道在 Ps 形成阈值处打开，分子可以处理偶极子动量，可以很强地增大散射通道，特别是导致在低能下/或者小角散射时的非常大的截面，因此，实验上未观察到 Wigner 尖点。

发展超低能量、超高分辨率冷正电子束，可进行更灵敏的、和态有关的积分截面测量，或者是角度微分截面测量需要去揭示有无弱的散射过程。我们希望有一个新的工具，用于正电子共振或者准束缚态研究，也希望能进一步激发关于正电子共振的理论工作。

参 考 文 献

[1]   Surko C M, Gribakin G F, Buckman S J. J Phys B, 2005, 38(6): R57-R126.

[2]   Sullivan J P, Gilbert S J, Marler J P, et al. Phys Rev A, 2002, 66(4): 042708.

[3]   Natisin M R, Danielson J R, Surko C M. Phys of Plasmas, 2015, 22(3):033501.

[4]   Iwata K, Gribakin G F, Greaves R G, et al. Phys Rev A, 2000, 61(2): 022719.

[5]   Gilbert S J, Sullivan J P, Greaves R G, et al. Nucl Instrum Methods B, 2000, 171(1):81-95.

[6]   Caradonna P, Jones A, Makochekanwa C, et al. Phys Rev A, 2009, 80(3): 032710.

[7]   Jones A, Caradonna P, Makochekanwa C, et al. Journal of Physics: Conference Series, 2009, 194(1): 012033.

[8]   Jones A C L, Makochekanwa C, Caradonna P, et al. Phys Rev A, 2011, 83(3): 032701.

[9]   汪德新. 量子力学. 北京: 科学出版社, 2000.

[10] Surko C M, Passner A, Leventhal M, et al. Phys Rev Lett, 1988, 61(16):1831-1834.

[11] Gilbert S J, Kurz C, Greaves R G, et al. Appl Phys Lett, 1997, 70(15): 1944-1946.

[12] Gilbert S J, Greaves R G, Surko C M. Phys Rev Lett, 1999, 82 (25): 5032-5035.

[13] Sullivan J P, Jones A, Caradonna P, et al. Rev Sci Instrum, 2008, 79(11): 113105.

[14] Marler J P, Surko C M, McEachran R P, et al. Phys Rev A, 2006, 73 (6): 064702.

[15] Varella M T N, Carvalho C R C, Lima M A P. New Directions in Antimatter hemistry and Physics. Amsterdam: Kluwer, 2001.

[16] Mitroy J, Bromley M W J, Ryzhik G. J Phys B: At Mol Opt Phys, 1999, 32(9): 2203-2214.

[17] Smith P M, Paul D A L. Can J Phys, 1970, 48(24): 2984-2990.

[18] Sullivan J P, Makochekanwa C, Jones A, et al. J Phys B, 2011, 44(3): 035201.

[19] Buckman S J, Clark C W. Rev Mod Phys, 1994, 66(2): 539-655.

[20] Sullivan J P, Gilbert S J, Buckman S J, et al. J Phys B: At Mol Opt Phys, 2001, 34(15): L467-L474.

[21] Ryzhikh G G, Mitroy J. Phys Rev Lett, 1997, 79(21): 4124-4126.

[22] Stein T S, Laperriere F, Dababneh M S, et al. 12th Int Conf. on the Physics of Electronic and Atomic Collisions, Gatlinburg: TN, 1981: 424.

[23] Mittleman M H. Phys Rev, 1966, 152(1): 76-78.

[24] Gien T T. Can J Phys, 1996, 74(7/8): 343-352.

[25] Campbell C P, McAlinden M T, Kernoghan A A, et al. Nucl Instrum Methods B, 1998, 143(1): 41-56.

[26] Kwan C K, Kauppila W E, Nazaran S, et al. Nucl Instrum Methods B, 1998, 143(1): 61-67.

[27]　Brenton A G, Dutton J, Harris F M, et al. J Phys B, 1977, 10(13): 2699-2710.

[28]　Kauppila W E, Kwan C K, Przybyla D, et al. Can J Phys, 1996, 74(7-8): 474-482.

[29]　Canter K F, Coleman P G, Griffith T C, et al. J Phys B, 1973, 6 (8): L201-L203.

[30]　Stein T S, Kauppila W E, Pol V, et al. Phys Rev A, 1978, 17(5): 1600-1608.

[31]　Coleman P G, McNutt J D, Diana L M, et al. Phys Rev A, 1979, 20(1): 145-153.

[32]　Baluja K L, Jain A. Phys Rev A, 1992, 46(3): 1279-1290.

[33]　Cheng Y J, Zhou Y J. Chin Phys Lett, 2007, 24 (12): 3408-3411.

[34]　Campbell C P, McAlinden M T, MacDonald F, et al. Phys Rev Lett, 1998, 80(23): 5097-5100.

[35]　Campeanu R I, Fromme D, Kruse G, et al. J Phys B, 1987, 20(14): 3557-3570.

[36]　Coleman P G, Johnston K A, Cox A M G, et al. J Phys B. 1992, 25(22): L585-L588.

[37]　Coleman P G, Grith T C, Heyland G R, et al. Appl Phys, 1976, 11(4): 321-325.

[38]　McEachran R P, Ryman A G, Stauffer A D. J Phys B, 1978, 11(3): 551-561.

[39]　Nakanishi H, Schrader D M. Phys Rev A, 1986, 34(3):1810-1823.

[40]　Dzuba V A, Flambaum V V, Gribakin G F, et al. J Phys B, 1996, 29(14): 3151-3175.

[41]　Jaduszliwer B, Paul D A L. Appl Phys, 1974, 3(4): 281-284.

[42]　Sinapius G, Raith W, Wilson W G. J Phys B, 1980, 13(20): 4079-4090.

[43]　Charlton M, Laricchia G, Grith T C, et al. J Phys B, 1984, 17(24): 4945-4951.

[44]　Montgomery R E, LaBahn R W. Can J Phys, 1970, 48(11): 1288-1302.

[45]　McEachran R P, Ryman A G, Stauffer AD. J Phys B, 1979, 12(6): 1031-1041.

[46]　Jain A. Phys Rev A, 1990, 41(5): 2437-2444.

[47]　Jones A C L, Caradonna P, Makochekanwa C, et al. Phys Rev Lett, 2010, 105(7): 073201.

[48]　Machacek J R, Buckman S J, Sullivan J P. Phys Rev A, 2014, 90(4): 042703.

[49]　Danielson J R, Dubin D H E, Greaves R G, et al. Rev Mod Phys, 2015, 87(1): 247-306.

[50]　Wigner E P. Phys Rev, 1948, 73(9): 1002-1009.

[51]　Smith K, McEachran R P, Fraser P A. Phys Rev, 1962, 125(2), 553-558.

[52]　Burke P G, Schey H M. Phys Rev, 1962, 126(1): 147-162.

[53]　McGowan J W, Clarke E M, Curley E K. Phys Rev Lett, 1965, 15(24): 917-920.

[54]　Eyb M, Hofmann H. J Phys B, 1975, 8(7): 1095-1108.

[55]　Cvejanovi'c S, Comer J, Read F H. J Phys B, 1974, 7(4): 468-477.

[56]　Karwasz G P, Pliszka D, Zecca A, et al. Instrum Methods Phys Res, Sect B, 2005, 240(3): 666-674.

[57]　Meyerhof W E, Laricchia G. J Phys B, 1997, 30(9): 2221-2238.

[58]　Van Reeth P, Humberston J W. J Phys B, 1999, 32(5): L103-L106.

[59]　Coleman P G, Cheesman N, Lowry E R. Phys Rev Lett, 2009, 102(17): 173201.

[60]　Makochekanwa C, Bankovic A, Tattersall W, et al. New J Phys, 2009, 11(10): 103036.

[61] Sueoka O, Mori S, Katayama Y. J Phys B, 1987, 20(13): 3237-3246.

[62] Zecca A, Chiari L, Trainotti E, et al. Phys Rev A, 2012, 85(1): 012707.

[63] Dababneh M S, Hsieh Y, Kauppila W E, et al. Phys Rev A, 1988, 38(3):1207-1216.

[64] Sueoka O, Mori S. J Phys B, 1986, 19(23): 4035-4050.

[65] Floeder K, Fromme D, Raith W, et al. J Phys B, 18(16): 3347-3359.

[66] Charlton M, Griffith T C, Heyland G R, et al. J Phys B, 1983, 16(2): 323-341.

[67] Sullivan J P, Gilbert S J, Marler J P, et al. Nucl Instrum Methods Phys Res, Sect B, 2002, 192(1): 3-16.

[68] Sullivan J P, Gilbert S J, Surko C M. Phys Rev Lett, 2001, 86(8): 1494-1497.

[69] Khakoo M A, Winstead C, McKoy V. Phys Rev A, 2009, 79(5): 052711.

[70] El-Zein A A A, Brunger M J, Newell W R. J Phys B, 2000, 33(22): 5033-5044.

[71] Gulley R J, Brunger M J, Buckman S J. J Phys B, 1992, 25(10): 2433-2440.

[72] Marler J P, Gribakin G F, Surko C M. Nucl Instrum Methods Phys Res, Sect B, 2006, 247(1): 87-91.

[73] Natisin M R, Danielson J R, Surko C M. Phys of Plasmas, 2015, 22(3): 033501.

[74] Danielson J R, Dubin D H E, Greaves R G. Rev Mod Phys, 2015, 87(1): 247-306.

[75] Zecca A, Moser N, Perazzolli C, et al. Phys Rev A, 2007, 76(2): 022708.

[76] Zecca A, Chiari L, Sarkar A, et al. Phys Rev A, 2008, 78(2): 022703.

[77] Zecca A, Chiari L, Trainotti E, et al. PMC Phys, 2010, 3(1): 4.

[78] Zecca A, Trainotti E, Chiari L, et al. J Phys B, 2011, 44(19): 195202.

[79] Chiari L, Zecca A, Blanco F, et al. J Phys Chem A, 2014, 118(33): 6466-6472.

[80] Zecca A, Sanyal D, Chakrabarti M, et al. J Phys B: At Mol Opt Phys, 2006, 39(7):1597-1604.

[81] Tattersall W, Chiari L, Machacek J R, et al. J Chem Phys, 2014, 140(4): 044320.

[82] Zecca A, Chiari L, Sarkar A, et al. J Phys B: At Mol Opt Phys, 2008, 41(8): 085201.

[83] Zecca A, Chiari L, García G, et al. J Phys B: At Mol Opt Phys, 2010, 43(21): 215204.

[84] Palihawadana P, Boadle R, Chiari L, et al. Phys Rev A, 2013, 88(1): 012717.

[85] Chiari L, Palihawadana P, Machacek J R, et al. J Chem Phys, 2013, 138(7): 074301.

[86] Chiari L, Anderson E, Tattersall W, et al. J Chem Phys, 2013, 138(7): 074301.

[87] Zecca A, Perazzolli C, Brunger M J. J Phys B: At Mol Opt Phys, 2005, 38(13): 2079-2086.

[88] do N Varella M T, Sanchez S A, Bettega M H F, et al. J Phys B: At Mol Opt Phys, 2013, 46(17): 175202.

[89] Chiari L, Zecca A, Girardi S, et al. J Phys B: At Mol Opt Phys, 2012, 45(21): 215206.

[90] Anderson E K, Boadle R A, Machacek J R, et al. J Chem Phys, 2014, 141(3): 034306.

[91] Surdutovich E, Setzler G, Kauppila W E, et al. Phys Rev A, 2008, 77(5): 054701.

第6章　正电子素的湮没和散射

6.1　正电子素原子的基本研究

正电子素的性质和它的湮没在前面我们已经介绍了很多，本章的主要内容涉及正电子素束流的散射，因此我们需要形成一束由正电子素组成的束流，而本章的前半部分主要涉及正电子射入固体和气体后有可能转化为正电子，研究这时正电子素的湮没性质和湮没率；本章的后半部分主要涉及正电子素的产生方法，束流的形成，正电子素束和气体分子的散射截面。所以这里的介绍和前几章的介绍是有区别的。

我们在本章需要描述测量正电子素散射截面的详细方法，正电子素可以跨越一个动能范围，典型的从几 eV 直到 100 ~200eV。在测量正电子素原子的本征特性方面的工作也有重要的改进，如测量基态寿命 [1-3]，各种谱的质量得到改善 [4-6]。

6.1.1　正电子素湮没与寿命

自从 Deutsch 等 [7,8] 早期的关于正电子素的工作以来，它的寿命，或者说衰变率已经从理论和实验上加以研究。对真空中基态 o-Ps 的衰变率 $_0\lambda_{o-Ps}$ 的研究常常要多于对正电子素其他性质的研究，因为它直接关系到正电子素原子出现的程度，精确测量的正电子素寿命值为 142ns，相应的湮没率为 $7.04\mu s^{-1}$，这个测量从现在看是满意的。与之相比，基态 p-Ps 的寿命要短得多，为 125ps，相应的湮没率为 $8.0ns^{-1}$，测量精度在 1% 的范围内，这是在均匀的磁场中通过混合 o-Ps 中 $m=0$ 的态和 p-Ps 而得到的，这是假设基态超精细分裂的值，据我们所知，还没有关于正电子素激发态衰变率的测量。

本书第 1 章已经比较详细地介绍了正电子素和它的性质，本章在此基础上继续介绍。对正电子素湮没率的贡献首先来自 S 态的衰变，这是一个主要的模式，无论是对 o-Ps 还是对 p-Ps(对任意的主量子数 n_{Ps}) 都如此，已经在第 1 章式 (1.4.4) 和式 (1.4.5) 中给出。在下面方程中，这些贡献主要是对两个基态的湮没率 $(_0\lambda_{o-Ps}, _0\lambda_{p-Ps}$，这里左下标 0 表示基态)，但是也包括了精细结构常数 α 的更高量级的项：

$$_0\lambda_{o-Ps} = 2\alpha^6 mc^2 \frac{\pi^2-9}{9\pi\hbar}$$

$$\left[1 - \frac{A\alpha}{\pi} - \frac{1}{3}\alpha^2 \ln \alpha^{-1} + B\left(\frac{\alpha}{\pi}\right)^2 - \frac{3\alpha^3}{2\pi}(\ln\alpha)^2 + \cdots\right] \quad (6.1.1)$$

$$_0\lambda_{\text{o-Ps}} = \frac{\alpha^5 mc^2}{2\hbar}\left[1 - \frac{\alpha}{\pi}\left(5 - \frac{\pi^2}{4}\right) + \frac{2}{3}\alpha^2 \ln\alpha^{-1} + B\left(\frac{\alpha}{\pi}\right)^2 + \cdots\right] \tag{6.1.2}$$

第 1 章已经指出，在目前的精度水平下，来自更高量级的湮没模式中的贡献可以忽略，这样 o-Ps 湮没为 5 根 γ 射线的几率仅为湮没为 3 根 γ 射线的几率的 10^{-6}，对 p-Ps，湮没为 4 根 γ 射线的几率和湮没为 2 根 γ 射线的几率比大致也是这样。这样我们只考虑 o-Ps 湮没为 3 根 γ 射线，p-Ps 湮没为 2 根 γ 射线。

在 o-Ps 衰变率中，系数 A 的最精确地确定得到一个值 10.2866[9]，在最低量级湮没率中给出 2.3% 的变化，对 p-Ps 相应的一级修正仅为 0.6%。系数 B 乘以项 $(\alpha/\pi)^2$ 也已得到[10]，对 o-Ps 为 46，对 p-Ps 为 40，在湮没率中产生的进一步变化近似为 250ppm。在计算中取所有的这些修正，得到 o-Ps 湮没率最精确的理论值为 $7.0420\mu s^{-1}$，和实验值[3] 很好地符合。

20 世纪 70 年代，对 o-Ps 湮没率 $_0\lambda_{\text{o-Ps}}$，理论和实验似乎都收敛到一个近似值为 $7.24\mu s^{-1}$。但是后来也受到怀疑[11,12]，他们所得到的值在 $7.1\mu s^{-1}$ 以下。这个矛盾在 Caswell 等[13,14] 的计算和 Griffith 等[15] 的实验测量中得到部分解决。但是更精确的测量由 Michigan 小组在后来的十年中得到，使用了真空中的正电子束技术。只和理论产生了一个比较小的误差，这个矛盾现在似乎也被 Asai 等[3] 的测量所解决，Hasbach 等[16] 在以前也得到类似的结论。这些作者所产生的真空中的正电子素使用了类似于 Gidley 等[12] 所发展的方法，后来被 Nico 等[17] 进一步实用化，但是他们使用了非常不同的计数技术。Asai 等[3] 在低密度的硅石粉末中得到 o-Ps，应用了一个新奇的方法，从拾取 (pick-off) 湮没中得到 $_0\lambda_{\text{o-Ps}}$ 的值，我们在下面描述其中的一些测量。

6.1.2 研究正电子素形成的设备

为了探测正电子素的形成，发展了很多设备。Westbrook 等[18,19] 所使用的设备如图 6.1.1 所示，由一个圆柱形的气体室所组成，放在两个电磁极之间。可以在相互作用区产生一个 0.68T 的磁场以增加由所有正电子所产生的信号率，向前的动量分量沿着一个螺旋形的路径通过一个能被 γ 射线探头看到的区域，虽然在这个场中混合有 $m = 0$ 的亚态，但并不改变 $m = \pm1$ 的 o-Ps 态的衰变率。

β^+ 粒子来自 ^{22}Na 源，源滴在一个薄的塑料闪烁体之中，再通过一个光导和光电倍增管相连，这样在时间次序上提供了一个效率很高的起始信号，终止信号由湮没 γ 射线所提供，这是由两个半环形的围绕着气体室的闪烁体所测量。组合探头对 o-Ps 衰变的 3γ 射线的效率在 25%～50%。室内有钨环以屏蔽探头，防止 ^{22}Na 源以及在腔室对面壁上的湮没。

气体通过一管道进入腔室，气体导出也通过这根管，每天需要把静态的气体样品抽出，冲洗，再充气。每小时记录绝对的压力和温度。对气体的泄漏、除气时的污染需要做其他的各种试验, 对气体的混合需要作十分认真的准备 (在用 N_2 和 Ne 作缓冲气体的情况下), 气体的密度需要计算, 通过位力 (virial) 系数的相关测量进行适当修正。实验中所用电子学是快慢系统的结合, 每个都有自己的延时, 详细情况见文献 [19]。

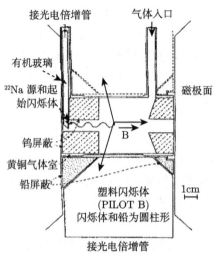

图 6.1.1　正电子素形成室和探头排列的示意图 [18,19]

通常所有 $_0\lambda_{o-Ps}$ 的测量的原始数据都对本底进行了修正, 然后进行小心地分析 [15,16]。Westbrook 等 [19] 所使用的数据来自于谱中时间段在 180~930ns, 指数拟合在 100ns 外的正常间隔内重复, 步长为 8~10ns。图 6.1.2 中显示异丁烷气中两个

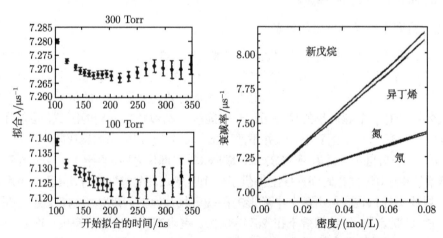

图 6.1.2　左边图中显示在两个异丁烷气体压力下 o-Ps 拟合的衰变率,
这是从各成分的不同起始时间起拟合的; 右图画出了观察到的衰变率,
以及把它们外推到零密度的值 [19], 每个点的误差近似等于线的宽度

变化起始道的拟合衰变率的例子，注意拟合衰变率似乎是安排在和起始道无关的值处，大约为 180ns，还显示了 4 种气体最后拟合的衰变率，并外推到零气体密度。最后的结果为 $(7.0514\pm0.0014)\mu s^{-1}$，在最佳理论值以上 6 个标准偏差还多。

在这些外推中还考虑了来自 Westbrook 等 [19] 更高压力下 Ne 和 N_2 的数据，还取了更早的 Coleman 等 [20] 在同样气体中的数据，后者使用了完全不同的设备和数据再现技术，并在高得多的密度下测量。发现能和从非常低的密度起外推到零密度的结果很好地符合。

Asai 等 [3] 使用了硅石粉末作为形成正电子素的介质，他们发展了一种技术估计正电子素在和晶粒碰撞时的拾取 (pick-off) 湮没，因此不用像在其他大多数工作中要外推到零密度的粉末 (或气体)，他们的实验方法包含了通常的定时安排，但增加了一个探头去测量由正电子素湮没而引起的 γ 射线的能谱，拾取湮没过程导致了 2γ 射线发射，每个 γ 射线能量为 511keV，与之相比，真空中 o-Ps 衰变的 3γ 射线有连续的能谱。通过应用这些能量分布和蒙特卡罗模拟，对所有的 γ 射线相互作用都适用，不管是在探头中湮没还是在设备的材料中湮没，Asai 等 [3] 显示测量的 3γ 射线分布和期望的分布达到很重合的程度。3γ 射线和 2γ 射线事件之比可以从所测能谱中拟合出来，对触发探头信号的时间进行修正以产生 $\lambda_{po}(t)/_0\lambda_{o\text{-}Ps}$ 的比例，这里 $\lambda_{po}(t)$ 是和时间有关的撞击湮没率，一旦这个参数推导出来，就可以用来拟合时间谱，并有以下形式：

$$N(t) = N_0 \exp\left[-_0\lambda_{o\text{-}Ps} \int_0^t \left(1 + \lambda_{po}\left(t'\right)/_0\lambda_{o\text{-}Ps}\right) dt'\right] \qquad (6.1.3)$$

本底的贡献和相关的探头效率也已经被 Asai 等 [3] 考虑进去，从 $_0\lambda_{o\text{-}Ps}$ 得到的最后的结果为 $(7.0398\pm0.0025(统计误差)\pm0.0015(系统误差))\mu s^{-1}$，这和最近的理论值符合，但和 Michigan 组从气体外推结果不同，Asai 等 [3] 提供一些思考，在气体的外推方法中有潜在的错误，但对正电子素热化和相关的现象给出了一些新的结果。此外，从 Michigan 组气体实验得到的 $_0\lambda_{o\text{-}Ps}$ 的结果现在被同一个组在真空中应用低能正电束的实验所证实。

Michigan 组的设备 [17] 如图 6.1.3 所示，是定时 "加标志" 正电束，正电子素是在一个空腔中形成的，内有氧化镁条。原始的低能正电子聚焦到一个镍膜二次慢化体上，在这个过程中产生二次电子，被 CEMA 探测器探测，作为起始信号开启定时程序。这个信号也打开电子学的门，只允许定时正电子进入空腔，因此，从未加标志的二次慢化束中消除本底 (总数的 85%)。进入空腔的四分之一的正电子以 700eV 能量在氧化镁表面形成正电子素，同时这也是在和壁发生碰撞时最小的猝灭。湮没 γ 射线被两个半环形、围绕着空腔的塑料闪烁体计数器探测到，所应用的电子学的细节、结果分析等见文献 [17]。

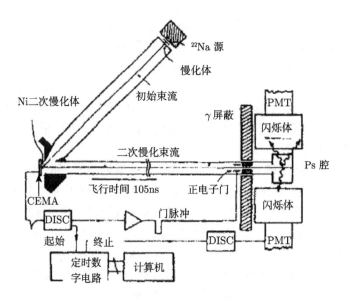

图 6.1.3   定时和加门的低能正电子束的示意图[17]

用于测量 o-Ps 的真空衰变率

系统误差来自通过空腔入口缝时 o-Ps 的消失、和壁发生碰撞引起的湮没率被考虑到测量湮没率的表达式之中：

$$\lambda = {}_0\lambda_{\text{o-Ps}} + c_{\text{e}}\,(A'/S)\,\nu + P_{\text{a}}\nu \tag{6.1.4}$$

式中，S 是空腔的表面积，A' 是空腔入口的有效面积，ν 是 o-Ps 和壁的碰撞率，在壁上的湮没率为 P_{a}，c_{e} 是来自 o-Ps 的 γ 射线的几率。这些 o-Ps 从空腔中逃逸，没有被探头探测到。当 o-Ps 均匀分布在空腔中，Nico 等 [17] 讨论了入口处经修正的实际的自然面积，通过两个参数给出 A'，一个是粒子密度的非均匀性，另一个是在正电子素通过非零宽度入口处随机的消失。和壁的碰撞率为 $\nu = \langle v\rangle S/(4V)$，这里 $\langle v\rangle$ 是正电子素的平均速度，V 是空腔的容积，这样式 (6.1.4) 可以重写成

$$\lambda = {}_0\lambda_{\text{o-Ps}} + \frac{c_{\text{e}}A'\langle v\rangle S}{4V} + \frac{P_{\text{a}}\langle v\rangle S}{4V} \tag{6.1.5}$$

${}_0\lambda_{\text{o-Ps}}$ 可以从两个变量 A'/V 和 S/V 外推得到，图 6.1.4 显示这些外推的结果，两个截距 $(7.0497\pm0.0013)\mu\text{s}^{-1}$ 和 $(7.0482\pm0.0015)\mu\text{s}^{-1}$ 是能很好符合的，理论值也在每个图中画出以供比较，但低了约 5 个标准偏差。可能是由于不同的系统误差影响了结果，最显著的一种考虑是在表面形成激发态正电子素，但是所有的这些影响都要打折扣，因为对最终态的影响可以忽略。

从前面的讨论中可以清楚知道实验的情况，仍然有一些没有解决的问题，需要在测量 ${}_0\lambda_{\text{o-Ps}}$ 方面和相关的实验系统误差方面做进一步工作。

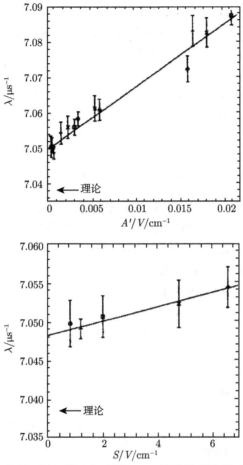

图 6.1.4 应用 A'/V 和 S/V 测量 o-Ps 衰变率的外推 (见正文)[17]

另外, 对正电子素的三态衰变率测量中还存在单态衰变率, 前面已经说过, 为 125ps 寿命值, 所以目前排除在寿命谱中直接地确定 $_0\lambda_{\text{o-Ps}}$ 值。这主要是由于从其他快速的正电子湮没机制得到的信号中很难把 p-Ps 成分隔离出去。其他技术也已成功应用, 第一个是 Theriot 等 [21] 在测量正电子素基态超精细分裂时从无线电频率的共振宽度得到 $(7.99\pm0.11)\text{ns}^{-1}$ 的值。最近的理论结果为 $7989.5\mu\text{s}^{-1}$[22] 和 $7986.7\mu\text{s}^{-1}$[14], 其差别是由于在计算 $\alpha^2\ln\alpha^{-1}$ 系数项时有一些差异。

Al-Ramadhan 等 [2] 实验测定了 $_0\lambda_{\text{o-Ps}}$, 其设备和分析技术类似于 Westbrook 等 [19] 的工作, 在此不再重复。他们的方法中应用了在静磁场下的单态/三重态混合 [23], 这就要求从 $_0\lambda'_{\text{o-Ps}}$ 抽出 $_0\lambda_{\text{o-Ps}}$, $_0\lambda'_{\text{o-Ps}}$ 是 $m=0$ 混合态的衰变率, Rich(文献 [1] 和文内的参考文献) 认为扰动的 o-Ps 真空衰变率可以写成

$$_0\lambda'_{\text{o-Ps}} = (1 - b^2)\, _0\lambda_{\text{o-Ps}} + b^2\, _0\lambda_{\text{p-Ps}} \tag{6.1.6}$$

式中, $b = y^2/(1+y^2), y = x/[1+(1+x^2)^{1/2}], x = 2g'\mu_0 B/h\Delta\nu_{\rm hfs} \approx B/3.65$ 特斯拉 (T), $g' = g(t - 5\alpha^2/24)$, $\Delta\nu_{\rm hfs}$ 是在零磁场基态时超精细结构的间隔。在磁场为 0.4T 时 $_0\lambda'_{\rm o-Ps}$ 的典型值为 $30\mu{\rm s}^{-1}$, 所以 $_0\lambda_{\rm o-Ps}$ 可以在已知磁场下通过测量 $_0\lambda_{\rm o-Ps}$ 和 $\Delta\nu_{\rm hfs}$ 而外推得到。

可以在两个磁场值下做实验, 分别为0.375T和0.425T, 在不同密度的氮气并加上少量异丁烷混合气, 以使自由正电子成分猝灭。Al-Ramadhan等[2] 从他们的 $\lambda'_{\rm o-Ps}$ 和 $\lambda_{\rm o-Ps}$ 测量值得到$\Lambda(\rho)$, 对混合和没有混合 o-Ps 时, 在气体密度为 ρ 时给出

$$\Lambda(\rho) = [\lambda'_{\rm o-Ps}(\rho) - \lambda_{\rm o-Ps}(\rho)]/b^2 + {}_0\lambda_{\rm o-Ps} \tag{6.1.7}$$

式中, b 的定义和前面一样, 用参数表示由磁场引起的混合程度。$_0\lambda_{\rm o-Ps}$ 的值取 $(7.0482\pm0.0016)\mu{\rm s}^{-1}$[17]。在缺少由碰撞引起的自旋交换机制时, 对混合和没有混合的 o-Ps 的猝灭系数被期望为相同的, 所以 $\Lambda(\rho)$ 可以取测量得到的 $_0\lambda_{\rm o-Ps}$ 值, 这样测量可以在更高的气体密度下进行以增加统计精度。$\Lambda(\rho)$-ρ 的关系如图 6.1.5 所示。直线是对数据的拟合, 斜率包括了零在内, 从实验上证实气体中扰动和未扰动 o-Ps 猝灭率是相同的。

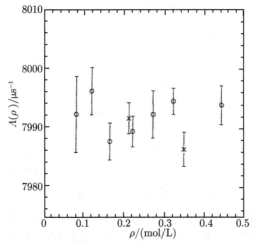

图 6.1.5　在氮气–异丁烷混合气中测量 $\Lambda(\rho)$ 的作图

$\Lambda(\rho)$ 的定义如式 (6.1.7), 数据点取自磁场 0.375T($\times$) 和 0.425T($\circ$) 的条件下 [2]

图 6.1.5 中零密度时的截距为 $(7990.3\pm3.1)\mu{\rm s}^{-1}$, 但对数据简单的加权平均给出 $(7990.9\pm1.0)\mu{\rm s}^{-1}$, 之间的误差仅由统计误差所致。这个过程证明对加和不加磁场时扰动和未扰动 o-Ps 通过寻找 $\lambda_{\rm o-Ps}(\rho)$ 的差异而得到了猝灭系数的独立的信息。虽然对整个误差有额外的贡献, 但没有发现大的效应, 因此可以认为是一致的。在最后的分析中, 其他的误差来自于时间的定标和寿命谱的线性度、磁场的

测量、o-Ps 所取样的平均磁场 (由于有位置上的微小变化, 必须要平均), 如果在定时系统开始作用后在腔室中有多于一个正电子素需要作小的修正。最后的结果为 $_0\lambda_{\text{o-Ps}}=(7990.9\pm1.7)\mu\text{s}^{-1[2]}$, 误差为 215ppm, 和精确测量 $_0\lambda_{\text{o-Ps}}$ 同一个精度, 在式 (6.1.2) 中对 $\alpha^2\ln\alpha^{-1}$ 系数项的两个计算值是可以区别的, 和后来的结果 [22] 相符。

6.1.3 基态正电子素的超精细结构 (hfs)

从实验上说, 正电子素中第一个研究的特性是基态正电子素的超精细结构 (hfs), 这已经在 Rich 的文献 [1] 中极好地描述, 历史上著名的测量是 Deutsch 等 [7] 第一次证实了在虚的湮没项合并入能量分裂的计算中的必要性, 之后不久 Deutsch 等 [8] 对 $\Delta\nu_{\text{hfs}}$ 进行了相对精确的测量, Brandeis 大学和 Yale 大学的小组后来用此技术进行了精确的实验测量。现在这个值为 $(203.3875\pm0.0016)\text{GHz}^{[24]}$ 和 $(203.38910\pm0.00057\pm0.00043)\text{GHz}^{[25]}$, 也可看 Hughes[26] 的评论。上面的值可以和理论结果 [14,27,28] 进行比较。

$$\Delta\nu_{\text{hfs}} = \frac{\alpha^4 mc^2}{4\pi\hbar}\left[\frac{7}{3} - \frac{\alpha}{\pi}\left(\frac{32}{9} + 2\ln 2\right) + \frac{5}{6}\alpha^2\ln\left(\alpha^{-1}\right) + O\left(\alpha^2\right)\right] \tag{6.1.8}$$

这里得到 203.400GHz。Rich[1] 说明 α^2 这一未经认真考虑的项对这个值所作的贡献的量级大约为 7MHz, 如果它们的系数是统一的。这已经被 Czarnecki 等的工作 [29] 所证实, 发现这个值为 203.39201(46)GHz, 和实验有三个标准偏差。这里我们仅详细描述 Yale 大学的实验, 因为 Brandeis 小组在许多方面是类似的, 后者的小结可以看 Berko 等 [4] 的评论。注意上面所用值都被 Mills[30] 向上修正, 他根据 Rich[1] 的建议, 适当地考虑由湮没效应引起的偏差, 发现真正的洛伦兹线形的漂移量级为 $(_0\lambda_{\text{o-Ps}}/4\pi\Delta\nu_{\text{hfs}})^2 \approx 10^{-5}$, 结果对 Mills 等 [24] 和 Egan 等 [25] 的值分别修正了 2.5ppm 和 21ppm。

图 6.1.6 显示在静磁场下正电子素的基态能级, 在实验中所选的磁场为 0.7~1.0T, 在未扰动的 $m = \pm 1$ 态和 $m = 0$ 态之间发生跃迁, 在垂直于静态磁场加一无线电频率的磁场诱导跃迁, 通常静态磁场的大小是变化的, 无线电频率不变以寻找共振, 共振位置受扰动和未扰动之间的三重态能级差支配, 可以从下面式子给出:

$$\frac{1}{2}\Delta\nu_{\text{hfs}}\left[(1+x^2)^{1/2} - 1\right] \tag{6.1.9}$$

式中, $x = 2g'\mu_0 B/h\Delta\nu_{\text{hfs}} \approx B/3.65$ 特斯拉 (T)。

图 6.1.7 是 Yale 大学实验的示意图 (全视图), 还有微波腔、源和气体的区域。从 ^{22}Na 源发射的正电子在适当的低压气体 (如氢或者氖) 下形成正电子素, 气体被限制在一个体积中, 这个体积也是微波腔, 它位于由电磁所产生的场中, 应用一

对相对安排的闪烁体计数器探头探测 511 keVγ 射线的数量。Rich[1] 注意到通过一个共振, 双 γ 射线的数目增加了约 10%。Yale 大学数据的一个例子如图 6.1.8(a) 所示, 随着磁场强度的增加, 本底也增加, 这是由于 o-Ps 中 $m = 0$ 的 1^3S_1 态非共振关闭猝灭有小的增加。

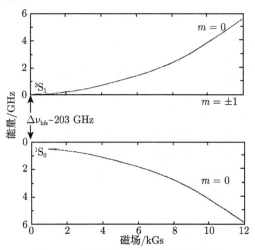

图 6.1.6　磁场中正电子素的基态能级

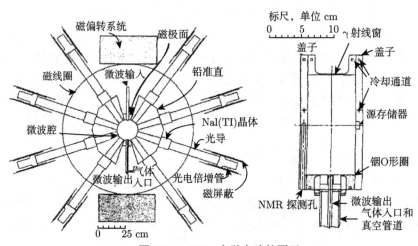

图 6.1.7　Yale 大学实验的图示

测量了基态正电子素的超精细能隙。左边是设备的全视图, 而右边是微波腔和气体室,
正电子素在气体室中形成

从图 6.1.8(a) 中也可以看到, 在确定 $\Delta\nu_{\rm hfs}$ 时主要的困难要达几 ppm, 即自然线宽是大的, 约为 6200ppm, 必须完成极端细的线分裂。这个课题及其相关系统见 Rich[1] 的详细讨论, 注意两个小组的结果是符合的, 他们使用了不同的数据分析技

术，在报道的精度上得到重要的证实。

在测量中，其他主要的不确定性是由 o-Ps 和缓冲气体的碰撞所引起，其主要的效应导致 $\Delta\nu_{hfs}$ 值的漂移。事实上主要的机制包含长程范德瓦耳斯力的吸引，这导致在正电子素中正电子–电子分离的增加，这样降低了分裂。这已经在图 6.1.8 (b) 中得到明白的显示 [25]，这里线性外推到零气体密度 [24]。

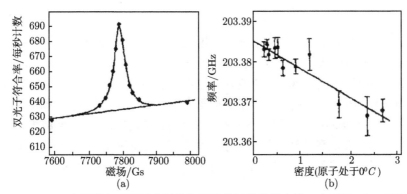

图 6.1.8 (a)Yale 大学测定正电子素超精细结构共振的数据中的一个例子；(b) 测量得到的超精细能隙再线性外推到零气体密度

Mills 和他的同事 [31−33] 在 Bell 实验室做了 1S-2S 跃迁的激光谱，这是继续了 Chu 等 [34] 对这个跃迁的第一激发态的工作，除了采用了不同的技术，在 1984 年和 1993 年两次测量之间的主要差别是在 1993 年脉冲产生于调谐的 486nm 连续波激光，应用了 Fabry-Psrot 电源装配的腔室，被用于通过双光子无多普勒吸收的激发该跃迁，再应用高强的脉冲 YAG 激光器光致离化 (电离) 从 2S 能级倍增到 532nm，但是 Chu 等 [31] 使用高强的脉冲 486nm 激光器直接对正电子素光致离化 (电离)，从基态通过三光子吸收实现共振态调谐。从 Fee 等 [33] 粗略给出的理由中希望从应用连续波的激光器去激发跃迁，将导致得到更精确的频率间隔，比用 486nm 脉冲激光器实验中得到的 (1233607218.9±10.7)MHz 值更好，该值经过了 Danzmann 等 [35] 的修正，然后经过用 Te$_2$ 的参照线而重新定标加以校正 [36]。

对激发态正电子素的第一个粗略的测量谱是证实 2P-1S 跃迁时发射 243nm 莱曼 α 辐射，Canter 等 [37] 应用了慢正电子束第一次观察到这一条线。而在前面的二十年中并不成功，许多人使用了各种传统的方法，如使正电子停止的固体中或者高密度的气体中。

Canter 等 [37] 实验的基本原理是使低能正电子和表面发生碰撞，再观察莱曼 α 光子和由 1^3S 正电子素后来的湮没而引起的延时的 γ 射线之间的符合，应用了三个干涉滤波器证实了莱曼 α 信号的出现，其波段分别在 243nm 的中心，这样在 243nm 的地方增强了滤波器的符合率。这种类似的莱曼 α-γ 射线技术被后来在本领域中工作的人所采用 [6,21,38−41]。

至今已经确立了正电子素形成势, 正电子在穿过表面的外层的低密度电子云时可以形成正电子素, 这样形成的正电子素可以发射到真空中, 动能小于正电子素形成势, 即 $\leqslant -\varepsilon_{\mathrm{Ps}}$, 这可以用能量守恒来表达, 对具体的材料, 正电子和电子的功函数分别为 φ_+ 和 φ_-, 则

$$\varepsilon_{\mathrm{Ps}} = \varphi_+ + \varphi_- - 6.8/n_{\mathrm{Ps}}^2 \tag{6.1.10}$$

当 $n_{\mathrm{Ps}}=1$ 时, 形成势通常是负的, 因此发射正电子素是可能的, 对 $n_{\mathrm{Ps}} > 1$, 是正的, 所以由于功函数的原因激发态正电子素的发射是被禁止的, 只有当正电子在表面达到超热 (这主要在低入射能量时, 这样它们不能在固体中注入很深) 时, 将形成正电子素, $n_{\mathrm{Ps}} > 1$, 这种正电子素原子有可能从表面发射, 其动能区域反映了正电子返回到表面的能量, 同样也反映了捕获过程的能量关系, 期望为几 eV 宽。在所研究的谱中其能量的展宽是由于多普勒效应, 然而对 $2^3S_1\text{-}2^3P_J(J = 0,1,2)$ 跃迁的频率已经进行了测量, 见表 6.1.1, 小结了各个实验和理论数据。

表 6.1.1　对正电子素的 $2^3S_1\text{-}2^3P_J$ 跃迁, 小结了各个实验和理论数据

跃迁	跃迁频率/MHz		
	(a)	(b)	(c)
$2^3S_1 \to 2^3P_2$	$8624.38 \pm 0.54 \pm 1.40$	$8619.6 \pm 2.74 \pm 0.9$	8626.87
$2^3S_1 \to 2^3P_1$	$13012.42 \pm 0.67 \pm 1.54$	$13001.3 \pm 3.94 \pm 0.9$	13012.58
$2^3S_1 \to 2^3P_0$	$18499.65 \pm 1.20 \pm 4.00$	$18504 \pm 10.0 \pm 1.7$	18498.42

实验(a)来自文献[6], (b)来自文献[38] (误差中第一是统计误差, 第二是系统误差); (c)来自理论[42]

由于在所有的情况下实验原理是一样的, 我们只讨论 Hagena 等 [6] 的工作, 他们用来测定 $2^3S_1\text{-}2^3P_J$ 跃迁的设备的示意图如图 6.1.9(a) 所示。正电子是由 Giessen 电子直线加速器的 "电子–正电子对效应" 而产生的 [43], 经过慢化, 在微波引导下

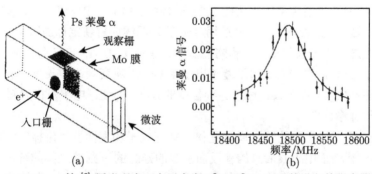

图 6.1.9　Hagena 等 [6] 用于观察正电子素中 $2^3S_1\text{-}2^3P_J$ 跃迁的设备的示意图 (a) 和
$2^3S_1\text{-}2^3P_0$ 跃迁的共振曲线 (b)

以 100eV 射入钨表面, 为了减小运动的 Stark 效应, 这部分设备从轴向磁引导场中去除, 应用了直线加速器的束流, 以便使残留的磁场大约为 (0.3 ± 0.1)mT。通过栅格使光电倍增管对太阳光不灵敏, 而观察到莱曼 α 光子, 光电倍增管位于光导后部 25cm 处, 这样可以减小来自湮没 γ 射线的本底的测量。

信号 S, 是精细结构跃迁, 通过微波功率的开和关而视计数率数目的比例而得到: $S = (R_{\text{on}} - R_{\text{off}})/R_{\text{off}}$。$R_{\text{off}}$ 的值包括了来自湮没光子和来自 $2P$ 退激而直接产生的莱曼 α 光子的贡献, 由于 2^3S_1-2^3P_J 微波导致的跃迁 (然后引起莱曼 α 发射), 最大可以增加约 7%。作为一个有代表性的例子, 图 6.1.9(b) 在 18500MHz 时 2^3S_1-2^3P_0 的跃迁, 所观察到的线的宽度的讨论见 Hagena 等的文献 [6]。

Ziock 等 [44] 应用了在美国 Lawrence Livermore 实验室的脉冲正电子源使单光子 $(2^3S$-$2^3P)$ 跃迁的光学饱和, 这个工作的一个值得注意的特点是应用了改进的染料激光器以得到带宽足以覆盖正电子素的多普勒增宽中相当比份的光, 这样就能允许所有的 2^3P_J 态进入。这个技术的发展为 Ziock 等 [45] 的工作铺平了道路, 他们第一次观察正电子素的高 n_{Ps} 里德伯 (Rydberg) 态的共振。这是用更亮的二次激光去激发原子而实现的, 再一次应用了大的带宽, 激光可以调谐到谱的红色区域, 显著地激发 n_{Ps}=13~19 中的一些能级而得到的。最后, 注意到 $1S$-$2P$ 跃迁的光学的饱和, 这同样也是基于激光冷却正电子素的原理。这样做的可能性见 Liang 等 [46] 的讨论, 他们同样考虑了适当的冷却率。

正电子素是一种真正的可利用的纯的轻子系统, 同时也是一个粒子–反粒子对, 这些年来是非常有吸引力的实验, 可以试验激发粒子或耦合体存在的基础, 在试验正电子素衰减特性中也许也是对耦合体本身的证实, 所以有很多努力是观察禁带模式, 特别是在 Michigan 组的 $_0\lambda_{\text{o-Ps}}$ 实验值和 QED 计算之间长期存在的矛盾, 已经作为一个径迹 (spur) 模型去研究。

所有这些深层次的测量都超过了我们现在的讨论范围, 我们只推荐部分文献给感兴趣的读者。到 1980 年左右的情况的小结见 Rich[1] 的文献, 后来的工作包括对称性试验 [47,48], 搜寻 o-Ps 湮没中被禁戒的 2γ[49-51] 和 4γ[52], 搜寻 o-Ps 湮没空间上的各向异性 [53], 以及在 o-Ps 衰减中除了 γ 射线以外其他粒子的发射的各种研究 [54-59]。对于目前的要求这已经足以说没有证据证明被禁戒的衰减模型, 或者说即将来临的新粒子在相关实验的限制之内。

正电子和正电子素原子本身就是物理学研究中一个很好的课题, 包含了很深奥的内容, 对很多内容我们也认识不足, 不能更多介绍了, 期望国内正电子界的同行给予更多的关注和介绍。下面我们转入本章的主要内容: 正电子素束的散射。

对于低能正电子束大家已经很熟悉了, 中国科学技术大学、中国科学院高能物理研究所 (高能所)、武汉大学都已经拥有, 高能所除了拥有常规的正电子束外, 还拥有在国际上也是属于最先进的利用正负电子对撞机的低能正电子束。高能所和武汉大学在最近又各自引入世界上最先进的阱基束, 为开展国际上最先进的课题创造了条件。但是对正电子素束, 国内还是空白。

我们首先需要回答大家可能的疑惑: 正电子束容易理解, 在周围没有电子的情况下, 正电子本身还是一个稳定的基本粒子, 可以和电子一样加速。但是正电子素不然, 正电子进入固体或者气体后可能会形成正电子素, 但是很快就湮没了, 如何能够引出来? 另外, 正电子素本身是中性粒子, 不能够如电子、质子、正电子等带电粒子那样加速, 如何能够形成一个束流? 下面我们来回答这两个问题。

6.2   正电子素束散射

6.2.1   研究正电子素束散射的意义

发展正电子素 (Ps) 束的动机是检验量子电动力学 (QED) 和宇称守恒 (CPT) 问题 [31,38,47,60] 以及粒子和原子系统 [61-63]。人们期望 Ps 束会和电子束有很不一样的散射性质, 由于在 Ps 中质心和电荷中心一致, 期望 (在未被扰动的靶中) 会使静态相互作用可以被忽略, 由于 Ps 是中性的, 范德瓦耳斯力会很弱, 其作用距离很短 (不太可能吸引另一个中性极化系统, 如原子或者分子)。但是短程畸变能引起 Ps 和靶中电子发生交换。

Ps 束可以有各种不同的应用, 在表面物理中感兴趣的是从晶体的衍射, 正如 Canter[63] 指出, 在中间能量 Ps 有相对长的德布罗意波长, 主要基于这个事实, 能比传统的原子衍射更深地探测到表面层。Weber 等 [64] 实现了 Ps 从单晶反射的研究, Surko 等 [65] 建议给托卡马克 (tokamak) 等离子体注入 Ps 原子以作诊断工具去调查等离子体中的带电粒子的输运。如果注入的 Ps 有足够高的能量 (≥20eV), 它将在碰撞中破裂, 这样就释放出正电子, 输运中的正电子碰到托卡马克的壁上由于有探头的监视, 可以知道湮没辐射在何处发射 (和正电子的最后位置)。

再举一个例子, 也是目前最感兴趣的课题, 就是 Ps 从原子和分子的散射, 可作为多体原子物理的探针。在这个研究中 Ps 束流必须很好地准直, 并且是一个可调谐的已知能量 (或者是准单能), 已知其量子态。在下一节我们将描述达到这些目标的努力, 重点是在正电子–气体碰撞中应用电荷交换来产生 Ps。

6.2.2   用正电子–气体碰撞产生正电子素束的方法

正电子素束可以用于原子和表面散射实验。Ps 是中性原子, 不容易受电场磁场的控制, 如何把 Ps 收集起来, 聚束, 改变速度, 这并不容易。Ps 散射比正电子散射更难, 产生单能的 Ps 束更难, 我们必须要先把正电子转化成 Ps 原子, 在气体室中电荷的交换效率不高。

Ps 的产生和散射已经研究很多年 [66]，产生正电子素束可以用以下三种方法：

第一种方法是 Mills 等 [67] 使用的方法，产生准直的 Ps 束，能量区域为 0.5~500eV，高能正电子束在超高压下可以部分通过 40Å 厚度的碳膜，干净，但缺点是束内 o-Ps 原子有很大的能量分散性。

e^+-Ps 的转换效率和产生的 Ps 动能依赖于靶材料和温度，以及正电子能量。许多材料和半导体是可以发射 Ps 的，因为电子、正电子功函数 (Φ_-, Φ_+) 之和小于 Ps 基态束缚能 (6.8eV)，这样 Ps 功函数 $\Phi_{Ps} = \Phi_+ + \Phi_- - 6.8eV$，典型的量级为 eV。另外，慢 Ps，即能量小于 0.1eV 量级，可以通过增加材料的温度或者污染的表面而得到 [68,69]。转换效率可以接近于 1，但是能量分散性大。Howell 等 1986 年 [70] 用 100eV 以下的正电子轰击金属时观察到大量产生能量大于 $|\Phi_{Ps}|$ 的 Ps，这个现象解释为正电子非弹性散射背散射，通过金属表面，当正电子能量减少时发生的几率增加。Mills 等 [68] 观察到用 keV 正电子透射过 50Å 碳膜时能有能量在 10~500eV 的快 Ps 发射。

第二种方法是 Gidley 等 [71] 在类似的真空条件下做的工作，用正电子束以入射角 ($\cong 6°$) 打到单晶表面上，研究正电子素形成，虽然探测到很高的 Ps 产额 (最大 $\cong 1\%$)，Gidley 等 [71] 发现没有明确的证据说明 Ps 束能量可控，能量的分布没有测量。

第三种方法是产生可控的单能 Ps 束，这是基于 Brown[72] 和 Laricchia 等 [73,74] 的工作，他们用 e^+-气体碰撞中电荷交换过程产生正电子素，Brown[72,75] 用高分辨 γ 射线探头去监视 p-Ps 在飞行中湮没光子的能量，证明单能 Ps 是在 e^+-气体碰撞中产生的。

在用慢正电子束和气体碰撞过程中可以通过电荷交换产生单能的慢 Ps 束，Ps 形成在向前方向一个峰中，反冲是小的。Ps 的能量可以变化，可用于研究 Ps-气体截面，①研究可能的 Ps-气体共振；②Ps-分子束缚态；③Ps 表面衍射；④这个方法产生的 Ps 比用加速 Ps^- 的方法有优越性，有很高的准直性，低能区效率高 (<100eV)。因此，在正电子–气体方法中 Ps 束是这样形成的：当一束能量已知的正电子和稀薄气体的原子或分子靶发生碰撞时，可以按 $e^+ + X \longrightarrow Ps + X^+$ 反应形成 Ps，注意到微分截面沿入射束方向有一峰，发射的 Ps 束可以考虑成自然准直。由于靶的反冲能量是很小的，Ps 束的动能分布以主量子数 n_{Ps} 的态给出，也就是由入射正电子的能量给出，所以 Ps 束是能量可调的。这样我们就可以用很简便的方法产生正电子素束，由于慢正电子束的能量可调，正电子素束的能量也可调。这样我们就同时回答了在前面提出的"如何产生正电子素束"和"能量控制"两个问题。

产生 Ps 束的装置简单表示如图 6.2.1 所示。

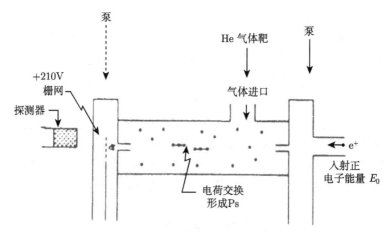

图 6.2.1　产生低能 Ps 的气体室安排

慢正电子来自 ^{58}Co 和 W(111)[75]

正电子和气体的碰撞中电荷交换过程有下面的关系式：

$$E_0 - I + B = E_{\mathrm{Ps}} + E_{\mathrm{r}}$$

式中，E_0 是正电子的入射能量，I 是气体的离化能，B 是 Ps 的束缚能 (6.8eV)，E_{Ps} 是 Ps 的动能，E_{r} 是气体的反冲能。对吸热碰撞的能量动量守恒，Ps 和角度 θ 的能量关系为

$$E_{\mathrm{Ps}} \approx (m_{\mathrm{e}}/M)\left[3E_0 - 2Q - 2\cos\theta\left(2E_0\left(E_0 - Q\right)^{1/2}\right)\right] + E_0 - Q \tag{6.2.1}$$

式中，θ 是形成角，E_0 的大小固定，$Q = I - B$，m_{e} 是电子质量，M 是气体原子或者分子的质量，θ 是 Ps 速度相对于入射正电子束方向的角度，Ps 能量分散性如图 6.2.2 所示，和目前慢化能力有关。慢化受限制于 W 和 Ni，冷却到 <20K。

纯的单能 Ps 的产生是有可能的，Ps 的能量为 E_{Ps}，在 0 到气体的最小激发能 E_{ex} 之间。当入射的正电子能量 E_0 在 Q 到 $Q + E_{\mathrm{ex}}$ 之间时，这是可以发生的。在高的入射能时，一些单能 Ps 的成分的能量在 E_{ex} 以上，这是由能量在 $E_0 \sim E_{\mathrm{ex}}$ 的正电子产生的，也可能更低。He 的碰撞激发 $n = 2$ 为最小。

得到的是正电子束流还是 Ps 束流是需要证明的。

气体室中充 10^{-4} Torr 的 He，慢正电子束和 He 碰撞，产生单能 Ps，图 6.2.3 是用 Ge(Li) 探头得到的谱，慢正电子束能量 E_0=72.5eV 和 52.5eV。对数据初步拟合符合红移和蓝移单能 Ps 单态湮没 (翼)，在壁中一些 o-Ps 以拾取破裂产生正电子而湮没 (图 6.2.3 中两条曲线的中心峰)，一些 Ps 在 $E_0 - E_{\mathrm{ex}}$ 和更低能量时形成 (中心峰)，一些正电子在气体室壁中湮没 (中心峰)，探测分辨率在 511keV 时为 1.57keV。

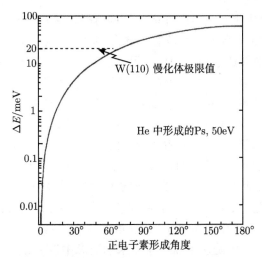

图 6.2.2　由于吸热电荷交换碰撞动力学, 气体中形成的 Ps 的能量分布

虚线表示受现在慢化体的限制 [75]

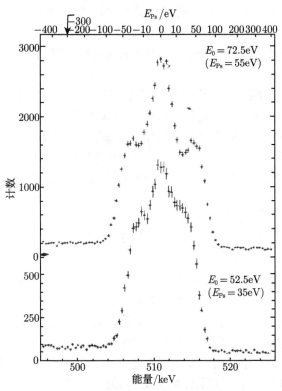

图 6.2.3　单能 Ps 湮没谱 (翼)

能量大约在 511keV, 说明是形成了 Ps[75]

Ps 形成的微分截面 $(\mathrm{d}\sigma/\mathrm{d}\omega)$ 在向前方向有峰, 在 $\theta=0$ 时 $4\pi(\mathrm{d}\sigma/\mathrm{d}\omega)/\sigma$ 的理论计算得到在 $E_0=60\mathrm{eV}$ 各向同性散射分布的 68.3 倍, 气体室效率的低限大约是把第一次碰撞时各种散射通道相加, Ps 在第一次碰撞时形成的几率 $P_{\mathrm{Ps}}= \sigma_{\mathrm{Ps}}/(\sigma_{\mathrm{Ps}}+ \sigma_{\mathrm{I}}+\sigma_{\mathrm{ex}}+\sigma_{\mathrm{el}})$。后面的碰撞中会再形成 Ps, 但不计入低限。应用弹性截面 $0.22\pi a_0^2$, 非弹性 (离化加激发截面 πa_0^2, $E_0=50\mathrm{eV}$ 时 Ps 形成截面 $0.5\pi a_0^2$, Ps 形成效率 29%, $E_0=80\mathrm{eV}$ 时 Ps 形成截面 $0.2\pi a_0^2$, Ps 形成效率 14%。所以在一个窄 (圆锥角 5°) 的束流时, Ps 形成微分截面的效率分别为 1.3% 和 0.7%。如果气体密度降低为 1/4, Ps-气体碰撞是低的, 最小的束流效率在 $E_0=50\mathrm{eV}(80\mathrm{eV})$ 时为 0.3%(0.2%)。微分截面沿入射束方向有一峰, 所以发射的 Ps 可以考虑成自然准直。

由于靶的反冲能量是很小的, Ps 的动能分布以主量子数 n_{Ps} 的态给出, 也就是由入射正电子的能量给出, 所以 Ps 是能量可调的。原则上, 从能量上说 Ps 可以以任何允许的态形成, 但是从束流产生以来的研究中以 $n_{\mathrm{Ps}}=1$ 的态为主。从激发的类型看主要的贡献来自 2^3P 和 2^3S, 前者衰减到基态, 辐射寿命为 3.2ns, 这样有效地产生第二基态束, 其动能在基态以下 5eV 处。2^3S 态 Ps 是亚稳态, 有 1.1μs 寿命以 3γ 湮没, 可以按它的原始态通过适当的距离。另外, 这个束的能量在基态束以下 5eV 处。从这些考虑出发建议, 如果必须用 Ps 束测量有用的散射截面, 必须发展一些方法甄别量子态, 对每一个出现的态进行评估, 也许可以从束中去除一些不想要的态。

Garner 等 [76] 已经发表了用气体碰撞方法研究 Ps 束产生的最详细的报道, 在他们的结果中对分子氢、氦、氩气, 用四个 Ps 动能值入射。结论是分子氢是低能时 Ps 束最有效的来源, 氩趋向于在高能下是最有效的来源。气体室在高压时 Ps 束的效率趋向于饱和, 这是由于 Ps 一旦形成会增加散射的可能性。

在产生正电子素束的三种方法中, 我们只介绍本方法, 即第三种方法。

6.2.3　产生正电子素束的设备

通过正电子–气体散射可以形成有用的 Ps 束的第一个证据来自 Brown[72,77], 也独立地来自 Laricchia 等 [73]。

如上所述, 早在 1985 年, 美国 Bell 实验室的 Brown[75] 发现一个新颖的技术可用于在气体中产生单能 Ps 原子束, 气体原子在反冲时有电荷交换过程, 如果反冲是在小角度散射和小的反冲, 束流能量宽度仅受慢化技术的限制。正电子以不同的能量形成 p-Ps 并湮没, 用位于正电子束轴线上的高分辨 γ 探头监视。一旦束流通过散射区, 一个减速电势向后反射到气体上, 结果在 γ 射线能谱显示一个峰, 这是偏离 511keV 线的多普勒红移或者蓝移, 归因于在窄的动能区 p-Ps 在探头方向向后或者向前的运动。两个边峰的漂移和入射正电子能量清楚地提示了 Ps 的可调能量。

更多的信息来自伦敦 UCL 大学的 Laricchia 等[73]，他们应用了简单的通道式电子倍增器去探测向前的 o-Ps 而初步研究正电子–氩碰撞。这个工作以及他们后来的工作[74]发现和氩气碰撞的正电子中有 4% 的正电子可以以 o-Ps 而探测到，并在入射束方向的 6° 锥度内发射。这个发现和 Mandal 等[78]的理论期望相当好地符合，但低能 Ps 探头的效率还没有定量化。

进一步了解 UCL 组，他们合并了一个定时系统，凭此系统 o-Ps 的动能分布和形成的众量子态都可以分辨。定时可调能量 Ps 束的第一个发展由 Laricchia 等[79]报道，由此而产生的进展也由他们描述[80]。图 6.2.4 给出了 Garner 等[81]应用的 Ps 束系统的示意图，有一种模式的定时系统 (束触发) 的操作中正电子动能大约为 400eV，入射到一个二次慢化体上，它由交叠的钨网组成。大约 12% 的入射正电子经过二次慢化，所产生的二次电子中大约一半能被 CEMA1 标记。二次慢化的束流被磁场引导到第一气体室，在那里束流中的一部分形成具有向前峰的 Ps，所有的正电子，还有其他带电粒子通过在减速栅上加适当电压而被阻止到达第二气体室和探头，探头由 CEMA2 和 CsI 光电极探头符合，沿束流轴的方向整个流动物体定义为 1。第二气体室用作 Ps 散射室，所以测量压力、温度并归一化到已知的正电子–气体总散射截面以得到气体室尺度和气体密度的乘积的绝对值，并应用衰减技术得到总 Ps 散射截面。Ps 散射室和 CEMA2-CsI 探头之间的距离可以变化，允许对向前散射测量截面造成的影响进行试验，也可以试验在束流中可能出现的激发态成分。伦敦组的 Ps 束流仅含 o-Ps，这是由于飞行距离比较远，抑制了 p-Ps(都湮没了)。

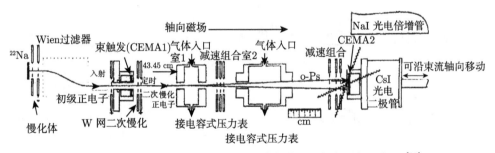

图 6.2.4　用于研究 Ps-原子 (分子) 碰撞的 Ps 束流设备示意图[81]

在图 6.2.4 的应用时间飞行系统的大部分研究中发现，在束中激发态 Ps 成分可以忽略，这是由于为了使 Ps 产额最大化，在中性气体室中用了高的气压[82]，期望激发态 Ps 比基态有大得多的散射截面，所以激发态 Ps 成分有效衰减了。这个重要的优点意味着束的触发段不再需要了[76]，定时中固有的效率低的情况可以避免。

我们注意到 UCL 组 Ps 束系统中还应用了二次电子探头 (CEMA2)，这就需要入射 Ps 或者是有足够大的动能去撞击表面产生电子，或者在碰撞中破裂分解，因此释放出电子。当基态的动能大于 6.8eV 前其中后一个过程不可能发生，也应该注意到束中的动能区域还没有达到低能极限的情况。一种完全基于探测 Ps 湮没的新的方法或基于应用表面的低功函数方法似乎也适合于把探索工作扩展到低能的测量范围。

在 UCL 伦敦组早期的正电子素束设备 [79] 如图 6.2.5 所示，正电子从左面入射，16mCi 的 ^{22}Na，W 网慢化体，产生 $4 \times 10^4 e^+ \cdot s^{-1}$ 的低能正电子束，能量 ∼400eV，磁场引导，通过一个直径 8mm 的管道，中心装多通道板 1(CEMA1)，正电子打到二次慢化 W 网慢化体上 (退火 W 网 M_2)，一是产生二次电子，被 CEMA1 测量到，作为定时信号，二是产生二次慢化正电子束，是一次慢化正电子入射束的 26%。M_2 截取的正电子每秒约 6000 个 ($\approx 6000 s^{-1}$)，其中 900 个二次慢化 ($900s^{-1}$)。二次慢化的正电子然后被磁场引导通过微分泵气体室，气体室长度 $l = 20$mm，出入口直径 8mm。室中压力用 220-1 压力计测量，精度 ±5%。气体导入用一圆柱形管 (7mm 直径，11.8mm 长)，气体密度 n，满足关系式 $\exp(-n\sigma_T l) = 1 - n\sigma_T l$(用透射法测量正电子总截面公式)，这里 σ_T 是正电子散射的总截面。一个圆锥形管 (7∼10mm 直径，22mm 长) 导出，分别位于气体室的出入口，出口用圆锥形是为了使阻拦 Ps 流最少，也为了减小气体的流出。孔的主要目的是限制碰撞室的有效长度，这样在给定的 e^+ 能量下减小 Ps 束时间的不稳定性，这个不稳定性是由 Ps 在室中不同位置形成而产生的。为了减小 e^+ 多次散射的可能性，在飞行路线的末端正电子被 CEMA2 探测，并作为终止信号。

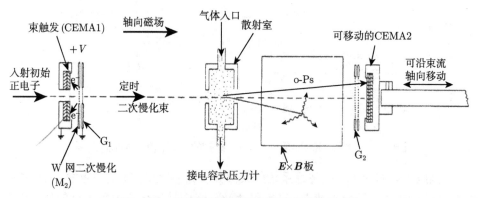

图 6.2.5　伦敦组早期的正电子素束设备图 [79]

研究可调 o-Ps 束，需要交替改变真空和有气体的顺序，在不同的二次慢化正电子能量下用 CEMA2 探头积累气体谱，CEMA2 只探测中性粒子。定时的可调的 o-Ps 束可以在 e^+-气体散射中产生，可用于测量 Ps 散射截面，Ps 束宽度近似等于

e^+ 束的宽度。相互作用后,突然出现的粒子被第二个多通道板 (CEMA2) 探测,全部系统的定时效率从以前的 7.5% 增加到当时 (1991 年) 工作的 45%。

测量 Ps 束能谱的一个例子[83] 如图 6.2.6 所示,正电子与氦与氩气体同时相互作用时 Ps 原子会产生,并被定时,Ps/e^+ 的信号率之比 (以后看作 Ps 产额) 是入射正电子能量、气体压力、飞行时间的函数,是正电子素能量–计算的关系,对氦靶收集了超过 67000s,He 压力 0.9Pa(7μmHg),Ps 飞行长度 0.431m,e^+ 入射能量 53eV。可以清楚地看到有两个峰,位于约 35eV 和 29eV,是由于 o-Ps 形成在基态和第一激发态,形成阈值分别为 18eV 和 23eV。

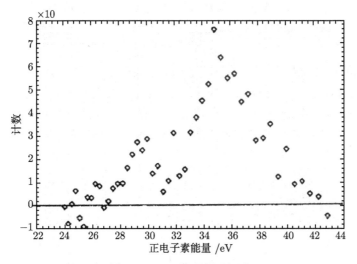

图 6.2.6   Ps 的飞行时间谱

在 He 气体中形成 Ps 的能量分布,正电子入射能量为 53eV[83]

关于用什么气体可以更有效地产生正电子素束,Garner 等[76] 已经发表了用气体碰撞方法研究 Ps 束产生的最详细的报道,图 6.2.7 是伦敦组更新一些的实验设备[76]。

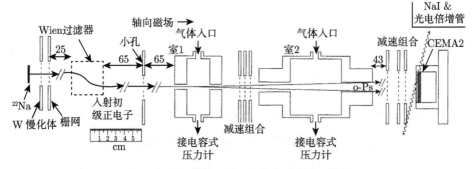

图 6.2.7   伦敦组[76] 更新一些的实验设备 (单位: cm)

一个 ^{22}Na 源 1.1GBq(合 30mCi)，W 网，设备见图 6.2.7 和 Zafar 等 [84]。Wien 过滤和 8 mm 准直把快粒子和 γ 射线去除，准单能正电子束 ($\Delta E \sim$3eV) 加速，磁场输运到两个气体室，第一个用来产生 o-Ps，第二个测量 o-Ps 总截面。两个室之间加减速势以防止带电粒子进入第二室，用 CEMA 测量正电子和 Ps。Laricchia 等 [74] 用 NaI 耦合测量在 CEMA 和附近的湮没，区别入射的正电子和 Ps。有标准的符合电路。从室中心到 CEMA，Ps 飞行距离 56cm，立体角 1.324×10^{-3} sr 球面角。CEMA 表面 4.15 cm^2，相应于束流角度 ±1.2°。Ps 束产生的效率 ε_{Ps} 定义为每入射正电子每球面度产生的 o-Ps 原子的数目，用飞行中 Ps 衰减来修正。对 3 种气体 He、Ar、H_2，测量了截面与压力和 Ps 能量的关系，发现 H_2 在最宽的能量范围内 (10~90eV) 有最好的转换效率。在更高能量时，在 Ar 中得到最大的 Ps 束产生的效率 ε_{Ps} 值。

在他们的结果中对分子氢、氦气、氩气，用四个 Ps 动能值入射，如图 6.2.8 所示。该工作宽松的结论是分子氢是低能时 Ps 束最有效的来源 (也见 Tang 等 [85])，氩趋向于在高能下最有效的来源。气体室在高压时 Ps 束的效率趋向于饱和，这是由于 Ps 一旦形成会增加散射的可能性。Zafar 等 [83] 努力关注以前的工作和利用 Ps 散射截面早期的估计。

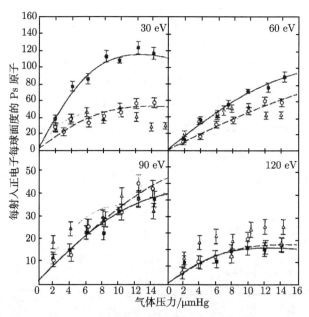

图 6.2.8 在 Ps 动能为 30eV, 60eV, 90eV 和 120eV 时的 Ps 束产生效率对不同气压的关系
○ 氦气, △ 氩气, ■ 分子氢气。在曲线中用多项式对数据进行拟合 [76]

大部分研究中发现在束中激发态 Ps 成分可以忽略，这是由于为了使 Ps 产额

最大化，在中性气体室中用了高的气压 [82]，期望激发态 Ps 比基态有大得多的散射截面，所以激发态 Ps 成分有效衰减了。

6.2.4 用正电子素束的散射实验

Garner 等 [81] 指出 Ps-原子 A 散射中可能发生的一些过程为

Ps + A ——→ Ps + A　弹性散射

Ps* + A　弹射粒子或者靶激发 (弹射粒子激发)

Ps + A*　弹射粒子或者靶激发 (靶激发)

Ps* + A*　弹射粒子或者靶激发 (弹射粒子和靶都激发了)

$e^+ + e^- + A$　弹射粒子或者靶离化 (弹射粒子离化)

$Ps + A^+ + e^-$　弹射粒子或者靶离化 (靶离化)

$Ps^- + A^+$　电子俘获 (Ps 俘获靶中的一个电子，变成正电子素负离子)

$PsA^+ + e^-$　吸附 (Ps 被靶吸附，靶放出一个电子)

另外还有 o-Ps + A(↑) ——→p-Ps + A(↓)，自旋交换 (o-Ps 和靶中一个自旋相反的电子交换，变成 p-Ps)。

上面的反应在 Ps 和分子的散射中也会发生，如：

Ps + AB ——→ Ps + A + B　靶分裂

Ps + AB*　旋转或者振动激发

PsA + B　分子分解并吸附

1995 年，伦敦组 Zafar 等 [82] 使用了双气体室安排，第一次用变能 o-Ps 束测量 o-Ps 和 Ar 的散射总截面 σ_T，o-Ps 束能量为 16～95eV。在 16～30eV 范围，截面从近似 $9\times10^{-20}\text{m}^2$ 上升到 $15\times10^{-20}\text{m}^2$，然后缓慢下降到 $11\times10^{-20}\text{m}^2$，增加是由于非弹性过程，如图 6.2.9 所示。

在图 6.2.4 和图 6.2.6 中我们看到了飞行时间谱仪和谱，Ps 的飞行时间谱要对本底修正，减去一个由随机符合产生的常数成分，可以用 3 种方法进行处理：①数据恢复程序；②减去一个没有气体的谱；③在谱的平坦部分取 100 道的平均计数，再相减。

Ps 总截面的值 σ_T^{Ps} 可以用下面 Beer-Lambert 公式计算 [83]：

$$(I_{Ps})_m = I_{0(Ps)}\exp\left(-\rho\sigma_T^{Ps}L_{Ps}\right) \tag{6.2.2}$$

式中，$(I_{Ps})_m$ 是测量的每入射 e^+ 时 Ps 产额，L_{Ps} 是对 Ps 散射时室有效长度，σ_T^{Ps} 是 Ps 散射总截面。

图 6.2.10 是 Ps 中 $n=1$ 的态的散射总截面的值 [83]，$n=1$ 的 Ps 的平均截面在 He 中在 $(1.8\pm0.7)\times10^{-20} \sim (2.8\pm0.7)\times10^{-20}\text{m}^2$ 变化。实验结果：在 Ar

中在 Ps 能量为 17～41eV 时，估计 $n = 1$ 的 o-Ps 的散射总截面值为 $(4.5\pm0.8)\times 10^{-20} \sim (7.6 \pm 0.8) \times 10^{-20}$m²。对 He 中在 Ps 能量为 7～35eV 时，估计 $n = 1$ 的 o-Ps 的散射总截面值为 $(1.8\pm0.7)\times10^{-20} \sim(2.8\pm0.7)\times10^{-20}$m²。

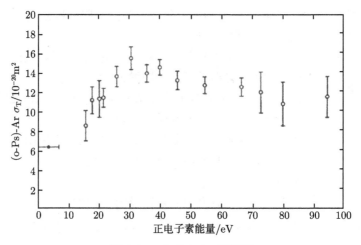

图 6.2.9　(o-Ps)-Ar 总截面

空心圆点是目前结果，实心圆点是在 0～6.8eV 弹性散射截面的平均值 [82]

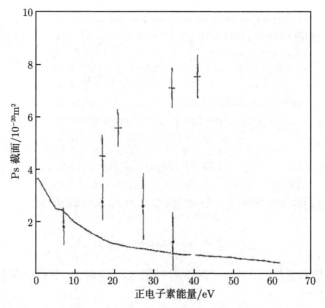

图 6.2.10　Ps($n = 1$) 散射总截面的能量关系

在本实验中对 He(■) 和 Ar(+) 靶测量值以及理论值 (−) 之间的比较

前面我们给出 Garner 等[76] 用气体碰撞方法研究 Ps 束产生的最详细的报道，研究如何能够有效地得到 Ps 束，在图 6.2.7 中给出了其设备。这里我们进一步给出伦敦 UCL 组的结果，Garner 等[76] 用 Ps 束测量 Ps 总散射截面，图 6.2.11 显示了氦、氩、H_2 和 O_2 的实验数据[81]。截面是用固定的 2.15msr 立体角分辨测量得到的，这是从气体室几何和探头到气体室的距离而定的，因为 Garner 等注意到在某些距离时改变立体角，测量得到的截面会变化，他们描述从测量数据中如何修正才能得到正确的截面，甚至有可能需要得到关于 Ps 弹性散射截面的角度关系方面的信息。

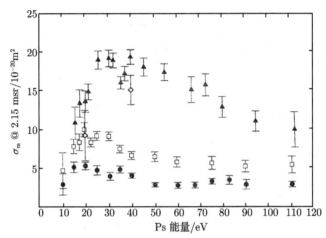

图 6.2.11　Ps 总散射截面测量概要[81]

● 氦；▲ 氩；□ 分子氢；◇ 分子氧

Garner 等[76] 给出了原子交换的反应式：

$$e^+ + A \longrightarrow Ps + A^+$$

A 是原子/分子，Ps 动能 E_{Ps} 由第一近似给出[86]：

$$E_{Ps} = E - I + B$$

式中，I 是原子/分子的第一离化势，Ps 原子束缚能 $B = 6.8n^{-2}$eV，n 是主量子数。在两种正电子素中，由于 o-Ps 寿命相对长一些，为 142ns，其中的一部分可以留下来，而 p-Ps 由于寿命很短，很快湮没掉了，不会留在束流中。

Ps-原子散射时缺少平均静电势和极化，和电子束不一样[87]，另外，由于是气体，密度低，Ps 原子的反冲效应很重要[88]，需要理解正电子慢化过程[73]。

虽然只在两个能量下研究了分子氧，但注意到所有气体的行为相当类似。总截面随 Ps 能量的增加而从它的最低值开始增加，然后通过一个很宽的极大区，然后在更高能量时下降，氩的极大最显著。截面的上升可以和 Ps 破裂相联系，从理论上相信这是一个重要的通道，可看如 Charlton 等[89] 的总结。

　　氢靶和氦靶中更详细的结果如图 6.2.12 所示，其中还给出相关的理论结果，用氢 Garner 等 [76] 的数据取代了 Zafar 等 [84] 的数据，后者用间接方法得到的。Coleman 等 [90] 和 Nagashima 等 [91] 对低能下动量转移截面的结果是从角关联技术中推导出来的，相互间在量级上还是可以相比的。McAlinden 等 [92] 的理论结果和上面实验中约 60eV 以上的部分很好地符合，但是在低能下显著不一样，可能是忽略了交换。对与氩，Garner 等 [81] 的结果比 Zafar 等 [82] 的结果 (图 6.2.12 中没有画出来) 稍微高一些，由于后者角分辨不足。McAlinden 等 [92] 的理论在低能时再一次和实验结果不符合，只是在能量增加时有趋向于实验值的趋势。

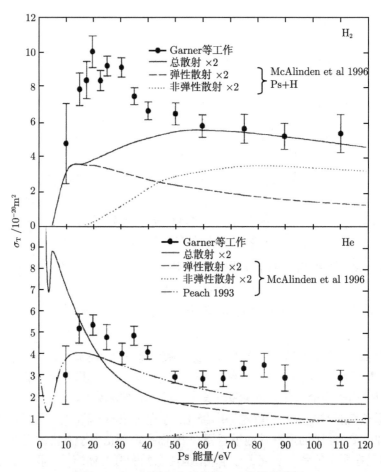

图 6.2.12   对氢气和氦气的 Ps 总散射截面

实验：Garner 等 [76]。理论：对氦，ーーーーーPeach 等 [93]，- - - McAlinden
等[92]，ー●ーSarkar 等 [94]，仅由弹性散射组成；对氩，··· McAlinden 等 [92]

Garner 等 [81] 研究 Ps–He, Ar, H_2 的 Ps 散射总截面，得到截面很快上升到一个很宽的最大值，然后在更高能量下逐步下降。正电子素的总截面总是比正电子的总截面大，也比电子的总截面大，大约大 1 倍。他们得到的实验结果如图 6.2.13 所示。

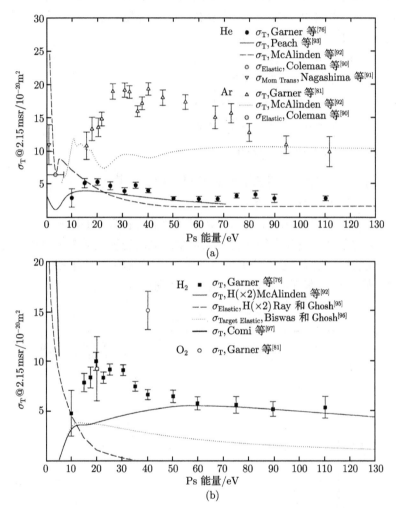

图 6.2.13 沿着理论计算[76,90−93,95−97] 测量 Ps 被 He, Ar, H_2, O_2 散射的总截面

图 (a) 中只有 △ 是本工作对 Ar 总截面测量结果，数据大了很多；图 (b) 中只有 ◦ 是本工作对 O_2 总截面测量结果，但是只有两个点

图 6.2.13 中，在新的对 Ar 测量中 σ_T 从 15eV 时的 $10.8(\pm2)\times10^{-20}$ m^2 爬升到 30eV 时的最大值 $19.1(\pm1.1)\times10^{-20}$ m^2，然后在更高能量下降。Garner 等 [81] 小结为：通常 Ps-He, Ar, H_2 的散射总截面很快上升到一个很宽的最大值，然后在更

高能量下逐步下降。

本节对结果的描述仅仅是 Ps-原子 (分子) 碰撞研究的开始, 在中间能区研究总截面的测量还是可以比较的, 或者说比较好的, 不同精度将适用于各种靶。扩展到较高和较低的 Ps 能量还将等待着束流的产额和探测技术的发展。着眼于未来, Charlton 等[89] 指出一批 Ps 反应有待进一步研究, 我们在这里重新列出

$$Ps + X \longrightarrow Ps + X \quad 弹性散射$$
$$\longrightarrow Ps^* + X \quad 弹射粒子的激发$$
$$\longrightarrow Ps + X^* \quad 靶的激发$$
$$\longrightarrow e^+ + e^- + X \quad 弹射粒子离化或破裂$$
$$\longrightarrow Ps + X^+ + e^- \quad 靶的离化$$

6.2.5　正电子素束和水分子的散射

电子和水分子碰撞已经研究了很多年 (见 Itikawa 等的综述[98]), 自从 1929 年以来就有总截面 (σ_T) 的报道[99]。

Beale 等[100] 研究正电子、正电子素和水分子的总截面如图 6.2.14 所示, 图中可以看到 Ps 的总截面值在实验误差内在整个研究的速度区域都是平的, 这和以前的靶中在低能时总截面显示一个峰有些不一样, 以前的总截面[81] 显示在低能处有一个宽的峰。Ps 总截面的数据比正电子的数据高了 2 倍。

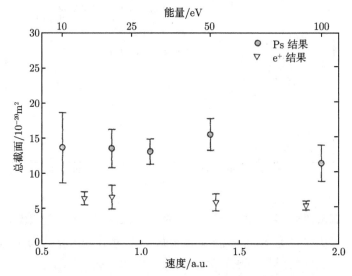

图 6.2.14　Ps 和正电子与 H_2O 分子碰撞的总截面

正电子素 (◉), 正电子 (▽) 的结果 1a.u.≈2190km/s

收集最近测量的 σ_T 的测量发现, 高能时的不确定性在低能时仍然保留, 这是

由很难甄别电子很小的向前散射而引起的，是由于水分子的永久电子偶极子动量的长程力。在正电子为弹射粒子的情况，Sueoka 等 [101] 报道了 σ_T，后来使用了电子微分截面 (DCS) 修正了向前散射误差 [102]，对 σ_T 以前没有正电子素作为弹射粒子的数据。

6.2.6　正电子素束和 CO_2 分子的散射

Brawley 等 [103] 研究正电子素束和二氧化碳气体分子散射总截面，第一次观察到有共振状结构，有一个峰很明显，如图 6.2.15 所示，共振峰位于 9.5eV，之后又有一个约 60eV 的宽峰。在和前面的 Ps 峰几乎同样的速度下，电子的总截面也有一个窄峰。在已知的 $2\Pi_u$ 形状共振附近，也有相应的电子截面。比较后认为这个 (前面的) 峰相应于 $2\Pi_u$ 形状共振，对电子来说能量为 0.5a.u.。这里 Ps 和电子速度用的不是一样的单位，Ps 是 9.5eV 时有共振峰，对电子来说能量为 0.5a.u. 有共振峰，从图上看稍微差一点，电子的能量稍微小一点。

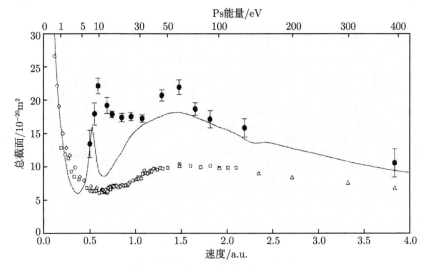

图 6.2.15　测量的正电子素和二氧化碳碰撞总截面 Q_T^{Ps}，
正电子总截面Q_T^+，电子总截面 Q_T^- 的比较 [103]

● 正电子素总截面，实线表示电子总截面的平均，◇[105]，□[106]，△[107] 都是正电子总截面

观察到正电子素总截面比电子总截面大，说明 Ps 的对额外的对形状共振 (即 Σg 和 Σu) 更灵敏，或者是交换介质电子激发 (这些激发态之间的变换的间接规律)。最近，Brawley 等 [104] 发现 Ps 和等速度的电子弹射粒子的整个散射几率是类似的，说明正电子素散射的基本物理机制，至少在 0.5~4a.u. 速度区域，类似于准自由电子，但是结论仍然不很明确，需要进一步研究。

6.2.7　正电子素束和其他分子的散射

在 Brawley 等 [104] 工作以前, 人们期望 Ps 束会和电子束有很不一样的散射, 在 Ps 中质心和电荷中心一致, 期望会使静态相互作用 (在未被扰动的靶中) 可以被忽略, 由于它是中性的, 范德瓦耳斯力会很弱, 其作用距离很短 (吸引另一个中性极化系统, 如原子或者分子), 但是短程畸变会引起 Ps 和靶中电子发生交换。Brawley 等 [104] 发现 Ps 的总截面 (它的全部相互作用几率) 出乎意料地接近于裸的电子以同样的速度在运动时的总截面, 尽管 Ps 是中性的, 有两倍质量, 电子和 Ps 总截面如图 6.2.16 所示, 对很宽变化范围 (He, Ne, Ar, Kr, Xe, H_2, N_2, O_2, H_2O, SF_6) 的原子靶和分子靶, 在整个速度区 (0.5~2.0a.u., 即 1095~4380km/s) 有类似的性质。观察到 Ps 截面和电子没有很大的偏离, 即使在速度接近于电子会发生相互作用细节的地方 (即形状共振, R-T 极小) 也没有很大偏离。正电子也没有观察到形状共振, 但是在 1.0a.u. 以下对 N_2 和 SF_6, 电子有峰, 说明有弹射粒子被临时吸附到靶上。图 6.2.16 中有一些可适用的 Ps 散射理论, 对 He, 紧耦合方法在中等能量和实验符合很好。

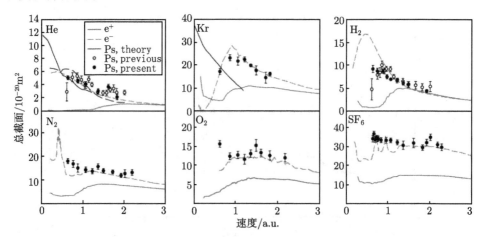

图 6.2.16　对不同的靶显示 Ps 和电子有类似的总截面

Ps 实验结果 (⬬)[104], 以前的结果 (o)[108] 与正电子实验结果 (蓝色)[109] 的比较, 电子(红色)[109], 可利用的 Ps 理论 (黑线): He-实线和虚线 [110,111], Kr-实线 [112]

6.3　正电子素的散射理论

正电子素和靶系统之间的相互作用, 无论是带电的还是中性的情况, 总是有些不正常, 因为静态分量为零; 其理由是正电子素的质心是在正负电荷的中间位置, 因此在第一玻恩近似中直接的弹性散射幅度近似为零。在正电子素中的电子和在靶系统中的电子之间有交换效应并变得很重要, 至少在低能时是这样的。还有极化效应也是如此, 因为正电子素有相对很大的偶极子极化率 ($\alpha = 72a_0^3$)。

o-Ps 和一个有未成对电子的原子发生弹性散射, 将在正电子素中出现单态或三重态的电子, 在靶中出现未成对电子。对于每个偏波因此出现两个相移, η_l^1 和 η_l^3, 分别相应于单态和三重态的散射, 通过这些相移, 一个未极化正电子素束和未极化靶的弹性散射的总截面为

$$\sigma_{el} = \frac{1}{k^2} \sum_{l=0}^{\infty} (2l+1) \left(\sin^2 \eta_l^1 + 3 \sin^2 \eta_l^3 \right) \tag{6.3.1}$$

其单位为 πa_0^2。在碰撞中 o-Ps 和 p-Ps 之间的转化截面为 (即猝灭截面)[113]

$$\sigma_{c} = \frac{1}{4k^2} \sum_{l=0}^{\infty} (2l+1) \sin^2 \left(\eta_l^1 - \eta_l^3 \right) \tag{6.3.2}$$

正电子素被单电荷粒子散射的过程是一个三体系统, 也已经应用了和正电子被原子氢散射类似的技术进行了研究。正电子素–质子散射也已经在正电子–氢散射中形成的正电子素很宽的范围内进行了研究。这两个通道过程的全部描述需要结合正电子素–质子弹性散射和氢的形成的公式, 所有的截面有四个截面 (正电子–氢弹性散射, 正电子素形成, 正电子素–质子弹性散射, 氢的形成) 可以同时得到。正电子素–质子弹性散射是稍微不感兴趣的, 但在这个过程中氢的形成已经受到相当的关注, 因为电荷–构形过程, 在正电子素–反质子散射中反氢的形成已经被作为产生反氢的方法。

低能正电子素被电子和正电子散射也同样得到研究, 根据电荷总量的不变性, 应该是等同的。做了这么多工作是为了得到精确的 p 波弹性散射波函数以用于确定正电子负离子 Ps⁻ 的光致分离截面。Ward 等 [114,115] 的工作是最详细的研究之一, 他们应用了和 Humberston[116] 及 Brown 等 [117,118] 类似的变分方法, 该方法本来用于正电子–氢散射时正电子素形成的研究, Ward 等 [114,115] 通过把低能 s 波相移拟合到有效区的公式中而计算了散射长度:

$$\tan \eta_0 = -ak + Bk^2 + Ck^3 \ln k \tag{6.3.3}$$

式中, a 是散射长度, 用这种方法得到的结果的单态和三重态长度分别为 $^1a = (12.0\pm0.3)a_0$ 和 $^3a = (4.6\pm0.4)a_0$。Kvitsinsky 等 [119] 得到了类似的值 $^1a = 11.98a_0$ 和 $^3a = 4.78a_0$, 应用了电荷构形空间中的 Fadeev 方程。

在正电子被相关原子散射的完整描述中, 在正电子素形成通道打开时, 原则上也应该考虑正电子素被其他的原子离子散射, 但是极少有这种研究。

对正电子素被原子散射的详细研究主要限于氢, 虽然也有关于氦和氩的。有几位学者对正电子素被原子氢散射进行了研究, 第一位是 Massey 等 [120], 应用了第

一玻恩近似。Fraser[121] 第一个应用了静态交换近似，接着 Hara 等 [113] 也采用并对几个偏波得到单态和三重态相移，在这种近似中正电子素–氢系统的波函数可以用图 6.3.1 中的命名法写为

$$\Psi^{\pm} = \frac{1 \pm P_{12}}{\sqrt{2}} \left[\varphi_{\mathrm{Ps}}\left(r_{12}\right) \varphi_{\mathrm{H}}\left(r_3\right) f^{\pm}\left(\rho\right) \right] \tag{6.3.4}$$

式中，P_{12} 是两个电子和描述正电子素相对氢原子运动的函数 $f^{\pm}$ 之间的交换算子。空间的对称性中包含了两个电子相应的自旋单态，反对称性包含了相应的自旋三重态。Hara 等 [113] 计算了散射长度，得到 $^1a = 7.275a_0$ 和 $^3a = 2.476a_0$ 的值，发现所计算的猝灭截面比弹性散射截面大 10%。

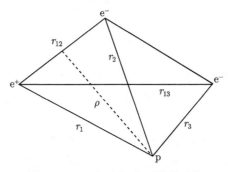

图 6.3.1   正电子素–氢系统的坐标

对正电子素和靶原子的畸变有一些补偿效应，可以在散射函数的静态交换方程中引入范德瓦耳斯相互作用势，Martin 等 [122] 和 Au 等 [123] 按这种方式计算了这个势，它的形式被以后的作者所确定，正如 Manson 等 [124] 所示：

$$U\left(\rho\right) = \frac{-69.6702}{\rho^6} + \frac{503.626k^2 - 237.384}{\rho^8} \tag{6.3.5}$$

Ray 等 [125] 应用了静态交换近似中的动量空间公式，Sinha 等 [126] 应用了有点类似的方法，但在耦合态的扩展中应用了更多的项，他们的计算包含 H(1s) 和 Ps(1s, 2s, 2p) 项，两种情况都有或者没有交换项，所以在正电子素中允许有一些畸变和可能的激发态，但在氢中没有，通常认为正电子素的偶极极化是氢的 16 倍。另外，对单态和三重态的弹性散射截面，Sinha 等 [126] 计算了猝灭截面和正电子素激发到 $n_{\mathrm{Ps}}=2$ 态的截面，正如所期望的，忽略交换项，在低能时对弹性散射截面和总散射截面会产生很大的影响，没有交换项的结果比有交换项的结果小很多。

单态和三重态正电子素–氢散射长度的最精确的值也许要算 Page[127] 的计算，应用了 Kohn 变分方法，其试验函数的形式为

$$\Psi^{\pm} = \frac{1 \pm P_{23}}{\sqrt{2}} \left\{ \varphi_{\mathrm{Ps}}\left(r_{12}\right) \varphi_{\mathrm{H}}\left(r_3\right) \left[1 - \frac{a_t}{\rho}\left(1 - \mathrm{e}^{-\delta\rho}\right) + \sum_{j=0}^{2} b_j \rho^j \mathrm{e}^{-\delta\rho} \right] \right.$$

$$+ \sum_i c_i \mathrm{e}^{-(\alpha r_1 + \beta r_2 + \gamma r_3)} r_1^{k_i} r_2^{l_i} r_{12}^{m_i} \Big\} \tag{6.3.6}$$

这里第二个求和包括所有的含有 $k_i + l_i + m_i < 4$ 的项, 总计有 35 项, 结果得到 $^1a = 5.844a_0$ 和 $^3a = 2.319a_0$, 上面的两个数都具有严格的精确值上限。三重态的结果有一个上限是由于在总系统中没有三重态的边界态, 但是在单态中有上限的相同的结果是由于在试验函数中短程项具有足够的灵活性以表达正电子素–氢的边界态, PsH。Page 所得值稍微有些正, 因此比 Hara 等的结果更精确, 后者是从静态交换近似结果中推导出来的, 也有严格的上限。Page 也得出单态有效区域值为 $r_0^+ = 2.90a_0$, 应用了下面的关系式:

$$\left(^1 a^+ \right) = (2E_{\mathrm{B}})^{1/2} - {}^1 r_0 E_{\mathrm{B}} \tag{6.3.7}$$

式中, E_{B} 是 PsH 的束缚能, 考虑了正电子素和氢的破缺。

一种稍微不合常规的技术被 Drachman 等[128]用来从波函数中得出单态 s 波的相移, 用以研究正电子素–氢的束缚态, PsH。正电子素–氢系统的总哈密顿矩阵的本征矢量是按归一化的基矢得到的, 用于产生系统的近似波函数。本征矢量相应于最低的本征值, 对 PsH 的波函数提供了一个近似, 但是在正电子素–氢散射复合体中本征矢量相应于更高的能量本征值所对应的态。这些波函数在真正的散射态中当然并没有正确的渐近形式, 但是对于 ρ 的中间值, 在正电子素的质心和氢原子的质心之间的坐标 (图 6.3.1), 每个波函数应该近似为在能量为本征值时的真正的散射函数的形式。从总波函数 Ψ 得到的相移投影到波函数 $f(\rho)$ 时就是描述了正电子素相对于氢原子的运动, 这样

$$f(\rho) = \iint \Psi \varphi_{\mathrm{Ps}}(r_{12}) \varphi_{\mathrm{H}}(r_3) \, \mathrm{d}r_{12}\mathrm{d}r_3 \tag{6.3.8}$$

渐近的形式拟合到

$$f(\rho) \sim \frac{A \sin(k\rho + \eta_0)}{\rho} \tag{6.3.9}$$

式中, k 是正电子素的波数, 是和系统的总能量 E_{T} 相关的, 有 $k^2/4 - 0.75 = E_{\mathrm{T}}$。在有效区域的公式中应用这些相移:

$$k \mathrm{ctn} \eta_0 = -a^{-1} + \frac{1}{2} r_0 k^2 + O\left(k^4\right) \tag{6.3.10}$$

Drachman 等[128]也计算了单态散射长度 $^1a = 5.3a_0$ 和有效区域 $^1r_0 = 2.5a_0$, 得到了和 Page 更精确的结果相当符合的结果, Drachman 等的单态散射长度比 Page 的稍微有些正, 但是他们的计算方法并没有得到一个上限, 结果也并不是很精确。Drachman 等[129]应用了一个类似的技术去确定三重态 s 波相移和正–仲转化截面。

McAlinden 等 [92] 在一个很大的能区 (1~150eV) 内对正电子素–氢引出了一个广泛的研究，在如弹性散射中那样取了靶氢原子的激发和离化，以及正电子素的激发，但是他们只用了第一玻恩近似，在两个电子之间忽略了交换项。他们对弹性散射和正电子素激发的截面对偶宇称中的任何态在所有能量下都同样为零，但是对其他非弹性散射过程的截面，期望在能量为 20eV 以下会更精确。Campbell 等 [130] 很好地改善了这些计算，在耦合态的公式中包括了几个态和正电子素的赝态，但只包括了氢的基态。他们证实了由 Drachman 等 [128] 第一次预言的 S 态共振的存在，也在其他几个偏波中发现了共振。他们对总截面和各种偏波截面的结果如图 6.3.2 所示，从中可以看到在更高能量时正电子素的离化是主要的过程。

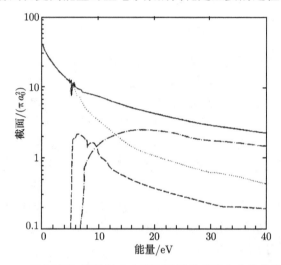

图 6.3.2   正电子素–氢散射中自旋平均的总截面和它的各种成分

计算应用了 22 项 (21Ps，1H) 耦合赝态近似 [130]：——— 总截面；······ 弹性散射；－－－ 正电子素激发到 $n_{Ps}=2$ 态；—·— 正电子素的离化

正电子素–氦散射有时也是有吸引力的理论，因为虽然总散射截面的测量仅在最近才完成，在氦气中 o-Ps 猝灭的扩散已经在实验上研究了很多年。正电子素–氦散射的第一个理论研究是 Fraser[131] 应用了耦合态近似，用了氦原子的非相关波函数，他仅考虑了 s 波散射，但更高的偏波贡献后来由 Fraser 等 [132] 应用了同样的近似进行了计算。Barker 等 [133] 也应用了静态交换近似，但他们企图在散射函数的公式中引入范德瓦耳斯相互作用项来表达畸变。

静态交换近似在零能量时产生了 $13\pi a_0^2$ 的散射截面，正电子素能量为 13.6 eV 时下降到 $7.7\pi a_0^2$。在上面的两种情况下，加上长程的范德瓦耳斯相互作用项则分别变为 $16.9\pi a_0^2$ 和 $7.6\pi a_0^2$。对散射截面的理论结果比从实验和理论之间不太好符合的值 $_1Z_{eff}$ 中推导出来的结果有可能有更接近精确的结果，在讨论直接的正电子湮没

参数 Z_{eff} 时，这个参数的误差仅是波函数的一级误差，而在截面中是二级误差。

低能正电子素–氦弹性散射截面的灵敏度对于靶波函数和所用得到散射函数方法的质量由 Sarkar 等 [94] 进行了研究，他们使用了静态交换和氦波函数的 Hylleraas 和 Hartree-Fock 玻恩近似，发现对两个系列静态交换结果之间非常类似，但是两个玻恩系列的结果互相之间差别相当大，和静态交换结果的差别也很大，特别是在能量低于 5eV 时。但当能量低于 150eV 时，两个系列之间的结果又符合得相当好。

McAlinden 等 [92] 研究了正电子素被氦和氩散射，使用了和他们在正电子素–氢散射中有一些类似的技术，并在相同的能区。应用第一玻恩近似得到了包括激发态靶在内的截面，但是正电子素的激发态是由冷冻原子近似处理的，这样可以减少系统中的三体问题。在原子和电子与正电子之间的相互作用势分别取了 $U(r)$ 和 $-U(r)$ 的形式。一个耦合赝势近似用来表达三体系统的波函数。氦的总截面和 Garner 等 [76] 在 25eV 以下中等能区的实验测量能适度符合，对氩在能量大于 70eV 时则和 Garner 等 [81] 的测量结果符合得更好些。但是在低能时应用玻恩近似并忽略交换不能证明是合适的，这时理论结果和实验测量符合得不太好。

6.4 总结与展望

正电子素是一种真正可利用的纯的轻子系统，同时也是一个粒子–反粒子对，这些年来是非常有吸引力的实验，可以试验激发粒子或耦合体存在的基础，在试验正电子素衰减特性中也许也是对耦合体本身的证实。

本章第一部分总结基态正电子素的湮没率，超精细结构的精确测量和实验新技术的发展，也介绍了激发态正电子素基本性质的研究；目前原子、分子正电子素光谱学研究近期已取得突破性的进展 [134]，有望应用于正电子素的 BEC，利用 Ps 原子束激光测量 Ps 引力相互作用，验证弱等效原理 (weak equivalence principle, WEP)，详细可参阅第 7、第 9 章。

本章第二部分主要总结正电子素的产生方法，束流的形成，正电子素束和气体原子、分子的散射截面的测量。我们对结果的描述仅仅是 Ps-原子 (分子) 碰撞研究的开始，在中间能区的研究总截面的测量还是可以比较的，或者说比较好的，不同精度将适用于各种靶。扩展到较高和较低的 Ps 能量还将等待着束流的产额和探测技术的发展。特别需指出，人们期望 Ps 束会和电子束有很不一样的散射，但是 UCL 的 Brawley 等 [104] 发现 Ps 的总截面出乎意料地接近于裸的电子以同样的速度在运动时的总截面，尽管 Ps 是中性的，有两倍质量，观察到 Ps 截面和电子，没有很大的偏离，即使在速度接近于电子会发生相互作用细节的地方 (即形状共振，R-T 极小) 也没有很大偏离。最近也发展 Ps 散射理论解释了 Ps 散射与电子散射的类似性 [135]，相关的工作正在进行之中。

　　本章最后一部分还简单总结各种正电子散射理论的进展，对正电子素被原子散射的详细研究主要限于氢 (仅部分工作研究氦和氩)，正电子素散射理论发展依赖于完整实验数据的测量。正电子和正电子素原子本身就是物理学研究中一个很好的课题，包含了很深奥的内容，期望国内正电子界的同行给予更多的关注和探讨。

参 考 文 献

[1] Rich A. Rev Mod Phys, 1981, 53(1): 127-165.

[2] Al-Ramadhan A H, Gidley D W. Phys Rev Lett, 1994, 72(11): 1632-1635.

[3] Asai S, Orito O, Shinohara N. Phys Lett B, 1995, 357(3):475-480.

[4] Berko S, Pendleton H N. Ann Rev Nucl Part Sci, 1980, 30(1): 543-581.

[5] Mills Jr A P. Hyperfine Interact, 1993, 76(1): 233-248.

[6] Hagena D, Ley R, Weil D, et al. Phys Rev Lett, 1993, 71(18): 2887-2890.

[7] Deutsch M, Dulit E. Phys Rev, 1951, 84(3): 601, 602.

[8] Deutsch M, Brown S C. Phys Rev, 1952, 85(6): 1047, 1048.

[9] Adkins G S, Salahuddin A A, Schalm N E. Phys Rev A, 45(11): 7774-7781.

[10] Mil'stein A I, Khriplovich I B. JETP, 1994, 79(3): 379-383.

[11] Gidley D W, Marko K A, Rich A. Phys Rev Lett, 1976, 36(8): 395-398.

[12] Gidley D W, Zitzewitz P W. Phys Lett A, 1978, 69(2): 97-99.

[13] Caswell W E, Lepage G P, Sapirstein J. Phys Rev Lett, 1977, 38(9): 488-491.

[14] Caswell W E, Lepage G P. Phys Rev A, 1979, 20(1): 36-43.

[15] Griffith T C, Heyland G R, Lines K S, et al. J Phys B: At Mol Phys, 1978, 11(23): L743-L748.

[16] Hasbach P, Hilkert G, Klempt E, et al. Il Nuovo Cimento A, 1987, 97(3): 419-425.

[17] Nico J S, Gidley D W, Rich A, et al. Phys Rev Lett, 1990, 65(11): 1344-1347.

[18] Westbrook C I, Gidley D W, Conti R S, et al. Phys Rev Lett, 1987, 58(13): 1328-1331.

[19] Westbrook C I, Gidley D W, Conti R S, et al. Phys Rev A, 1989, 40(10): 5489-5499.

[20] Coleman P G, Griffith T C, Heyland G R, et al. Proc ICPA4, 1976: 62-67.

[21] Theriot Jr E D, Beers R H, Hughes V W, et al. Phys Rev A, 1970, 2(3): 707-721.

[22] Khriplovich I B, Yelkhovsky A S. Phys Lett B, 1990, 246(3/4): 520-522.

[23] Gidley D W, Rich A, Sweetman E, et al. Phys Rev Lett, 1982, 49(8): 525-528.

[24] Mills Jr A P, Bearman G H. Phys Rev Lett, 1975, 34(5): 246-250.

[25] Egan P O, Hughes V W, Yam M H. Phys Rev A, 1977, 15(1): 251-260.

[26] Hughes V W. Adv Quant Chem, 1998, 30, 99-123.

[27] Karplus R, Klein A. Phys Rev, 1952, 87(5): 848-858.

[28] Bodwin G T, Yennie D R. Phys Rep, 1978, 43(6): 267-303.

[29] Czarnecki A, Metnikov K, Yelkhovsky A. Phys Rev Lett, 1999, 82(2): 311-314.

[30] Mills Jr A P. Phys Rev A, 1983, 27(1): 262-267.

[31] Chu S, Mills Jr A P, Hall J S. Phys Rev Lett, 1984, 52(19): 1689-1692.

[32] Fee M S, Chu S, Mills Jr A P, et al. Phys Rev A, 1993, 48(1): 192-219.

[33] Fee M S, Mills Jr A P, Chu S, et al. Phys Rev Lett, 1993, 70(10): 1397-1400.

[34] Chu S, Mills Jr A P. Phys Rev Lett, 1982, 48(19): 1333-1337.

[35] Danzmann K, Fee M S, Chu S. Phys Rev A, 1989, 39(11): 6072-6073.

[36] McIntyre D H, Hänsch T W. Phys Rev A, 1986, 34(5): 4504-4507.

[37] Canter K F, Mills Jr A P, Berko S. Phys Rev Lett, 1975, 34(4): 177-180.

[38] Hatamian S, Conti R S, Rich A. Phys Rev Lett, 1987, 58(18): 1833-1836.

[39] Ley R, Niebling K D, Werth G, et al. J Phys B: At Mol Opt Phys, 1990, 23(19): 3437-3442.

[40] Schoepf D C, Berko S, Canter K F, et al. Phys Rev A, 1992, 45(3): 1407-1411.

[41] Steiger T D, Conti R S. Phys Rev A, 1992, 45(5): 2744-2752.

[42] Pachucki K, Karshenboim S G. Phys Rev Lett, 1998, 80(10): 2101-2104.

[43] Faust W, Hahn C, Rückert M, et al. Nucl Instrum Methods Phys Res Sect B, 1991, 56/57: 575-577.

[44] Ziock K P, Dermer C D, Howell R H, et al. J Phys B: At Mol Opt Phys, 1990, 23(2): 329-336.

[45] Ziock K P, Howell R H, Magnotta F, et al. Phys Rev Lett, 1990, 64(20): 2366-2369.

[46] Liang E P, Dormer C D. Opt Commun, 1988, 65(6): 419-424.

[47] Arbic B K, Hatamian S, Skalsey M, et al. Phys Rev A, 1988, 37(9): 3189-3194.

[48] Conti R S, Hatamian S, Lapidus L, et al. Phys Lett A, 1993, 177(1): 43-48.

[49] Asai S, Orito S, Sanuki T, et al. Phys Rev Lett, 1991, 66(10): 1298-1301.

[50] Gidley D W, Nico J S, Skalsey M. Phys Rev Lett, 1991, 66(10): 1302-1305.

[51] Nico J S, Gidley D W, Skalsey M, et al. Mat Sci For, 1992, 105-110: 401-410.

[52] Yang J, Chiba M, Hamatsu R, et al. Phys Rev A, 1996, 54(3): 1952-1956.

[53] Mills Jr A P, Zuckerman D M. Phys Rev Lett, 1990, 64(22): 2637-2639.

[54] Gninenko S N, Klubakov Y M, Poblaguev A A, et al. Phys Lett B, 1990, 237(2): 287-290.

[55] Gninenko S N. Phys Lett B, 1994, 326(3/4): 317-319.

[56] Orito S, Yoshimura K, Haga T, et al. Phys Rev Lett, 1989, 63(6): 597-600.

[57] Mitsui T, Fujimoto R, Ishisaki Y, et al. Phys Rev Lett, 1993, 70(15): 2265-2268.

[58] Adachi S, Chiba M, Hirose T, et al. Phys Rev A, 1994, 49(5): 3201-3208.

[59] Asai S, Shigekuni K, Sanuki T, et al. Phys Lett B, 1994, 323(1): 90-94.

[60] Westbrook C I, Gidley D W, Conti R S, et al. Phys Rev Lett, 1987, 58(13): 1328-1.

[61] Ermolaev A M, Bransden B H, Mandal C R. J Phys B: At Mol Opt Phys, 1989, 22(22): 3717-3724.

[62] Ward S J, Humberston J W, McDowell M R C. J Phys B: At Mol Opt Phys, 1987, 20(20): 127-149.

[63] Canter K F. Positron Scattering in Gases. New York: Plenum, 1984: 219-225.

[64] Weber M H, Tang S, Berko S, et al. Phys Rev Lett, 1988, 61(22): 2542-2545.

[65] Surko C M, Leventhal M, Crane W S, et al. Rev Sci Instrum, 1986, 57(8): 1862-1867.

[66] Schultz P J, Lynn K G. Rev Mod Phys, 1988, 60(3): 701-779.

[67] Mills Jr A P, Crane W S. Phys Rev A, 1985, 31(2): 593-597.

[68] Mills Jr A P, Pfeiffer L. Phys Rev B, 1985, 32(1):53-57.

[69] Lynn K G. Phys Rev Lett, 1980, 44(20): 1330-1333.

[70] Howell R H, Rosenberg I J, Fluss M J. Phys Rev B, 1986, 34(5): 3069-3075.

[71] Gidley D W, Frieze W E, Mayer R, et al. Singapore: World Scientific, 1986: 299-302.

[72] Brown B L. Singapore: World Scientific, 1986: 212-221.

[73] Laricchia G, Charlton M, Griffith T C, et al. Singapore: World Scientific, 1986: 303-306.

[74] Laricchia G, Charlton M, Davies S A, et al. J Phys B: At Mol Phys, 1987, 20(3): L99-L105.

[75] Brown B L. Positron Annihilation. Singapore: World Scientific, 1985: 328, 329.

[76] Garner A J, Laricchia G, Özen A. J Phys B: At Mol Opt Phys, 1996, 29(23): 5961-5968.

[77] Brown B L. Bull Am Phys Soc, 1985, 30: 614.

[78] Mandal P, Guha S, Sil N C. J Phys B: At Mol Phys, 1979, 12(17): 2913-2924.

[79] Laricchia G, Davies S A, Charlton M, et al. J Phys E, 1988, 21(9): 886-888.

[80] Laricchia G. Positron Spectroscopy of Solids. London: Ios Press, 1995: 401-418.

[81] Garner A J, Özen A, Laricchia G. Nucl Instrum Methods Phys Res Sect B, 1998, 143(1): 155-161.

[82] Zafar N, Laricchia G, Charlton M, et al. Phys Rev Lett, 1996, 76(10): 1595-1598.

[83] Zafar N, Laricchia G, Charlton M, et al. J Phys B: At Mol Opt Phys, 1991, 24(21): 4661-4670.

[84] Zafar Z, Laricchia G, Charlton M, et al. Hyperfine Interact, 1992, 73(1): 213-215.

[85] Tang S, Surko C M. Phys Rev A, 1993, 47(2): R743-R746.

[86] Laricchia G, Zafar N. Solid State Phenom, 1992, 28/29(7): 347-364.

[87] Drachman R J. Atomic Physics with Positrons. New York: Plenum, 1987: 203-214.

[88] Manson J R, Ritchie R H. Phys Rev Lett, 1985, 54(8): 785-788.

[89] Charlton M, Laricchia G. Comm At Mol Phys, 1991, 26: 253-267.

[90] Coleman P G, Rayner S, Jacobsen F M, et al. J Phys B: At Mol Opt Phys, 1994, 27(5): 981-991.

[91] Nagashima Y, Hyodo T, Fujiwara K, et al. J Phys B: At Mol Opt Phys, 1998, 31(2): 329-339.

[92] McAlinden M T, MacDonald F G R S, Walters H R J. Can J Phys, 1996, 74(7/8): 434-444.

[93] Peach G, Saraph H E, Seaton M J. J Phys B: At Mol Opt Phys, 1988, 21(22): 3669-3683.

[94] Sarkar N K, Ghosh A S. J Phys B: At Mol Opt Phys, 1997, 30(20): 4591-4597.

[95] Ray H, Ghosh A S. J Phys B: At Mol Opt Phys, 1996, 29(22): 5505-5511.

[96] Biswas P K, Ghosh A S. Phys Lett A, 1996, 223(3): 173-178.

[97] Comi M, Prosperi G M, Zecca A. Il Nuovo Cimento, 1983, 2(5): 1347-1375.

[98] Itikawa Y, Mason N. J Phys Chem Ref Data, 2005, 34(1): 1-22.

[99] Baluja K L, Jain A. Phys Rev A, 1992, 45(11): 7838-7845.

[100] Beale J, Armitage S, Laricchia G. J. Phys B: At. Mol. Opt. Phys., 2006, 39(6): 1337-1344.

[101] Sueoka O, Mori S, Katayama Y. J Phys B: Al Mol Phys, 1986, 19(10): L373- L378.

[102] Kimura M, Sueoka O, Hamada A, et al. Adv Chem Phys, 2007, 111: 537-622.

[103] Brawley S J, Williams A I, Shipman M, et al. Phys Rev Lett, 2010, 105(26):263401.

[104] Brawley S J, Armitage S, Beale J, et al. Science, 2010, 330(6005): 789.

[105] Itikawa Y. J Phys Chem Ref Data, 2002, 31(3):749-768.

[106] Zecca A, Perazzolli C, Moser N, et al. Phys Rev A, 2006, 74(1): 012707.

[107] Hoffman K R, Dababneh M S, Hsieh Y F, et al. Phys Rev A, 1982, 25(3): 1393-1403.

[108] Garner A J, Laricchia G, Özen A. J Phys B: At Mol Opt Phys, 1996, 29(23): 5961-5968.

[109] Kauppila W E, Stein T S. Adv At Mol Opt Phys, 1990, 26:1-50.

[110] Blackwood J E, Campbell C P, McAlinden M T, et al. Phys Rev A, 1999, 60(6): 4454-4460.

[111] Basu A, Sinha P K, Ghosh A S. Phys Rev A, 2001, 63(5): 052503.

[112] Blackwood J E, McAlinden M T, Walters H R J. J Phys B: At Mol Opt Phys, 2002, 35(12): 2661-2682.

[113] Hara S, Fraser P A. J Phys B: At Mol Phys, 1975, 8(18): L472-L476.

[114] Ward S J, Humberston J W, McDowell M R C. J Phys B: At Mol Phys, 1985, 18(15): L525-L530.

[115] Ward S J, Humberston J W, McDowell M R C. J Phys B: At Mol Phys, 1987, 20(1): 127-149.

[116] Humberston J W. Can J Phys, 1982, 60(4): 591-596.

[117] Brown C J, Humberston J W. J Phys B: At Mol Phys, 1984, 17(12): L423-L426.

[118] Brown C J, Humberston J W. J Phys B: At Mol Phys, 1985, 18(12): L401-L406.

[119] Kvitsinsky A A, Carbonell J, Gignoux C. Phys Rev A, 1992, 46(3): 1310-1315.

[120] Massey H S W, Mohr C B O. Proc Phys Soc A, 1954, 67(8): 695-704.

[121] Fraser P A. Proc Phys Soc, 1961, 78(3): 329-347.

[122] Martin D W, Fraser P A. J Phys B: At Mol Phys, 1980, 13(17): 3383-3387.

[123] Au C K, Drachman R J. Phys Rev Lett, 1986, 56(4): 324-327.

[124] Manson J R, Ritchie R H. Phys Rev Lett, 1985, 54(8): 785-788.

[125] Ray H, Ghosh A S. J Phys B: At Mol Opt Phys, 1996, 29(22): 5505-5511.

[126]　Sinha P K, Chaudhury P, Ghosh A S. J Phys B: At Mol Opt Phys, 1997, 30(20): 4643-4652.

[127]　Page B A P. J Phys B: At Mol Phys, 1976, 9(7): 1111-1114.

[128]　Drachman R J, Houston S K. Phys Rev A, 1975, 12(3): 885-890.

[129]　Drachman R J, Houston S K. Phys Rev A, 1976, 14(2): 894-896.

[130]　Campbell C P, McAlinden M T, MacDonald F G R S, et al. Phys Rev Lett, 1998, 80(23): 5097-5100.

[131]　Fraser P A. Proc Phys Soc, 1961, 79(4): 721-731.

[132]　Fraser P A, Kraidy M. Proc Phys Soc, 1966, 89(3): 533-539.

[133]　Barker M I, Bransden B H. J Phys B: At Mol Phys, 1968, 1(6): 1109-1114.

[134]　Mills Jr A P. J Phys: Conference Series, 2014, 488: 012001.

[135]　Fabrikant I I, Gribakin G F. Phys Rev Lett, 2014, 112: 243201.

第7章 基于正电子和反氢的反物质研究进展

7.1 引 言

物质中每个粒子都有对应反物质中的反粒子。正电子是电子的反粒子,它的质量、电荷量均与电子相同,但它带正电荷,是人类最早认识的反粒子。物质是由分子和原子组成的,原子是由带负电的电子和带正电的原子核组成的,如果由带正电的电子 (即正电子) 与带负电的原子核组成原子,那么就是反原子,由反原子就可组成反物质。当物质 (如电子、氢原子) 和同等量的反物质 (如正电子、反氢原子) 相互结合时,它们被转换成高能粒子或湮没发射特征 γ 射线。

反物质一直引起科学家的兴趣是因为它代表宇宙世界的一面镜子,与自然界物体"自由落体"相反,在反物质世界中,万有引力朝相反的方向作用,物体将"自由上升",反物质在物质世界中是上升还是下降? 为什么宇宙是由正物质而非反物质构成? 当前有关亚原子世界的最优理论——粒子物理标准模型也无法给出答案。但科学家认为,物质和反物质属性之间的微小差异可能就是答案所在,而这种差异体现在违反 CPT(charge conjugation, parity, time reversal) 对称定理上。CPT 对称指把粒子用反粒子替换,右手坐标系换成左手坐标系,以及所有粒子速度反向,物理定律不变。而反氢原子由一个反质子和一个正电子构成,这样简单的结构是检验 CPT 对称和万有引力的基本理论的最佳模型。

低能反物质的研究大大刺激了各种科学和技术领域的应用 [1-4],如正电子和中性原子束缚态的预测在正电子、正电子素化学中有重要应用。人们感兴趣的反物质多重态预测包括正电子素分子 (molecular positronium, 简写为 Ps₂),正电子素原子的玻色–爱因斯坦凝聚 (positronium Bose-Einstein condensation, Ps- BEC),电子–正电子等离子体。正电子的技术应用更为广泛,包括化学、材料科学以及医学 (如 PET)。另外,正电子也提供新方法研究许多其他现象,如等离子体、原子团和纳米粒子;以及提供新的离子化分子的方法,如生物感兴趣的质谱仪。2007 年,《自然》杂志上发表的论文报道了美国加州大学河滨分校 Cassidy 和 Mills 两位物理学家的最新研究成果 [5]。他们发现了两个正电子素原子 (或称电子偶素) 相互结合形成正电子素分子 (Ps₂) 的确凿证据,一方面,该研究将为解决一些最基本的物理学问题带来希望,如为什么宇宙中物质比反物质多得多 (宇称不守恒);另一方面,如能制造大量 Ps₂ 分子,将可能产生 γ 射线激光,它将在核聚变点火、宇航深空探测新能源等领域得到应用。美国加州大学圣迭戈分校 Surko[6] 在《自然》杂志发表评论认为：Cassidy 和 Mills 的研究为我们理解物质和反物质提供了新方法；它甚至还提供了创造更多反物质的方法，很有可能会导致新科学和重要新技术的产生。随后，Mills 小组在 *Physical Review Letter* (*PRL*) 等发表系列论文研究里德伯 Ps_2 分子产生方法、Ps 原子产生、Ps_2 分子光谱性质，进一步将探索 Ps_2 产生 Ps^+ 离子源，以及多正电子系统，如 Ps_2H^-，Ps_2O。最近，《自然–光子学》杂志报道伦敦帝国学院的物理学家们找到了如何将光转化为物质的方法 [7]——大约 80 年前，人们首次提出这一想法时曾普遍被认为这是不可能实现的，他们提出的通过 "光子–光子" 碰撞机制直接合成物质 (正电子和电子) 的理论可以借助现有技术实现，这将是一种全新的高能物理实验。这项实验将会重现宇宙诞生最初 100s 内的情景，而在 γ 射线暴中也能观察到类似现象，后者是宇宙中迄今已知能量最为强大的爆发，也是物理学上最大的未解之谜之一。

另外，目前在宇宙中从未观测到原始的反物质，欧洲核子研究中心 (CERN) 在实验中通过将正电子和由反质子减速器产生的低能量反质子混合，产生大量反氢原子 [8]。氢和反氢原子的光谱预测是完全相同的，所以在它们之间的任何微小差异会给新的物理学打开一扇窗口，并可能在解决反物质之谜方面有所助力。凭借其单一质子只伴随有一个电子，氢是最简单存在的原子，在现代物理学中是最精确研究并极好理解的一种体系。因此，比较氢和反氢原子构成是进行物质/反物质对称性高精度测试的最佳途径之一。多年来，欧洲核子研究中心几个合作研究项目的科学家就在一直努力试图通过测量反氢原子的属性来找寻这种不对称性存在的蛛丝马迹。最近，科学家们在反物质研究中已取得许多突破性的成果，如 2011 年已经成功地将反物质捕获超过 1000s[9]；2013 年研制出反物质称重设备，探索反物质 "上升或下降" [10]；2014 年实验上首次成功制造出反氢原子束 [11]，这个结果意味着朝向精确的超精细反氢原子光谱研究迈出重要一步。

本章结合这些重要发现，介绍反物质 (正电子和反氢) 研究历史、现状及展望。7.2 节介绍正电子和反氢的研究发展简史；7.3 节讨论基于正电子的约束、捕获、积累等实验技术；7.4 节和 7.5 节分别介绍 Ps_2 分子和反氢原子的合成方法；7.6 节专门介绍 CERN 反物质研究现状；7.7 节分析下一步反物质探索目标及将来潜在的应用领域。

7.2   反物质研究发展简史

7.2.1   正电子的研究

早在 1930 年，Dirac[12] 理论上预言正电子的存在。1932 年，Anderson[13] 从

实验上观察到正电子。1946 年，Wheeler[14] 预测存在一系列物质-反物质对，除电子和正电子外，也存在正电子素、正电子素离子、正电子素分子等。1951 年，Deutsch [15] 从实验上发现正电子素；1981 年，Mills [16] 在美国 Bell 实验室发现正电子素离子；1992 年，丹麦科学家合成正电子素化合物 PsH，他们甚至推测合成了"正电子素水"，即 Ps_2O。2002 年，美国科学家研究低能正电子在原子、分子中的湮没过程，发现正电子可结合普通自然界物质 [17]。2007 年，Cassidy 和 Mills [5] 的 Ps_2 分子的发现是全新的反物质化学的第一个证据，已经解决了 60 年来一直困扰科学界的一个谜团，创造出 Ps_2 分子，这是由物质和反物质组成的短命的分子，将把人们带到与自然界完全不同的反物质世界。2014 年，英国帝国理工学院的物理学家发现了用光来制造物质的方法。

正电子原子物理学的研究进展相当缓慢 [18]，正电子一般通过放射性同位素源和各种能量的加速器获得，对比电子，正电子的产额很小，并且产生的正电子能量分布很宽。如实验常用的放射性同位素 ^{22}Na β^+ 衰变 (半衰期为 2.6 年) 发出的正电子能量具有 0~0.54MeV 的连续能谱，能量分辨率为 ~0.2MeV。20 世纪 70~80 年代慢正电子 (单能正电子) 束技术的发展，已取得许多可喜进展，高能正电子通过慢化体损失能量，获得慢正电子能量为 eV 量级，能量分辨率为 ~0.5eV(温度约 10^5K)，该技术可研究材料的表面、界面，以及薄膜，在材料科学领域已有重要应用。然而，实验上开展反物质研究不仅需要能量可变的低能正电子束，还特别需要正电子束具有很高的能量分辨率和束流强度；即要求正电子能被进一步热化、约束、储存和积累足够多，并且达到足够高的密度。

近年来，美国、欧洲、日本、俄罗斯和澳大利亚等国家和地区都对基于正电子的反物质基础研究十分重视。*Nature* 和*Physical Review Letter* 等杂志经常报道这方面的最新进展。美国加州大学圣迭戈分校 Surko 小组最早开展正电子的捕获与积累研究 [19]。他们和 First Point Scientific (FPS) 的 Greaves 共同发展了一种基于捕获的正电子束 [20]，外加一个旋转电场对正电子等离子体实行径向压缩 [21]。CERN 的 Athena 研究组 [22]，日本的 Oshima 等 [23] 也得到了冷的高密度正电子等离子体。另外，俄罗斯联合研究所也建立低能粒子环形积累器 (LEPTA Project)，可用于产生正电子素和反氢原子 [24]。在澳大利亚，澳大利亚国立大学和另外几个大学合作，于 2005 年成立了反物质-物质研究中心，得到澳大利亚国家科技委员会等部门的大力支持。

目前国内有 3 个单位建有正电子束，能量可调但能量分辨率不高 (为几 eV)，不是脉冲束，且正电子通量小，主要用于正电子湮没多普勒展宽测量，以及材料表面缺陷研究。武汉大学正电子实验室 2003 年正式启动筹建新型正电子束装置，目前已建成新型正电子束实验室，开辟新型正电子束及反物质 (正电子) 与物质相互作用新的研究方向。现在实验室有高慢化效率的正电子束，新型两级彭宁阱 (Penning

trap) 捕获装置和多功能靶室。正电子束使用先进的固态氖作慢化体,慢化效率约
1%,用 50 mCi 的 ^{22}Na 正电子源时,能量几 eV 的正电子通量达 $5 \times 10^6 s^{-1}$[25]。
新组建的基于捕获的正电子束 (trap-based positron beam),具备产生高能量分辨率
(FWHM 为 25meV) 冷正电子束的条件,可开展正电子热化、约束和积累,以及高
密度 Ps 气体相互作用等基础研究 [26]。

　　我国开展正电子湮没研究已数十年,并在固体和材料缺陷等领域积累了丰富
的经验。但正电子研究不能局限于材料科学,应充分利用正电子的反物质特性,跟
踪国际发展前沿,积极开展基于正电子的反物质基础研究,并做出自己的特色和
贡献。

7.2.2　反物质 (反氢原子) 的研究

　　反物质的研究历史很长,但进展缓慢,以下列出反物质研究的重要里程碑 [27]。

　　(1) 1905 年 6 月 30 日,德国《物理学年鉴》接受了爱因斯坦的论文《论动体的
电动力学》。这篇论文是关于狭义相对论的第一篇文章,它包含了狭义相对论的基
本思想和基本内容。这篇文章是爱因斯坦多年来思考以太与电动力学问题的结果,
他从同时的相对性这一点作为突破口,建立了全新的时间和空间理论,并在新的时
空理论基础上给动体的电动力学以完整的形式,以太不再是必要的,以太漂流是不
存在的,提出著名质能方程:$E = mc^2$。

　　(2) 1912 年 4 月 7 日,物理学家维克托 · 弗朗西斯 · 赫斯发现了宇宙射线,即
来自外太空的辐射渗透到地球大气层。在确定了高于地表 152m 以上的可测电离
对于发自地面的辐射是个可忽略不计的量之后,携带着自己设计的承受高空大气
的温度和气压变化的装置,赫斯乘坐氢气球升上天空进行他的实验,他以过人的胆
量升到大约 4.8km 的高度,他的实验表明,在离开地面一段距离而使电离预料之
中地下降之后,开始回升,电离达到的水平随着气球的高度而提高,是在地表测量
到的电离的数倍。日食期间的一次升空显示了同样的结果,因此赫斯得出结论,大
气辐射不是由太阳发出的,而是来自外太空。大多数该领域的专家都在嘲笑他的发
现,直到第一次世界大战后,后续研究支持了赫斯的结论。赫斯因发现并研究了宇
宙射线荣获 1936 年诺贝尔物理学奖。

　　(3) 1926 年 1 月 27 日,埃尔温 · 薛定谔从经典力学和几何光学间的类比,提
出了对应于波动光学的波动力学方程,奠定了波动力学的基础。维尔纳 · 卡尔 · 海
森伯量子力学是整个科学史上最重要的成就之一,他的《量子论的物理学基础》是
量子力学领域的一部经典著作,海森伯获得 1932 年诺贝尔物理学奖。

　　(4) 1928 年 1 月和 2 月,狄拉克提出了描写电子运动并且满足相对论不变性
的波动方程,将相对论、量子和自旋这些在从前看来似乎无关的概念和谐地综合起
来,完成了相对论量子力学的创立工作。相对论动力学中的能量与动量关系式出现

正、负能态的波函数解。一旦电子海受到电磁辐射的激发,负能级电子获取能量便跃迁到正能级上,相应地负能级上出现空穴。狄拉克把这个空穴解释成具有正能量的"正电子",并认定它是电子的电荷共轭粒子,除电荷与电子电荷反号外,其质量、自旋等均与电子相同。这就是狄拉克由其相对论量子力学所作出的正电子预言。

(5) 1929 年,我国赵忠尧在美国加州理工学院密立根教授的实验室攻读博士学位。他在进行轻重元素对 γ 射线的吸收系数研究中,发现了一种特殊辐射。这种辐射的能量大约等于一个电子的质量,且它的角分布大致为各向同性。这就是世界上首次观测到的正、负电子相遇而产生的湮没现象。

(6) 正电子作为电子的反粒子,于 1932 年由安德森从宇宙线射入的云室中探测到。卡尔·安德森拍到了世界上第一张正电子的轨迹照片,宣布自己发现了狄拉克所预测的正电子。他发现,宇宙射线进入云室穿过铅板后,轨迹发生了弯曲。而且,在高能宇宙射线穿过铅板时,有一个粒子的轨迹和电子的轨迹完全一样,但是弯曲的方向却"错"了。随后,安德森又用 γ 射线轰击铊 208 的方法产生了正电子 (与赵忠尧的实验相仿)。且正电子总是和普通电子成对地产生,它们所带的电荷相反,在磁场中总是弯向不同的方向。

(7) 1929 年,劳伦斯提出磁共振加速器 (即回旋加速器) 的构造原理。1932 年,劳伦斯和他的学生埃德尔森 (N.E.Edlefson)、利文斯顿 (M.S.Livingston) 建成了第一台回旋加速器 (直径只有 27cm,可以拿在手中,能量可达 1MeV) 并开始运行。后来,在劳伦斯的领导下,在美国建成了一系列不同的回旋加速器。20 世纪 40 年代初,这类加速器的能量达到 40MeV,远远超过了天然放射源的能量。可以用于加速质子、α 粒子和氘核,由此发现了许多新的核反应,产生了几百种稳定的和放射性的同位素。回旋加速器对核裂变及核力的研究起着特别重要的作用。劳伦斯由于发明了回旋加速器以及借此取得的成果而于 1939 年获得诺贝尔物理学奖。

(8) 1955 年 11 月 1 日,加州大学伯克利分校粒子加速器 (Bevatron) 制造了第一个反质子。埃米利奥·吉诺·塞格雷与欧文·张伯伦同为劳伦斯放射实验室的一个研究小组的组长,为了寻找反质子,1953 年,加州大学伯克利分校的物理学家们建成了一台名为 Bevatron 的能量为 6.2GeV 的高能质子同步稳相加速器。塞格雷–张伯伦实验小组用这台高能质子同步稳相加速器把能量为 6.2GeV 的质子射在铜靶上,产生了反质子。塞格雷与张伯伦共同荣获 1959 年的诺贝尔物理学奖。

(9) 1956 年 10 月 3 日,考克 (Bruce Cork) 等在 Bevatron 上发现了反中子。他们是利用反质子与原子核碰撞,反质子把自己的负电荷交给质子,或由质子处取得正电荷,这样,质子变成了中子,而反质子则变成了反中子。

(10) 1964 年 7 月 27 日,克罗宁和菲奇发现物质与反物质的不同,即在中性k-介子衰变中发现基本对称性原理的破坏,他们于 1980 年获得诺贝尔物理学奖。

(11) 1965 年 9 月 1 日，CERN 发现反核。

(12) 1978 年 8 月 18 日，CERN 建立反质子存储装置——低能量反质子环 (low energy antiproton ring, LEAR)，用来对反质子减速、储存。

(13) 1981 年 4 月 4 日，第一次实现质子与反质子碰撞。

(14) 1995 年，Walter Oelert 小组在 CERN 第一次制造出了反氢原子，它由一个反质子与一个正电子组成，为氢原子的镜像结构。CERN 的科学家制成了世界上第一批反物质——反氢原子，揭开了人类研制反物质的新篇章。科学家利用加速器，将速度极高的负质子流射向氙原子核，以制造反氢原子。由于负质子与氙原子核相撞后会产生正电子，刚诞生的一个正电子如果恰好与负质子流中的另外一个负质子结合就会形成一个反氢原子。在累计 15h 的实验中，他们共记录到 9 个反氢原子存在的证据。由于这些反氢原子处在正物质的包围之下，因此它们的寿命极短，平均一亿分之三秒 (30ns)。1996 年，位于美国的费米国立加速器实验室成功制造了 7 个反氢原子。此后，在实验室中制造反物质的工作受到很多科学家的高度重视。

(15) 1997 年 2 月 7 日，CERN 宣布同意反质子减速器计划，2000 年建成新一代反质子减速器并投入使用。反质子减速器是一个圆形混凝土盒，周长 188m，耗资 1150 万美元。它利用磁场将高能反质子减速成速度约为光速的十分之一的反质子。

(16) 2002 年 9 月 18 日，CERN 宣布他们已经成功制造出约 5 万个低能状态的反氢原子，这是人类首次在实验室条件下制造出大批量的反物质。

(17) 2010 年，CERN 宣布，在制造出数个反氢原子后，借助特殊的磁场，首次成功地使其存在了"较长时间"——约 0.17s。

(18) 2011 年，欧洲核子研究委员会欧洲物理实验室的科学家破纪录地将反物质围困长达 16min。"无论这个过程是怎样的，更慢的移动速度、更深的围困会降低反氢原子的损失率。"这种最新的方法依赖于使用精确的激光"反冲"反氢原子，击出其本身的部分能量从而使它们冷却降温。这个过程能够实现将反氢原子冷却到比以前最低温度还要低 25 倍的程度。这项最新的冷却技术除了能够帮助科学家更好地研究反氢，还能提高反物质的围困时间。

(19) 2011 年 7 月 28 日，低速反质子原子光谱和碰撞实验 (ASACUSA) 合作组发现新的测量反质子质量的方法，测量精度可达 10^{-9}。

(20) 2013 年 1 月 14 日，科学家研制反物质称重设备，探索反物质"升落"，如果反氢原子的确会往下落，那么它的引力质量应该不会大于惯性质量的 110 倍；如果它向上落，那么它的引力质量至少是 65 倍以上。引力质量是通过测量它对其他物体的吸引力而得出的物体的质量。它产生了被地球吸引的物体的质量。惯性质量是通过测量它受到既定的力时如何加速而得出的物体的质量。

(21) 2014 年 1 月 21 日，CERN 的 ASACUSA 实验首次成功制造出反氢原子束，并在产生反氢原子的地方向下 2.7m 的范围内，即远离强磁场的区域，检测到 80 个反氢原子。这个结果意味着朝向精确的超精细反氢原子光谱研究迈出重要一步。

(22) 2016 年 1 月 21 日，CERN 的反氢激光物理实验 (ALPHA) 合作组在 *Nature* 发表论文测定了反氢电荷，以比以前所达到的精度高 20 倍的精度证实反氢电荷是中性的 [28]。

7.3 正电子捕获、积累及高强脉冲束的形成技术

20 世纪 90 年代，美国加州大学圣迭戈分校 Surko 小组发展起来的基于捕获的正电子束技术 (即阱基束)，实现了正电子的热化和约束，可作为研究反物质 (正电子) 与物质相互作用的重要工具 [18,19]。Mills 等 [29] 在此基础上，进一步采用电磁场聚束，获得高强正电子脉冲束，其实验装置如图 7.3.1 所示，它主要包括四部分：正电子注入装置 (能量为几 eV 的高通量正电子束，slow positron beam)、正电子捕获阱 (trap)、正电子积累器 (accumulator) 和实验靶室 (target chamber)，各个部分相对独立。下面分别介绍各部分的功能、作用，以及最终获得高强正电子脉冲束的方法。

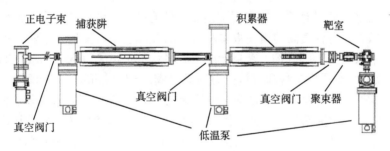

图 7.3.1 实验装置示意图

7.3.1 正电子注入装置

正电子注入装置就是产生能量为几 eV 的高通量正电子束，即常规的用于材料科学研究的慢正电子束装置。一般高能正电子通过慢化体 (如单晶或多晶钨、铜或镍金属片，或低温下形成固态惰性气体层) 损失能量，在金属表面发射能量~0.5eV 的慢正电子，慢化效率为 $10^{-3} \sim 10^{-4}$[30]，而在固态惰性气体层表面发射能量~2eV 的慢正电子，慢化效率为 10^{-2}[31]。

图 7.3.2 给出使用固态氖作为慢化体实验装置示意图，将 ^{22}Na 正电子源置于抛物线形的圆锥体后面，先用闭循环的氦制冷机将锥体冷却至 6~7K，然后加氖气

到放射源室中，通过结晶及稍高温度 (约 8.5K) 退火，在圆锥体表面形成一层固态氖。采用固态氖作为慢化体，慢化效率高达 1%，比传统的钨作慢化体高一个数量级，用 25mCi 的 ^{22}Na 正电子源时，束流强度为 $6 \times 10^6 \mathrm{s}^{-1}$，正电子束斑为 8mm。产生的正电子束直接注入正电子捕获阱内。

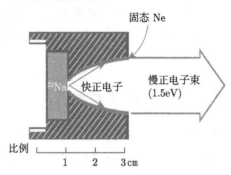

图 7.3.2　固态氖作为慢化体实验装置示意图

7.3.2　正电子的热化、冷却和捕获

　　有许多方法用于捕获反粒子，由于彭宁阱 (Pening trap) 具有优良的约束性能，一般选择它捕获反粒子。如果正电子在连续束源 (放射性同位素) 被捕获，这要求正电子运动沿着平行磁场方向提取能量。目前最广泛使用的正电子捕获技术是缓冲气体技术，它有最高的捕获效率和适中的磁场要求，其基本原理已在第 2 章设备部分及 4.4 节详细介绍，来自于放射源慢化的正电子进入专门改进的彭宁阱中 [32]，该阱由不同静电势和气体压力三级组成。一般情况下，当能量在 eV 量级时，通过电子跃迁可有效减少能量；当能量在 0.05eV 量级时，通过分子振动转移减少能量；而当能量低于 0.05eV 时，通过分子转动转移和原子动量转移碰撞减少能量；当能量很低时，振动激发成为主要的。积累区内可使用各种气体，包括氮、氢、二氧化碳和一氧化碳，最高的捕获效率是分子氮，正电子撞击导致 N_2 电子激发 (8.8eV)[33]，第三级积累时间大于 60s。少量的 CF_4 和 SF_6 添加在第三级可加速冷却到室温 [34]，使用固态氖作为慢化体，捕获效率一般在 10%~20%，最高时可达 30%。使用 100mCi ^{22}Na 源，固态氖作为慢化体，几分钟内可积累 3×10^8 的正电子。

　　在 Surko 等三级彭宁阱捕获技术基础上，Greaves 等 [35] 发展更短寿命 (~1s) 的二级捕获装置，可用于脉冲正电子束研究。图 7.3.3 给出 Mills 等 [29] 使用二级捕获装置电极结构示意图，类似于三级捕获装置，尽管电极结构也分为明显的三个级，但第 2 和第 3 级 (被称为 2a 和 2b) 很小，不能以真正的三级模式操作，只是 "第 3 级" (2b) 对于 "第 2 级" (2a) 压力更低，但比真正的三级模式更高，正电子寿命明显减少，只有 0.3s。"第 3 级" (2b) 的压力为 $\sim 5 \times 10^{-6}$ Torr，第 1 级为

1×10^{-3} Torr，"第 2 级" (2a) 比第 1 级压力小约一个数量级。"第 3 级" (2b) 包括有分段电极，采用"旋转墙"技术 (见 7.3.3 节) 压缩正电子以后，正电子寿命增加到 2s，捕获效率为 20%，正电子等离子束径为 1.3mm。

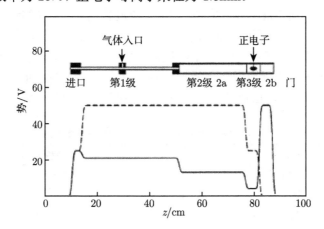

图 7.3.3 二级捕获装置电极结构示意图

上图：电极几何；下图：轴向电势分布，实线为正电子捕获电势分布，虚线为提取正电子电势

7.3.3 正电子的压缩

操作非中性等离子体的一个重要技术是使用旋转电场扭矩导致等离子体径向压缩 (或称"旋转墙"技术 [34,36])。图 7.3.4 为基本的几何示意图，它使用扇形环作

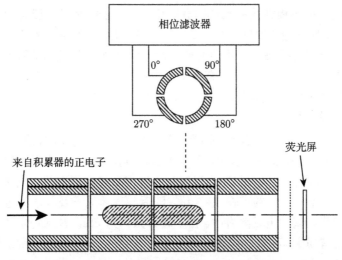

图 7.3.4 正电子等离子体几何示意图

分段电极用于产生导致径向压缩的旋转电场，磷光屏用于测量径向密度分布

电极, 在其上加一绕磁场轴向旋转的四极电势 (具有合适相位的正弦波电势)。工作时正电子等离子体的旋转频率非常接近四级电势的频率, 旋转产生的角动量将耦合到正电子等离子体, 并导致等离子直径减小。由于等离子体旋转频率直接与等离子体密度成正比, 故等离子体密度是可调的。该旋转电势, 亦称"旋转墙", 将一扭矩加到等离子体上, 以抵消因捕获阱不对称而产生的将等离子体向外输运的牵引扭矩, 冷却要求抵消在等离子体上由于扭转做功所产生的热。使用旋转墙技术可以非常方便地增加和设置等离子体密度, 阻碍向外等离子体传输, 并显著增加等离子体约束时间。表 7.3.1 给出通过正电子捕获和操纵技术获得的参数 [1]。

表 7.3.1　通过正电子捕获实验获得的典型参数

参数	典型值
磁场	$10^{-2} \sim 5\text{T}$
数量	$10^6 \sim 10^9$
密度	$10^5 \sim 4\times10^9 \text{cm}^{-3}$
温度	$10^{-3} \sim 1\text{eV}$
等离子体长度	$0.1 \sim 200\text{mm}$
等离子体半径	$0.05 \sim 10\text{mm}$
德拜长度	$10^{-2} \sim 2\text{mm}$
约束时间	$1 \sim 10^6 \text{s}$

7.3.4　正电子的约束和积累

　　一旦正电子被收集在缓冲气体捕获阱中, 正电子等离子体能有效从一个阱转移到另一个阱, 储存更长时间。为提高正电子储存时间, 积累大量正电子, Greaves 等 [37] 在两级彭宁阱捕获装置基础上独立设计第 3 级作为正电子积累器, 第 2 和第 3 级之间增加一个低温泵以提高真空度, 延长正电子的积累时间, 使用旋转电场将正电子等离子体径向压缩, 以提高其密度。图 7.3.5 给出实验使用缓冲气体捕获阱和积累器设计图。

　　图 7.3.6 给出 Mills 等使用积累器的电极结构, 以及积累和提取正电子等离子体的轴向电势分布。从图中可看出, 正电子被收集在通过多环电极产生的调和电场势阱中 [38]。通过操作电极开关适当延时将前级捕获阱中提取的正电子脉冲转移到积累器中, 正电子开始被约束在 1~3 级, 随后与气体原子及其他正电子碰撞在约 100ms 内被捕获在调和电场势阱中。由于转移频率为 4Hz, 注入正电子到积累器的过程中几乎没有损失。积累器的基础真空为 5×10^{-11} Torr, 而由于前级捕获阱中缓冲气体的影响, 真空度上升到 5×10^{-8} Torr。另外, 由于异常径向传输的影响 [39], 正电子积累时间从超过 1000s 减少到约 100s, 为消除这个影响, 他们再次应用"旋

转墙" 技术压缩正电子等离子体，最终使用约 4MHz 射频，等离子体包含 95×10^6 个正电子，积累器提取正电子，可获得面密度为 $1\times10^9cm^{-2}$。

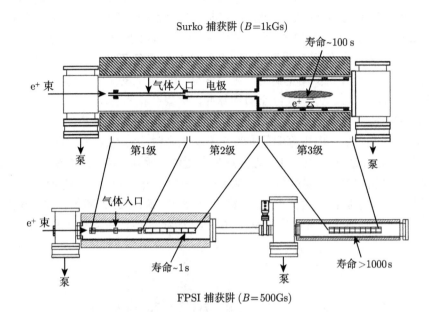

图 7.3.5 缓冲气体捕获阱和积累器设计示意图

上图：Surko 发展的三级捕获阱，径向磁场 1000Gs；下图：将三级捕获阱分为二级捕获阱和积累器，径向磁场 500Gs

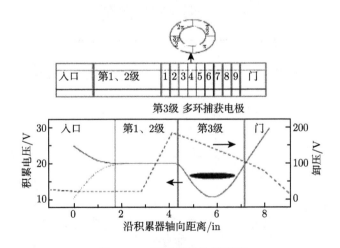

图 7.3.6 积累器结构示意图

上图：电极结构；下图：积累 (实线) 及提取 (虚线) 正电子等离子体的轴向电势分布

7.3.5　高强正电子脉冲束形成技术

　　正电子在积累器中可形成正电子等离子体，结合径向压缩技术和等离子中心提取，可产生亮度增强的脉冲束，并且大大减少束径。正如图 7.3.6 下图所示，迅速施加抛物线电势，所有正电子将同时在阱中到达最小 [37]，这样应用相当小的脉冲电压 (约 200V)，即可产生脉冲束。产生脉冲束的宽度取决于脉冲内的正电子数或正电子等离子体的空间电荷势。典型含有 10^6 以上的等离子体中，产生脉冲束的宽度为 15~20ns。为了获得亚钠秒脉冲，需要在积累器和靶室之间增加聚束器 (buncher)，其实验装置如图 7.3.7 所示。当正电子脉冲进入聚束器时，迅速施加一个高压脉冲 (~50ns，电压可调最大为 2kV)，上升时间为 2ns，与从积累器进入的脉冲束宽度相当或更短。在脉冲环之间选择合适的电阻，使高压脉冲在沿着电极结构的轴向产生调和电势，即可导致纳秒级的脉冲束。图 7.3.8 给出未加聚束器和施加聚束器时正电子脉冲宽度的变化，从图中可看出，施加 2kV 高压脉冲在聚束器上，含有 $70×10^6$ 正电子脉冲的宽度从 ~20ns 压缩到 ~1ns，并且没有正电子损失。

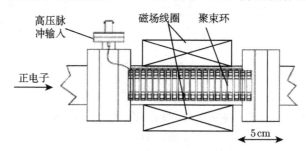

图 7.3.7　聚束器的结构示意图

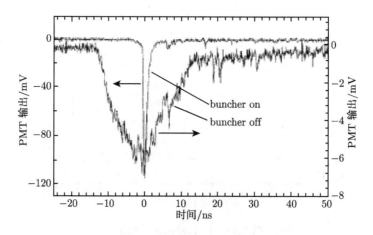

图 7.3.8　未加聚束器 (buncher off) 和施加聚束器
(buncher on) 时正电子脉冲宽度的变化

从积累器中提取正电子等离子体面密度为 $(1\sim2)\times10^9\mathrm{cm}^{-2}$, 这个密度太低无法开展高密度正电子素气体相互作用研究, 因此需要在靶室施加 $\sim$1T 的脉冲磁场进一步压缩正电子。图 7.3.9 给出靶室、加速环和磁场线圈示意图。脉冲磁场通过 20 个 15mF 200V 铝电解电容器组合产生, 在充电约 1min 后 (这个时间一般小于正电子积累时间), 在每个线圈上产生最大 500A 的电流。积累器提取正电子, 聚束器施加高压脉冲和靶室施加脉冲磁场同步进行, 以在时间和空间上达到最大脉冲密度。

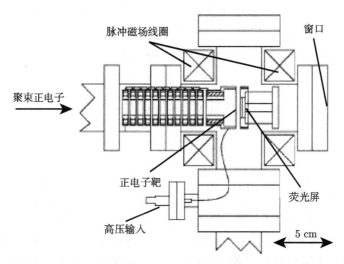

图 7.3.9 靶室、加速环和磁场线圈示意图

积累器中磁为 500Gs, 产生最大面密度为 $(1\sim2)\times10^9\mathrm{cm}^{-2}$; 由于脉冲磁场为 1T, 在靶室磁场增加 20 倍, 产生面密度为 $(2\sim4)\times10^{10}\mathrm{cm}^{-2}$, 这个密度足以开展正电子素气体相互作用研究。正电子束的密度可通过切断旋转电场来改变, 图 7.3.10 给出完全压缩和更低密度时正电子束斑大小。

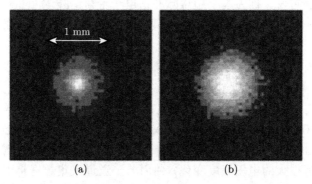

图 7.3.10 完全压缩 (a) 和更低密度 (b) 时正电子束斑大小

　　通过改变多环加速管 (图 7.3.9) 电压，可方便改变正电子束的能量 (最高可达 10keV)。静电加速无需任何网，可避免正电子损失和无关联的 γ 射线产生。加速管可很方便地加速到 5kV 左右，直接使用荧光屏观察束斑，荧光屏放在加速管的底部，有足够空间将样品架放在接近荧光屏的正前方，这样可确保荧光屏观察到束斑与样品上束斑大小基本一致。

　　综上所述，采用旋转墙技术将正电子等离子体在积累器中进一步径向压缩和积累，正电子寿命可达 1000s 左右，能得到 10^8 个正电子，其面密度为约 $2 \times 10^9 \mathrm{cm}^{-2}$。聚束器将约 7×10^7 个正电子压缩到宽度 1ns 的脉冲，在靶室中加一场强 1T 的脉冲磁场，进一步对正电子作空间压缩，即可产生面密度高达 $(2 \sim 4) \times 10^{10} \mathrm{cm}^{-2}$ 的高强正电子超短脉冲束。这个密度已被证明足以首次开展 Ps-Ps 相互作用研究 [40]。

7.4　正电子素分子的观察

7.4.1　单个超短脉冲正电子寿命谱技术

　　正电子寿命谱 (PALS) 已广泛应用研究材料的微结构和缺陷，时间谱的基本原理是与正电子"出生"相关联的射线或信号作为起始信号，以及正电子湮没辐射产生 511keVγ 射线作为终止信号 [41]。一般采用 ^{22}Na 放射源核衰变产生的 1.28keV γ 射线作为寿命测量的起始信号；而对于慢正电子束技术，该 γ 射线是无用的，要进行可变能量的寿命测量，需要在正电子注入样品前提取寿命测量的起始信号，如采用斩波–聚束 (chopper-buncher) 技术获得脉冲束或正电子入射到固体表面发射二次电子作为正电子寿命测量的起始信号，改变正电子束能量可探测从材料表面、近表面直到体内 (μm 量级) 深度的微观结构，有时这个方法也称为可变能量正电子寿命谱 (VEPALS)[42]。

　　最近，Cassidy 等 [43] 发展了一种从正电子积累器中产生单个巨大脉冲束直接收集寿命谱的新方法，称为单个超短脉冲正电子寿命谱技术 (single shot positron annihilation spectroscopy，SSPALS)。这种方法的主要优点是数据的收集时间即为要研究的寿命，可测量瞬时效应引起的变化。

　　SSPALS 测量的依据是产生很窄的脉冲宽度比要测量的正电子寿命更短。如从正电子积累器中提取此脉冲宽度为 15~20ns，含 10^6 以上正电子数。数据记录使用 $PbWO_4$ 闪烁体和 XP2020 光电倍增管，闪烁体材料要求快的衰变时间 (<15ns)，$PbWO_4$ 也有低的光输出。γ 探测器直接连接到数字示波器，示波器可采用 Agilent 54885 6GHz 带宽，采样率为 20G·s^{-1}，数据采集由计算机控制自动完成。因寿命谱有很大的电压幅度变化，使用单一通道采集数据将引起在低电压幅度区域产生不可接受的高数字噪声。为消除这个影响，光电倍增管的输出采用 50Ω

电阻的 T 接头分成两个通道记录，即一个通道采集有最大增益的低压部分；另一个通道采集产生"瞬发峰"的高压部分。测量完毕，离线 (off-line) 分析将两部分组合在一起构造单一寿命谱。

图 7.4.1 给出三种不同样品测量获得的 SSPALS 寿命谱：低密度和高密度 (膨胀和压缩等离子体) 多孔二氧化硅样品 (由四乙氧基硅烷制成) 和普通 Si 作为参考样品。普通 Si 入射能量为 7keV，Si 样品体内不产生 Ps，表面产生 Ps 额小于 2%，并且测量的寿命谱不随入射束流密度变化，这个谱可作为仪器的分辨函数来拟合结果。仪器的分辨率取决于正电子束脉冲宽度和 PbWO$_4$ 闪烁体的衰变时间。然而，低密度和高密度束获得的寿命谱明显不同，低密度样品寿命谱可拟合成单寿命成分，而高密度样品不能拟合成单寿命成分，详细分析见下节。

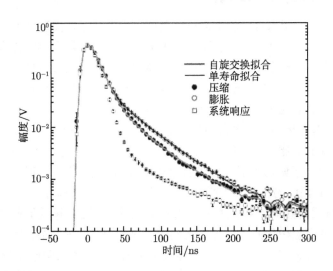

图 7.4.1 三种不同样品测量获得 SSPALS 寿命谱

低密度和高密度 (膨胀和压缩等离子体) 多孔二氧化硅样品与普通 Si 作为参考样品

传统 PALS 和 SSPALS 比较有两个重要区别：其一是传统 PALS 只利用 γ 探测器系统的上升时间来提取起始信号，而 SSPALS γ 探测器的时间响应被叠加成寿命谱。因此，在 SSPALS 测量中，打拿极激振、电缆反射、射频电路拾取等都可能影响测量的寿命谱，实验中应当小心消除各部分的影响。其二是传统 PALS 测量中一般不需要考虑探测器饱和问题，而在 SSPALS 测量中，如同样使用塑料闪烁体必须采用小立体角避免光阴极饱和，很低放大倍数避免阳极饱和，兼顾两者将导致信号大幅度减小，引起很大的统计误差。然而，PbWO$_4$ 闪烁体具有很低的光输出 (近似为 NaI(Tl) 的 1%)，因而闪烁体放在靠近湮没区没有饱和问题；另外，接近阳极时打拿极之间使用更大电压差可解决阳极饱和问题。

　　类似于 VEPALS 测量, 改变正电子束能量, SSPALS 同样可研究多孔材料 Ps 形成的深度分布, 并且无需考虑真空中 Ps 的相互作用。如果正电子束斑足够小, 也可测量小样品或大样品的局部扫描。除此之外, SSPALS 是唯一可研究瞬时变化的测量方法, 因为收集一个正电子寿命谱需要的时间非常短 ($< 1\mu s$), 所以该方法可研究强脉冲激光照射靶材料引起的结构变化, 以及晶体缺陷的形成和退火, 相变形核等快速变化的瞬态过程。

　　SSPALS 是有待发展和完善的新方法, 目前寿命测量的分辨率只有 15ns, 采用 PbF_2 切伦科夫辐射体和 MCP(microchannel plate, 如滨松 R2287U) 探测器, 有望最小获得 0.5ns 的时间分辨率, 可研究钠米多孔薄膜和低 K 材料。

7.4.2　高密度正电子素气体实验

　　Ps 原子与氢原子有许多相似之处。但这里没有质子, 代替质子的是电子的反粒子——正电子。Ps 由一个电子和一个正电子组成, 通常用类似描写氢原子的方法描写 Ps 的状态。若电子自旋与正电子自旋平行, 则 Ps 的总自旋为 1, 其状态符号为 1^3S_1, 是自旋三重态, 记为 o-Ps。若电子自旋与正电子自旋反平行, 则 Ps 的总自旋为 0, 其状态符号为 1^1S_0, 记为 p-Ps。

　　对基态正电子素, p-Ps 的自湮没寿命为 125ps, 湮没后发射 2 γ。而 o-Ps 的自湮没寿命为 142ns, 比 p-Ps 的寿命长 1000 多倍, 湮没后发射 3 γ[44]。但在凝聚态物质中, 由于正电子素与周围物质间的相互作用, 正电子素中的正电子会与周围介质中的一个自旋相反的电子发生湮没, 并发射 2 γ, 这一过程称为拾取 (pick-off) 湮没。它对 p-Ps 没有影响, 但会使 o-Ps 寿命大大减少, 通常降至几 ns[45]。如果形成的 Ps 原子不是完全极化的, Ps 原子之间相互碰撞引起 o-Ps 的自旋交换猝灭 (spin exchange quenching, SEQ), 导致平均湮没率的增加。两个低动量 o-Ps 原子相互接近时, 仅当两原子的总自旋 $S=0$ 时引起 SEQ。正电子素气体研究的依据就是: Ps 气体原子之间相互碰撞导致平均湮没率的增加正比于气体密度。

　　采用 7.4.1 节所述的 SSPALS 测量方法及测量条件, 图 7.4.1 给出使用多孔二氧化硅薄膜样品测量获得单脉冲寿命谱。膨胀和压缩束获得的寿命谱对应的面密度分别为 0.49cm^{-2} 和 3.3×10^{10}cm^{-2}, 样品被盖有一个无孔层 (孔隙度为 ~5%), 正电子入射能量为 3.0keV, $|m|=1$ 时, o-Ps 低密度气体 (膨胀束) 寿命谱可拟合成单寿命成分, 寿命为 36.4ns, 相对强度为 $I_{o\text{-}Ps}|m| = 1=24.3\%$。高密度气体 (压缩束) 不能拟合成单寿命成分, 需进一步分析。

　　由于靶室中施加 1T 的强磁场, 磁量子数 $m = 0$ 的三重态寿命将被猝灭到小于 7ns[44], 这个值小于实验仪器的分辨率 (20ns, FWHM); 而 $m = \pm1$ 的 o-Ps 原子则不受磁场的影响。对于低密度气体, $|m|=1$o-Ps 可自湮没成三 γ 光子或拾取一个电子湮没产生两个 γ 光子。对于高密度气体将可能出现具有相反极化的 $|m|=1$o-

Ps 原子对自旋交换碰撞, 只要 Ps 动能小到与 Ps$_2$ 分子形成能 0.44eV[46] 相当时, 自旋交换将由单道 (总自旋为零)Ps-Ps 散射长度决定, 即 a_0=0.444nm, 总截面为 σ_0=4$\pi a_0^2 \approx$2.48×10^{-14}cm$^{2[47]}$, 这时 |m|=1o-Ps 原子对能导致 Ps$_2$ 分子的形成。这个过程发生的可能性取决于样品的有效表面, 因为壁相互作用需要转换能量和动量。设磁量子数为 $m = \pm 1$ 单位体积的 o-Ps 原子数 $n_\pm(\boldsymbol{x}, t)$ 是位置 $\boldsymbol{x}$ 和时间 t 的函数, 则由于和 $m = \mp 1$ o-Ps 原子相互碰撞后, $m = \pm 1$ o-Ps 原子消失的速率为

$$\mathrm{d}\ln n_\pm(\boldsymbol{x}, t)/\mathrm{d}t = n_\mp(\boldsymbol{x}, t)\sigma_\mathrm{T}\sqrt{2}\bar{v} \tag{7.4.1}$$

式中, $\sigma_\mathrm{T} = \sigma_\mathrm{x} + \sigma_\mathrm{w}$, $\bar{v} \approx$7.6×10^{6}cm/s 是 Ps 原子在室温下的平均速度, 而 $\sigma_\mathrm{x} = \sigma_0/3$=0.654×10^{-14}cm^2 是自旋交换截面。在孔洞壁上形成 Ps$_2$ 分子的有效截面为 σ_w, 它部分取决于孔洞内 Ps 波函数和二氧化硅基体的声子之间的相互作用。

如果假设正电子极化度为 35%, 样品的孔隙度为 0.7, Ps 原子扩散距离等于样品厚度 (450nm), 正电子脉冲的中心密度为 n_2D=3.3×10^{10}cm^{-2}, 则拟合图 7.4.1 压缩束寿命谱测量数据, 可获得 σ_T=2.9×10^{-14}cm^2。σ_T 值比期望自旋交换大 4 倍, 这可能是样品含有裂纹、孔洞或高空隙度区导致局部出现更高 Ps 密度, 引起有意义猝灭率增加; 然而, 因 $\sigma_\mathrm{T} \approx 4\sigma_\mathrm{x}$, 这也可能在孔洞壁上形成大量 Ps$_2$ 分子。因两者导致相同的信号 (长寿命成分减少), 所以, 我们不能区分 SEQ 和 Ps$_2$ 分子形成。

图 7.4.2 给出使用多孔二氧化硅样品的膨胀和压缩束延时分数随正电子能量的变化。为分析寿命谱, 延时 Ps 分数 (delayed fraction)f_d 定义为

$$f_\mathrm{d} = \int_{100\mathrm{ns}}^{300\mathrm{ns}} V(t)\mathrm{d}t \Big/ \int_{-100\mathrm{ns}}^{300\mathrm{ns}} V(t)\mathrm{d}t \tag{7.4.2}$$

从式 (7.4.2) 可看出, f_d 是寿命谱中 100~300ns 积分面积与 −100~300ns 总积分面积之比, 它代表长寿命正电子素分数的大小或正电子长寿命成分的相对强度。当正电子能量在 1keV 左右时, Ps 接近表面, 因而 Ps 能发射到真空。当正电子能量更大时, 注入正电子扩散, 有相当部分打在 Si 基体上。这两种场合 Ps 密度减少, 猝灭率减少, 最大的猝灭信号在能量为 ~3keV。另外, 能量很低 (<1keV) 时, 许多未热化正电子到达表面, 形成 Ps, 因而比样品的内表面导致更大的猝灭信号, 这些 Ps 部分直接发射到真空, 其余部分在样品的表面被捕获[48]。对于室温低密度气体, 最终 Ps 部分热脱附离开表面, 剩余的 Ps 拾取表面电子以几 ns 寿命湮没; 然而, 对于室温高密度气体, 由于 Ps$_2$ 分子形成可能不出现热脱附, Ps$_2$ 分子可能发射到真空或在表面 Ps-Ps 自旋交换猝灭, 导致猝灭信号增加。

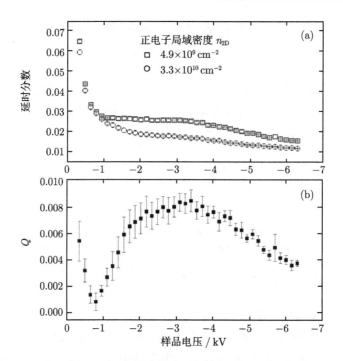

图 7.4.2　延时分数随正电子能量的变化

(a) 膨胀和压缩束的延时分数; (b) 猝灭信号 Q, 表示两者之间的不同

图 7.4.3 给出猝灭信号随 Ps 密度的变化, 正电子入射能量为 3keV, 膨胀时间为 0~5s。从图中可看出, 猝灭率与 Ps 密度有很好的线性关系, 这也充分说明所研究 Ps 气体的假设是合理的。

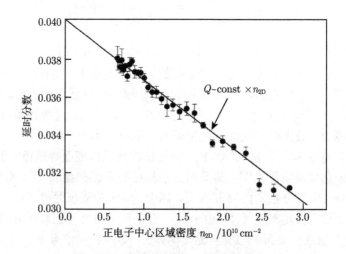

图 7.4.3　猝灭信号随 Ps 密度的变化

7.4.3 正电子素分子的实验观察

上节低密度和高密度 Ps 气体实验表明, 如果 Ps 的密度足够高, o-Ps 原子之间可能相互作用, 引起两种不同的过程: 自旋转换猝灭 (SEQ)(方程 (7.4.3)) 和形成 Ps$_2$ 分子 (方程 (7.4.4))。

$$\text{o-Ps} + \text{o-Ps} \longrightarrow \text{p-Ps} + \text{p-Ps} + 2E_\text{h} \qquad (7.4.3)$$

$$\text{X} + \text{o-Ps} + \text{o-Ps} \longrightarrow \text{X} + \text{Ps}_2 + E_\text{b} \qquad (7.4.4)$$

式中, E_h 为 o-Ps 与 p-Ps 基态能级的差 (超精细能级, 约为 1meV), X 为第三种物质。SEQ 发生时, $2E_\text{h}$ 必然会转移到 p-Ps 原子或周围媒介上。Ps$_2$ 形成需要第三种物质转换动量和能量。这两个过程都可能导致 Ps 的迅速湮没, 因此都可以通过 Ps 寿命谱的改变探测到。但是, 如果运用图 7.4.1 寿命谱分析, 我们并不能区别它们。

尽管 Ps$_2$ 形成与 SEQ 的猝灭信号很相似, 这两种机制都是将长寿命的三重态 Ps 转化为短寿命的单态, 但是我们仍然可以通过考虑猝灭随温度的变化关系, 来区别这两种机制。这种区别方式基于一个事实, 忽略三体碰撞后, 因为受到动量守恒的限制, Ps$_2$ 分子的形成只能发生在空洞表面 (图 7.4.4), 而 SEQ 却没有这样的

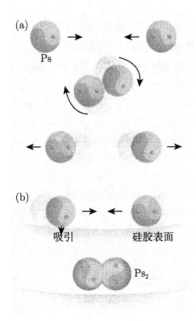

图 7.4.4 两个 Ps 原子相互碰撞过程

(a) 两个自由 Ps 原子相互结合时由于它们剩余的能量, 不能形成分子, 它们简单再分开; (b) 第三体 (如二氧化硅孔洞内表面) 能吸收剩余的能量, 两个 Ps 原子能相互结合形成分子

要求。空洞表面可以热脱附 Ps 原子,因而通过改变温度来控制处于空洞表面上的 Ps 原子比例。也就是说,Ps_2 分子形成和 SEQ,两者的猝灭效应随温度变化的关系不同;对于前者,加热会减少表面上的 Ps 数目,猝灭减弱;对于后者,加热会增加 Ps 密度和 Ps-Ps 相互作用率,猝灭增强[4,5]。

温度实验使用图 7.4.1 类似的条件,采用 PbF_2 切伦科夫辐射体与快速光电倍增管 (PMT) 连接,测量湮没辐射。用快示波器直接测量 PMT 的阳极电压,得到寿命谱[42]。样品为多孔二氧化硅薄膜,孔隙度为 $P=45\%$,厚度为 230nm,薄膜上面盖有 50nm 厚的无孔层。空洞相互连通,空洞直径约为 4nm。扩散到空洞内的 o-Ps 的寿命为 60ns。当入射正电子束的面密度为 $3\times10^{10}cm^{-2}$,Ps 的形成率约为 10% 时,每个空洞内的平均 Ps 原子数约为 10^{-5}(假设空洞区域内的空洞在其厚度上平均分布)。尽管 Ps 原子的扩散长度长达 1μm,在其寿命范围内每个 Ps 平均要经过 10^4 个空洞,两个原子相互作用的总概率却仅为 10% 左右。

实验中选择五种不同的束流面密度 n_{2D},测量寿命谱,研究 Ps 衰变率随束流密度变化的关系。因采用分辨率更好的 PbF_2 切伦科夫辐射体作探测器,延时 Ps 分数 f_d 定义为寿命谱中 20~150ns 积分面积与 $-20 \sim 150$ns 总积分面积之比。计算出每组五种密度时的 f_d 的平均值,将不同密度时 f_d 与平均值的差别 $\Delta f_d(n_{2D})$ 作为猝灭的量度。这种处理消除了每次试验 (12h 左右) 过程中可能引起的系统误差。图 7.4.5 中显示了三种不同温度下的 Δf_d 随密度 n_{2D} 线性变化的关系,从图中可看出,随着束密度的增加,Ps 原子之间发生了相互作用,Ps 原子的寿命减小。加热使猝灭信号大大减弱,这就表明了 Ps_2 分子的形成。

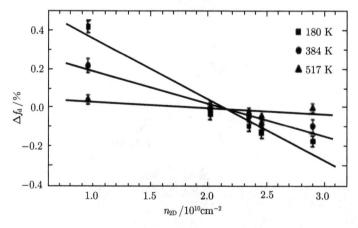

图 7.4.5　长寿命 Ps 的数量与密度的关系

图中显示三种典型温度下 f_d 相对于束流密度平均值的偏移;1σ 误差杆由至少 50 个
单独测量的数据的分布情况决定

　　图 7.4.6 给出 f_d 随温度变化的关系。从图中可以看出，随着温度的升高，长寿命 Ps 的数量增加了，我们把这归因于表面态原子的热脱附。长寿命 Ps 数量的增加，是因为表面态 Ps 的寿命比空洞中 Ps 的寿命短。图 7.4.6 中的数据被分为不同的两组，这两组数据的差别，与将二氧化硅薄膜加热到超过 500K 几小时 (第 13 点) 有关。这大概与材料体内正电子捕获区域的热修复或延长加热引起的结构改变有关。

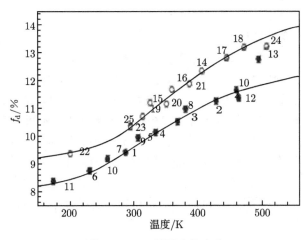

图 7.4.6　f_d 随温度的变化

束流密度为 $0.9 \times 10^{10} \mathrm{cm}^{-2}$；数据点已按测量次序标好，实心圆点和空心圆点分别代表第一轮与第二轮的数据；第 13 点显然正处于低 f_d 轮与高 f_d 轮转变之间

　　图 7.4.6 中，实线为热激活过程特征的 Arrhenius 型拟合曲线。热激活过程主要与激活能 E_a 和附着系数 S 两个参数有关。附着系数 S 为一个原子与某个面碰撞后留在此面上的几率。金属表面状态下 Ps 的热脱附，已经被广泛研究过。激活能一般为几十 eV。因为金属电子气的强库仑作用，附着系数 S 接近于 1[49]。将图 7.4.6 中的数据拟合，可以得出：第一组和第二组数据的激活能分别为 $(64 \pm 23) \mathrm{meV}$ 与 $(83 \pm 21) \mathrm{meV}$，附着系数分别为 $\log_{10} S = -5.45 \pm 0.42$ 与 -5.34 ± 0.35。由于 Ps 只能通过与空洞表面的声子或其他表面模弱耦合而转移能量，SiO_2 中的附着系数 S 非常小。这个小的附着系数 $(S \approx 10^{-5})$ 恰好与质量为 $2 m_e$ (m_e 为电子的质量) 的轻粒子一致，这种轻粒子只能通过 SiO_2 分子 (质量 $\approx 1.1 \times 10^5 m_e$) 表面的声子损失能量[50]。这表明猝灭过程一定发生在空洞表面，可以得出结论：空洞表面已经形成了 Ps_2 分子。已有实验证明晶态和非晶态 SiO_2 中都存在 Ps 表面态[51]，实验结果也与此完全符合。

　　随后，Cassidy 和 Mills 等进一步研究了产生更多的正电子素的方法及正电子素分子的光谱学，感兴趣的读者可参阅文献[52-55]。

7.5　反氢原子的合成

7.5.1　为什么研究反氢？

如引言所述，反物质是宇宙世界的一面镜子，科学家一直对研究反氢感兴趣的原因有两点 [27]。第一，标准模型认为，反物质和物质遵循一样的物理原则，比如反粒子应该和对应的粒子一样能够吸收同样的光的颜色。如图 7.5.1 所示，使用反物质验证 CPT 不变性包括电子/正电子和质子/反质子质量比。更为理想精确研究 CPT 定律的是反氢，氢和反氢原子的光谱预测是完全相同的，所以在它们之间的任何微小差异会给新的物理学打开一扇窗口，并可能在解决反物质之谜方面有所助力。第二，爱因斯坦广义相对论是当前被普遍接受的重力理论，该理论称重力对各类物质的作用相同，如图 7.5.2 所示，"牛顿因苹果从树上坠落而产生有关万有引力灵感"的传奇故事至今为人津津乐道。那么，苹果的反物质——"反苹果"究竟是上升还是下落？目前各种不同物质之间引力等价性已被证明，反物质与物质 (如质子和反质子) 的直接比较已被证明非常困难，因为电磁力远大于引力，并且由于即使很小的磁场也很难屏蔽。然而，反氢是稳定的且中性不带电，使用它与氢原子比较可取得更高的精度。

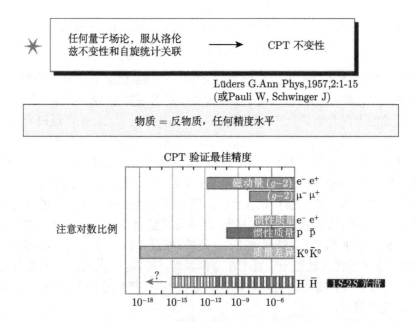

图 7.5.1　反物质与物质 CPT 验证精度示意图

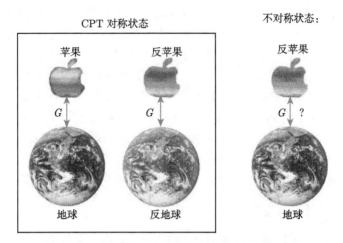

图 7.5.2　"反苹果"与"苹果"的引力作用示意图

　　1995 年，欧洲核子研究中心的科学家制成了世界上第一批反物质——反氢原子，揭开了人类研制反物质的新篇章。1996 年，美国费米国立加速器实验室成功制造了 7 个反氢原子。2002 年，在世界各地 9 个研究所、39 名科学家的通力合作下(也称 ATHENA 研究团队)，欧洲核子研究中心近日已成功制造出约 5 万个低能量状态的反氢原子，这是人类首次在受控条件下大批量制造反物质[8,56]。ATHENA仪器装置如图 7.5.3 所示，该装置主要包括正电子积累器 (the positron accumulator

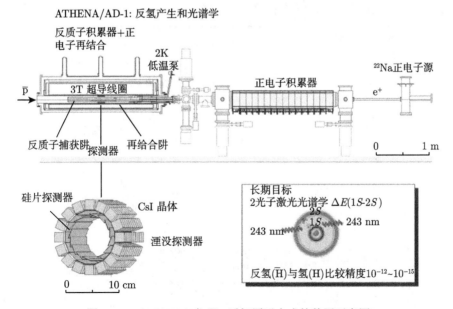

图 7.5.3　ATHENA 仪器: 反氢原子合成的装置示意图

trap)、反质子捕捉阱 (the antiproton catching trap)、混合阱 (the mixing trap)、反氢探测器 (the antihydrogen detector)。反质子由左边 CERN 反质子减速器 (antiproton decelerator, AD) 产生，正电子源则是来自装置的最右边。两个粒子在混合阱结合在一起形成反氢，混合阱处于 3T 超导强磁场下并冷却到约 10K 的低温。捕获阱周围是 ATHENA 的探测器，可在很好的时间及空间分辨下探测反质子和正电子的湮没信号。反氢原子合成包括前期大量冷反质子和冷正电子的产生，产生正电子的方法与前面 7.3 节描述的一致，采用 40mCi ^{22}Na 放射源，固态氖作慢化体，产生慢正电子束，经彭宁阱冷却、捕获和积累，可产生每秒 10^5 个正电子束。以下以 ATHENA 实验发现大量冷反氢为例，介绍实验上如何合成反氢原子。

7.5.2　反质子的冷却、捕获

反质子通过 CERN 反质子减速器 (AD) 提供，这个设备每次注入 2 亿 ~3 亿个反质子，能量为 5MeV，注入时间约 200ns，每相隔 100s 注入 1 次。类似正电子，我们也采用电磁场约束将这些反质子捕捉在圆筒状的彭宁阱中，该阱处于 3T 超导强磁场下冷却到约 10K 的低温。具体捕捉反质子的方式如图 7.5.4 所示。因 5MeV 的反质子能量太高，第一步是减速 (degrading)，我们将反质子数通过薄的铝片减速至 10MeV 以下；第二步是反弹 (reflecting)，将反质子引入捕获阱和电子碰撞损

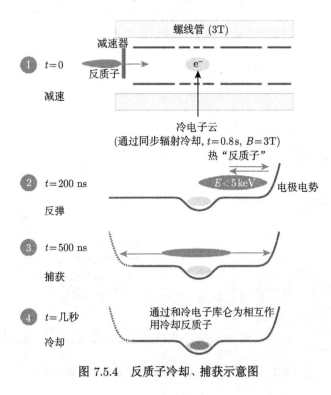

图 7.5.4　反质子冷却、捕获示意图

失能量，在另一端施加高压避免反质子逃离；第三步是捕获 (trapping)，在两端施加高压下，将反质子捕获在陷阱内；第四步是冷却 (cooling)，反质子和电子的库仑相互作用，几秒内可将反质子冷却。

7.5.3 混合阱中反氢的合成

混合阱 (也称再结合阱，recombination trap) 要求同时捕获两种粒子，并且试图使它们有效结合在一起合成反氢。为了达到这个目的，混合阱要求筑巢式的彭宁阱，周边有额外的几个阱。因为正电子和反质子有相反的电荷，它们不能同时捕获在相同的阱内，即捕获正电子的阱不能捕获反质子。解决这个问题的办法是制造一个大阱，如图 7.5.5 所示，实际上制造了三个阱，两边阱捕获反质子，而中间阱捕获正电子。

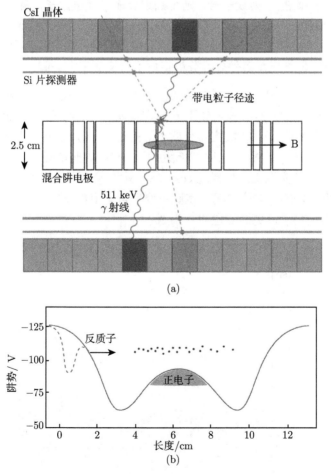

图 7.5.5　反氢合成的中心部分 (混合阱) 及捕获势分布图

　　一旦反氢在捕获阱中形成，由于它是中性原子，不再被电磁场约束，它将沿直线方向移动逃离系统。当和电极墙或本底气体碰撞，正电子和反质子将在几纳秒内几乎同时发生湮没。反氢探测器用于探测正电子和反质子的湮没，它围绕混合阱上，安装在低温系统与 3T 超导磁体的中间。反氢的湮没不同于未束缚的反质子和正电子的湮没，它在相同的时间和空间内同一点反质子和正电子同时湮没 (图 7.5.5(a))。反质子湮没产生能量为 50~900MeV 的 3~4 个带电的 π 介子，可通过围绕混合阱两层 Si 片探测器测量其踪迹，每层 16 个探测器模块，排成圆形，每一模块在径向和 Z 方向均有 128 个 Si 片，反质子的湮没位置由产生踪迹 Si 片探测器延长线的交叉点决定，误差来自于 3T 磁场下 π 介子踪迹的曲率。正电子湮没产生一对方向相反的 511KeV 的 γ 射线，它们通过 192 个 CsI 晶体探测，位于 Si 片探测器的外部，每排 12 个晶体，排成 16 排。若反质子湮没 2μs 内在同一直线相反方向接收到 511KeV 的 γ 射线信号，则可确定合成了反氢原子。所有探测器要求在 3T 强磁场及极低温 (~120K) 下工作，空间分辨率小于 1cm。实验中通过混合阱中 28 个电极的电势控制正电子和反质子在捕获阱的行为，整个探测系统由 LabVIEW 程序操作完成。最终反氢事件离线分析正电子与反质子在时间–空间湮没一致性。

　　图 7.5.6 给出反质子湮没事件随 2γ 角 $\theta_{\gamma\gamma}$ 的变化关系，真正的反氢事件应当接近于 $\cos\theta_{\gamma\gamma}$ ~1。本底采用如下方式详细研究：①热正电子抑制反氢的形成 (图 7.5.6(a)，三角符号)；②仅注入反质子 (未注入正电子) 时在电极墙上湮没 (图 7.5.6(b)，柱状图)；③当所有 γ 射线能量大于 511keV 时的湮没数据 (图 7.5.6(b)，圆形符号)。实验证实以上三种情况 $\cos\theta_{\gamma\gamma}$ ~1 处均观察到反氢湮没峰。三维重构图也未发现角度关联的 γ 辐射本底，本底主要来自于中性 π 介子的衰变及随后电磁辐射产生次级正电子及更高能量的 γ 射线。

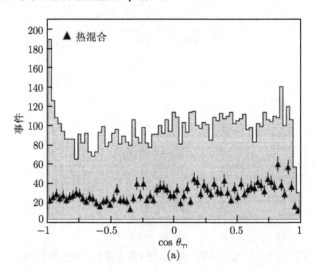
(a)

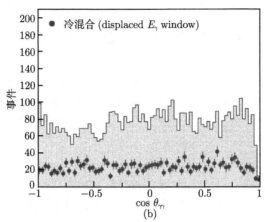

图 7.5.6 反质子湮没事件随 2γ 角 $\theta_{\gamma\gamma}$ 的变化关系

真正的反氢事件应当接近于 $\cos\theta_{\gamma\gamma} \sim 1$

进一步，$\cos\theta_{\gamma\gamma}$ 的分布形状与 Monto Carlo 模拟的结果一致，图 7.5.7 给出垂直于磁场方向平面内重构的反质子湮没事件分布图，其中图 7.5.7(a) 为冷混合，图 7.5.7(b) 为热混合。图 7.5.7(a) 获得的一个清晰的捕获阱电极图像，与中性反氢原子在该墙上的湮没一致，这个观察也暗示产生大量的反氢比实际探测到的角关联光子更多，与 Monto Carlo 模拟的结果一致；然而，热混合的情况完全不同，没有观察到捕获阱电极图像 (图 7.5.7(b))。另外，反质子也在捕获阱中心区域湮没，这可能是由于反质子和残余气体或正电子等离子体捕获的离子碰撞。热混合平均湮没率比冷混合小约 4 个量级，峰底比小 10 倍左右。据初步的估计，1.5×10^6 反质子冷混合，至少产生了 50000 个反氢原子。

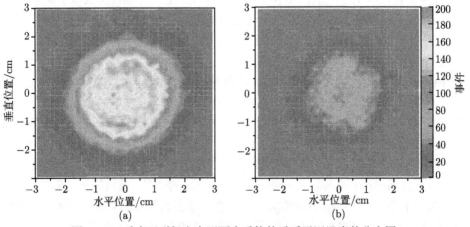

图 7.5.7 垂直于磁场方向平面内重构的反质子湮没事件分布图

其中 (a) 为冷混合，(b) 为热混合

7.6   CERN 反物质研究的现状

CERN 的 AD 主要提供反质子用于反物质研究，目前开展四个方面的实验，即反氢捕获实验 (the Antihydrogen trap, ATRAP)，反氢激光物理实验 (antihydrogen laser physics apparatus, ALPHA)，反氢实验：引力、干涉和谱学 (antihydrogen experiment: gravity, interferometry, spectroscopy, AEGIS)，以及低速反质子原子光谱和碰撞实验 (the atomic spectroscopy and collisions using slow antiprotons, ASACUSA)。另外，反质子细胞实验 (antiproton cell experiment, ACE) 也使用反质子，主要探索反质子治疗癌症的可行性。下面简单介绍各个实验的研究现状。

7.6.1   ALPHA

ALPHA 合作组是 ATHENA 的继承者，建于 2005 年，与 ATHENA 的总研究目标类似，亦即制造、捕获和研究反氢原子，并与氢原子比较。因反氢不带电，ATHENA 实验中一旦形成它们不能约束在彭宁阱中而在电极墙上湮没；然而 ALPHA 实验使用不同的捕获方法可"捕获"反氢原子，可保持较长的时间，实验装置的不同如图 7.6.1 所示。2010 年报道"捕获"时间为 142ms [57]，2011 年报道最长可达 1000s，第一次用光谱测量反氢原子的内部状态，研究结果发表在《自然》杂志上 [9]。

普通的氢原子是宇宙中最丰富的，也是最简单的，它是如此简单，事实上，一些最根本的物理常数的发现，就是因为测量微小的能量转移，这种能量转移来自氢质子核与单轨道电子之间的磁场和电场相互作用。另一方面，反氢原子是罕见的，它是单轨道正电子 (反电子) 围绕单一反质子旋转，难以制作，更难以保存。事实上，反氢原子以前从未被捕捉到，直到 2010 年，ALPHA 仪器才成功地捕捉到。在最近的一系列试验中 [58]，ALPHA 研究人员创造和捕获到数百个反氢原子，保存在磁瓶内，然后研究它们的内部状态，这需要用微波辐射照射它们，翻转正电子的自旋，使原子瞬间弹出磁陷阱 (magnetic trap)，并使它们在陷阱壁上湮没。当然，电子和正电子都并不是真的自旋。"自旋"这一名称是指一些粒子的内部量子状态，只有两个值，就是向上和向下。在氢原子中，电子和质子自旋态的相互作用产生超精细分裂 (hyperfine splitting)；在天文学中，超精细分裂是 21cm 氢射线特征径迹 (signature 21-centimeter emission line of hydrogen) 的来源。反氢原子应具有同样的属性，翻转自旋所需的微波辐射频率，可直接测量反氢原子两种超精细状态之间的能量差异。最近，ALPHA 实验证实反氢电荷是中性的 [28]，测量精度比以前方法改进 25 倍，达到十亿分之一。

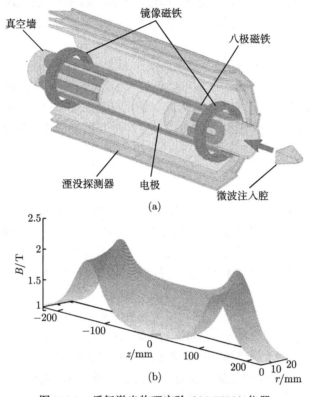

图 7.6.1 反氢激光物理实验 (ALPHA) 仪器

(a) 截面示意图是反氢激光物理实验仪器的反物质陷阱, 显示的是超导八极磁铁 (octupole magnet) 和镜像磁铁以及其他功能组件; (b) 是陷阱内的磁场强度分布图。实验目标是测量反氢原子的超精细结构, 就在陷阱中心, 这里的磁场强度最小

7.6.2 ATRAP

ATRAP 是比较氢原子与它们的反物质——反氢原子的等价性。1986~1999 年期间, TRAP 合作组, 自此改名为反氢原子捕获合作组 (ATRAP COLLABORA-TION) 开发出对反质子加以减速、捕获和进行电子冷却的反质子。反氢原子捕获合作组在能够累积大量的冷反质子之前, 只有对接近光速运动的高速反质子可以进行研究。ATRAP 合作组利用 TRAP 的技术产生冷反氢原子。反质子被减速、冷却, 最后在 4.2K 热平衡中储存起来。4.2K 为平均能量, 比以前的反质子能量低 100 亿倍。2002 年, ATRAP 合作组首次成功观察到反氢原子的内部结构信息, 他们首先使用冷正电子冷却反质子, 它们同时约束在同一阱中并处于类似的温度, 最终部分子正电子和反质子合成反氢。ATRAP 与 ATHENA 差不多同时建立, 两者有同

样的目标,使用类似的方法合成反氢,但使用不同的探测器。ATHENA 于 2005 年关闭,ATRAP 继续运行,并与 ALPHA 合作共同研究反氢原子的精密测量,并与普通氢原子相互比较。

单个反质子数月长的禁闭,背景压力低于 $5×10^{-17}$Torr 和对来自单个被捕获的反质子的无线电信号的无损伤探测可以说明,反质子与质子的质荷差小于 $9/10^{11}$,该比较值比以前的精确了将近 100 万倍。使用冷反质子减速、冷却和对其储存的技术,使 ATRAP 合作组及其竞争者可以生产冷到精确激光光谱学足以捕获的反氢原子 [59]。

7.6.3　AEGIS

反氢实验主要目标:引力、干涉和谱学 (AEGIS) 是直接利用 AD 产生的反质子产生反氢原子测量地球的引力加速。AEGIS 是整个欧洲物理学家的合作,作为实验的第一步,AEGIS 团队使用反质子产生反氢原子束,然后反氢束通过迈克耳孙干涉仪以及位置灵敏探测器可在 1% 的精度内测量反物质与物质引力相互作用的大小。

冷反氢束的产生与引力相互作用研究装置如图 7.6.2 所示 [60],其基本步骤如下:①在彭宁阱中收集正电子;②捕捉和收集 AD 发送的反质子;③冷却反质子到几百 mK;④通过注入强正电子脉冲在纳米多孔材料产生冷正电子素保存在超低温;⑤两步激光激发 Ps 到主量子数为 20~30 的里德伯态;⑥通过电荷交换反应产生冷里德伯反氢;⑦通过非均匀电场加速形成反氢束;⑧反氢束通过迈克耳孙干涉仪以及位置灵敏探测器测量垂直方向自由落体的偏差 (实验原理如图 7.6.3 所示)。

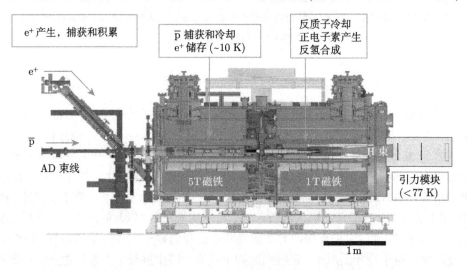

图 7.6.2　反氢实验 —— 引力、干涉和谱学 (AEGIS) 实验仪器示意图

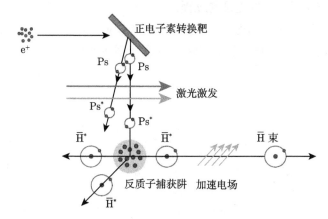

图 7.6.3 AEGIS 合作组建议实验反氢束的测量引力加速度的原理图

目前 AEGIS 仪器的主体部分已建成, 5T 和 1T 超导磁体与反质子捕捉实验也成功完成, 下一步增加正电子聚束强度, 实现激光两步激发到里德伯态, 最终通过电荷转移反应产生反氢, 开展物质与反物质引力相互作用首次测量。

7.6.4 ASACUSA

低速反质子原子光谱和碰撞实验 (ASACUSA) 使用反质子氦和反氢作比较, 测量反物质与物质的区别, 通过原子 (包括反质子) 精密谱学研究反质子氦和反氢基本对称性, 并研究反物质与物质的碰撞特性。

ASACUSA 目标之一是精密测量反氢的超精细结构, 并与人们非常了解的氢原子相互比较。因为这个物理量对磁场非常敏感, ASACUSA 研究方法不是捕获反原子而是设法制造反氢原子束, 并把它们输运到一个无磁场干扰的区域, 并使用微波辐射研究其飞行特性。最近, 研究人员开发出一个新的粒子陷阱装置——"卡斯波" 陷阱 (Cusp trap), 可利用多个磁场的综合作用将反质子和正电子集合到一起, 形成反氢原子极化束 [11]。然后这些反氢原子转移到远离强磁场的区域, 导入真空管状通道中呈现飞行状态, 由此测量反氢原子由基态开始的超精微跃迁 (图 7.6.4)。

氦是第二个最简单的原子, 它包含一个原子核和两个电子。ASACUSA 团队可利用反质子代替其中的一个电子制造反质子氦, 这是因为反质子像电子一样同样带有一个负电荷。当注入反质子到氦气泡内, 大多数反质子和周围的普通物质发生湮没, 但少量比例反物质 (反质子) 和物质合成混合原子 (反质子氦)。ASACUSA 团队目前使用激光激发原子, 可测量反质子的质量, 其精度可与测量质子的精度相比。

ASACUSA 也通过反质子束与各种原子核分子碰撞研究反物质与物质的相互作用。人们感兴趣的过程包括反质子撞出其中一个电子的"离子化"过程, 以及反质子撞出，并与原子核发生湮没的过程。

　　ASACUSA 团队使用无线射频减速器可减速反质子能量从 5.3MeV 到 100keV，这种方法比其他研究组可提高 10~100 倍反质子有效利用率。

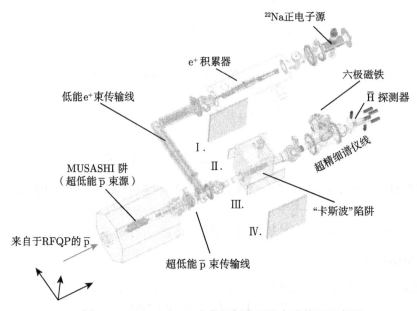

图 7.6.4　ASACUSA 合作组新发展的实验装置示意图

箭头代表 1m，从 AD 发送的反质子在 MUSASHI 阱中捕获、电子冷却和径向压缩。慢化的正电子在积累器中冷却输运到"卡斯波"陷阱 (Cusp trap) 中，正电子处于最大磁场区，注入反质子和正电子混合合成反氢，通过多个磁场综合作用产生极化反氢束。"卡斯波"陷阱两边标识为 I~Ⅳ闪烁模块，用于记录湮没反应信号。随后放置超精细测量光谱仪，包括六极磁体和反氢探测器

7.6.5　ACE

　　反质子细胞实验 (ACE) 开始于 2003 年，目标是研究反质子对癌症治疗的有效性和适应性 [61]。来自于世界 10 个研究所的物理、生物和医学领域的专家组成一个团队，首次研究反质子的生物效应。

　　目前的粒子束治疗通常使用质子来摧毁患者体内的肿瘤细胞，尽管使用控制的质子束，也会一定限度地对健康组织产生损伤。ACE 实验通过直接比较质子与反质子对治疗癌症的不同，正在试验使用反质子作为另一种治疗的方案。当物质 (肿瘤细胞) 与反物质 (反质子) 相遇时，将发生毁灭，同时把它们的质量变成能量释放出来。反质子癌细胞治疗实验正是利用了这一性质，入射的反质子和肿瘤细胞中原子内的一部分质子发生湮没。而湮没后释放出来的能量产生的新粒子可以接

着破坏邻近的肿瘤细胞。

ACE 实验直接比较了分别用质子和反质子进行治疗的效率。为了模拟人体内部组织的反应截面，研究者们将灌满仓鼠细胞的管子悬挂在胶质中。他们将质子和反质子束分别打到管子两端深度大概为 2cm 的地方，并测定了在粒子束经过的部分受到辐射后仍然存活下来的细胞的比例。结果显示反质子的效率是质子的四倍。为了在同样的程度下杀死目标区域的细胞，反质子所需要的量只是质子的四分之一，这样就显著地减少了粒子束经过区域正常细胞被破坏的量。由于反质子在杀死目标区域的癌细胞的同时不影响健康组织，这种粒子束将在治疗复发癌症方面具有很高的价值。

研究者们目前正在对更大深度——大概在表层以下 15cm 时粒子束辐射细胞作更多的测试。计划进一步的实验来全面考察反质子用于癌症治疗的效率和切合性，并且确保和其他的方法相比对健康组织的损伤最小。任何医学处理验证过程都是漫长的，即使一切都进行得非常顺利，第一例临床应用仍然会在十年之后，或许更久远的未来。

7.7　展　　望

正电子是最容易获得的反粒子，因而电子–正电子系统最适合研究普通物质与反物质的结合。Mills 等已产生高强正电子脉冲束，并首次在实验室合成 Ps_2 分子，2004 年 Schrader 也从理论上探讨 Ps_2 分子的形成机制 [62]。他们下一步的目标是实现 Ps-BEC，产生高强相干湮没 γ 光子脉冲，即高功率正电子 γ 激光 [63]（详见第 9 章）。另外，反氢作为反物质是当前研究热点之一，有望在验证标准模型 (standard model)，检验弱等效原理 (WEP)，以及各种新技术应用 (如反物质能源) 等领域中取得重要进展。以下几个方面是实现最终目标的重要里程碑或将来具有重要应用的领域 [2,64−67]。

7.7.1　CPT 标准模型验证

到目前为止，在量子层面上，CPT 对称定律都表现得很好。但对于反物质，人们从来没有在原子核层面测量过其对称问题。我们不知道为什么自然选择了物质而不是反物质，也不知道标准模型是否能够应用在反物质系统，或许标准模型能够在反物质中被证实，或许我们会寻找到惊喜，因为我们不知道物理会往哪儿走。

如果确实想破解反物质的诸多谜团，我们首先必须要努力解决反物质如何制造和储存的问题。欧洲核子研究中心的两个实验 ATRAP 和 ALPHA 目标是制造数量足够多、保存时间足够长的反氢，用以对其释放的光谱同正常氢释放的光谱进行对比。即便是两种光谱之间最轻微的差异也会改变标准模型。捕获反氢原子是当前科学的尖端领域, 是一个挑战。迄今为止, 没人成功做到这一步, 但是也许不久的将来我们可以。

7.7.2　WEP 弱等价原理

引力相互作用的实验研究虽然广泛, 但极少使用单个中性基本粒子, 且从未使用反物质。测量反物质的引力红移可用 Ps 原子束激光。Mills 等最早提出 Ps 引力实验的设想 [68,69], 图 7.7.1 给出利用 Ps 原子束激光组成 Mach-Zender 原子干涉仪测量 Ps 引力相互作用示意图, 由于引力加速引起相位差为 $mg/\hbar\nu, m$ 为粒子的质量, g 为引力加速度。直径为 d 的小孔发射的 Ps 速度为 $\pi\hbar/d$, 产生相位差为 $Amg/\hbar\nu$, 这样与普通物质一样, 一个 20cm 间隔的干涉仪即可测量 Ps 引力作用。因为正电子素寿命很短, 需激发 Ps 到 $n = 25$ 高里德伯态, 有轨道角动量为 $24\hbar$, 寿命为 1ms 数量级。

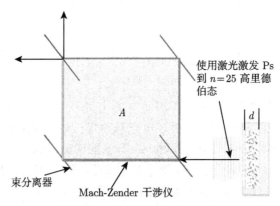

图 7.7.1　利用 Ps 原子束激光测量 Ps 引力相互作用

欧洲核子研究中心实施的 AEGIS 实验目的就是研究引力相互作用 [71]。重力是一种相对微弱的力量, 所以 AEGIS 实验将利用不带电的粒子, 以避免电磁力湮没重力效应。AEGIS 实验首先创建高度不稳定的一对对电子和正电子, 即正电子素, 接着用激光器激活它们避免其过快湮没。反质子与正电子素通过电荷交换反应产生不带电的反氢原子。这些水平穿过两组裂口的反原子脉冲会在探测器屏幕上产生精致的冲击图案和阴影。通过观测这个图案位置的变化, 可以测算反物质承受重力的大小和方位。问题的症结在于从没有人像这样制造受控制的正电子素; 从没有人在像这样的环境下, 使用激光器生成激活正电子素的状态; 从没有人制造出像这样的反氢。如果研究人员最终获得成功, 那么也值得他们付出这么大的努力。倘若重力确实对反物质产生不同的影响, 我们借此不仅可以了解到有关反物质的一些谜团, 还能对现代物理学的基础理论有所了解。爱因斯坦广义相对论是当前被普遍接受的重力理论，该理论称重力对各类物质的作用相同。同样，标准模型预测，物质和反物质几乎在所有方面都是相同的。如果发现事实与理论不相符合，那么我们就会发现极为重要的东西或产生一个新的方向。

最近 CERN 启动了 GBAR(Gravitational Behaviour of Antihydrogen at Rest) 合作组，目标是测量冷反氢原子的自由落体实验，验证爱因斯坦的 WEP 弱等价原理，目前各个方法进展顺利 [72]。

7.7.3 "反物质"武器和宇航深空探测新能源研究

美国、欧洲等国家和地区都高度重视正电子能量转换，原因是正电子湮没时，正电子及与其湮没的电子质量全部转化为湮没光子能量，故它具有最大能量密度 (正电子湮没能量密度为 1.8×10^{17}J/kg，而裂变物质为 7.1×10^{13}J/kg)；即 1mg 反物质就能释放出 180MJ 能量，相当于 22 个美国航天飞机燃料箱储存的能量，这比通常爆炸物质的能量高出 100 亿倍。湮没产物仅为 0.511MeV 的 γ 射线，不会引起任何核反应和产生核废料，可用作光子武器。若能发展出功率为 1GJ(10^9J) 的 γ 激光器，可用于战略导弹防御。

航天技术虽已取得巨大成就，但就人类探索与开发空间而言只是迈出了一小步，目前飞行器主要绕地球运行。若要将人送上火星或进入远外空间作星际飞行，则要求飞船有更高的速度。化学燃料作推进剂已不能满足要求，必须大大增加燃料的能量密度。美国国家航空航天局 (NASA) 已召开数次"先进空间推进器讨论会"，并已提出用正电子能量转换作航天飞机推进器的设想。最近，据 NASA 网站报道，科幻故事中大多数飞船都是用反物质作为燃料，原因就是反物质是已知最有效的燃料。若要实现人类载人火星探索的伟大梦想，我们需要数吨化学燃料，相反，若使用反物质，则仅需数十毫克。NASA 先进概念研究所 (NIAC) 资助一个研究小组从事将反物质作为未来飞船燃料的开发工作，提出一个 "New and improved antimatter spaceship for Mars mission" 方案，这种飞船会生成低能 γ 射线，从而避免了射线产生的副作用。此前的反物质动力飞船设计所采用的是反质子，反质子在湮没时能产生高能 γ 射线。新设计将采用正电子，这将使 γ 射线的能量是原来的四百分之一。正电子动力飞船将比现有载人火星探索计划 (Mars Reference Missionn) 具有更多优势。例如，核动力推进可以减少飞船到达火星的时间，正电子反应堆在能提供相同优势的前提下，运作起来也要相对简单，并且正电子动力飞船具有更高的安全性。同时，这个计划也将面临巨大的技术挑战，如制造正电子的成本过高，如何在狭小的空间里储存足够多的正电子。尽管如此，NIAC 研究人员确信，随着研发项目的不断深入，这些困难将会一一被克服。

反物质是一种致命武器，威力强大，不可阻挡。有人提出，人类可能有朝一日利用反物质的破坏力去摧毁整个世界，这本身就是一种奇异的想法。如果将欧洲核子研究中心在过去 30 多年反物质实验中生成的所有反物质累积起来,只有一亿分之一克反物质。如果它在你指尖爆炸,除了像点燃一根火柴以外,不会造成其他任何危险。接受 PET 的患者血液中具有天然放射性原子,它们释放出的数千万个正电子不会造成任何负面影响。即便物理学家可以制造出炸弹所需要的足够多的反物质,但费用将会是个天文数字,1g 反物质的制造成本可能高达 1000 亿美元。另外,有人又希望将反物质作为一种清洁、绿色能源进行开发。如果大自然在过去 150 亿年间给我们生成足够多的反物质,也许存在这种可能性。问题是,我们每次只能用它们造成一个反原子,这种办法消耗的能量将远远超过我们从中获得的能量——前者可能是后者的十亿倍。然而,这并不表示我们不能以各种新途径利用反物质,如果能制造大量 Ps_2 分子,将可能产生 γ 射线激光,它将用于对小到原子核这样的物体拍照,引发核反应堆中的核聚变,宇航深空探测新能源。

参 考 文 献

[1] Surko C M, Greaves R G. Physics of Plasmas, 2004, 11: 2333-2348.
[2] Danielson J R, Dubin D H E, Greaves R G, et al. Rev Mod Phys, 2015,87:247-306.
[3] 吴奕初. 物理学进展, 2005, 25: 258-272.
[4] 吴奕初, 胡懿, 王少阶. 物理学进展, 2008, 28: 83-95.
[5] Cassidy D B, Mills A P Jr. Nature, 2007, 449: 195-197.
[6] Surko C M. Nature, 2007, 449: 153-154.
[7] Pike1 O J, Mackenroth F, Hill E G, et al. Nature Photonics, 2014, 8: 434-436.
[8] Amoretti M, Amsler C, Blnomi G, et al. Nature, 2002, 419: 456-459.
[9] The ALPHA Collaboration. Nat Phys, 2011, 7: 558-564.
[10] The ALPHA Collaboration. Charman A E. Nat Commun, 2013, 4: 216-219.
[11] Kuroda N, Ulmer S, Murtagh D J, et al. Nat Commun, 2014, 5: 1661-1667.
[12] Dirac P A M. Proc Cambridge Phil Soc, 1930, 26: 361.
[13] Anderson C D. Phys Rev, 1933, 43: 491-494.
[14] Wheeler J A. Ann NY Acad Sci, 1946, 48: 219-238.
[15] Deutsch M. Phys Rev, 1951, 82: 455, 456.
[16] Mills A P Jr. Phys Rev Lett, 1981, 46: 717-720.
[17] Gilbert S J, Barnes L D, Sullivan J P, et al. Phys Rev Lett, 2002, 88: 0443201.
[18] Surko C M, Gribakin G F, Buckman S J. J Phys B: At Mol Opt Phys, 2005, 38: R57-R126.
[19] Surko C M, Leventhal M, Passner A. Phys Rev Lett, 1989, 62: 901-904.
[20] Greaves R G, Surko C M. Phys Plasmas, 1997, 4: 1528-1543.
[21] Danielson J R, Weber T R, Surko C R. Appl Phys Lett, 2007, 90: 081503.
[22] Jorgensen L V, Amoretti M, Bonomi G, et al. Phys Rev Lett, 2005, 95: 025002.

[23] Oshima N, Kojima T M, Niigaki M, et al. Phys Rev Lett, 2004, 93: 195001.

[24] Kobets A, Korotaev Y, Malakhov V, et al. AIP, 2007: 95-102.

[25] VWu Y C, Chen Y Q, Wu S L, et al. Phys Stat Sol (c), 2007, 4: 4032-4035.

[26] 王少阶. 原子核物理评论, 2004, 21: 284, 285.

[27] http://home.cern/topics/antimatter.

[28] Ahmadi M, Baqueroruiz M, Bertsche W, et al. Nature, 2016, 529: 373-376.

[29] Cassidy D B, Deng S H M, Greaves R G, et al. Rev Sci Instrum, 2006, 77: 073106.

[30] Lynn K G, Nielsen B, Quateman J H. Appl Phys Lett, 1985, 47: 239, 240.

[31] Mills A P Jr, Gullikson E M. Appl Phys Lett, 1986, 49: 1121-1123.

[32] Murphy T J, Surko C M. Phys Rev A, 1992, 46: 5696-5705.

[33] Sullivan J P, Marler J P, Gilbert S J, et al. Phys Rev Lett, 2001, 87: 073201.

[34] Greaves R G, Surko C M. Phys Rev Lett, 2000, 85: 1883-1886.

[35] Greaves R G, Moxom J. American Institute of Physics Conference Proceedings, 2003, 692: 140-148.

[36] Clarke J, van der Werf D P, Griffiths B, et al. Rev Sci Instrum, 2002, 77: 063302.

[37] Greaves R G, Moxom J M. Mater Sci Forum, 2004, 445/446: 41-43.

[38] Mills A P Jr. Appl Phys, 1980, 22: 273-276.

[39] Malmberg J H, Driscoll C F. Phys Rev Lett, 1980, 44: 654-657.

[40] Cassidy D B, Deng S H M, Greaves R G, et al. Phys Rev Lett, 2005, 95: 195006.

[41] Saito H, Nagashima Y, Kurihara T, et al. Nucl Instrum Meth Phys Res A, 2002, 487: 612.

[42] Schultz P J, Lynn K G. Rev Mod Phys, 1988, 60: 701-779.

[43] Cassidy D B, Deng S H M, Tanaka H K M, et al. Appl Phys Lett, 2007, 88: 194105.

[44] Berko S, Pendleton H N. Annu Rev Nucl Part Sci, 1980, 30: 543; Rich A Rev Mod Phys, 1981, 53: 127-165.

[45] Platzman P M, Mills A P Jr. Phys Rev B, 1994, 49: 454-458.

[46] Frolov A M, Smith V J. Phys Rev A, 1997, 55: 2662-2673.

[47] Ivanov I A, Mitroy J, Varga K. Phys Rev Lett, 2001, 87: 063201.

[48] Sferlazzo P, Berko S, Canter K F. Phys Rev B, 1985, 32: 6067-6070.

[49] Mills A P Jr. Solid State Commun, 1979, 31: 623-626.

[50] Saniz R, Barbiellini B, Platzman P M, et al. Phys Rev Lett, 2007, 99: 096101.

[51] He C Q, Ohdaira T, Oshima N, et al. Phys Rev B, 2007, 75: 195404.

[52] Cassidy D B, Hisakado T H, Tom H W K, et al. Phys Rev Lett, 2012, 108: 133402.

[53] Cassidy D B, Hisakado T H, Tom H W K, et al. Phys Rev Lett, 2011, 107: 033401.

[54] Cassidy D B, Hisakado T H, Tom H W K, et al. Phys Rev Lett, 2012, 108: 043401.

[55] Mills A P Jr. J Phys: Conference Series, 2014, 488: 012001.

[56] Tan J N, Bowden N S, Gabrielse G, et al. Nucl Instrum Meth Phys Res B, 2004, 214: 22-30.

[57] Andresen G B, Ashkezari M D, Baquero-Ruiz M, et al. Nature, 2010, 468: 673-676.

[58] Amole C, Andresen G B, Ashkezari M D, et al. Nucl Instrum Med Phys Res, 2014, 735: 319-340.

[59] Gabrielse G, Kalra R, Kolthammer W S, et al. Phys Rev Lett, 2012, 108: 113002.

[60] Mariazzi S, Aghion S, Amsler C, et al. Eur Phys J D, 2014, 68: 1-6.

[61] Holzscheiter M H, Bassler N, Agazaryan N, et al. Radiotherapy and Oncology, 2006, 81: 233-242.

[62] Schrader D M. Phys Rev Lett, 2004, 92: 043401.

[63] Cassidy D B, Mills A P Jr. Phys Stat Sol (c), 2007, 4: 3419-3428.

[64] Ray H. Nature Science, 2011, 3: 42-47.

[65] Walters H R J. Science, 2010, 330: 762.

[66] Kellerbauer A. European Rev, 2015, 23: 45-56.

[67] Bertsche W A, Butler E, Charlton M. J Phys B: At Mol Opt Phys, 2015,48: 232001.

[68] Platzman P M, Mills A P Jr. Phys Rev B, 1994, 49: 454-458.

[69] Mills A P Jr. Nucl Instrum Methods Phys Res B, 2002, 192: 107-116.

[70] Mills A P Jr, Cassidy D B, Greaves R G. Mater Sci Forum, 2004, 445/446: 424-426.

[71] Kimura M, Aghion S, Amsler C. Journal of Physics: Conference Series, 2015, 631: 012047.

[72] Perez P, Banerjee D, Biraben F. Hyperfine Interact, 2015, 233: 21-27.

第8章　正电子在天体物理学中的应用伽马谱

8.1　天　体　物　理

大家知道，正电子方法在正电子物理、材料科学、正电子化学、医学、天体物理中都有很好的应用，其中我们对天体物理中正电子的应用了解最少，而且我们对天体物理本身了解也甚少，所以需要大量的对天文学和天体物理本身的了解，如银河系的银核、银盘、银晕、凸出部分等，在阅读文献时都会碰到，我们一面学习，一面也作一些简单介绍以利于正电子专业人员对正电子在天体物理中的应用有更多的了解。但是我们对天体中正电子的介绍是很初步的，期望以后出现更全面的介绍。我们对天文学和天体物理基础知识作一些简单介绍，也算是弘扬中国古代文化，普及天文知识，主要源于俞允强编著的《物理宇宙学讲义》等 [1–3]。

天体物理学是天文学的一个分支。它研究天空物体的性质及它们的相互作用。天空物体包括星、星系、行星、外部行星。用全部电磁谱作为手段研究发光性质，并研究天体的密度和温度及化学成分等。天体物理研究的范围很广，要应用许多物理原理，包括力学，电磁学，统计力学，热力学和量子力学，相对论，核和核子物理，原子和分子物理等。

天体物理分为两大部分：观察天体物理和理论天体物理。

(1) 观察天体物理：使用电磁谱作为天体物理的观察手段。

无线电天文学：用波长大于几毫米的电磁波研究辐射。例如，无线电波一般由星际间的气体和尘云发出；宇宙微波辐射由大爆炸产生；脉冲星的光发生红移，这些观察都要求十分大的无线电望远镜。

红外天文学：用红外光研究辐射。通常用类似光学显微镜作红外观察。

光学天文学是最古老的天文学。现在最常用的仪器是配上电荷耦合器或谱仪的望远镜。大气对光学观察有些干扰，用改型光学和空间望远镜以得到最大可能清晰的图像。在此波段内，可观察到星体；也可观察到化学谱从而分析星、星系和星云的化学成分。

紫外，X 射线和伽马射线天文学：研究能量高的天体，如双脉冲星、黑洞及其他这类辐射。可用两种方法观察这类电磁谱：空间为基地的望远镜和以地为基地的切伦科夫空气望远镜。

除电磁辐射外，在地球能观察很少从远距离辐射来的物体信息。已建立了一些重力波观察，但很难观察重力波；也建立了中微子观察。已初步研究了太阳的情况，也已观察到有高能的宇宙射线粒子冲击地球大气层。

(2) 理论天体物理：理论天体物理使用一些手段，包括分析模型化和计算机数字模拟。都各有自己的优点。分析模型化一般对不深入星体内部时较有利，数字模拟可指示存在的现象和尚未看到的效应。

天体物理中较广泛接受的理论和模型包括：Lambda CDM 大爆炸模型，宇宙膨胀论，暗物质，暗能量和物理的基本理论。虫孔 (wormholes) 是还在求证的理论例子。

历史天体物理学主要利用古代历史记录、古温及古地质还原天体状态，用于古生物学、地质学、考古学及部分天体物理学说的验证上，这门学科自 2011 年来逐渐成为天体物理当中一门重要的学科，有相当程度的实用性。

8.2   天文学和天体物理基础知识介绍

8.2.1   古代对宇宙、地球的认识

我们仰望天空，无论白天黑夜，日月星辰，自古至今都是诗人的遐想、哲理家沉思的问题，而天文学家日以继夜，细心观察，详细记录，数千年的中国历史从古代开始就积累了极其丰富的天文观察和深奥而正确的认识，其他文明古国也是如此。

古代中国开始认为天圆地方，天有九重，上面挂着星星、太阳、月亮，期望有一天可上九天揽月。这里已经蕴育了朴素的宇宙观，地方则是指地平坐标系，方指方位或方位角，即子代表北方，午代表南方，酉代表西方，卯代表东方，并用十二个地支、十个天干、四个卦象表示二十四个方向并构在整个周天 (360° 圆)，这才是天圆地方的真相。天圆地方的概念已经深入到中国的许多文化，如北京圆的天坛、方的地坛，中国的古钱币就体现了这种形象，外圆内方。

天圆地方是汉族阴阳学说的一种体现。汉族传统文化博大精深，阴阳学说乃其核心和精髓。阴阳学说具有朴素的辩证法色彩，是古代汉族先哲们认识世界的思维方式，几千年的社会实践证明了它的正确性，"天圆地方"是这种学说的一种具体体现，天圆产生运动变化，地方收敛静止稳定。

这其中还隐含一个中国汉族传统文化的精华理论：万事万物都是从无到有，而且和天地间的能量变化有着密切的关系，所以古人讲"天人合一"。

外部环绕的卦象，代表天的运转规律，而中间方形排列的卦象，则代表地的运转规律。其中，天是主，地是次，天为阳，地为阴。两者相互感应，生成了天地万物，其中人又正好是由天地的精华物质所构成，因此被视为天地万物之灵，能够感

通万物, 最灵者也。

在中国古代除了天圆地方说, 还有盖天说和浑天说。

盖天说的出现大约可以追溯到商周之际, 按照盖天说的宇宙图式, 天是一个穹形, 地也是一个穹形, 就如同心球穹, 两个穹形的间距是八万里。北极是 "盖笠" 状的天穹的中央, 日月星辰绕之旋转不息。盖天说认为, 日月星辰的出没, 并非真的出没, 而只是离远了就看不见, 离得近了, 就看见它们照耀。"天似穹庐, 笼盖四野, 天苍苍, 野茫茫, 风吹草低见牛羊。" 当你来到茫茫原野, 举目四望, 只见天空从四面八方将你包围, 有如巨大的半球形天盖笼罩在大地之上, 而无垠的大地在远处似与天相接。盖天说能够大体上说明四季常见的天象和气候变化, 对赤道南北热带地区的气候和作物情况进行精确说明。这些论述的巧妙正确, 确实令人惊叹不已。这在 2000 多年以前的科学发展状况下, 可以说是相当了不起的。

在秦汉之前, 盖天说比较盛行。汉代出现了浑天说与盖天说的争论。以著名天文学家张衡为代表的浑天派提出天是一个整球, 一半在地上, 一半在地下, 日月星辰有时看不见是因为它们随天球转到地下面去了, 天球绕轴转一圈就是一昼夜, 地面上的人就看见天上的星星转了一周天。这种看法成功地解释了昼夜的交替、天体的东升西落和其他许多问题。在宇宙结构的认识上, 浑天说显然要比盖天说进步得多, 能更好地解释许多天象。浑天说家手中有两大法宝: 一是当时最先进的观天仪——浑天仪, 借助于它, 浑天家可以用精确的观测事实来论证浑天说, 浑天仪又能很准确地测定天体位置。另一大法宝就是浑象, 利用它可以形象地演示天体的运行, 演示天象的变化, 这一切对历法的推算既有用又方便。在中国古代, 依据这些观测事实而制定的历法具有相当的精度, 这是盖天说所无法比拟的, 使人们不得不折服于浑天说的卓越思想。所以浑天说得到很快的发展并为大多数人所接受, 成为古代汉族天文学思想中长期占统治地位的体系, 称雄了上千年。直到明末西方天文学体系进入中国才开始改变。

中国古代还有盘古开天辟地, 共工怒触不周山, 天柱折, 地维绝, 女娲于是炼五色石补天, 嫦娥奔月, 夸父逐日等神话传说。当然神话不能当作学说。

俗话说上知天文, 下知地理, 我们再低头看一下地球。

公元前 4 世纪的慎到 (公元前 395～ 前 315 年) 在《慎子》中说: "天体如弹丸, 其势斜倚。"《庄子·天下》篇中引述的名家大师惠施 (公元前 370～ 前 310 年) 所提出的辩题: "南方无穷而有穷, 今日适越而昔来, 连环可解也。我知天下之中央, 燕之北, 越之南是也。" 都提出了大地是球形的思想。

其他国家在古代如何看待天地: 古代俄罗斯人认为大地像一块圆饼, 被三条巨大的鲸鱼驮在背上, 而这三条鲸鱼则漂游在茫茫无际的海洋里。古印度与俄罗斯人的想象很相似, 只不过他们认为驮大地的是站在鲸鱼背上的白象。印度古代还有: 天地像塔, 第一层是海, 第二层是大地, 第三层是天。欧洲古代: 地球是个正方体。

托勒密 (2 世纪, 希腊) 认为地球是宇宙中心。

上面我们介绍了中国古代对宇宙、地球的看法, 很多还是很先进的, 在很长时间内是领先的。但是各国的发展是你追我赶, 特别是随着西方航海技术的进步, 人们认识到地面不是平的, 环球航行以后, 人们还从日食、月食中认识到脚下的大地实际上是一个球。这些知识现在已经是大家熟知的。

8.2.2　地球和太阳的基本数据

现在大家知道地球平均直径是 12742km, 地球赤道直径是 12756km, 地球直径可以近似为 1.28 万千米, 赤道周长 40075.7km, 近似为 4 万千米。

地球的年龄大约是 46 亿年, 人最多只能活百年, 人们是如何知道地球年龄的呢?

地球上的铀同位素逐渐变成铅同位素, 如果铅是这种缓慢衰变过程的最后产物, 那么就年份相同的放射性矿物来说, 铅与铀的比例应该是相同的。只要能知道铀衰变的速率, 就可从岩石中铅同位素与尚未改变的铀同位素的相对比例, 精确算出岩石的年代。岩石里最初的铀原子需要经过四十五亿年以上, 才有一半发生衰变。这个数字称为铀的 "半衰期"。这样确认地球年龄大约有 46 亿年, 科学家测定取自月球表面的岩石标本, 发现月球的年龄在 44 亿 ~46 亿年。于是, 根据目前最流行的太阳系起源的星云说, 太阳系的天体是在差不多一样的时间内凝结而成的观点, 便可以认为地球是在 46 亿年前形成的。这不是核物理在天体物理中应用最成功的例子之一吗?

在夜晚, 满天繁星, 这只是一个二维的平面图, 实际上它是一个三维 (也许更多维的时空) 的立体图, 我们无法直接感受到不同光点的远近。对两个大的星球——太阳和月亮, 也是如此, 谁能知道它们离我们多远呢? 类似的问题还有太阳有多大, 太阳的密度为多少, 太阳由什么物质组成, 温度是多少等。对月亮也是如此。

天文学中的测距能力是由近及远地逐步发展的, 我们先说太阳, 因为它是离我们最近的恒星。

地面上测定远处距离的基本方法是三角学方法, 按该方法, 目的物越远, 测量所需的基线也越长。在地面上建立一条相当长的基线, 用三角测距法可测定日地距 d, 它的值是

$$d = 1.50 \times 10^{11} \text{m} \tag{8.2.1}$$

即 1.5 亿千米, 这个距离称为 1 天文单位, 简记 AU, 它比地球的半径大 2 万多倍, 在确定了这个距离后, 太阳的一些固有性质如直径、质量和光度就能通过一些较容易直接测量的量来推出。

太阳的圆盘面对地球上的观测者所张的视角 θ 可直接测量。它的大小是 $32'$ (分)。利用张角和日地距, 可推出太阳的半径 $R_\odot$ (以后用 $\odot$ 表示太阳), 它是

$$R_\odot = 6.96 \times 10^5 \text{km} \tag{8.2.2}$$

比地球半径大 100 倍左右。

地球绕太阳的运行轨道很接近圆形, 其半径即式 (8.2.1) 中 d, 按牛顿力学, 有

$$\frac{v^2}{d} = \frac{GM_\odot}{d^2} \tag{8.2.3}$$

式中, $M_\odot$ 是太阳的质量。地球的转动速率 v 可由 $2\pi d/T$ 代替, 其中 $T = 365.25\text{d}$ (天), 是地球的公转周期, 我们在实验室中测得 $G = 6.67 \times 10^{-8} \text{cm}^3 \cdot \text{g}^{-1} \cdot \text{s}^{-2}$, 由此可推出太阳质量 $M_\odot$ 是

$$M_\odot = 1.98 \times 10^{33} \text{g} \tag{8.2.4}$$

这又是一个描写太阳性质的重要的物理量, 太阳的质量是地球的 33 万倍。

有了质量和半径, 可进一步得知太阳的平均密度为

$$\rho = 1.4 \text{g} \cdot \text{cm}^{-3} \tag{8.2.5}$$

这大体与水的密度相当, 但由于温度很高, 太阳内部物质处于完全电离的气体状态, 而不是液态或固态。

物理上把光通量定义为单位时间、单位面积上接收到来自该光源的光能。显然, 光通量的大小不仅取决于光源的光度, 也依赖于光源的距离。设该距离为 d, 光通量 (亮度) 与光度的关系是

$$B = \frac{L}{4\pi d^2} \tag{8.2.6}$$

直接的测量可得到太阳的光通量 $B = 0.137 \text{W} \cdot \text{cm}^{-2}$, 这个量被称为太阳常数。结合实测得到的距离, 推出太阳光度为

$$L_\odot = 3.83 \times 10^{26} \text{W} \tag{8.2.7}$$

这是反映太阳内禀性质的最基本的物理量之一。

光度 L 是指它在单位时间内放出的光能, 即它的辐射功率。

按照黑体辐射定律, 在温度为 T 的表面上, 单位面积、单位频率间隔的辐射功率为

$$B_v(T) = \frac{2hv^3}{c^2} \frac{1}{\exp(hv/kT) - 1} \tag{8.2.8}$$

---

① 牛顿定律定出的是 GM, 在实验室中测得 $G = 6.67 \times 10^{-8} \text{cm}^3 \cdot \text{g}^{-1} \cdot \text{s}^{-2}$, 才能推知太阳的质量。

② 粒子间的平均间距是 10^{-8}cm, 而原子核的大小是 10^{-13}cm, 所以在原子中粒子之间的距离远大于原子核的大小, 在天体中也是这种情况, 两颗星之间是很远的。

因此, 对理想的黑体辐射源, 只要测量任何小频率间隔上的辐射功率, 就能把源的温度推断出来。此外, 由定律可知, 黑体辐射谱的峰值波长与温度的关系是

$$\lambda_{\max}T = 0.290\text{cm} \cdot \text{K} \tag{8.2.9}$$

温度越高, 辐射的峰值波长越短, 这叫维恩 (Wien) 位移定律。因此, 若测得恒星连续谱的峰值波长, 也可推知其辐射温度, 太阳连续谱的峰值波长是 $\lambda_{\max} = 0.5\mu\text{m}$, 相应地推出的太阳表面温度为 6000K。

月球和太阳系其他行星的光谱与太阳光谱完全一致, 但是不能说月球温度也是 6000K, 因为月球仅仅是反射了太阳光。

关于月球, 我们只说月球–地球平均距离 $= 3.84401 \times 10^5\text{km} \approx 38$ 万千米。这个数据在嫦娥飞船发射后在大众中得到普及。近地距离 $= 3.56400 \times 10^5\text{km}$, 远地距离 $= 4.06700 \times 10^5\text{km}$。

8.2.3　远处恒星的测距

正因为人们较早地测定了太阳的距离, 所以也就较早地了解了它的物理性质。现在我们需要的是对恒星建立一般的了解。为此, 首先需要测定其他恒星的距离。

1836 年, 德国天文学家 Bessel 首先采用地球绕日运动的直径为基线, 测到了一些恒星与地球的距离。图 8.2.1 画出了这种测量的示意图。E_1 和 E_2 是地球公转轨道直径的两端, 简化地讲, 由半年前后对恒星 S 的视位置作两次测量, 即可定出角度 p, 该角度被称作视差, 在测定某恒星的视差 p 后, 就能用日地距 d 来推知该恒星与地球之间的距离。

虽然采用了更大的三角形, 但是实测表明除太阳外的恒星的视差都小于 $1''$ (秒角度), 这在日常生活中是一个微不足道的角度。天文学家习惯于把 $p = 1''$ 时相应的距离作为量度天体距离的单位 (pc)。这个单位被称为 1 秒差距, 记作 1pc, 注意, 秒是角度单位, 就是一个直角三角形的顶角为 1 秒时长的直角边。注意到 1rad=57.30°, 1° = 3600″ (秒), 1 秒差距与其他距离单位的关系为

$$1\text{pc} = 2.06 \times 10^5\text{AU} = 3.09 \times 10^{16}\text{m}(30万亿千米) = 3.26(光年1y) \tag{8.2.10}$$

1pc 是在以基线是地球绕太阳公转直径, 以及远处恒星组成的三角形的半角是 1 秒角度的情况下, 该恒星离开太阳的距离是 20 万个日–地距离 (AU), 或者说 3.26 光年。这还差不多是最近的恒星。太阳光需要约 8min 到达地球, 来自这颗恒星的光需要走 3.26 年。

从日常经验讲, pc 是一个很大的距离单位。但是在测量远处天体距离时, 所出现的依然是很大的数字 (如几百)。这表明与天体或宇宙相比, 人类的日常经验范围是十分渺小的。

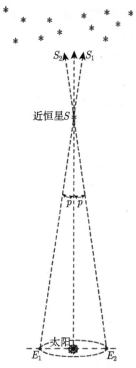

图 8.2.1　近恒星的视差和测量恒星的距离

基线是地球绕太阳公转的直径 (p 是半角)

采用秒差距为单位, 视差角为 p 的天体与我们的距离 d 为

$$d = 1/p \qquad\qquad\qquad (8.2.11)$$

这里的距离以 pc 为单位。天文学家首先对天鹅座的 α 星定出它的视差 $p = 0.3''$, 即它与我们的距离为 3.3pc。天鹅座 α 星既不是离我们最近的恒星, 也不是表观最亮的恒星, 肉眼看来最亮的星是大犬座的 α 星, 即天狼星, 它的视差是 $0.375''$, 即距离是 2.7pc。最近的恒星是半人马座的 α 星, 即南门二, 它的视差是 $0.765''$, 即距离是 1.4pc。

由于受角度测量精度的限制, 该方法只适用于距离小于 100pc 的恒星, 能较准确地测量的距离只达到 20~30pc。对于更远的恒星距离, 不能用这个方法来精确地测定, 现今人们在 20pc 范围内观测到了 2681 颗恒星。它表明在太阳的邻近区域内, 无序地分布着大量的恒星, 它们的平均间距在 1pc 左右。这个间距比恒星自身的半径大很多量级, 说明星际空间是很空旷的。但是值得注意, 这个形象并不是宇宙面貌的典型代表。

让我们回到恒星的光度问题上来。在对这两千多颗恒星成功地测定了距离后,就能借助光通量的大小来推断它们的光度。这就使我们对两千多颗恒星的光度有了了解，它是进一步研究恒星物理性质的基础。

表 8.2.1 中列出了 10 颗表观最亮的恒星的距离和光度等有关信息，这里用视星等 m 代替了亮度 B，它是可直接观测的量，同时用绝对星等 M 代替了恒星的固有性质——光度 L，为理解天文学家的术语，我们简单地讨论一下星等的概念。

表 8.2.1　　10 颗目视最亮的恒星

星名 (中文名)	距离/pc	视星等 [a]m	绝对星 [a]M	色指数 C_{BV}	光谱型
大犬 α(天狼星)	2.7	−1.45	1.41	0.00	A1
船底星 α(老人)	60	−0.73	−4.7	0.16	F0
半人马 α(南门二)	1.34	−0.1	−4.3	0.7	G2
牧夫 α(犬角)	11	−0.06	−0.2	1.23	K2
天琴 α(织女)	8.1	0.04	0.5	0.00	A0
御夫 α(五车二)	14	0.08	−0.6	0.79	G8
猎户 β(参宿七)	250	0.11	−7.0	0.03	B8
小犬 α(南河三)	3.5	0.35	2.65	0.41	F5
波江 α(水委一)	39	0.48	−2.2	−0.18	B5
半人马 β(马腹一)	120	0.60	−5.0	−0.23	B1

a 均为 B 波段的测量值

虽然恒星的光度是一个重要参量，但是它携带的信息很有限。天文学家进一步用分光镜把星光中不同频率的组分分开，以测量它的光谱，即光强随频率的分布，这样就能得到更多信息。对于任何类型的天体，其辐射谱的研究是一个重要的方面。

恒星的辐射谱分为连续谱和间断谱两部分，现在已清楚地知道，这两部分谱的主要特征都是由恒星光球的表面温度决定的，我们先讨论连续谱。

统计物理告诉我们，严格等温的辐射场的谱由普朗克 (Planck) 定律描述，它被称为普朗克谱或黑体辐射谱，近似地说，一个等温源产生的热辐射也服从同样的分布，在今天的宇宙中，任何一个天体是不可能严格地等温的，但是其辐射谱接近普朗克谱的情况却不少，恒星就是一类。

光球表面以上的气体则叫恒星大气。热辐射是从光球表面发出，穿过大气而进入星际空间的。这个热辐射的温度就叫恒星光球的表面温度，它是反映恒星内禀性质的又一个重要的物理量。前面知道太阳的表面温度约为 6000K，大多数恒星的温度比太阳高很多。

8.2.4   星系的性质

1. 银河系

夜晚的天空中有一条巨大的银带，这是很引入注目的天象，中国人称它为银河，欧洲人叫它 Milky Way。伽里略制备了简单的望远镜后开始知道，这条银河是由密集的恒星组成的，它是一个很大的恒星系统。人们猜想这个巨大的系统一定是扁平的，且我们的太阳处于其中，它才会表观地呈带状，这是人们对银河的初步认识。

18 世纪后期，Herschel 开始用望远镜研究银河系的形状。从那时算起，人们花了约一个半世纪，即到 20 世纪初，才对银河系的形状、大小和我们在其中的位置等有了正确的了解。

因为还没有办法测量距离，Herschel 采用的方法是朝银河的不同方向统计恒星的个数，希望用不同方向上恒星的多少，来了解这个扁平系统的形状。结果他发现各方向上的记数差别不显著，于是错误地以为银河像一个外沿很不规则的圆盘，而我们近似地处在盘的中心，到 1906 年，Kapteyn 作了类似的记数研究，并得到了类似的结果。他还结合一些恒星距离的测量，估出银盘的半径约为 4kpc。但是 Kapteyn 已意识到，由于恒星际介质对星光的吸收，远处的恒星是看不到的。观测记数所涉及的只是银盘中能被我们看到的那一部分，而不是全部银盘。这样，银盘近似为圆盘及太阳处于其中心的结果都只是星际介质的消光效应产生的误导。

在 20 世纪初，周期变星的周期–光度关系被发现，Shapley 用它测量了银盘之外的球状星团与我们的距离，从而知道它们也应算作银河系的一部分。1918 年，他在测定了 100 多个球状星团的距离后，进一步发现它们分布在一个球形的区域内，但太阳的位置远不与这个球形区的中心相一致，Shapley 的这一进展，对正确认识银河系奠定了一块重要的基石。球状星团是上百万颗恒星组成的很密集的恒星集团，银晕中有大量这样的集团，银盘和银盘附近也有。

图 8.2.2 画出了银河系形状的顶视图和侧视图，从侧面看，银盘的形状像铁饼，中间有一个球状隆起，这个部分叫银核或核球，在正电子文献中称为凸出部分，其直径约 5kpc。近核球处银盘的厚度约 2kpc，由银核向外，盘逐渐变薄。银盘的形状确接近圆形，它的直径为 25kpc，太阳的位置与银心的距离是 8.5kpc。这个扁平系统之外 (即其上面和下面) 的球状星团也是银河系的一部分，称为银晕，银晕中有球状星团，也有单个或多重的恒星。晕的直径为 30kpc，即它延伸的范围比银盘大。从垂直银盘方向看来，核球外面是四条旋臂，旋臂内与旋臂间的物质密度约差十倍。太阳是处在一条旋臂上，从这幅图像看，太阳在银河系中的位置没有任何特殊性。

银河系大约包含两千亿颗星体，其中约一千亿颗恒星。本章后面我们根据翻译文章的原词汇, 把银核叫作凸出部分, 把银盘叫作银盘或者就叫盘。

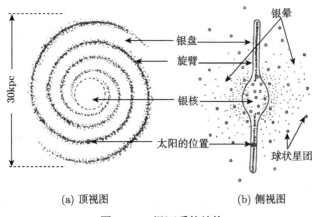

(a) 顶视图　　　　　　　　　　　(b) 侧视图

图 8.2.2　银河系的结构

除恒星之外, 银河系中还有稀薄气体和尘埃弥散地分布在星际空间中。稀薄气体的平均密度不到每立方厘米一个氢原子的质量, 银盘中的气体相对稠密些, 有些地方的气体密度大 3~5 个数量级, 但范围较小, 它们是星际气体中的云块, 许多巨大的云块中主要是氢分子, 因此被叫作分子云。大的星云是新一代恒星诞生的摇篮, 当它物理条件成熟而碎裂时, 将一次形成许多质量不同的恒星, 较小的云块则是恒星死亡前留下的遗迹。整个星际介质是气体和尘埃的混合物。尘埃是直径为 $10^{-6} \sim 10^{-5}$cm 的固态颗粒, 它们包括水、氨、甲烷的冰状物, 二氧化硅、硅酸镁等矿物, 以及石墨晶粒等。

2. 河外星系

从图 8.2.2 可以看到, 银河系是包括太阳系在内的恒星集团, 那么在我们的银河系外还有类似的恒星集团吗? 1923 年, 美国天文学家哈勃 (E.Hubble, 1889~1953) 用刚投入观测的 2.5m 望远镜, 把仙女座大星云 M31 的外边缘区分解成了一颗颗的恒星, 又从中找到了一颗周期变星, 这颗变星的光变周期为 45 天, 利用造父变星 (利用造父变星可以测量非常远的恒星距离, 如何测量我们不介绍了, 见俞允强编著的书 [2]) 的周期–光度关系, 知道它的光度是太阳光度的 2.5×10^4 倍, 即绝对星等为 -6 等, 结合视星等的大小, 推断出仙女座大星云与我们的距离为 1.5Mpc, 这个距离远远地超出了银河系的尺度, 所以推断是另一个恒星集团。之后几年内, Hubble 又陆续发现了若干个银河之外的恒星集团。这样人们才开始知道, 我们的银河系只是巨大的恒星集团之一, 而在更远处, 类似的集团还很多。今天人们把这样的恒星集团统称为星系, 知道星系的大量存在, 无疑是人们认识宇宙过程中又一重要的里程碑。

8.2.5 宇宙大爆炸学说

宇宙大爆炸学说是论述宇宙中所有物质和一切辐射均起源于 150 亿年前的一次大爆炸事件的宇宙学说。

1917 年，爱因斯坦发表广义相对论之后，引发了天文学家对宇宙结构的思考，当时争论的焦点是宇宙是静态的还是不断膨胀的。1929 年，哈勃发现几乎所有河外星系的光谱都有红移现象。根据多普勒效应，这意味着这些星系正在远离地球而去，并且星系远去的速度与其离地球的距离成正比。英国天文学家爱丁顿认为这一发现证实宇宙正在膨胀。

1932 年，比利时天文学家勒梅特 (G.Lemaitre，1894~1966) 提出宇宙最初聚集在一个"原始原子"里，后来发生四散的爆炸，形成了今天的宇宙。1946 年，俄裔美国天体物理学家伽莫夫 (G.Gamow，1904~1968) 将广义相对论与化学元素生成理论联系起来，提出了热大爆炸宇宙模型，但是这一模型在它诞生后的 20 年里屡遭质疑。

根据大爆炸宇宙模型推算，150 亿年前的爆炸在今天会留下约 5K 的宇宙背景辐射。1964 年，美国物理学家彭齐亚斯 (A.A.Penzias，1933~) 和威尔逊 (R.W.Wilson，1936~) 为了改进卫星通信，建造了一个高灵敏度号角形接收天线系统。当二人用它测量天空时，意外地发现了相当于大约 3.5K 的宇宙微波噪声。

后来，科学家们又通过其他途径证实了微波背景辐射的存在，这一发现给予大爆炸宇宙学最强有力的支持。大爆炸宇宙模型逐渐被公认为是目前最令人满意的宇宙图像理论，它不仅说明了宇宙膨胀的由来，还解释了元素的丰度分布和原始氢的起源。

8.2.6 宇宙大爆炸后物质的演化

当气体的温度高于 1MeV(即 10^{10}K) 时，组分粒子间的热碰撞会使原子核解离。原子核在这样的高温下将不会存在，没有原子核就没有化学元素。在原初核合成发生前 $(T \geqslant 1\text{MeV})$，介质中的辐射组分是光子、正反中微子和正负电子。连化学元素也是在宇宙温度降至一定程度后产生的。

在温度 T 高于 10^4K 时，宇宙气体必处于电离状态，即是等离子气体。宇宙膨胀降温使等离子气体变成了中性原子气体。

当气体中有质子与中子时，它们自然会通过热碰撞而结合成氘，即

$$\text{p} + \text{n} = \text{D} + \gamma \tag{8.2.12}$$

在宇宙温度降至 0.1MeV 时，氘已积累得较多。接着发生的连锁反应是

$$^2\text{D} + \text{p} = {}^3\text{He} + \gamma \tag{8.2.13}$$

$$^2\mathrm{D} + {}^2\mathrm{D} \to {}^3\mathrm{He} + \mathrm{n} \tag{8.2.14}$$

$$^2\mathrm{D} + {}^2\mathrm{D} \to {}^3\mathrm{T} + \mathrm{p} \tag{8.2.15}$$

所合成的是原子量为 3 的同位素核 $^3\mathrm{T}$ 和 $^3\mathrm{He}$。温度再下降后的主要过程是

$$^3\mathrm{He} + \mathrm{D} \to {}^3\mathrm{T} + \mathrm{p} \tag{8.2.16}$$

$$^3\mathrm{T} + {}^2\mathrm{D} \to {}^3\mathrm{He} + \mathrm{n} \tag{8.2.17}$$

$$^3\mathrm{He} + {}^2\mathrm{D} \to {}^4\mathrm{He} + \mathrm{p} \tag{8.2.18}$$

它们进一步产生了原子量为 4 的氦。在宇宙大爆炸最初的 1h 内继续的反应为

$$^4\mathrm{He} + {}^3\mathrm{T} \to {}^7\mathrm{Li} + \gamma \tag{8.2.19}$$

温度再下降之后如何生成更多元素仍然有争议。

8.2.7　黑洞

1916 年，德国天文学家卡尔·施瓦西 (Karl Schwarzschild) 通过计算得到了爱因斯坦引力场方程的一个真空解，这个解表明，如果将大量物质集中于空间一点，其周围会产生奇异的现象，即在质点周围存在一个界面——"视界"，一旦进入这个界面，即使光也无法逃脱。这种"不可思议的天体"被美国物理学家约翰·阿奇巴德·惠勒 (John Archibald Wheeler) 命名为"黑洞"。"黑洞是时空曲率大到光都无法从其视界逃脱的天体"。如果要让地球成为一个黑洞，那么需要把地球压缩成一颗豌豆那么大。

说它"黑"，是指它就像宇宙中的无底洞，任何物质一旦掉进去，"似乎"就再不能逃出。正因为黑洞如此"只进不出、贪得无厌"，所以才有了一个不雅的外号："太空中最自私的怪物"。但是如果你真的认为黑洞就是你心目中已经有的无底洞或者漆黑的山洞，这样的模型也是不对的。由于黑洞中的光无法逃逸，所以我们无法直接观测到黑洞。因此，与别的天体相比，黑洞十分特殊。人们无法直接观察到它，科学家也只能对它内部结构提出各种猜想。而使得黑洞把自己隐藏起来的原因即弯曲的时空。根据广义相对论，时空会在引力场作用下弯曲。这时，光虽然仍然沿任意两点间的最短光程传播，但相对而言它已弯曲。在经过大密度的天体时，时空会弯曲，光也就偏离了原来的方向，这个现象是可以在特殊情况下观察到的。

黑洞虽然无法直接观察，但可以借由间接方式得知其存在与质量，并且观测到它对其他事物的影响。借由物体被吸入之前的因高热而放出紫外线和 X 射线的"边缘信息"，可以获取黑洞存在的信息。推测出黑洞的存在也可借由间接观测恒星或星际云气团绕行轨迹取得位置以及质量。黑洞通常是因为它们聚拢周围的气体产生辐射而被发现的，这一过程被称为吸积。

宇宙中大部分星系，包括我们居住的银河系的中心都隐藏着一个超大质量黑洞。这些黑洞质量大小不一，为 100 万 ～200 亿倍太阳质量。天文学家们通过探测黑洞周围吸积盘发出的强烈辐射推断这些黑洞的存在。物质在受到强烈黑洞引力下落时，会在其周围形成吸积盘盘旋下降，在这一过程中势能迅速释放，将物质加热到极高的温度，从而发出强烈辐射。

假设一对粒子会在任何时刻、任何地点被创生，被创生的粒子就是正粒子与反粒子，而如果这一创生过程发生在黑洞附近就会有两种情况发生：两粒子湮没或者是一个粒子被吸入黑洞。"一个粒子被吸入黑洞"这一情况是：在黑洞附近创生的一对粒子，其中一个反粒子会被吸入黑洞，而正粒子会逃逸，由于能量不能凭空创生，我们设反粒子携带负能量，正粒子携带正能量，而反粒子的所有运动过程可以视为一个正粒子的与之相反的运动过程，如一个反粒子被吸入黑洞可视为一个正粒子从黑洞逃逸。这一情况就是一个携带着从黑洞里来的正能量的粒子逃逸了，即黑洞的总能量少了，而爱因斯坦的公式 $E = mc^2$ 表明，能量的损失会导致质量的损失。

当黑洞的质量越来越小时，它的温度会越来越高。这样，当黑洞损失质量时，它的温度和发射率增加，因而它的质量损失得更快。这种"霍金辐射"对大多数黑洞来说可以忽略不计，因为大黑洞的辐射比较慢，而小黑洞则以极高的速度辐射能量，直到黑洞的爆炸。

8.2.8　探寻反物质天体

现在开始慢慢接近我们的主题——反物质、正电子，但是如果没有前面的铺垫，就不容易理解为什么要研究天体中的正电子。好在前面都是科普的内容，容易阅读。

我们知道质子、中子、电子等组成了 (正) 物质，而它们的反粒子组成了反物质。地球是由 (正) 物质组成，宇宙中有没有反物质天体? 或者我们更关心的宇宙中是否存在天然的正电子?

观察表明整个太阳系内没有反物质天体。因为在太阳系的行星际空间流动着从太阳表面逸出的高速原子，这就是太阳风，它主要由质子组成，如果太阳系中有反物质行星或卫星，那么它不断受到太阳风的撞击，就会有持久而强烈的湮没现象，该天体将会被毁掉。现在没有观测到这种现象，所以整个太阳系内是没有反物质天体的。

同样的道理可类似地用于整个银河系。银河系的恒星际空间里充满着稀薄的星际气体，此外还有宇宙射线粒子在飞行，它们不与任何一个恒星相湮没，构成了银河系内也没有反物质星体的有力证据。这种观测研究已延伸到本星系群之外，天文学家由此已能肯定，在我们周围 10Mpc 的范内没有反质星系，至于在更远处是否有巨大的反物质星系区？这问题原则上能按同样的原理来探寻。可是，如果反物质星系区与正物质星系区的界面离我们太远，湮没现象可能因太微弱而没有被观测到，因此今天的回答还不确切。

8.2.9 阿尔法磁谱仪计划

物理学家认为所有的物质都会产生重力，然而根据测算，可见物的重力并不足以令宇宙保持聚合状态。为什么到现在星系和天体没有瓦解？他们认为有一种不可见的、迄今尚未检测到的暗物质的存在，而且暗物质必须是可见物质的五倍才能保证宇宙的存在。寻找暗物质是天体物理和宇宙论的一个大难题。天文学的观察和研究认为宇宙中 90% 的物质无法用光学的方法探测到。天文学上把宇宙中用光学方法看不到的物质称为暗物质，暗物质的起源和组成长期以来一直是一个谜。物理学家并不清楚暗物质的成分，也不清楚如何直接探测到它。根据时下流行的一个理论，暗物质是由大质量弱相互作用粒子 (WIMP) 组成的。物理学家猜测，当两个大质量弱相互作用粒子碰撞时，会产生暗物质粒子和反粒子湮没，于是会产生质子-反质子对、正负电子对和 γ 射线。

宇宙中是否存在反物质是科学中的另一个难题。根据目前公认的大爆炸学说，宇宙是由大约在 150 亿年前的大爆炸产生的。大爆炸后，宇宙在不断地膨胀和冷却。大量的天文学观察和天体物理实验结果支持了这个理论。然而根据粒子物理理论，大爆炸后应产生同样数量的物质和反物质。迄今为止，所有的实验都没有在宇宙中观察到反物质的存在。宇宙中究竟是否存在反物质？这是目前粒子物理学家和天体物理学家关注的焦点之一。

探测反物质的关键是必须把包括一个强有力的磁铁的探测器送入太空以测量宇宙中的原子核的电荷。几十年来，物理学家提出过各种方案企图将磁谱仪送入太空，但由于无法制造一个可以在太空运行的磁铁而未能如愿。中国科学院电工研究所利用多年来在研究核磁共振永磁体方面取得的丰富经验，提出了完全利用钕铁硼永磁材料的独特设计方案。它的磁场强，漏磁非常小，磁二极矩几乎为零，完全能满足 AMS 实验在空间运行的要求。麻省理工学院物理学教授、阿尔法磁谱仪 (Alpha Magnetic Spectrometer，AMS) 项目负责人丁肇中教授采用了中国科学院电工研究所的设计方案。中国科学家和工程师研制出了人类送入太空的第一个磁铁，使物理学家几十年来的梦想成为现实。

1998 年 6 月，由丁肇中领导的国际团队建造完成 AMS 的雏形，编号为 AMS-01，是侦测器的简单版本，被"发现号"航天飞机送入太空，其目标之一就是寻找更远处的反物质天体。

2011 年 5 月，NASA "奋进号"航天飞机搭载阿尔法磁谱仪 AMS-02 从佛罗里达州肯尼迪航天中心发射升空，前往国际空间站，项目总花费升至 15 亿美元。

宇宙线即来自太空的高能粒子，它们在大气层顶部产生簇射并击中地球。这些高能原子核已由无数的地面实验和大气实验进行了长期的研究。与这些实验不同的是，AMS 将运行在离地面 300~400km 的太空中，从而能够探测到未和大气原子发生碰撞的原始的宇宙线。阿尔法磁谱仪能对宇宙线进行非常精确的测量并由此产生许多新的有意义的物理信息。阿尔法磁谱仪是人类第一次在太空中使用粒子物理精密探测仪器和技术的实验。它作为一台质谱仪，能测量入射粒子的质量和电荷。当暗物质粒子和反粒子湮没时会产生质子–反质子对、正负电子对和 γ 射线。AMS 能精确地测量反质子能谱、正电子能谱以及高能 γ 谱。因此，AMS 将为解开困扰物理学家数十年的暗物质之谜提供非常重要的信息，进而有可能给出这一极富挑战性的重大疑难问题的答案。

如果更远处有反物质星系，从那里逸出的高能反原子核将作为宇宙射线的一部分而自由地飞行到这里，在地球大气层外运行的 AMS 有一定的概率接收到它们。大家注意，接收到反氢核 (反质子) 是不足为凭的，因为它多半是宇宙线中的次级粒子，即高能射线粒子碰撞的产物，如能接收到反氦核，意义就大不相同了。反氦核包含两个反质子和两个反中子，它无法通过碰撞次级产生。因此 AMS 一旦接收到反氦核，哪怕只有一例，就将是远处有反物质星系存在的有力证据。可是至今尚未从它那里听到令人激动的消息。

在理论家看来，10Mpc 范围内没有反物质星系，几乎等于肯定了全宇宙中没有反物质星系。按粒子物理已经知道的相互作用，正反物质没有可能作大尺度的分离。基于这个道理，AMS 没有发现反氦核被认为是正常的。反之，如果 AMS 证实了远处有反物质星系存在，那对于物理学将是很大的挑战。

但是在由粒子气体构成的甚早期宇宙中，正反夸克都必定大量存在，问题在于最初它们是否等量。在理论家看，大自然不会偏袒，它们应该等量，其中的原因有待解决。

全宇宙中没有反物质星系，并不等于没有反物质，在天体中是存在正电子的，其来源很可能是新生成的，寻找宇宙中的正电子和发现它们的来源是天体物理学家与核物理学家的共同任务。

8.3　天体中的正电子

2013 年 3 月，在欧洲核子研究组织的一个讲座里，丁肇中教授宣布，AMS-02 已观察到超过四十万个正电子。在能量 10~250GeV 区域，正电子与电子比例随着能量增强而增加，这就是正电子过量问题，但在高能量区域显示出较缓慢的增加速度，并没有随时间演进而出现任何显著的变化，也没有出现任何特别的入射方向。这些结果与正电子源自于太空的暗物质湮没相符合，但尚未能足以确定并排除其他解释。相关结果已发表于《物理评论快报》[4]。

阿尔法磁谱仪是世界注目的轰轰烈烈的事业,而其他天体中正电子的研究则是默默无闻的、艰巨而细致的工作。本节是本章的重点,天体中的正电子,要弄明白的事情很多,我们的问题如下:

第一个问题是如何测量到来自天体的 511keV 伽马射线? 见 8.3.1 节。

第二个问题是来自天体的正电子测量谱的特点:511keV 伽马射线是连续发射的,还是一个突发的谱? 见 8.3.2 节。

第三个问题是正电子 511keV 伽马射线是否过量。什么是正电子过量?见 8.3.3 节。

第四个问题是正电子的来源。天体正电子来自哪里? 见 8.3.4 节。

第五个问题是正电子在湮没以前是否会在星际介质中传播? 见 8.3.5 节。

第六个问题是正电子在多环芳香碳氢化合物 (PAH) 分子的湮没。见 8.3.6 节。

8.3.1　宇宙正电子的测量

如果我们说天体正电子的第一次测量是在 1963 年,熟悉正电子历史的人马上想到 1931 年安德森和他的导师密立根改进了云室,可以测量宇宙粒子的径迹,并且拍摄了上千张照片而发现了正电子,那不是更早吗?但是应该考虑到宇宙线是来自太空的高能粒子,它们可以在大气层顶部发生簇射并产生正电子或者别的粒子,所以说在地面上测量到来自天空的正电子而推理出正电子一定来自宇宙的结论是不严格的,必须到高空去测量,最好是大气层之外。所以我们认为 1963~1964 年美国 Argonne 国家实验室的 De Shong 等报道了他们的实验,他们在 1963 年两次把带磁场的火花室测量宇宙射线正电子的设备放在气球上 [5,6],把气球放到同温层,第一次测量到来自地球以外的正电子。通过磁场测量运行轨道,分辨正电子还是电子,测量正电子/电子比份,但是由于测量时间短,探测效率还不高,总计数不高,所以实验误差大,但是还是第一次从实验角度测量和计算了来自宇宙的正电子/电子的比份,和理论计算正电子/电子比份进行比较,虽然实验结论还不能确定。

正电子的 511keV 湮没线是银河系中最明亮的 γ 射线。首先被 Johnson 等在 1972 年观察到,用了 NaI 闪烁体探头,~476keV 的 γ 射线来自银河系中心 (GC) 区域 [7,8]。

1978 年,Leventhal 等 [9] 也测量到 511keV 射线,用 Ge 探头明确地鉴别出窄的 (FWHM<3.2keV) 电子–正电子湮没线。之后有气球、空间发射等测量其空间分布和谱的性质,计算指示出空间中每秒有 $\geqslant 10^{43}$ 电子–正电子对 (e$^\pm$) 湮没。

宇宙射线正电子的观察是很难的,因为有很大的质子本底。它们的测量需要复杂的仪器,严格的数据截取。气球携带的仪器测量时间短,环境复杂,系统变化大。

Aversa 等 [10] 用基于人造神经网络分类的数据分析甄别宇宙射线电子和正电子,人造神经网络分类能够进行细心的多维分析,比一般的方法给出的结果更好。

1993 年, 新墨西哥州立大学用气球携带磁场设备, 装备有 Wizard-TS93 仪器 [10-13], 在飞行时甄别宇宙射线电子和正电子。TS93 实验装置含测量正电子和电子的能谱, 能量为 5~50GeV。探头如图 8.3.1 所示, 组成如下: ① 超导磁场, 装备用多丝正比室, 漂移室; ② 一组塑料闪烁体提供触发, 飞行时间测量和绝对电荷测量; ③ 转变辐射探头, 甄别电子和正电子, 能量大于 3GeV; ④ 硅–钨成像量热计。

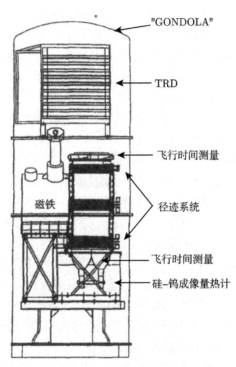

图 8.3.1 新墨西哥州立大学气球携带磁场设备

装备有 Wizard-TS93 仪器, 在 1993 年飞行时甄别宇宙射线电子和正电子, 能量 5~50GeV

由于质量小, 正电子在和电磁场及光子相互作用时损失大量的能量, 这些粒子的平衡能谱的测量, 与计算的比较, 可以预言模型, 更好理解宇宙射线中电子、正电子的来源及它们在银河系的传播。

他们使用两种不同的分类系统, 转变辐射探头 TRD 和量热计, 可以有效甄别电子和正电子, 由 NMSU/Wizard-TS93 测量, 分类基于神经网络计算, 由多丝正比室。两种结果显示神经网络能够以高效率甄别正电子和质子 (固定污染水平)。也允许甄别电子和正电子, 拒绝本底因子分别为 80±3(饱和) 和 500±37(饱和), TRD 和量热计的增强效率分别为 $(72 \pm 3)\%$(饱和) 和 $(86 \pm 2)\%$(饱和), 目前结果说明夜班有利于气球携带实验, 可以在短的搜索事件内搜索极少事件, 神经网络可以改善评估宇宙射线正电子和电子的能谱。

对第一个问题，如何测量到 511keV 伽马射线？我们在上面举了几个例子，其他文献还是不少的，如测量宇宙射线电子、正电子的 ATIC[14]，PAMELA[15]，FERMI[16]，HESS 实验 [17]，再加上以前的气球携带 [18-23]，卫星测量，空间站 SPI/INTEGRAL[24] 等。

欧洲空间所 (ESA) 的国际伽马射线天体物理实验室 (INTEGRAL)[24] 是研究银河系正电子湮没的新工具，其中放置的 SPI 谱仪的成像 [25] 是第一个高分辨率的成像设备，空间分辨率 3°(FWHM)，通过望远镜 (SIGMA，IBIS) 测量较低的能量，高能量则利用 OSSE，在湮没线附近的能量视野和灵敏度与大的视野可以改善 511 keV 发射的图形。和其他气球或者 HEAO3 卫星上的 Ge 探头比，在 0.5 MeV 处空间分辨率 ~2.2 keV (FWHM) 是高的。

SPI 是 19 个独立冷却的高分辨锗探头，位于 INTEGRAL 空间站上 [24]，2002 年 10 月由俄罗斯发射。能量区域为 20~8000keV。在 INTEGRAL 发射时坏了 4 个 SPI 探头，降低了有效面积。由于高的能量分辨率 (在 511keV 处 ~2.2keV)，非常适合于研究银河系的正电子湮没线。用 4 个能量定标，视野 ~16°(完全电码)，有效面积 ~70cm^2，测量 511keV 线本底线最好拟合为 510.938keV，发现天空有 511keV 线，但是计数率是很低的，一万秒一个。由于 SPI 分辨率的逐步退化，探头暴露在宇宙射线中破坏分辨，每转 90 圈要退火。

其他设备还有：飞行时间系统 (ToF (S1，S2，S3))，磁谱仪，反符合系统 (AC (CARD，CAT，CAS))，电磁成像量热计，显示尾部捕获的闪烁体 (S4)，中子探头。

SPI/INTEGRAL 天文台有高远地点轨道，绕地球一周约 3 天，这样的轨道卫星在 ~90% 的时间里是在地球辐射之外的，可以连续观察。每一个观察给出 INTE-GRAL 轴所对天空的方向，典型的周期是 ~2000s。

典型的 INTEGRAL 观察包含一系列点，望远镜的主轴按 5×5 网格对天空扫描，大致上对着源的位置。每一个点通常化几千秒。第一个数据是在 SPI 第一次退火以后的直接测量，最后的数据是在 SPI 的 19 个探头中的一个失效前的数据。

在实际数据分析以前，所有观察受非常高粒子本底的屏蔽。SPI 用反符合保护 (ACS) 速率作为高本底主要的指示，当 ACS 速率超过每秒 3800 个计数时所有的观察下调。在分析时忽略几个观察点，这是在 SPI 退火过程的冷却中的数据。

假设在探测道和能量之间是线性关系，有 4 个本底线 (^{71}Ge 的 198.4keV，^{69}Zn 的 438.6keV，^{69}Ge 的 584.5keV，^{69}Ge 的 882.5keV) 作为 SPI 的综合本底线，从而决定增益和每个分辨的漂移。线性关系不足以提供绝对的能量定标，在整个 SPI 宽的能量带精度远高于 0.1keV，相对精度高。对 GC 的 30° 本底线最好拟合为 510.938keV，对比电子的静止能量为 510.999keV。

第一批 SPI/ INTEGRAL 的结果由 Jean 等 [26] 在 2003 年和 Teegarden 等 [27]

在 2005 年总结，但是我们给出 Churazov 等[28] 的工作小结。

Churazov 等[28] 用高能量分辨率 SPI 探头观察 511keV 线，他们的工作基于 SPI/INTEGRAL 前三年的工作。在银河系中心用 SPI/INTEGRAL 深度观察已经产生最精确的湮没线参数，线能量相应于实验室能量的不确定性为 0.075keV。湮没线的宽度限制在 ∼(2.37±0.25)keV (FWHM)，正电子素比份为 (94±6)%。

图 8.3.2 是实际测量图，图 8.3.3 是谱分析图，测量得到总的湮没谱 (粗实线)，正电子和自由电子湮没是 (510.954±0.075)keV (图 8.3.2 中细高实线)，飞行中形成正电子素，按 3γ 湮没是一个从 511keV 到 0keV 的连续谱 (点线)，图 8.3.3 中宽的高斯分布是飞行中形成正电子素按 2γ 湮没 (短虚线)，长虚线表示和热化正电子的直接湮没，所以把正电子湮没谱说得很完整了。

假设单相湮没介质，最适当的条件是：温度在 7000∼40000K 区域，离化率在低温时为几个 10^{-2}，在高温时允许完全离化。如在标准的星际介质相，8000K 气体，离化率为 ∼10%，正电子湮没产生的谱和 INTEGRAL 观察到的非常类似。假设在多相中正电子湮没，条件和热相 ($T_e \geqslant 10^6$K) 非常接近，限制将小于 ∼8%。不管是中等热 ($T_e \geqslant 10^5$K) 的离化介质，还是非常冷 ($T_e \leqslant 10^3$K) 的中性介质，都能对观察到的湮没谱产生主要贡献。

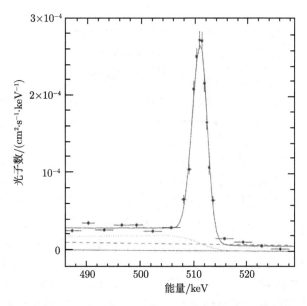

图 8.3.2　电子–正电子湮没辐射谱 (固定本底模式)

用 SPI 探测 GC 区最好拟合模型 (黑色直线)。点线显示 o-Ps 辐射，虚线显示幂次方的连续统一体[28]

2010 年，Tsygankov[29] 再次给出了 SPI/INTEGRAL 从 2003 年到 2008 年的

以窄正电子湮没线、在各种时间尺度 ($5×10^4 \sim 10^6$s) 对爆发的系统研究。他们的工作基于 SPI 谱仪的数据。正电子湮没辐射有两种可能，一是来自银河中心，不是一个点，而是一大片；二是以爆发的形式，比较难探索和捕捉到爆发源。正电子湮没辐射如果来自一个点，就和视野大小没有关系。一些作者 [30] 指出在银河中心近 0.5MeV 的可能的流量变化。但是用特殊仪器测量的 511keV 线流清楚地和仪器场的视野大小有关，大的望远镜视野记录下大的流量 [31]，结论是银河中心的湮没辐射源是在自然扩散。

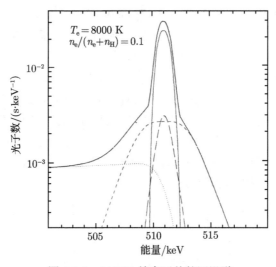

图 8.3.3　8000K 等离子体的湮没谱

离化率为 $\sim$0.1。点线表示 o-Ps 湮没，短虚线表示飞行中形成的 Ps 的 2γ 湮没，细实线是和热化正电子形成 Ps 的 2γ 湮没，长虚线表示和热化正电子的直接湮没，粗实线表示总的湮没谱 [28]

　　他们使用的方法是"黑箱法"搜索 [29]，认为来源物体的位置事先不知道，每次对准于 $\sim$30° 角的直径范围内，INTEGRAL 空间站有高远地点轨道，绕地球一周约 3 天，这样的轨道卫星在 $\sim$90% 的时间里是在地球辐射之外，可以连续观察。每一个观察给出 INTEGRAL 轴所对天空的方向，典型的周期是 $\sim$2000s。他们用了 INTEGRAL 从 2003 年 2 月到 2008 年 10 月的所有数据，总的测量时间为 $\sim 7 \times 10^7$s。把整个天空球划成 4° × 4° 小块，相应于 SPI 的角度分辨率，光曲线就按每一个小块的流量组成，能量范围为 508~514keV。持续的湮没发射源的出现将使 SPI 视野中源位置的流量测量发生明显变化，为了排除从银河中心在 511keV 线持续的亮发射源的出现所产生的效应，把它的贡献减去。

　　最可靠和次最可靠的爆发探测方法寻找望远镜计数率曲线的特点。望远镜的光学图大约对应对准于 $\sim$ 30° 角的直径范围内，用编码孔和图像重建，使望远镜仅对已知的爆发源的位置灵敏。

SPI 仪器有很好的能量分辨率，520~600keV 道并不包含来自窄 511keV 线和三态正电子连续统一体的贡献。用对特殊天空区域的总观察时间，他们可以得到在给定的持续时间和流量中尖点的速率的上限。通过假设天空中 3 个不同假设的尖点分布情况：① 在银河中心是均匀的 (从中心的距离为 $R < 25°$)；② 在银河平面是均匀的 ($-120° < l < 120°$，$-25° < b < 25°$)；③ 整个天空是均匀的。这些估计的可以信度为 10^{-3}。

但是银河中心在 511keV 线的有持续的亮发射源。基于 INTEGRAL~6 年的数据，在统计重要性高于 $\sim 6\sigma$ 对整个天空对任何时间尺度，都没有观察到大的爆发，但是小的爆发还是有的，基于上限的考虑，爆发的速率，给出持续时间和天空不同部分的流量 (保守的水平是 10^{-3})。这样预计在整个天空每年不超过 ~3 个小爆发。基于有记录的变化量，他们 [29] 提供了在窄湮没发射线中流量的约束，这是短暂的 GRO J1655-40 谱，它在 2005 年爆发。最保守的上限是不超过 $\sim 2 \times 10^{-3}$ 光子 $\cdot cm^{-2} \cdot s^{-1}$。

有几个正电子产生的模型，能够全部或者部分解释观察到的线流，超新星的爆炸产生母核 (^{22}Na, ^{26}Al, ^{44}Ti, ^{56}Ni, ^{57}Ni) 产生 β^+ 衰变，伽马射线爆，在脉冲星和黑洞周围产生电子–正电子对，宇宙射线和星际物质的相互作用，暗粒子的湮灭 [27,32]。

本底考虑：基于在 508~514keV 和 520~600keV 能带流量的相互关系。两种方法产生类似的结果。由于 SPI 仪器有很好的能量分辨率，520~600keV 道并不包含来自窄 511keV 线和三态正电子连续统一体的贡献，520~600keV 能带的本底计数率超过了 508~514keV 能带计数率的 5 倍，对他们的结果不再加上统计误差的贡献。本底模型有优越性，基于在接近于 508~514keV 道计数率的贡献，可以有效地减小统计误差。

在 511keV 线流量变化的最重要性是在近银河平面的银河纬度 $-30°$ 处观察到的，它是图中最感兴趣的性质，因为低质量的黑洞双子星 GRO J1655-40 是这种爆发的潜在来源。观察到爆发在 508~514keV 能带和时间上与强烈爆发的标准 X 射线能带一致 [33]，这里在 2005 年有很多测量。不幸的是，观察到源的持续时间太短，无法详细分析这个事件。观察到的流量超过了 SPI 在 508~514 keV 能带的平均记录，SPI 的流量按第一组和第二组受限误差算分别为 $\sim 4 \times 10^{-4}$ 光子 $\cdot cm^{-2} \cdot s^{-1}$ 和 $\sim 2 \times 10^{-3}$ 光子 $\cdot cm^{-2} \cdot s^{-1}$。但是这次结果的绝对重要性太低，不能考虑为爆发的可靠探测。

SPI 也清楚地探测到 o-Ps 连续谱，其强度相应于正电子素比份 $f_{Ps} = 97\% \pm 2\%$ [34]，这个值与 OSSE 的早期测量 (97%±3%) [35] 和过渡的伽马射线谱仪 (TGRS) (94% ± 4%) [36] 很好地符合。

o-Ps 连续谱的湮没线与它的强度和物理条件密切相关, 如温度、离化态、星际介质中的化学丰度, 这些条件可以从测量谱的分析中得到。湮没正电子的重要的补充信息是能量, 可以从观察在稍高能量时发射的连续谱的分析中得到, 能量在 511 keV 以上和进入 MeV 区域。

MeV 范围内伽马射线的观察 (从 ~100 keV 到几 MeV) 可以通过 3 个主要的窗口提供银河正电子的入门:

① 以正电子湮没发射亚相对论能量, 主要是 511keV 线, 还有和正电子素 3 光子湮没相联系的连续谱;

② 高能正电子在星际空间传播时如果发生 "飞行" 中湮没, 可以出现能量 $E > 0.5\mathrm{MeV}$ 的伽马射线连续谱;

③ 如果从 $^{26}\mathrm{Al}$ 和 $^{44}\mathrm{Ti}$ 源提供 β^+ 衰变产生正电子产生特征 γ 射线。

正电子典型是在相对论能量发射, 一些情况下远高于 1MeV, 注意, 这是正电子能量, 不是湮没光子能量, 它们的性质基本上像宇宙射线中的相对论电子, 当它们慢化到星际介质的热化能 (eV) 的过程中产生韧致辐射和反康普顿发射[37], 反康普顿效应是指与康普顿效应相反的过程。若低能光子碰撞的是高能电子, 则电子也可以把它的部分能量给予光子, 从而使光子能量变大, 频率变高, 波长变短, 这种现象被称为反康普顿效应, 由此产生的辐射成为反康普顿效应辐射。反康普顿效应辐射不仅对高能粒子物理学, 在同步辐射中有重要价值; 而且对天体物理, 在星系核的反射线中也有重要应用。

正电子也会在飞行中湮没, 此时它们仍然有相对论能量, 给出在 511 keV 以上唯一的连续 γ 射线谱 (由于质心能量转移到湮没光子上)。这种 γ 射线发射的形状和幅度取决于正电子的注入谱和相应的总湮没率。在低能时注入正电子 (~MeV 量级, 如放射源释放的能量), 飞行中湮没的连续谱中能量大于 1MeV 的幅度是非常小的, 而源给出的正电子有大得多的能量 (如介子衰变放出的宇宙射线正电子), 湮没 γ 射线谱可以达到 GeV 能量以上, 并且有很大的 γ 射线流。高能 γ 射线连续谱超过 1MeV, 因此含有相对论正电子, 其他高能的发射源也要考虑 (不要以为湮没光子能量只在 MeV 量级, 有可能达 GeV 以上)。

银河系连续发射的扩散至少在银河系内部对 X 射线到 γ 射线得到很好测量, 用了 INTEGRAL[38], OSSE[39], COMPTEL[40], EGRET[41]。在 511 keV 以下连续发射的谱的最好表达是 1.55 的指数[40], 很可能来自宇宙射线电子和正电子。相应的发射过程模型如 GALPROP 码[41], 包括星际气体的和光子场的 3D 分布, 包括近地观察宇宙射线流和谱。模型很好重显全部区域的 γ 射线观察, 从 keV 到 GeV 能量, 在用 COMPTEL 测量时适合剩余的 MeV 区域。数据点似乎位于预言模型的高端。可能是系统误差, 也可能是 GALPROP 码参数和未分辨 X 射线的贡献, 部分也是飞行中湮没的正电子 MeV 连续谱。

Agaronyan 等 [42] 在很多年以前就指出正电子注入能量的相应限制。他们显示和银河系 511 keV 线相关的正电子并不是由于质子–质子碰撞中产生的 π$^+$ 的衰变的稳定态而产生,否则飞行湮没发射应该被探测到。Beacom 等 [43] 和 Sizun 等 [44] 也有类似的论证,限制了暗物质粒子的质量,这可能是银河系球形物中正电子的来源。如果这种粒子产生正电子 (它们衰变或者湮没),其速率相应于观察到的 511 keV 发射,它们质量应该能够发射几 MeV,否则产生的正电子的动能应该足够高,产生可以测量的 γ 射线连续发射,能量在 1∼30MeV 区域。同样的论证允许他们限制最初的正电子动能,这样排除了几种可能的候选源,如脉冲星、毫秒脉冲星、磁星 (magnetars)、宇宙射线等,主要的正电子产物。

Prantzos 等 [37] 在 2011 年给出用 SPI/INTEGRAL 数据的最新的测量研究结果,这些数据积累了 9 年,他们使用了隐码成像技术 (coded mask imaging) 加上高分辨的谱仪,使用了新的本底谱,希望给出湮没谱的详细信息,特别是 511 keV 线谱的矩心能量和加宽,湮没区的运动学和温度的特性,还有线谱和连续谱的比,这表示有多少正电子是在形成正电子素以后湮没的,他们分析和甄别在银河系凸出部位和盘区域之间的谱,考虑是否属于点源。

对 INTEGRAL 的观察,得到正电子湮没很好的谱,主要是 511 keV 的线谱,能量分辨 0.5 keV 的接收器,得到天空不同区域的正电子湮没谱,和早期的分析不同,对银河系有明亮凸出部位,还有盘的部位,从发射特性看凸出部位是在适度暖的、部分离化的星际介质气体中湮没,511 keV 线谱和正电子素连续谱各有清楚的特性。在凸出部位的线宽和部位盘部位在细节 (2σ) 上有差别,当盘分为东半球和西半球,从正纬度到负纬度的线宽在 2σ 水平也显示有矛盾。在银河系盘中正电子素很难探测到,因为湮没发射在盘表面很微弱,银河系的弥散发射相对更强。对凸出部位的形态和模型近似,发现在经度上,盘扩展到 $60^{+10}_{-5}°$,在纬度上扩展 $10.5^{+2.5}_{-1.5}°$ (1-σ 值),相应于标尺高度为 ∼1 kpc。给出了凸出部位的明亮的小的偏差,但是他们没有发现在盘中流量的不对称性,凸出部位–盘的流量比为 0.58±0.13,小于早期的测量,结合来自核生成物的正电子 (放射性 β$^+$ 衰变),从超新星、双子星的对等离子体喷射,也可能是富正电子的本底流通过 AGN-喷射活化的 Sgr A*,与它们的谱和成像结果符合。为了在盘中提供大量的正电子,单一的源类型恐怕不足以提供所观察到的正电子数量,另外的贡献不能排除,正电子在星际介质中传播,每种源喷射的正电子的绝对数量仍然不能确定。他们提取和分割了压缩谱、可能的点源、凸出部位的中心区域,讨论可能源的浓度,这些可能源为 Sgr A*、CMZ、暗物质。

在银河系的星际介质中正电子湮没产生特征的伽马射线谱,有 511 keV 线谱。伽马射线已经用在 ESA's INTEGRAL 观察站上的 SPI 谱仪测量到,确认了一个迷惑的形态图,明亮的发射来自银河系扩展的凸出部位,而来自盘部位的发射是微弱的。相信正电子可能的来源存在于银河系的整个盘中。

结果他们证实正电子湮没伽马谱的特性，探测了主要的扩展的成分，511 keV 线谱全部在 58σ 内。总的银河系 511 keV 线谱强度数量为 $(2.74 \pm 0.25) \times 10^{-3}$ 光子/(cm²·s)，他们假设空间分布的模型。他们得到凸出部位和盘的谱，中心源模型指出 Sgr A* 的位置，凸出部位 (56σ) 显示 511 keV 线谱的强度为 $(0.96 \pm 0.07) \times 10^{-3}$ 光子/(cm²·s)，还有 o-Ps 连续谱。

INTEGRAL 上其他的设备 SIGMA 发现了两个明显的瞬间谱，和硬 X 射线 1E1740.7-2942 源有关，它大致在银河系中心，因此归为"大湮没源"。OSSE 是康普顿伽马射线观察 (CGRO)，扩展观察 511 keV 发射，证实了连续的、扩展的、沿着银河系平面是很强的源，一直延伸到银河系中心。重叠的天空图明显显示银河系中心发射区，并向正纬度扩展。

大面积望远镜 (LAT) 是对转换伽马射线望远镜，放在费米卫星上，测量电子–正电子谱，能量在 7GeV~1TeV[16,45]。LAT 没有磁场，不能分辨电荷，是先驱工作 [46,47]，地球磁场可以用于分辨两种电荷而不用带磁场，用了不同地磁切割 (geomagnetic cut off)，决定比份，能量在 10~20 GeV。如 Muller 等的报道 [47]，他们利用地磁，分别测量电子和正电子谱，能量在 20~200GeV。在这个能量区，LAT 点径向分散函数中 68% 是 0.1° 或者更好，能量分辨率为 8% 以上。

在近地空间，地磁影响射线。在能量低于 ~10GeV，很大比份的入射粒子被地磁偏射回星际空间，称为地磁切割。地磁切割准确的值严格地取决于探头位置和视野角，地球黑色投影区粒子是严格的方向而允许其他投影，这个结果从东方来的比从西方来的对宇宙射线有不同的速率，称为东西效应 (east-west effect)。

他们测量了宇宙射线正电子和电子谱，能量在 20~200GeV，用了极好的分离技术，探索地球阴影由于地磁产生的电荷有关位移，正电子比份在以前已经测量，能量达到 100 GeV，绝对流量直到 50GeV，发现在 20~200 GeV 正电子比份随能量增加而增加，符合 PAMELA[15,48] 结果。

Cherenkov 望远镜阵列 (CTA) 是一个新的天文台 [49]，可以观察非常高能量的 (VHE) 伽马射线。CTA 可以全空间覆盖，可以改善灵敏度一个量级，从几十 GeV 到 100TeV 以上，可以增强角度和能量分辨率。国际合作，有来自 27 个国家的 1000 多人。2010 年 CTA 完成设计，2014 年建成。

磁谱仪 (AMS-02) 是巨大的工程，用于高能粒子物理，位于国际空间站 (ISS)，2011 年起计划用 20 年，Aguilar 等 [50] 的工作是其第一个结果，数据收集了 18 个月，2011 年 5 月到 2012 年 10 月。0.5~350 GeV 能量正电子–电子流，发现了正电子过量，见节 8.3.3，该文献署名 352 人，可见工作的艰巨性。

8.3.2　正电子测量谱的特点

第二个问题是来自天体的正电子测量谱的特点：511keV 伽马射线是连续发射

的, 还是一个突发的谱?

宇宙射线正电子的观察是很难的, 因为有很大的质子本底, 而伽马射线的计数率和地面上测量相比简直可以忽略不计, 如地面实验可以轻松达到 $10^3\text{cm}^{-2}\cdot\text{s}^{-1}$, 而来自天空的伽马射线一般为 $10^{-4}\text{cm}^{-2}\cdot\text{s}^{-1}$。所以一次测量也许需要几个月, 甚至几年。总计数少, 统计误差就大, 不容易得到肯定的结论。它们的测量需要复杂的仪器, 成本巨大, 数据需要严格的截取。需要高空测量, 气球需要达到同温层, 卫星在地面上空几百千米高, 很难控制, 环境变化大。天体中情况复杂, 有很多在地面无法达到的条件, 往往无法在地面模拟。

511keV 伽马射线有连续发射, 也有突发谱, 可以肯定的是有来自银河系中心区域的连续伽马射线, 不是一个点, 而是一大片, 计数率约为 $4 \times 10^{-4}\text{cm}^{-2}\cdot\text{s}^{-1}$; 爆发的发射形式比较难捕捉到, 预计在整个天空每年不超过 ~3 个爆发, 计数率不超过 ~ 2×10^{-3} 光子 $\cdot\text{cm}^{-2}\cdot\text{s}^{-1}$。

Leventhal[51] 提出一种解释, 认为正电子在星际介质中湮没主要是通过正电子素而湮没, 有连续的低于 511keV 谱, 部分和 511keV 窄线重合, 由于气球飞行测量分辨率差, 信噪比差, 两个工作发射峰在 ~490keV, 所以这种解释是合理的。

对银河系中心的观察发现 511keV 线的流量有惊人的变化 [30,52−55], Albernhe 等 [54] 认为由于探头体积的增加而流量增加, 说明湮没发射是沿银河平面而扩大。Riegler 等 [30] 提出不同的方案, 他们基于 HEAO-3 卫星的数据, 这些数据显示在 1979 年秋天和 1980 年春天 511keV 流量下降到 1/3 倍, 说明正电子湮没在时间上是变化的。在 $\Delta t \sim 6$ 个月的时间间隔内, 观察者推断湮没位置最大的体积为 $\Delta r \sim c\Delta t \sim 0.3\text{pc}$, 这就是说湮没介质的气体密度为 $10^4 \sim 10^6\text{cm}^{-3}$。这些极端条件说明正电子产生于很致密的源内, 如重的黑洞, 温度在 4° 以下的银河系中心 [56]。

气球实验似乎建立了 511 keV 发射是变化的机制 [57−59], 但是同时期的 SMM 卫星观察没有证实这样的趋势, SMM 携带了 NaI 探头, 有很宽的视野 (130°), 对银河系内部提供了长时间的监视 (从 1980 年到 1987 年), 511 keV 发射的变化限制在 30% 以内 [60,61]。气球和 SMM 观察明显的不一致仍然被理解 511keV 发射的分布是沿着银河系平面的方向, 但是为了和与时间有关源的协调, 必须采用比较复杂的模式, 如 Lingenfelter 等 [62] 提议沿着银河系有一个连续的、扩展的 511keV 发射, 在银河系中心有一个密集的变化源 (假设从 1974 年到 1979 年) 是活跃的, 这样可解释在这段时间内数据是变化的。这个方案没有想象 511keV 发射的图形, 所以正电子湮没发射的空间扩展本质上不受限制。

银河系中心随时间变化正电子源的假设在 20 世纪 90 年代得到发展, 由法国的成像 SIGMA 望远镜发现短暂的 γ 射线, SIGMA 是在 1989 年发射的, 位于苏联的 GRANAT 卫星上, 是第一个成像 γ 射线设备, 最小角分辨 15 弧度 (arc), 用 NaI

探头，能量区域为 35~1300keV。在 1991 年 10 月观察到来自 1E 1740.7-2942(类星体) 的异常的谱，爆发了硬 X 射线，持续了 17h[63,64]，重叠了典型的黑洞连续谱，出现了很强的 (流量为 $F \sim 10^{-2}$ 光子/(cm^{-2}·s^{-1})) 和很宽的能量 (FWHM ~200keV)，发射线中央在 440keV 处。如果假设成加宽的红移湮没线，可以认为类星体 1E 1740.7-2942 是长期探索的致密的和变化的正电子源。结果把 1E 1740.7-2942 分类为第一个微型类星体 [65]：一个致密物包含了两个系统 (中子星或者黑洞)，共生物材料来自它的同伴，在喷嘴中加速能量和发射。假设 1E 1740.7-2942 偶然发射正电子 (产生电子–正电子对)，一些在堆积盘的边缘湮没并被 SIGMA 观察，留下的正电子最后损失它们的能量，给出和时间有关的窄 511 keV 线发射。各种 SIGMA 组报道了窄/或者宽的 511 keVγ 射线，持续一天或者更多，短暂的 X 射线源 "Nova Muscae" [66,67] 和蟹星云 "Crab nebula" [68]。另一个短暂的 γ 射线源来自 HEAO，持续 1 天 [69]。

但是 SIGMA 看到的线的性质并没有被 OSSE[70] 和 BATSE[71] 同时从 1E 1740.7-2942 中观察到，后者设备放在 NASA CGRO，1991 年发射。除了 BATSE 的数据没有证实 SIGMA 观察到的来自蟹星云的短暂的事件 [71]，此外，BATSE 的 6 年的数据没有揭示天空各个方向上的任何短暂的线 [72,73]，类似的 SMM 的 9 年的数据也没有显示在银河系方向 [74] 或者蟹星云方向 [75] 有任何短暂的事件。Riegler 等 [76] 重新分析了 HEAO 3 的数据揭示 511 keV 流量有一个坑，而 Mahoney 等 [77] 认为不大。这样稳定的 511 keV 银河系发射的主张得到肯定。

矛盾的结果是在 20 世纪 80 年代和 90 年代早期产生的，对 γ 射线的数据分析的困难提供了戏剧性图示，天体物理信号很少超过仪器本底的百分之几，本底处理中系统误差直接干扰分析，特别是仪器本底随时间的变化 (由于沿着轨道时辐射本底的改变，或者太阳引起的干扰)。另外，硬 X 射线源有很高变化的连续发射成分影响分析，而老的仪器又不能空间分辨银河系中心的粒子数密度区域。

前面已经提到，基于 INTEGRAL~6 年的数据，对整个天空任何时间尺度，都没有观察到大的爆发，但是小的爆发还是有的，预计在整个天空每年不超过 ~3 个小爆发。基于有记录的变化量，在窄湮没发射线中流量的约束，有短暂的 GRO J1655-40 谱，它在 2005 年爆发。最保守的上限是不超过 $\sim 2 \times 10^{-3}$ 光子/(cm^{-2}·s^{-1})。

现在已经能够肯定的正电子伽马谱，如图 8.3.4 所示，测量得到总的湮没谱是正电子和自由电子湮没 (510.954±0.075)keV 与飞行中形成正电子素，按 3γ 湮没，是一个从 511keV 到 0keV 的连续谱的叠加。爆发谱很少，或者很难捕捉到。

8.3.3　什么是正电子过量

第三个问题是正电子 511keV 伽马射线是否过量。前面说了，20 世纪 90 年代中 HEAT、CAPRICE、TS93 测量正电子谱，直到 ~50GeV 的正电子比份，指示随能量增加主要是正电子比份的下降，但是在大约 7GeV 以上有小的正电子过量。

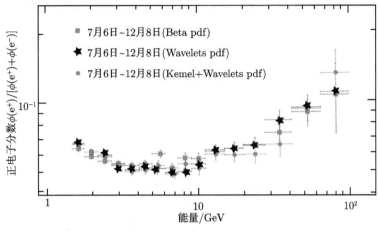

图 8.3.4   正电子比份 R

用 β 几率密度函数 (■), 微波几率密度函数 (★), 核心几率密度函数 (●)[48]

2009 年, PAMELA 卫星实验 [78,79] 测量正电子比份 $e^+/(e^- + e^+)$, 发现在能量 1.5~100GeV 区域正电子过量, 从 10GeV 开始到 100GeV, 正电子比份稳定增加。这是高精度的测量。

2010 年, Adriani 等 [48] 利用 PAMELA 卫星实验测量宇宙射线正电子比份, 能量在 1.5~100GeV, 需要可靠甄别正电子信号和质子本底, 发展了 ad hoc 分析程序甄别正电子的方法, 能正确估计本底。分析了新的实验数据, 用了 3 个不同的拟合计算以得到本底取样, 估计了本底选择可能的不确定性引起的系统误差, 新实验结果证实太阳对低刚性度宇宙射线有调制效应, 在 10GeV 以上有异常正电子丰度, 如图 8.3.4 所示。

2012 年, Ackermann 等 [80] 利用费米大面积望远镜分别测量宇宙射线电子和正电子谱, 由于设备上没有放磁场, 利用地球的影子, 利用地球磁场把电子和正电子分开, 分布测量仅电子的谱和仅正电子的谱。用两种不同方法减去质子本底, 给出 20~200GeV 的正电子比份, 证实在 20~100GeV 正电子比份上升, 在 100~200GeV 给出 3 个新谱, 符合随能量增加正电子比份连续上升的结论。

2013 年, Aguilar 等 [4,50] 利用 α 磁谱仪 (AMS-02) 的成果, 数据收集了 18 个月, 2011 年 5 月到 2012 年 10 月。0.5~350 GeV 能量正电子–电子流, 发现了正电子过量。该文献是位于国际空间站上的 α 磁谱仪 (AMS-02) 的第一个结果: 精确测量 0.5~350GeV 宇宙射线中的正电子比份, 测量了 6.8×10^6 个正电子和电子事件, 非常精确的数据显示: ① 在能量 < 10GeV, 正电子比份随能量的增加而减小; ② 在 10~250GeV, 正电子比份稳定增加; ③ 在 250~350GeV, 正电子比份性质需要更好的统计; ④ 在 20~250GeV, 正电子比份和能量的斜率随能量的增加而下

降一个量级；⑤ 正电子–电子比较的各向同性 $\delta \leqslant 0.036$，可信度 95%，如图 8.3.5 所示。

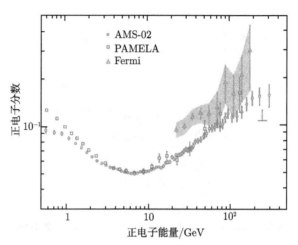

图 8.3.5　正电子比份和最近从 PAMELA[15,48] 及 Fermi-LAT[80] 测量的比较

磁谱仪的误差比较小，水平位置是单元的中心 [50]

从图 8.3.5 中可以看到在 10GeV 以下，正电子比份随能量的增加而下降，这是与宇宙射线和星际介质碰撞的二次产额的期望一致的。在 10~250GeV，正电子比份稳定增加，这和正电子的二次产额并不符合 [81]。在 250GeV 以上的性质变得随统计而更明显，所以要改善统计。

PAMELA 的新数据给出正电子/(正电子 + 电子) 流量之比和更新的 AMS-02 测量 [82] 宇宙线正电子能量谱以更好的精度证实早期 PAMELA、FERMI 所说正电子/电子比份。但是正电子过量的来源问题还是一个未解决的问题，第一种认为是来自暗物质的湮没，宇宙中 80% 的物质是冷的暗物质 (DM)[83]，其性质仍然不清楚，也许是大质量的弱相互作用粒子 (WIMP)[84,85]；第二种认为正电子过量来源于比较近的脉冲星 [83,86]。

8.3.4　天体中正电子的来源

第四个问题，正电子来自哪里？这仍然是一个谜，简单的理由是没有一个单一的天文学中已知物体在空间分布上对应于湮没辐射的分布图，也不能想象以如此高的速率产生正电子 (该问题简要的论述见 Guessoum 等的文章 [87])。

正电子湮没的早期空间分布图如何？OSSE 数据可以清楚地排除 511keV 线发射来源于单个的点源 [88]，对数据最好的理解是来自对称的银河系凸出物组成的一个扩展的源，中心位于银河系的中心，发射来自银河系的平面。

正电子的来源有各种假设，有几个正电子产生的模型，能够全部或者部分解释观察到的线流: ① 超新星的爆炸产生母核 (^{22}Na, ^{26}Al, ^{44}Ti, ^{56}Ni, ^{57}Ni) 产生 β^+ 衰变; ② 伽马射线爆; ③ 在脉冲星和黑洞周围产生电子–正电子对; ④ 宇宙射线和星际物质的相互作用; ⑤ 暗粒子的湮没 [27,32]; ⑥ 压缩星的轨道假设为正电子的来源 [89,90]。

下面我们的叙述并不是按上面的 6 个假设的顺序, 而是混合着叙述的, 不是一一对应关系。

1. 天体中的正电子同位素源

在宇宙中有没有我们核物理实验中的正电子源? ^{26}Al 是长半衰期 (半衰期 $\tau_{1/2} = 7.4 \times 10^5$yr) 同位素, 衰变放出正电子, 退激为核 ^{26}Mg, 发射出 1808.63 keV 的 γ 射线。用 HEAO-C 锗探头测量到来自银河系内层的 1809 keV 伽马射线 [91], 很惊讶, 因为有想不到的高流量 ($\sim 4 \times 10^{-4}$cm$^{-2}\cdot$s^{-1})。这是第一个通过 γ 射线信号确认的放射性同位素, 证明在银河系可以直接合成同位素核。

长半衰期放射性源 ^{56}Co 在超新星中产生 (SNIa) 是最有希望的候选者, 百分之几的正电子可以从超新星中逃逸和释放, 在星际物质中湮没。

银河系中的正电子可以由一些过程产生, 包括不稳定同位素放射源 β^+ 衰变, 这些同位素可以由星、超新星, 以及从压缩物体的喷射、流出、宇宙射线和 ISM 的相互作用、暗物质粒子的湮灭和衰减过程中产生。

一个重要的问题是测定在银河系中电子–正电子总湮没率, 还有精确测量湮没辐射的空间分布。关键的一步是测定银河系中正电子天然来源, 另一个问题是测量湮没谱, 包括 511keV 线本身和 3γ 连续统一体所引起的 o-Ps 衰变。正电子湮没的信息可以揭示出湮没处星际介质的性质。

人们已经收到大量的 β^+ 衰变的放射性核素, 来自超新星和重的星, 这是银河系盘的发射源。主要的湮没发生在星际介质的暖中性或者离化相。

2. 暗物质

发射有两个成分, 一个来自银河系中心凸出部分, 另一个来自银河系盘, 和所用模型有关, 正电子湮没率在凸出/盘的比例为 1.5~6。直到 2013 年, 这种正电子产生机制是有争议的, 第一种看法认为来自盘的发射源, 来自超新星和重的星中发生大量的 β^+ 衰变的放射性核素; 第二种看法认为来自银河系凸出部位的发射, 认为盘不是放射性核素主要产生地。Weidenspointner 等 [90] 比较了整个天空 511 keV 伽马射线过量的情况, 发现来自银河系凸出部位的流和来自盘的流之比是 1.9 和 2.4, 解释为 73% 来自盘贡献, 可以归于放射性 ^{26}Al 的 β^+ 衰变。这归于第一种看法。

第二种看法认为在我们的银河系中存在着大量的正电子, 特别是在银河系的凸出部位中，高的湮没率是通过在 511keV 的标志伽马线中得出的，在过去的几十年中的工作有文献 [9]、[26]、[36]、[92]~[94]，最初对辐射的观察是 1972~1975 年的 Johnson 等 [7,95]、Haymes 等 [52] 的工作。湮没线的流量和形状，正电子的稳定产生的速率和湮没，已经用几种设备相当精确地测量，方法有气球运载、卫星搭载的探头 [36,94,90]。伽马射线发射的数据分析 (线性的和连续的) 来自正电子在气体中湮没，这些气体是在星际介质处，已经能更好地理解湮没过程和条件。

银河系凸出部位发射还缺少一致的看法，产生更奇异的机制，包括暗物质 (DM)，粗略说 511keV 的暗物质模型通过暗物质粒子的衰变或者散射产生正负电子对，有两种情况暗物质的衰变产生的正电子仅含温和的相对论能量，一种情况是暗物质本身有 MeV 尺度的质量 [96,97]，另一种情况是暗物质有几个态，衰变时通过 MeV 尺度的间隙产生正负电子对 [98]。每一种都假设产生正电子后都有小的传播，511keV 流量正比于沿观察线对 ρ_{DM} 的积分。当暗物质的密度 ρ_{DM} 在向银河系中心方向增加时，所有的模型都有大的产生正电子的凸出/盘比例，但是文献 [99]、[100] 显示 INTEGRAL 信号更加高的峰向着银河系的中心而不是暗物质密度面 (模拟中甚至更尖锐)，基本上排除了暗物质衰变。最近文献 [101] 提出小比份暗物质衰变的模型，在银河系外产生正电子。这些正电子掉到银河系并湮没 (优先在银河系中心 [101])。

对银河系凸出部位发射缺少强大的模型，文献 [85]、[98]、[102]~[104] 讨论了激发暗物质模型，也包括几百 MeV 的玻色子和电荷弱相互作用，这可以在固体靶实验中发现，如用德国 Mainz 的电子回旋加速器 [105] 或者 APEX[106]，用激发暗物质和轻湮没暗物质解释基于宇宙微波本底 (CMB) 的天体谱，综述能量注射标准模型 (SM) 等离子体，大 l 微波本底 CMB。激发的暗物质称为 XDM 模型，XDM 散射或者轻暗物质湮没截面并不阻止在低速度时，人们发现这些 511keV 发射模型将被计划中的卫星的未来结果所限制 [107]，特别是被优先的 Via Lactea II 的暗物质光环的参数所拒绝 (虽然光环和暗物质模型的参数都以很大的不确定性去发现小的允许的区域和 Via Lactea II 一致)。

暗物质可以通过散射系统产生正负电子对。按最简单的模式，暗物质有 MeV 尺度的质量，散射过程直接湮没并产生正负电子对。这些模型和额外的特征已经被广泛研究 [100,108-116]。轮流的，更多大的暗物质有几个态和 MeV 尺度的质量间隔可以散射到不稳定的激发态，激发暗物质衰变到基态并发射正负电子对 [98,117-123]。激发的暗物质称为 XDM 模型。在这个散射模型中，伽马射线流按线方向积分 ρ_{DM}^2，合理的光环模型可以产生能观察到的信号，Vincent 等 [99] 发现光环模型起源于 Via Lactea II 模拟 [124,125] 有最大速率接近于峰的值。

1) 轻暗物质的湮没

Boehm 等 [108] 第一个提议暗物质粒子中质量介于 $2m_e < M \leqslant 10\text{MeV}$ 范围

内能产生足够的正电子。它们有适当的截面发生湮没并产生正负电子对,截面为 $\sigma_v \sim 10^{-31}(M/MeV)^2 cm^3 \cdot s^{-1}$,由于它的截面比需要正确的热残余丰度小 7 个量级,不管是主要以 p 波湮没或者以次主要湮没成正负电子对都是另外的通道 [113]。

2) 吸热激发暗物质

激发暗物质第一次展望是在 2007~2009 年 [85,117,118],由暗物质基态 (态#1) 组成,还有不稳定的激发态 (态#2),质量分裂为 $\delta M_{12} > 2m_e$。激发态上的暗物质在以大于阈值的速度 v_t 碰撞,然后衰变到基态并释放正负电子对,$M \sim TeV$ 和 $\delta M_{12} \geqslant 2m_e$,$v_t$ 近似于银河系暗物质的速度离散。为了减小 v_t 或者适应到低暗物质质量 (5~10GeV),相当比份的暗物质仍然留在亚稳激发态 (态#3),这个态通过小的间隙 δM_{32} 向上散射到上一级不稳态,也允许产生足够速率的正电子 [98,102,103,120,121]。激发暗物质直接的探测见文献 [98]、[102]、[121]、[122]。

在这些模型中暗物质在亚稳态的比份 Y 由暗物质–暗物质的排斥决定 [98],可能的大比份暗物质可以在亚稳激发态初始化 (按化学和动力性排质)。

3) 放热的激发暗物质

另一个可能是亚稳激发态暗物质#3,放热散射到亚稳激发态#2[98],当暗物质的电荷是在 Abelian gauge 组则这个可能性就优先 [104]。这个向下的过程并不受运动学的限制,所以可以通过重结合而产生正负电子对。Bai 等 [123] 提议放热的激发暗物质模型在暗物质质量处也产生伽马线,同时解释了在银河系中心费米卫星观察到的 130~135GeV 线 [126-128],见 Bringmann 等的综述文献 [129]。

4) 来自暗物质衰变的正下落的正电子

Boubekeur 等 [101] 提议一个新的暗物质衰变的模型,可以提供足够数量的正电子以解释 511keV 信号,认为暗物质有两个态,一个是稳定的基态,另一个是亚稳的激发态,其中的质量间隔为 $\delta M \leqslant GeV$。激发态可以衰变到基态并发射正电子。

3. 宇宙射线和星际物质的相互作用

对宇宙射线正电子和电子的研究认为,宇宙射线电子是最初的来源,而正电子是由最初的宇宙射线和星际介质相互作用产生的,过程是 $\pi^+ \rightarrow \mu^+ \rightarrow e^+$ 衰变链 [130]。另外,电子–正电子也是近脉冲星附近强的电磁场中正负电子对产生机制,或者重暗物质湮没产生的机制,如银河系光环中大量的中微子或者超对称粒子 [131]。

4. 解释正电子源可能的其他选择

解释正电子源可能的其他选择如:未知不稳定核素的 β^+ 衰变、恒星的爆发、在宇宙射线中或者在压缩物体 (如中子星,X 射线双星) 周围发生高能的相互作用,或者是在银河中心的超质量的黑洞等 [37]。

Mirabel 等 [65] 认为微型类星体 1E 1740.7-2942 是长期探索的致密的和变化的正电子源，发射线中央在 440keV 处，可以假设成加宽的红移湮没线。它的发射机制是：一个致密物包含了两个系统 (中子星或者黑洞)，共生物材料来自它的同伴，在喷嘴中加速能量和发射。假设 1E 1740.7-2942 偶然发射正电子 (产生电子–正电子对)，一些在堆积盘的边缘湮没并被 SIGMA 观察，留下的正电子最后损失它们的能量，给出和时间有关的窄 511 keV 线发射。

也有人认为银河系发射 511 keV 射线是稳定的。这是由于天体物理信号很少超过仪器本底的百分之几，本底处理中系统误差直接干扰分析，特别是仪器本底随时间的变化 (由于沿着轨道时辐射本底的改变，或者太阳引起的干扰)。另外，硬 X 射线源有很高变化的连续发射成分影响分析，而老的仪器又不能从空间上分辨银河系中心的粒子数密度区域。

建立产生正电子的最好的机制是二次产生：宇宙射线核和星际气体相互作用非弹性散射产生带电 π 子，其衰减成正电子、电子和中微子。但是这个过程应该是正电子比份随能量而下降 [130,132]。在高能时随能量增加而增加的原因仍然未知，产生不同机制，如脉冲星、宇宙射线和巨大分子云和暗物质相互作用，见 Fan 等的综述 [133]。

5. 来自太阳的正电子

在解释来自太阳的正电子时认为太阳闪耀中的正电子是来自闪耀加速的粒子打击了外层的光球。被闪耀加速的质子和离子与光球中的原子核发射核相互作用，产生放射性核素和介子，衰变并发射正电子，部分会在就近湮没 [134,135]。

8.3.5　正电子在星际介质中的传播

第五个问题，正电子在湮没以前是否会在星际介质中传播？

511keV 发射的谱分析在 20 世纪 70 年代后期已经建立，认为大部分正电子是在形成正电子素后才湮没的 [136]，对湮没介质的甄别是一个重要的工具。在 21 世纪初认识到谱分析也能对正电子源的解释有重要的揭示，特别是正电子涉及在低能时湮没，而大部分源产生很高的能量，在一个很长的周期中它们慢化，正电子湮没时已经离开源很远，所以对 γ 射线的测量不能提供它们的产生地。不幸的是低能正电子的传播没有得到很好解释，银河中带磁场的星际等离子体还没有很好理解。

正电子的出生地和死亡 (湮没) 位置之间的距离：正电子可以通过星际介质 (ISM)，传播和磁场有关，正电子可以停在原处，也可以传播很远 (数千光年)，这样给正电子来源的分布图的判断造成困难。

在比较高能量 (100eV 以上) 时正电子会损失能量，低能下正电子和氢原子或者其他原子中电子形成正电子素，在非常低能量时直接和电子湮没 [137]。

在银河系盘中的星际介质 (ISM) 中物质的平均密度是 1cm^{-3}，这样给出正电子的平均寿命为 10 万年 [138,139]。ISM 有几个 "相"：冷相 (10~100 K)，云的相对密度 (20~10^6 cm^{-3}) 原子或者分子氢，暖相 (6000~10000 K) 基本上是中性的或者大部分是离化的气体，热相 (10^6 K) 是完全离化的气体。虽然尘埃密度最多也只占到银河系总质量的 0.5%~1.0%，但是有时它们和正电子的相互作用截面很大，所以很重要。

正电子慢化过程的理解、模型化、更复杂性是产生正电子源的星体有喷射物，正电子湮没可能发生在离开产生它们很远的地方，因为产生的正电子能量很高 (MeV~GeV)，正电子会离开源，在星际气体介质中传播，正电子慢化到几 eV 才发生湮没。银河系中正电子的传播已经很好研究 [140-142]。通过测量低能 (≤MeV) 的宇宙射线电子发现正电子可以在星际介质中传播 kpc(约 3 亿亿千米)，无疑这是一个很大的天文数字 [143]，详细的传播计算 [142,144] 已经显示正电子如果面对的是很低密度的星际介质或者热相 ISM 也可以传播很远的距离，kpc 距离或者更远。相反，如果正电子进入高的密度，暖的云相，就可以发生湮没 [34,145,146]，传播距离就比较小。不管正电子是产生在年轻的大块星云，或者扩散 kpc 的距离，或者在白矮星中产生，它们主要在暖相中湮没。这些气体的分布，加上源和传播影响，511 keV 线发射的地方和分布并不能直接反映出产生它们的源的分布。

Siegert 等 [147] 基于 11 年来对 INTEGRAL 的观察，对我们的前五个问题都得到很好的解释，他们得到了正电子湮没很好的谱，主要是 511 keV 的线谱，能量分辨 0.5 keV 的接收器，他们得到天空不同区域的正电子湮没谱，和早期的分析不同，对银河系有明亮凸出部位，还有盘的部位，从发射特性看凸出部位是在适度暖的、部分离化的星际介质气体中湮没，511 keV 线谱和正电子素连续谱各有清楚的特性。在凸出部位的线宽和部位盘部位在细节 (2σ) 上有差别，当盘分为东半球和西半球，从正纬度到负纬度的线宽在 2σ 水平也显示有矛盾。在盘中正电子素很难探测到，因为湮没发射在盘表面很微弱，银河系的弥散发射相对更强。对凸出部位的形态和模型近似，他们发现在经度上，盘扩展到 60$^{+10}_{-5}$°，在纬度上扩展 10.5$^{+2.5}_{-1.5}$°(1-σ 值)，相应于标尺高度为 ~1 kpc。给出了凸出部位的明亮的小的偏差，但是他们没有发现在盘中流量的不对称性，凸出部位–盘的流量比为 0.58±0.13，小于早期的测量，结合来自核生成物的正电子 (放射性 β$^+$ 衰变)，从超新星、双子星的对等离子体喷射，也可能是富正电子的本底流通过 AGN-喷射活化的 Sgr A*，与他们的谱和成像结果符合。为了在盘中提供大量的正电子，单一的源类型恐怕不足以提供所观察到的正电子数量，另外的贡献不能排除，正电子在星际介质中传播，每种源喷射的正电子的绝对数量仍然不能确定。他们提取和分割了压缩谱，可能的点源，凸出部位的中心区域, 讨论可能源的浓度, 这些可能源为 Sgr A*、CMZ、暗物质。我们期望着他们更详细的数据。

8.3.6 多环芳香碳氢化合物

第六个问题: 正电子在多环芳香碳氢化合物 (PAH) 分子如何湮没?

1. 正电子中对 PAH 的研究和天体物理的结合

在天体物理中, 星际介质 (ISM) 中正电子湮没的起源、空间中多环芳香碳氢化合物 (PAH) 分子的性质和分布表达了两个未解决的问题 [148]。

多环芳香碳氢化合物 (PAH) 分子的故事以及它们在星际介质 (ISM) 中的规律和我们实验室的正电子研究相似, 在几十年前发现这些分子的辐射发射信号存在于暗星云的红外谱中, 似乎指出它们丰富存在于银河系内 [149]。一些文献 [150,151]努力给出这些分子的性质, 包括它们的结构、能量水平、电荷态, 这些有助于准确找出在不同的星际介质 (ISM) 区域具体的 PAH 分子分布。正电子来源这一个目标还没有达到 [152], 现在相信在星际介质 (ISM) 大约 10% 的或者更多一些的碳可以在 PAH 分子中发现 [153], 明确的辨别现在仍然是一个困难的目标。

二十年前人们把天体中的正电子的过量问题与 PAH 分子联系起来, 在地球实验室中开始测量正电子 -PAH 分子的湮没截面, 认识到和这些分子的湮没率大小增大了很多个量级 [154-157]。在这个课题上已经有大量的实验和理论工作, 测量了 PAH 和链烷分子与正电子的湮没, 有几十篇论文发表, 从理论上解释了很强的 "Feshbach 振动" 共振和湮没, 见 Surko 等 2005 年的综述 [158]。一些研究指出, 在星际介质 (ISM) 中这些反应是重要的, 就是说在第 4 章指出一些分子中正电子湮没有效电子数比实际电子数增加了很多倍, 造成了天体中正电子过量, 实际上也许正电子没有这么多。

Surko 等 [158] 详细指出正电子和星际介质 (ISM) 中灰尘的相互作用, 灰尘有 3 种形式: ① 大的晶粒; ② 非常小的晶粒; ③ PAH。

原来天体物理中一种认识认为正电子–灰尘晶粒湮没截面基本上是几何关系的, "非常小晶粒" 在接近 "大晶粒" 时可以被忽略, 在某些空间条件下它们本身仅提供一个星际介质 (ISM) 的热相, 属于暖离化相。有理由认为 PAH 是很小的而且不很丰富的, 对正电子寿命的贡献可以忽略, 在星际介质 (ISM) 中如死的一般。

但是这种认识现在看来并不正确, 因为正电子-PAH 的湮没截面并不是几何关系, 而是共振关系, 特别是在非常低的能量和温度下, 实际上截面似乎比氢原子的电荷交换大了几百万倍, 而 PAH 的丰度约 10^{-6}(这个数是表示 $N_{\mathrm{PAH}}/N_{\mathrm{H}}$), 比其他种类的分子重要得多。所以如果没有我们在第 4 章、第 5 章所述的正电子共振湮没和共振散射的研究, 天体中的很多问题也许无法得到合理解释。

我们必须强调 PAH 虽然通常只考虑成灰尘晶粒尺寸分布的 "分子末"，但是对于正电子是非常不一样的，这就是为什么在处理正电子和 PAH 湮没时要与以前全部天体物理的工作有基本的区别。

我们先简要回顾星际介质 (ISM) 中现有的 PAH 的知识。

PAH 是有机分子，只由 C 和 H 原子组成，有多环结构，打破环需要更多能量，所以它们在空间能够幸存下来。另外，每个环有来自碳原子的 6 个电子 "浮动" 在环上，对束缚能有贡献。这些分子有 "芳香族" 特性。PAH 的原型例子有萘 ($C_{10}H_8$)，它有两个环。更简单的例子是苯 (C_6H_6)，它只有一个环，所以不能称为 "多环"。

这些分子在天体物理中所以引人注意是因为 "未被确认的远红外 (UIR) 发射带" (3~13μm)，自从 20 世纪 70 年代 [151,159] 它们在星云中已经被观察到，十几年后当这些分子被暂时加热在 (紫外辐射 UV) 中非常类似地产生。紫外辐射带被认为是来自芳香族的红外 (IR) 带 (AIB= 芳香族红外带)。的确，一般灰尘的晶粒并不能产生这种辐射，因为它们太大，不能加热到 1000K 或者更高，也不能很快冷却。后来用空间携带的红外望远镜观察，类似的红外发射带来自各种物体，距离从彗星到银河系 [160]。Salama 等 [161] 在 1999 年得出结论 "PAH 是无处不在的，整个弥散在星际介质 (ISM) 中"。因此推断在星际介质 (ISM) 中存在大量的 PAH，大致上认为是 $10^{-7} \sim 10^{-6}$ (即 N_{PAH}/N_H)，是星际介质 (ISM) 中继 H_2 和 CO 后最丰富的分子。

PAH 被看作广泛存在的，甚至是小灰尘晶粒的种子 [161,162]，事实上它们不光是空间中最大的分子，而且得到最多的描述，看作平面分子的聚团，然后堆积成 "非常小晶粒" 的灰尘，其大小在 1~10nm，把 PAH 看作形成灰尘晶粒的第一步。

上面说的发射常与不同大小 PAH 的 C—C 和 C—H 振动模联系起来，也与拉曼散射、红外研究有关 (Duley 等 [150] 是第一个，后来还有很多人)。经常认为 PAH 有很大数目的碳 (通常大于 30)，然后对芳香族有关的红外带有联系，特别是在大约 6.2μm 和 11.3μm。由于每一个碳原子光分离阈值能是几十分之一 eV，很清楚 "小" 分子 (碳原子数 $N_C \leqslant 30$) 更容易被高能光子在 H_{II} 区耗尽 [162]，大分子更容易生存。假设紫外宇宙射线和冲击波从化学上改变这种分子，特别在暖/热碰撞活化环境下。最后 PAH 变成中性的或者带电荷的，取决于光离化的密度和自由电子的密度 [163]，它们的红外发射谱是相当不一样的。

2. 对 PAH 中正电子湮没的实验数据的回顾

我们已经在第 4 章、第 5 章介绍了，由于人们在气体中发现异常大的湮没率，对 e^+-PAH 湮没的兴趣随实验技术的增长而增长，由于阱基束的出现，现在允许我们对更多和更复杂的原子和分子测量正电子湮没截面 [152]，很明显 e^+-PAH 反应有巨大的截面, 等效于反应速率, 或者我们更常用的 Z_{eff}。对 PAH 实际上达到 10^7 或者更大, 见表 8.3.1。但是仅对比较小的 PAH 分子有了实验研究 [156,157,164], 当分子有 3 个或者更多环时并且用低的蒸气压在实验上测量还是挑战。对 PAH 已经测量 Z_{eff}, 见表 8.3.1[157,164], 更多的链烷分子见我们在前几章所给出的表格。

表 8.3.1　室温下对 PAH 分子测量 Z_{eff}[157,164]

分子	化学符号	Z_{eff}
苯	C_6H_6	18000
甲苯	C_7H_8	190000
萘	$C_{10}H_8$	494000
蒽	$C_{14}H_{10}$	4330000

对大的 Z_{eff} 值, 是共振引起的, Gribakin[165] 发现 Z_{eff} 是随 Z 而指数增加的, 发现 $Z_{\text{eff}} \propto N^{8.2}$, N 是分子中原子的总数。但是他们注意到对某些类型的分子, 对大的 N 值, Z_{eff}/Z 趋向于饱和。对大分子的饱和现象还没有研究 "Z_{eff} 的变化随物理性质的变化" 的满意的解释 [166,167], 这个饱和在 Z_{eff}/Z 作为分子的电子数 Z 的函数时是很清楚的 [155], 如图 8.3.6 所示, 这样他们假设一个不同的拟合, 发现有下面关系:

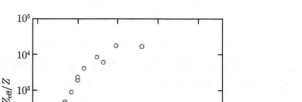

$$In(Z_{\text{eff}}/Z) = A(1 - e^{-Z/B}) \tag{8.3.1}$$

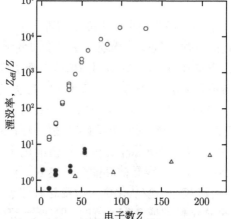

图 8.3.6　对比 Z_{eff}/Z 作为 Z 的函数

● 惰性气体, ○ 链烷, △ 过氟代链烷, 正电子来自势阱, 300K 麦克斯韦分布

可以给出满意的拟合, 测量中链烷的个数 (12 个) 比 PAH 的个数 (4 个) 大很多。他们显示对这两种类型的分子 Z_{eff} 都能按这个表达式收敛。按他们的拟合函数 (式 (8.3.1)), 最佳参数为 $A = 10.75 \pm 0.44$, $B = 40.1 \pm 3.8$, 如图 8.3.7 所示。

他们必须注意到这个式子并不基于任何物理考虑, 仅仅是表示一个事实: 实验显示 Z_{eff}/Z 偏离了大分子, 所以是一个经验公式。

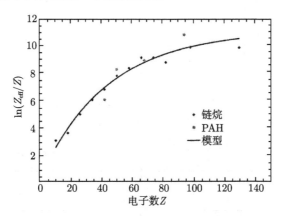

图 8.3.7 对链烷和 PAH 比较 $\ln(Z_{\mathrm{eff}}/Z)$ 作为分子中电子数 Z 的函数 [155]

也显示出经验函数的最好拟合 (见式 (8.3.1)), 得到 $A = 10.75$, $B = 40.1$

我们必须强调 Z_{eff} 的实验值仅是在室温下得到的, 然而我们主要感兴趣的温度是 8000K, 在星际介质 (ISM) 的正电子湮没主要发生在暖 (中性或者离化) 相, 此时 $T \approx 8000$K[34,145] 和 PAH 在热相时容易蒸发 (此时 $T \sim 10^6$K)。据我们所知, 仅一个实验测量 Z_{eff} 作为 T 的函数 [168], 但是只对非常少和小分子做实验 (甲烷 CH_4, 乙烯 C_2H_4 和和丁烷 C_4H_{10}), 对温度最高到约 2500K, 在实验室中如何达到 8000K 也是一个问题。

所以我们需要在 8000K 时的 Z_{eff} 值, 我们需要测量这个温度的截面作为正电子能量的函数, 一些实验 [157,158] 已经实现了这些测量, 所以我们可以简单地用反应率 λ 来计算 Z_{eff} 作为正电子温度的函数:

$$\lambda = \langle \sigma v \rangle = \int_0^\infty \frac{2}{\sqrt{\pi}} \frac{\sqrt{E}}{(kT)^{3/2}} \mathrm{e}^{-E/kT} \sigma(E) v \mathrm{d}E \qquad (8.3.2)$$

式中, σ 是湮没截面, v 是正电子速度, E 是正电子能量。

注意, 在低温时 Z_{eff} 降低为 $T^{-1/2}$ 的函数, 如果截面扩展到非常低的能量时 E^{-1}, 上面的方法将产生 Z_{eff} 的一个正确的性质, 我们就能对丁烷在大部分温度区域很好地重现 $Z_{\mathrm{eff}}(T)$ 的实验数据, 但是在较高温度时 Z_{eff} 呈现一个非常慢的下降, 并不完全变平坦。图 8.3.8(a) 和 (b) 显示对各种分子 Z_{eff} 作为温度的函数; 图 8.3.8(b) 还显示 Z_{eff} 按线性标尺的归一化值的变化, 强调 Z_{eff} 对 T 是弱的关系。

对链烷已经注意到 Z_{eff} 随温度的变化, 我们假设和 PAH 的变化是一样的, 可以用图 8.3.7 中少量的 PAH 得到链烷在 8000K 时的 Z_{eff} 的值及与 T 的关系, 在

表 8.3.2 中我们给出了一些链烷和 PAH 分子的 Z_{eff} 值。

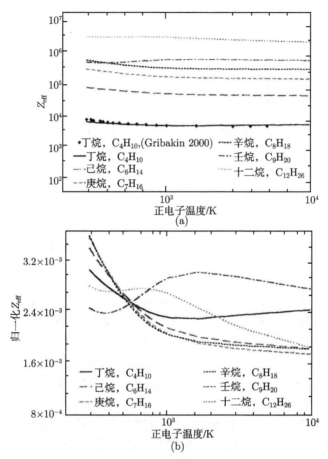

图 8.3.8　对各种分子 Z_{eff} 作为温度的函数 (链烷和 PAH)

(a) 对数标尺；(b) 归一化到 1

　　我们强调在计算中有大的不确定性，这是由于在链烷和小 PAH 中只有很少的低温测量正电子湮没反应，我们希望有新的实验，新的湮没截面测量。

　　Barnes 等 [157] 测量了低温正电子和许多碳氢化合物分子的湮没率，他们发现 Z_{eff} 在正电子能量相应于共振能量时湮没率有增强，这时是最强的红外活化振动模，他们认为引起了振动 Feshbach 共振，这时正电子临时性捕获在分子上。基于这个观察，原则上可以推测 PAH 上湮没率的变化作为热化正电子温度的函数整体上产生它们的 (麦克斯韦) 速度分布，产生 PAH 分子的振动模的谱。但是对共振效应的观察并不系统，实际上对一些正电子能量 Z_{eff} 的增强并不很清楚 (如看从文献 [157] 中下载的本章的图 8.3.9 和图 8.3.10)。进一步考虑了振动模的正电子共振的漂移被观察到, 似乎与正电子和分子的束缚能有关。

表 8.3.2　在 $T = 8000K$ 计算的 Z_{eff}

分子	化学式	Z_{eff}
丁烷	C_4H_{10}	6.4×10^3
正己烷	C_6H_{14}	5.5×10^4
庚烷	C_7H_{16}	1.8×10^5
辛烷	C_8H_{18}	3.5×10^5
壬烷	C_9H_{20}	6.8×10^5
n-十二烷	$C_{12}H_{26}$	2.6×10^6
萘	$C_{10}H_8$	4.2×10^5
蒽	$C_{14}H_{10}$	4.1×10^6
六苯	$C_{26}H_{16}$	2.4×10^7
八苯	$C_{34}H_{20}$	1.1×10^8
十苯	$C_{42}H_{24}$	1.5×10^8

上面的一组是少量的大介质链烷, 下面的一组是 PAH 分子

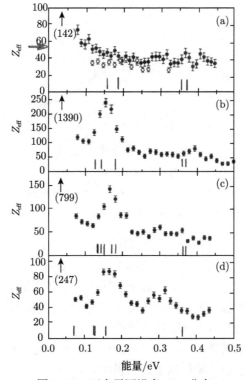

图 8.3.9　正电子湮没率 Z_{eff} 分布

(a) 甲烷 (CH_4)(空心点) 和四氟化碳 (CF_4)(实心点); (b) 氟代甲烷 (CH_3F); (c) 二氟代甲烷 (CH_2F_2); (d) 三氟代甲烷 (CHF_3)。垂直线表示振动模的能量, 箭头表示表示热化分布正电子的 Z_{eff}

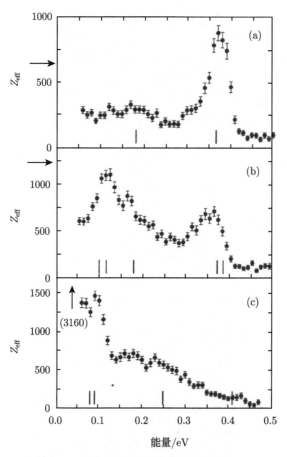

图 8.3.10　对双碳分子的正电子湮没率 Z_{eff}

(a) 乙烷 (C_2H_6)；(b) 乙烯 (C_2H_4)；(c) 乙炔 (C_2H_2)。垂直棒表示最强的红外振动模的能量，箭头表示
在 300K 时正电子的 Z_{eff}

　　由于有正电子–分子能量分辨湮没截面的工作 [169]，Z_{eff} 的温度关系适用于上面得到的 $Z_{\mathrm{eff}} \propto T^{-1/2}$ 关系 (最高到 2500K)，在 8000K 不适用，因为有 $1/E$ 的振动截面，导致 Z_{eff} 有 $T^{-1/2}$ 的关系，似乎仅能应用于非常低的能量 ($E \ll E_{\mathrm{res}}$)，这是直接截面，而在 "高温" 下工作效应改变了性质。Z_{eff} 应该很快随 T 而下降，在 8000K 时的值将比推断的小很多。但是这个不确定的性质本身还不很清楚，我们还不知道大的 PAH 的束缚能，也不知道它们和振动能值之间的差，这表示还有 (未知的) 因子需要考虑进去才能得到正确的模型。

　　因此我们还不能按我们目前理解的正电子和分子湮没分析得到 Z_{eff} 作为温度和 N 的函数，N 是大 PAH 中原子数，我们必须用数字拟合适当的 $Z_{\mathrm{eff}}(N)$ 数据，然后外推到大分子，因为对星际介质 (ISM) 中 PAH 最好的正电子湮没贡献是那些原子数大约在 50 的 PAH(见下面对 PAH 大小分布的讨论, 每种物体对湮没率的贡献的讨论)。

由于大的 PAH 分子更多地和天体物理正电子有关, 我们相信 $N_C \geqslant 30(N \geqslant 50)$ 的 PAH 的 Z_{eff} 更重要, 希望有更多实验, 更希望国内的正电子界有更多的贡献。

3. 正电子在银河系多环芳香碳氢化合物 (PAH) 中的湮没

我们现在考虑星际介质 (ISM) 中正电子对 PAH 的湮没率, 和通常的气体分子湮没率进行比较, 通常情况是自由电子、原子氢、分子氢、氦、灰尘晶粒等。我们开始用反应公式 ($\lambda = Z_{eff}\pi r^2 c$) 决定 Z_{eff} 和对各种 PAH 物体的关系求和, 要考虑它们的丰度 y_s (下标 s 表示任何给定的物体), 要考虑某些部分可能由于介质中物理条件而被破坏, 我们必须考虑分子可能的电荷, 将会增强或者减小在正电子和分子之间的"亲和性"。

对每个 PAH 物体的反应速率可以写为

$$\lambda_{e+-s} = y_s Z_{eff,s}\pi r_0^2 c f_{dest-s} \tag{8.3.3}$$

用此可以对各种 PAH 物体求和。注意 y_s 包括破坏效应, 即 $y_s = y_{s0} \times f_{dest-s}$, 这里 y_{s0} 表示第 s 种物体的丰度, 这时在 PAH 中还没有任何破坏效应, f_{dest-s} 和 f_{elec-s} 将在下一小节估计。

1) 多环芳香碳氢化合物 (PAH) 的电荷和破坏

有几个研究涉及灰尘的电荷态, PAH 分子有不同的体积和在不同条件下, 还涉及几个物理过程。Draine 等 [170] 考虑了碰撞效应, 在各种条件下除了 0, +1 和 −1 外的电荷态, 在各种物理条件下只有极端低的几率 (~10^{-4} 或更低)。这是得到 Omont[163] 证明的状态。Lepp 等 [171] 考虑了扩散的星际介质 (ISM) 云, 考虑了云的各个区域 (边缘, 中心区) 的电荷态, 他们得出结论: 中性态是最可能的态。Bakes 等 [137] 加了光电效应来分析和计算 $f(Z)$ 的几率, 发现了以电荷态 Z 的晶粒/PAH 分子。在星际介质 (ISM) 的各种相中应用典型的密度、温度和紫外场强度, 对暖的和冷的星际介质 (ISM) 他们发现电荷态最可能是 0 和 1(平均为 0.5) 以及 −1 和 0(平均约为 −0.25)。Dartois 等 [172] 对星际介质 (ISM) 和星云的各种条件加了离化模式, 他们发现在扩散星际介质 (ISM) 中 65% 的大 PAH 分子有可以忽略的电荷态, 35% 是中性的 (对不同的物理条件得到不同的结果)。Weingartner 等 [173] 用光电电荷, 改善了原子数据、晶粒大小分布等, 他们发现在暖介质中除了非常大的 PAH 分子中平均电荷约为 0.4, 此外所有的 PAH, 特别是中等大小的分子, 实际上在所有条件下都是中性的。

PAH 分子的电荷态是如何影响捕获的反应速率和与正电子湮没, 我们查阅了星际 PAH 的物理和化学的全部讨论 [163], 作者告诉我们由于 PAH 的电荷本质上分布在它的整个表面, 星际间 PAH 电荷的支配过程非常类似于星际灰尘晶粒的电荷情况。于是得出结论, 我们有相当的理由把星际晶粒的电荷的经典讨论采用到 PAH, 基于这个结论有几个工作。

正电子–电荷-PAH 效应对湮没率的影响可以用同样的方法处理, Guessoum 等 [139,140] 已经这样做了, 这是反应率乘上一个电荷态因子 f_{elec}, 这里 f_{elec} 由 $(1 - Ze^2/a_skT)$ 或者 $\exp(-Ze^2/a_skT)$ 给出, 取决于分子的半径内是负的还是正的电荷, f_{elec} 的值分别为 3.1 和 0.12($Z = -1/+1$ 电荷态), 典型的 PAH 尺寸为 1nm。

如 PAH 的破坏效应, 我们简单地考虑在星际介质 (ISM) 的热相中, 在每次碰撞发生的时候电子通常有足够的能量 ($kT \sim 100$eV) 去打破分子, 所以 PAH 大部分被这样的环境抛弃, 但是在暖和冷相 (分别为 $T \approx 8000$K 和 10~100K), 即使破坏了 PAH 分子, 碰撞是很少的, 因此对热相设 $f_{dest} = 0$, 对其他设 $f_{dest} = 1$。

2) 在星际介质 (ISM) 中 e^+-多环芳香碳氢化合物 (PAH) 反应率

考虑 PAH 的数目是丰富的, 前面用了 $10^{-7} \sim 10^{-6}$ 是对星际介质 (ISM) 中所有的 PAH 分子, 注意仅很大的分子会影响正电子湮没, 显示的 Z_{eff} 的值和 PAH 的尺寸或者原子数分别有关。Desert 等 [174] 和 Draine 等 [175] 给出了稍微有些不一样的 PAH 分布, Pilleri 等 [176] 给出了分子中碳原子数的函数。用两个不同分布得到的速率仅相差 0.9%, 本节余下的内容将采用更新的 Draine 等 [175] “正常”分布。

对正电子和 PAH 之间的反应率, 我们采用所有的因子给出下面的表达式:

$$\lambda_{e+\text{-PAH}} = \left[\int_N Z_{eff}(N)dy_s(N)f_{elec-s} \right] \pi c r_0^2 Y_{PAH} \tag{8.3.4}$$

这里 Y_{PAH} 适用于在星际介质 (ISM) 中总的 PAH 丰度 (相对于 H), 对整个空间求和, 得出

$$\lambda_{e+\text{-PAH}} \approx 1.5 \times 10^{-13} \frac{Y_{PAH}}{10^{-6}} \langle f_{elec} \rangle \quad (\text{cm}^3 \cdot \text{s}^{-1}) \tag{8.3.5}$$

但是我们应该注意到, 在 Z_{eff} 的半经验模型中考虑到不确定性, 求导率的相对不确定性大约为 47%。

我们现在比较这些结果, 所用速率是各种星际介质相的主要正电子过程 (与 H 的电荷交换, 与自由电子和束缚态电子的直接湮没, 与电子结合的辐射, 捕获, 灰尘晶粒等)[139]; 所有的速率值见表 8.3.3。我们第一次注意到在星际介质中如果总的 PAH 丰度为 10^{-7} 量级或者更小一些, 正电子将不会影响 PAH 分子, 但是它们的丰度会是比较大的。如果 $Y_{PAH} \sim 10^{-6}$, 正电子和 PAH 的湮没率变得不能被忽略, 特别是如果分子是中性的带负电的。实际上暖的中性相这个过程变得第二重要, 当 PAH 被忽略电荷, 和氢交换电荷束流会达到 26%。类似地, 在暖离化相中

过程是第二重要, 和自由电子结合辐射束流会达到 39%。但是我们必须强调通常我们相信 PAH 会正常存在于多种电荷态中, 也许主要是中性分子——这样减小它们湮没的重要性。

表 8.3.3 在星际介质 (ISM) 的暖的中性相 (WNM) 和离化相 (WIM) 正电子湮没通过各种过程的反应束流

过程	$r_{e+-s}/(cm^3 \cdot s^{-1})$WNM	$r_{e+-s}/(cm^3 \cdot s^{-1})$WIM
与 H 电荷交换	1.8×10^{-12}	
与自由电子直接湮没		1.7×10^{-13}
与束缚态电子直接湮没	4.4×10^{-14}	
与电子结合辐射		1.2×10^{-12}
被灰尘捕获	6.5×10^{-15}	4.6×10^{-14}
与 PAH 分子湮没	1.5×10^{-13}	1.5×10^{-13}

正电子和 PAH 湮没的反应率是用总的 PAH 数目的丰度 $Y_{PAH} = 10^{-6}$ 计算的 [139]

3) 观察结果

我们对正电子在 PAH 中湮没计算的湮没率的一个观察结果是可能增强效应, 这些分子的 511keV 线是来自星云, 在那里这些分子是大量的, 特别是如果物理条件 (如很高的碰撞速率) 导致 PAH 中有非常大的负电荷。在这样的情况下, PAH 分子开始主要和正电子湮没, 观察到的 511keV 谱将和 "通常星际介质" 的谱是不一样的。由于和 PAH 分子正电子湮没谱的测量所确定的湮没线的半高宽 (FWHM) 是在 2.0~3.0keV, 离子富 PAH 和负电荷星云将基本上宽于来自星际介质暖区域的谱, 后者的半高宽约 1.5keV。此外, 正电子素比份 (或者说 $3\gamma/2\gamma$ 比) 在两个测量中是不一样的。

Guessoum 等 [139] 计算了湮没发射谱的分布, 包括丰度为 $Y_{PAH} \sim 10^{-6}$ 的 PAH 的贡献, 把它们的电荷也考虑了进来。在 PAH 中湮没线的 FWHM 取 ≈ 2.5keV。在暖中性介质中, 正电子素比份没有发生大的变化: 从缺少 PAH 的 99.9% 到中性电荷 PAH 的 99.4% 再到负电荷的 98.6%。在暖中性介质中, 511keV 线的形状并没有显著改变。在暖离化介质中情况将很不一样, 正电子素比份从没有 PAH 的 87% 下降到 78 中性电荷 PAH 再到负电荷 PAH 的 64%。PAH 的影响明显改变了谱线的基础 (图 8.3.11)。

这样试验目前还不能进行, 因为 INTEGRAL-SPI 不能用高灵敏度准确测量来自星云的辐射, 但是下一代 γ 探头 (如改进的康普顿望远镜) 应该能够实现这样的测量。

Jean 等 [34] 研究的另一个影响来自星际介质的 511keV 中 PAH 的全部贡献, 想到现在有 INTEGRAL-SPI 测量的来自银河系中心区域的高质量的湮没谱, 他们企图把他们计算的反应率和 INTEGRAL-SPI 数据推导出来的湮没谱联系起来, 代替拟合晶粒的贡献, 他们测量谱拟合参数 x_{PAH}, 得到上限 $x_{PAH} < 3.0 \times 10^{-7}$。若所有的 PAH 是负电荷, 它们在银河系中的丰度应该小于 1.3×10^{-7}。若所有的 PAH 是中性的, 它们的丰度应该小于 4.6×10^{-7}。

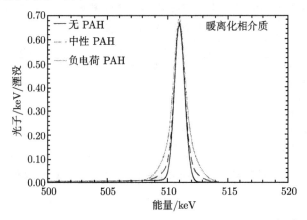

图 8.3.11　在暖离化相介质中湮没发射的空间分布 [139]

有 PAH 贡献, 没有 PAH 贡献 —, 计算假设 PAH 丰度为 $Y_{PAH} \sim 10^{-6}$。中性 PAH—, 负电荷 PAH- - -

　　这个结果和其他估计符合, 这是用完全不同的方法得到的: 用红外空间观察分析方法 (ISO) 观察银河系中 PAH 发射, Wolfire 等 [177] 得到总的 PAH 丰度为 6×10^{-7}; 从 $[SiPAH]^+$ 复合谱 (6.2 μm AIB) 空间分布分析 Joalland 等 [178] 推断 PAH 中 H 的丰度为 8×10^{-7}。但是他们应该注意这些测量并不来自银河系膨胀, 在那里是否出现和 PAH 的数目是未知的, 所以他们不能够完全严格地比较两个结果, 尽管它们是迷人地接近。事实上, 对 PAH 红外发射的探测几乎对银河系的每一处都已经测量 (见较早的文献 [179-181], 但并不是膨胀本身 $(l < 8°)$; 但是在膨胀中 PAH 分子发射性质已经对平面星云进行探测 [182,183]。

　　4) 正电子在银河系多环芳香碳氢化合物 (PAH) 中的湮没的总结

　　在星际介质 (ISM) 中 PAH 对正电子湮没的贡献直到现在还没有被很好考虑。最简单的理由是 PAH 总是认为是最小类型的灰尘晶粒, 因为正电子对晶粒的湮没截面被认为是几何级数的 (模带电体和破坏效应), (极端小的)PAH 总是被忽略了 [139]。这个考虑的错误总是被正电子-PAH 反应中巨大的理由而忽视 (这个错误在电子中并没有发生), 在自然界振动引起共振, 导致湮没截面增加了一个最大到 10^7 的因子。这就提示我们在以后的天体物理应用中一定要研究这个效应。

　　目前关于 e^+-PAH 反应的知识无论在实验上还是理论上仍然是很有限的, 已经用半经验方法估计了星际介质 (ISM) 中对 PAH 分子的正电子湮没率, 已经用所有可能得到的数据, 无论是实验室的截面测量还是空间红外分析和对 PAH 丰度及分布的估计。对 PAH 中链烷的数据值和从低温到星际介质 (ISM) 温度，但是还是相当合理的。

已经发现大分子 (原子总数大约为 50) 对正电子湮没是最重要的。还得到正电子对 PAH 分子的总湮没率，发现在星际介质 (ISM) 中如果 PAH 的总数 (相对于氢) 是在 10^{-6} 的量级，在暖中性相和暖离化相中，这个过程的重要性变成第二位的，特别是如果分子是负电荷。在各种星际介质 (ISM) 条件下，PAH 的电荷态问题是复杂的，事实上，取决于温度，但是特别对区域中紫外场的强度敏感，PAH 可以是中性的，带正电的，带负电的，将与正电子增加或者减小反应。

在第一次解决问题时有大的不确定性，指出必须有进一步的实验、观察和理论工作，要真正改善我们对这个问题的知识。特别是实验测量正电子和大 PAH 分子的湮没截面。也希望有进一步的红外研究，特别是 Spitzer 望远镜，希望能精确测定具体的 PAH 在空间中的存在，以及它们在星际介质中的丰度。

最后指出以后的观察试验，就是测量来自星云的 511keV 线，在那里 PAH 会特别丰富，在那里物理条件造成真正的负电荷分子，因此增强正电子湮没率。这些观察试验不能够用现在的伽马射线设备，但是新一代伽马射线探头应该可以。已经将计算反应速率和湮没谱联系起来，湮没谱已经从 INTEGRAL-SPI 数据中得到。显示谱分析将改善，可以强制丰度和星际介质 (ISM) 中 PAH 的电荷态。应用正电子和 PAH 湮没的半经验模型，发射来自银河系膨胀的湮没谱的分析，SPI 的测量告诉我们，如果所有的 PAH 是中性的，PAH 丰度数相对于氢应该小于 4.6×10^{-7}，如果它们中的许多是负电荷的，甚至更低。

8.4　天体中正电子小结

我们似乎没有得到很多肯定性的大的结论，这是必然的，因为天体中正电子测量计数率很低，质子本底很大，测量时间以月、年计算。测量需要复杂的仪器，成本巨大，需要高空测量，气球需要达到同温层，卫星在地面上空几百千米高，很难控制，环境变化大。天体中情况复杂，有很多在地面无法达到的条件，往往无法在地面模拟。

另外，在天体物理中本身就有很多没有定论的内容，如暗物质等，争议很大。但是无论如何，天体物理还是需要正电子物理的配合，正电子物理也需要建立更好的设备，现在正在贵州建设的世界上最大的天眼 (射电望远镜) 不知道能否用于正电子物理。

利用玻色–爱因斯坦凝聚 (BEC) 中 Feshbach 共振效应，改变了原子间相互作用的符号，从而导致类似于超新星的 BEC 爆炸 [184]。同时，由于测不准原理，费米子不能都处于最低能态，即使在零温度下仍有量子压力存在。因此，可在实验上模拟白矮星的内部压力 [185]。正电子共振散射也许也能为其提供参考资料。

参 考 文 献

[1] 郑文光, 席泽宗. 中国历史上的宇宙理论. 北京: 人民出版社, 1975.

[2] 俞允强. 物理宇宙学讲义. 北京: 北京大学出版社, 2002.

[3] Garlick M A. Atlas of the Universe. Weldon Owen Pty Ltd, 2007.

[4] Aguilar M, Alberti G, Alpat B, et al. Phys Rev Lett, 2013, 110(14): 141102.

[5] De Shong J A, Hildebrand R H, Meyer P. Proc. from 8th Inter Cosmic Ray Conf, 1963, 3: 153.

[6] De Shong J A, Hildebrand R H, Meyer P. Phys Rev Lett, 1964, 12(1): 3-6.

[7] Johnson III W N, Harnden Jr F R, Haymes R C. Astrophys J, 1972, 172: L1-L7.

[8] Johnson III W N, Haymes R C. Astrophys J, 1973, 184: 103-126.

[9] Leventhal M, MacCallum C J, Stang P D. Astrophys J, 1978, 225: L11-L14.

[10] Aversa F, et al. Astropart Phys, 1996, 5(2): 111-117.

[11] Golden R L, Stephens S A, Mauger B G, et al. Astrophys J, 1994, 436: 769-775.

[12] Aversa F, et al. Proc of 24th Int Cosmic Ray Conf, 1995, 3: 9.

[13] Aversa F, et al. Proc of 24th Int Cosmic Ray Conf, 1995, 3: 714.

[14] Chang J, Adams J H, Ahn H S, et al. Nature, 2008, 456(7220): 362-365.

[15] Adriani O, Barbarino G C, Bazilevskaya G A, et al. Nature, 2009, 458(7238): 607-609.

[16] Abdo A A, Ackermann M, Ajello M, et al. Phys Rev Lett, 2009, 102(18): 181101.

[17] Aharonian F, Akhperjanian A G, De Almeida U B, et al. Phys Rev Lett, 2008, 101(26): 261104.

[18] Barwick S W, Beatty J J, Bower C R, et al. Phys Rev Lett, 1995, 75(3): 390-393.

[19] Golden R L, Stochaj S J, Stephens S A, et al. Astrophys J Lett, 1996, 457(2): L103-L106.

[20] Barwick S W, Beatty J J, Bhattacharyya A, et al. Astrophys J Lett, 1997, 482(2): L191-L194.

[21] Boezio M, Carlson P, Francke T, et al. Astrophys J, 2000, 532(1): 653-669.

[22] Aguilar M, Alcaraz J, Allaby J, et al. Phys Rep, 2002, 366(6): 331-405.

[23] Beatty J J, Bhattacharyya A, Bower C, et al. Phys Rev Lett, 2004, 93(24): 241102.

[24] Winkler C, Courvoisier T J L, Di Cocco G, et al. A&A, 2003, 411(1): L1-L6.

[25] Vedrenne G, Roques J P, Schönfelder V, et al. 2003, A&A, 411(1): L63-L70.

[26] Jean P, Knödlseder J, Lonjou V, et al. 2003, A&A, 407(3): L55-L58.

[27] Teegarden B J, Watanabe K. Astrophys J, 2006, 646(2): 965-981.

[28] Churazov E, Sunyaev R, Sazonov S, et al. Mon Not R Astron Soc, 2005, 357(4): 1377-1386.

[29] Tsygankov S S, Churazov E M. Astron Lett, 2010, 36(4): 237-247.

[30] Riegler G R, Ling J C, Mahoney W A, et al. Astrophys J, 1981, 248(1): L13-L16.

[31] Teegarden B J. Astrophys J Suppl Ser, 1994, 92(2): 363-368.

[32] Bandyopadhyay R M, Silk J, Taylor J E, et al. Mon Not R Astron Soc, 2009, 392(3): 1115-1123.

[33] Markwardt C B, Swank J H. Astron Telegram, 2005, 414: 1.

[34] Jean P, Knödlseder J, Gillard W, et al. A&A, 2006, 445(2): 579-589.

[35] Kinzer R L, Purcell W R, Johnson W N, et al. Astron Astrophys Suppl Ser, 1996, 120: 317-320.

[36] Harris M J, Teegarden B J, Cline T L, et al. Astrophys J Lett, 1998, 501(1): L55.

[37] Prantzos N, Boehm C, Bykov A M, et al. Rev Mod Phys, 2011, 83(3): 1001-1056.

[38] Strong A W, Bennett K, Bloemen H, et al. A&A, 1994, 292(1): 82-91.

[39] Kinzer R L, Purcell W R, Kurfess J D. Astrophys J, 1999, 515(1): 215-225.

[40] Bouchet L, Jourdain E, Roques J P, et al. Astrophys J, 2008, 679(2): 1315-1326.

[41] Strong A W, Moskalenko I V, Ptuskin V S. Annu Rev Nucl Part Sci, 2007, 57: 285-327.

[42] Agaronyan F A, Atoyan A M. Sov Astron Lett, 1981, 7(6): 395-398.

[43] Beacom, J F, Yüksel H. Phys Rev Lett, 2006, 97(7): 071102.

[44] Sizun P, Cassé M, Schanne S. Phys Rev D, 2006, 74(6): 063514.

[45] Ackermann M, Ajello M, Atwood W B, et al. Phys Rev D, 2010, 82(9): 092004.

[46] Daniel R R, Stephens S A. Phys Rev Lett, 1965, 15(20): 769-772.

[47] Muller D, Tang K K. Astrophys J, 1987, 312(1): 183-194.

[48] Adriani O, Barbarino G C, Bazilevskaya G A, et al. Astropart Phys, 2010, 34(1): 1-11.

[49] Acharya B S, Actis M, Aghajani T, et al. Astropart Phys, 2013, 43: 3-18.

[50] Aguilar M, Alberti G, Alpat B, et al. Phys Rev Lett, 2013, 110(14): 141102.

[51] Leventhal M. Astrophys J, 1973, 183(3): L147-L150.

[52] Haymes R C, Walraven G D, Meegan C A. Astrophys J, 1975, 201: 593-602.

[53] Leventhal M, MacCallum C J, Huters A F, et al. Astrophys J, 1980, 240: 338-343.

[54] Albernhe F, Le Borgne J F, Vedrenne G, et al. A&A, 1981, 94: 214-218.

[55] Gardner B M, Forrest D J, Dunphy P P, et al. AIP Conf Proc, 1982, 83(1): 144-147.

[56] Lingenfelter R E, Ramaty R, Leiter D. International Cosmic Ray Conference, 1981, 1: 112-115.

[57] Leventhal M, MacCallum C J, Huters A F, et al. Astrophys J, 1982, 260: L1-L5.

[58] Paciesas W S, Tueller J, Cline T L, et al. Astrophys J, 1982, 260: L7-L10.

[59] Leventhal M, MacCallum C J, Huters A F, et al. Astrophys J, 1986, 302: 459-461.

[60] Share G H, Kinzer R L, Kurfess J D, et al. Astrophys J, 1988, 326: 717-732.

[61] Share G H, Leising M D, Messina D C, et al. Astrophys J, 1990, 358: L45-L48.

[62] Lingenfelter R E, Ramaty R. Astrophys J, 1989, 343: 686-695.

[63]　Bouchet L, Mandrou P, Roques J P, et al. Astrophys J, 1991, 383: L45-L48.

[64]　Sunyaev R, Churazov E, Gilfanov M, et al. Astrophys J, 1991, 383: L49-L52.

[65]　Mirabel I F, Rodriguez L F, Cordier B, et al. Nature, 1992, 358(6383): 215-217.

[66]　Goldwurm A, Ballet J, Cordier B, et al. Astrophys J, 1992, 389: L79-L82.

[67]　Sunyaev R, Churazov E, Gilfanov M, et al. Astrophys J, 1992, 389: L75-L78.

[68]　Gilfanov M, Churazov E, Sunyaev R, et al. Astrophys J Suppl Ser, 1994, 92: 411-418.

[69]　Briggs M S, Gruber D E, Matteson J L, et al. Astrophys J, 1995, 442: 638-645.

[70]　Jung G V, Kurfess D J, Johnson W N, et al. Astrophys J, 1995, 295: L23-L26.

[71]　Smith D M, Leventhal M, Cavallo R, et al. Astrophys J, 1996, 458: 576-579.

[72]　Smith D M, Leventhal M, Cavallo R, et al. Astrophys J, 1996, 471: 783-795.

[73]　Cheng L X, Leventhal M, Smith D M, et al. Astrophys J, 1998, 503: 809-814.

[74]　Harris M J, Share G H, Leising M D. Astrophys J, 1994, 433: 87-95.

[75]　Harris M J, Share G H, Leising M D. Astrophys J, 1994, 420: 649-654.

[76]　Riegler G R, Ling J C, Mahoney W A, et al. Astrophys J, 1981, 248: L13-L16.

[77]　Mahoney W A, Ling J C, Wheaton W A. Astrophys J Suppl Ser, 1994, 92: 387-391.

[78]　Adriani O, Barbarino G C, Bazilevskaya G A, et al. Phys Rev Lett, 2009, 102(5): 051101.

[79]　Adriani O, Barbarino G C, Bazilevskaya G A, et al. Astropart Phys, 2010, 34(1): 1-11.

[80]　Ackermann M, Ajello M, Allafort A, et al. Phys Rev Lett, 2012, 108(1): 011103.

[81]　Serpico P D. Astropart Phys, 2012, 39/40: 2-11.

[82]　Hektor A, Raidal M, Strumia A, et al. Phys Lett B, 2014, 728: 58-62.

[83]　Atoyan A M, Aharonian F A, Völk H J. Phys Rev D, 1995, 52(6): 3265-3275.

[84]　Cirelli M, Kadastik M, Raidal M, et al. Nucl Phys B, 2009, 813(1): 1-21.

[85]　Arkani-Hamed N, Finkbeiner D P, Slatyer T R, et al. Phys Rev D, 2009, 79(1): 015014.

[86]　Kobayashi T, Komori Y, Yoshida K, et al. Astrophys J, 2004, 601(1): 340-351.

[87]　Guessoum N, Jean P, Prantzos N. A&A, 2006, 457(3): 753-762.

[88]　Purcell W R, Grabelsky D A, Ulmer M P, et al. AIP Conf Proc, 1994, 304: 403.

[89]　Schönfelder V, Lichti G, Winkler C. ESA, 2004: 15.

[90]　Weidenspointner G, Skinner G, Jean P, et al. Nature, 2008, 451(7175): 159-162.

[91]　Mahoney W A, Ling J C, Jacobson A S, et al. Astrophys J, 1982, 262: 742-748.

[92]　Purcell W R, Cheng L X, Dixon D D, et al. Astrophys J, 1997, 491(2): 725-748.

[93]　Milne P A, Kurfess J D, Kinzer R L, et al. Am Inst Phys, 2000: 21.

[94]　Knödlseder J, Jean P, Lonjou V, et al. A&A, 2005, 441(2): 513-532.

[95]　Johnson III W N, Haymes R C. Astrophys J, 1973, 184: 103-126.

[96]　Picciotto C, Pospelov M. Phys Lett B, 2005, 605(1): 15-25.

[97]　Hooper D, Wang L T. Phys Rev D, 2004, 70(6): 063506.

[98] Cline J M, Frey A R, Chen F. Phys Rev D, 2011, 83(8): 083511.

[99] Vincent A C, Martin P, Cline J M. J Cosmol Astropart Phys, 2012, 2012(04): 022.

[100] Ascasibar Y, Jean P, Boehm C, et al. Mon Not R Astron Soc, 2006, 368(4): 1695-1705.

[101] Boubekeur L, Dodelson S, Vives O. Phys Rev D, 2012, 86(10): 103520.

[102] Chen F, Cline J M, Frey A R. Phys Rev D, 2009, 80(8): 083516.

[103] Chen F, Cline J M, Fradette A, et al. Phys Rev D, 2010, 81(4): 043523.

[104] Cline J M, Frey A R. Ann Phys, 2012, 524(9/10): 579-590.

[105] Merkel H, Achenbach P, Gayoso C A, et al. Phys Rev Lett, 2011, 106(25): 251802.

[106] Abrahamyan S, Ahmed Z, Allada K, et al. Phys Rev Lett, 2011, 107(19): 191804.

[107] Aatrokoski J, Ade P A R, Aghanim N, et al. A&A, 2011, 536: A15.

[108] Boehm C, Hooper D, Silk J, et al. Phys Rev Lett, 2004, 92(10): 101301.

[109] Hooper D, Ferrer F, Bo ehm C, et al. Phys Rev Lett, 2004, 93(16): 161302.

[110] Fayet P. Phys Rev D, 2004, 70(2): 023514.

[111] Zhang L, Chen X, Lei Y A, et al. Phys Rev D, 2006, 74(10): 103519.

[112] Mapelli M, Ferrara A, Pierpaoli E. Mon Not R Astron Soc, 2006, 369(4): 1719-1724.

[113] Huh J H, Kim J E, Park J C, et al. Phys Rev D, 2008, 77(12): 123503.

[114] Pospelov M, Ritz A. Phys Rev D, 2011, 84(7): 075020.

[115] Ho C M, Scherrer R J. Phys Rev D, 2013, 87(2): 023505.

[116] Ho C M, Scherrer R J. Phys Rev D, 2013, 87(6): 065016.

[117] Finkbeiner D P, Weiner N. Phys Rev D, 2007, 76(8): 083519.

[118] Pospelov M, Ritz A. Phys Lett B, 2007, 651(2): 208-215.

[119] Finkbeiner D P, Padmanabhan N, Weiner N. Phys Rev D, 2008, 78(6): 063530.

[120] Chen F, Cline J M, Frey A R. Phys Rev D, 2009, 79(6): 063530.

[121] Finkbeiner D P, Slatyer T R, Weiner N, et al. J Cosmol Astropart Phys, 2009, 2009(9): 037.

[122] Batell B, Pospelov M, Ritz A. Phys Rev D, 2009, 79(11): 115019.

[123] Bai Y, Su M, Zhao Y. J High Energy Phys, 2013, 2: 097.

[124] Diemand J, Kuhlen M, Madau P, et al. Nature, 2008, 454(7205): 735-738.

[125] Kuhlen M, Madau P, Silk J. Science, 2009, 325(5943): 970-973.

[126] Bringmann T, Huang X, Ibarra A, et al. J Cosmol Astropart Phys, 2012, 2012(7): 54.

[127] Weniger C. J Cosmol Astropart Phys, 2012, 2012(8): 7.

[128] Tempel E, Hektor A, Raidal M. J Cosmol Astropart Phys, 2012, 2012(9): 32.

[129] Bringmann T, Weniger C. Phys Dark Univ, 2012, 1(1): 194-217.

[130] Protheroe R J. Astrophys J, 1982, 254: 391-397.

[131] Turner M S, Wilczek F. Phys Rev D, 1990, 42(4): 1001.

[132] Moskalenko I V, Strong A W. Astrophys J, 1998, 493(2): 694.

[133]　Fan Y Z, Zhang B, Chang J. Int J Mod Phys D, 2010, 19(13): 2011-2058.

[134]　Ramaty R, Murphy R J, Kozlovsky B, et al. Sol Phys, 1983, 86(1): 395-408.

[135]　Murphy R J, Skibo J G, Share G H, et al. AGU Spring Meeting Abstracts, 2005.

[136]　Bussard R W, Ramaty R, Drachman R J. Astrophys J, 1979, 228: 928-934.

[137]　Bakes E L O, Tielens A. Astrophys J, 1994, 427: 822-838.

[138]　Guessoum N. Eur Phys J D, 2014, 68(5): 137.

[139]　Guessoum N, Jean P, Gillard W. A&A, 2005, 436(1): 171-185.

[140]　Guessoum N, Ramaty R, Lingenfelter R E. Astrophys J, 1991, 378: 170-180.

[141]　Jean P, Gillard W, Marcowith A, et al. A&A, 2009, 508(3): 1099-1116.

[142]　Alexis A, Jean P, Martin P, et al. A&A, 2014, 564: A108.

[143]　Lingenfelter R E, Higdon J C, Rothschild R E. Phys Rev Lett, 2009, 103(3): 031301.

[144]　Higdon J C, Lingenfelter R E, Rothschild R E. Astrophys J, 2009, 698(1): 350.

[145]　Churazov E, Sunyaev R, Sazonov S, et al. Mon Not R Astron Soc, 2005, 357(4): 1377-1386.

[146]　Churazov E, Sazonov S, Tsygankov S, et al. Mon Not R Astron Soc, 2011, 411(3): 1727-1743.

[147]　Siegert T, Diehl R, Khachatryan G, et al. A & A, 2016, 586: A84.

[148]　Guessoum N, Jean P, Gillard W. Mon Not R Astron Soc, 2010, 402(2): 1171-1178.

[149]　Gillett F C, Forrest W J, Merrill K M. Astrophys J, 1973,183: 87-93.

[150]　Duley W W, Williams D A. Mon Not R Astron Soc, 1981, 196(2): 269-274.

[151]　Leger A, Puget J L. A&A, 1984, 137: L5-L8.

[152]　Ruiterkamp R, Cox N L J, Spaans M, et al. A&A, 2005, 432(2): 515-529.

[153]　Tielens A G G M. Nucl Phys B, 1990, 14: 13.

[154]　Surko C M, Passner A, Leventhal M, et al. Phys Rev Lett, 1988, 61(16): 1831.

[155]　Iwata K, Greaves R G, Murphy T J, et al. Phys Rev A, 1995, 51(1): 473.

[156]　Iwata K, Greaves R G, Surko C M. Can J Phys, 1996, 74(7-8): 407-410.

[157]　Barnes L D, Gilbert S J, Surko C M. Phys Rev A, 2003, 67(3): 032706.

[158]　Surko C M, Gribakin G F, Buckman S J. J Phys B: At Mol Phys, 2005, 38(6): R57.

[159]　Allamandola L J, Tielens A, Barker J R. Astrophys J, 1985, 290: L25-L28.

[160]　Ehrenfreund P, Cami J, Jiménez-Vicente J, et al. Astrophys J, 2002, 576(2): L117-L120.

[161]　Salama F, Galazutdinov G A, Kretowski J, et al. Aptrophys J, 1999, 526(1): 265-273.

[162]　Abergel A, Verstraete L, Joblin C, et al. Space Sci Rev, 2005, 119(1-4): 247-271.

[163]　Omont A. A&A, 1986, 164: 159-178.

[164]　Iwata K, Greaves R G, Surko C M. Phys Rev A, 1997, 55(5): 3586-3640.

[165]　Gribakin G F. Phys Rev A, 2000, 61(2): 022720.

[166]　Murphy T J, Surko C M. Phys Rev Lett, 1991, 67(21): 2954.

[167]　Laricchia G, Wilkin C. Nucl Instrum Methods Phys Res Sec B, 1998, 143(1): 135-139.

[168] Iwata K, Gribakin G F, Greaves R G, et al. Phys Rev A, 2000, 61(2): 022719.

[169] Barnes L D, Young J A, Surko C M. Phys Rev A, 2006, 74(1): 012706.

[170] Draine B T, Sutin B. Aptrophys J, 1987, 320: 803-817.

[171] Lepp S, Dalgarno A, Van Dishoeck E F, et al. Aptroohys J, 1988, 329: 418-424.

[172] Dartois E, d'Hendecourt L. A&A, 1997, 323: 534-540.

[173] Weingartner J C, Draine B T. Astrophys J Suppl S, 2001, 134: 263-281.

[174] Desert F X, Boulanger F, Puget J L. A&A, 1990, 237: 215-236.

[175] Draine B T, Lazarian A. Aptrophys J, 1998, 508(1): 157-179.

[176] Pilleri P, Herberth D, Giesen T F, et al. Mon Not R Astron Soc, 2009, 397(2): 1053-1060.

[177] Wolfire M G, McKee C F, Hollenbach D, et al. Aptrophys J, 2003, 587(1): 278-311. Zurek W H. Aptrophys J, 1985, 289: 603-608.

[178] Joalland B, Simon A, Marsden C J, et al. A&A, 2009, 494(3): 969-976.

[179] Giard M, Serra G, Caux E, et al. A&A, 1988, 201(201): L1-L4.

[180] Giard M, Serra G, Caux E, et al. A&A, 1989, 215: 92-100.

[181] Giard M, Lamarre J M, Pajot F, et al. A&A, 1994, 286: 203-210.

[182] Perea-Calderón J V, García-Hernández D A, García-Lario P, et al. A&A, 2009, 495(2): L5-L8.

[183] Phillips J P, Ramos-Larios G. Mon Not R Astron Soc, 2009, 396(4): 1915-1828.

[184] Cornish S L, Claussen N R, Roberts J L, et al. Phys Rev Lett, 2000, 85(9): 1795-1798.

[185] Truscott A G, Strecker K E, McAlexander W I, et al. Science, 2001, 291(5513): 2570-2572.

第9章　在正电子领域中实现玻色-爱因斯坦凝聚的探索

9.1　玻色-爱因斯坦凝聚简介

大家都知道玻色-爱因斯坦凝聚的故事, 为了本章的需要, 我们简单地叙述一些玻色-爱因斯坦凝聚的基本要求 [1]。

1924 年, 年仅 30 岁的印度科学家玻色 (Bose) 用英文写了一篇题为《普朗克准则和光量子假设》的论文寄到英国, 因未能发表, 他又将这篇论文寄给爱因斯坦, 请他翻译成德文并在德国发表 [2]。玻色从纯统计的观点, 把热辐射看成等同的光子气体, 并服从某种统计规律 (现在称为玻色统计), 完全没有凭藉经典电动力学的结果, 推导出普朗克热辐射光谱分布。玻色论文的闪光点是把光子水化, 他认为光与平常的水类似, 都是由一滴一滴的冻结方法组成的。他是用光子状态计数, 而不是用光子计数。爱因斯坦意识到这个问题的重要性, 将论文译成德文发表, 并且马上动手研究单原子理想气体的量子统计分布。1924 年和 1925 年, 他先后发表了两篇文章 [3,4], 推广和发展了玻色的量子统计理论。爱因斯坦把状态计数的思想用到组成理想气体的原子, 指出遵从这种统计的气体将在一定的转变温度 T_c 下发生凝聚, 并预言这些原子将落入动能为零的最低量子态。认为很多原子即使它们之间没有相互吸引的作用, 但在很低的温度下, 它们也会在系统尽可能低的能级上冻结起来。当它们之间的距离足够近, 速度足够慢时, 将发生相变, 变成一种新的物质状态 [3,4], 后人称之为玻色-爱因斯坦凝聚 (BEC)。

处于这种状态的物质, 所有粒子都处于能量的最低态, 并且有相同的物理特征。这种物质将粒子的量子特性通过宏的方式表现出来。就原子而言, 只要其总的自旋量子数为整数, 则为玻色子。对于气体状态的原子, 在常温下通常表现出经典粒子的特点 (有一大群原子, 它们互相碰撞, 并表现出各自不同的运动特征; 每个原子都需要用一个波函数描述); 当温度降到足够低时, 本来各自独立的原子会变成一群"集体主义"的原子 (它们只需用一个波函数来描述), "凝聚"在一个相同的量子状态。这就是当时爱因斯坦预言的气体玻色原子形成玻色-爱因斯坦凝聚体的状况。

这个条件要求: 在以德布罗意波长为尺度的三维空间内必须多于两个原子。

它的物理意义十分明确, 只有两个以上原子时, 它们才会相干重合和叠加。为了实现玻色–爱因斯坦凝聚, 就要求原子气体的温度极低, 而原子的密度必须很高。对铷原子气体而言, 要求温度达到 nK(10^{-9}K) 量级, 原子密度达到 10^{12}cm^{-3} 以上。由此可见, 这是一个难度很高的物理学实验。

德国科学家德布罗意[①]在 1924 年指出, 任何一种粒子都具有波粒二象性, 如果粒子的动量为 p, 则其德布罗意波长 $\lambda = h/p$, 这里 h 为普朗克常量。这个公式表明, 当粒子的速度变得很慢时, 其德布罗意波长就会显著增大。对于原子来讲, 当其温度足够低时, 它的德布罗意波长 λ 可达微米量级, 这时在同一气体中的原子由于其平均距离很短, 每个原子都可以 "感觉" 到其他原子的德布罗意波, 并达到统一的 "步调"。这种情况就如同激光束中的光子, 各自处于相干的状态, 因此这种状态的原子也称为 "相干物质"。

在提出 BEC 思想以后, 许多科学家纷纷在实际物质中探索 BEC 的迹象, 第一个引起大家注意的便是氦 ^{4}He, 它在温度为 2.17K 以下时具有超流现象, 1938 年, London 指出: 超流可能具有氦原子的 BEC 特性。但是人们无法将超流的物理特性和 BEC 直接联系起来, 直到 1950 年, Penrose 等在研究超流的长程作用时才发现它们具有玻色系统的关联性, 但是他们推断只有 8% 的原子具有 BEC 特性。超流氦中存在着很强的相互作用, 和无相互作用的理想气体形成的玻色–爱因斯坦凝聚体特性不一致。

1995 年 7 月的一个重大科学新闻是在爱因斯坦理论预言之后 70 年, 终于在实验室里看到了中性原子的玻色–爱因斯坦凝聚 (以下简称 BEC)。美国科罗拉多大学实验天体物理联合研究所 (JILA) 和国家标准技术研究所 (NIST) 的维曼 (Wieman) 小组在冷却到绝对温度 170nK 的碱金属铷 (^{87}Rb) 蒸气中观测到了 BEC。

美国休斯敦市莱斯 (Rice) 大学的 Bradley 小组紧接着在 1995 年 8 月发表文章, 说在锂 ^{7}Li 中 400nK 时看到 BEC 迹象时, 锂原子密度为 2×10^{12}cm^{-3}, 原子总数约 20 万个。"我们确信看到了高度简并的玻色气体, 但我们承认还未能确定无疑地演示存在着 BEC"。

麻省理工学院 (MIT) 的 Davis 等在同年 11 月间宣布, 在钠 (^{23}Na) 蒸气中实现了 BEC。德国科学家克特勒 (Ketterle) 等是 MIT 的高级研究人员, 他们使钠原子密度达到 10^{14}cm^{-3} 以上, 从而在 2μK 就看到 BEC, 其中 BEC 原子数高于 JILA 小组两个数量级, 因此有着更高的观察信噪比, 最早演示了物质波的干涉现象和原子激光器, 观察到了玻色–爱因斯坦凝聚体中产生的涡旋。瑞典皇家科学院将 2001 年度诺贝尔物理奖授予美国科学家维曼 (Wieman)、康奈尔

[①] 为了节省篇幅, 一些大家都熟悉的人名和没有必要注明的文献我们不一一标明了, 主要列出和正电子有关的文献。

(Cornell，是 Wieman 的博士后) 和 MIT 的德国科学家克特勒 (Ketterle)[5]。

我国科技工作者在 BEC 研究方面也取得了可喜的成就。中国科学院上海光学精密机械研究所王育竹院士研究组、台湾中正大学物理系的韩殿君研究组、北京大学电子学系陈徐宗和王义遒研究组、山西大学量子光学与量子器件国家重点实验室张靖研究组分别于 2002 年 3 月、2003 年 9 月、2004 年 3 月、2007 年 7 月在实验上实现了 ^{87}Rb 原子的 BEC。在这一研究领域中，我国科学家王育竹院士早就做了许多原创性工作，但因当时经费不足，无法买回两台价值 120 万元的激光器，因而延缓了实验时间，错过了他可能获得诺贝尔物理学奖的机遇。

目前国际上已有几十个实验室采用各种冷却、捕陷与操控技术实现了多种元素的原子 BEC[5]，如具有正散射长度碱金属原子 (^{87}Rb, ^{23}Na) 的 BEC，具有负散射长度碱金属原子 (^{7}Li, ^{41}K, ^{85}Rb, ^{133}Cs) 的 BEC，自旋极化 ^{1}H 原子、亚稳态 ^{4}He 原子和具有两个价电子 ^{174}Yb 稀土原子的 BEC，^{40}K$_2$ 和 ^{6}Li$_2$ 分子的 BEC 也相继被实现。

9.2　玻色量子统计理论基础

什么是 BEC? 我们综合了文献 [6]~[9] 中的论述并且加以简化。

玻色推导的关键是用光子状态计数，而不是用光子计数。爱因斯坦就是把状态计数的思想用到组成理想气体的原子，指出遵从这种统计的气体将在一定的转变温度下发生凝聚，部分原子将落入动能为零的最低量子态，其他原子则组成"饱和理想气体"。设在体积为 V 的容器中存在 N 个全同近独立的玻色子组成的气体，讨论 BEC 就是分析在不同温度下玻色子在不同能态的分布。在已知温度 T 时，处于能级为 ε_i 的粒子数 n_i 遵守玻色–爱因斯坦统计分布，即

$$n_i = [g_i/(\mathrm{e}^{(\varepsilon_i-\mu)/K_\mathrm{B}T} - 1)] \quad (i = 0, 1, 2, 3, \cdots) \tag{9.2.1}$$

这是很基本的公式，统计物理书中都有，其中 ε_i 为本征能，μ 为化学势，T 为温度，K_B 为玻尔兹曼常量，g_i 为粒子分布的简并度，则系统的总粒子数为

$$N = \sum n_i = \sum \frac{g_i}{\mathrm{e}^{(\varepsilon_i-\mu)/K_\mathrm{B}T} - 1} \tag{9.2.2}$$

分布函数表明，在外参量固定时，ε_i, g_i 不随温度 T 变化，为找出 n_i 随 T 的变化规律，需要知道 μ 随 T 如何变化。因为分布的粒子数 $n_i \geqslant 0$，g_i 又不可能为负，所以必然有

$$\mathrm{e}^{(\varepsilon_i-\mu)/K_\mathrm{B}T} > 1 \quad (i = 0, 1, 2, 3, \cdots) \tag{9.2.3}$$

因此有 $\mu < \varepsilon_i$,这里的 i 可以取任意整数,玻色气体的化学势必然低于任何能级的能量。

当取 ε_0 为能量的零点时,就有 $\mu < 0$,即玻色气体的化学势必定为负。

在给定粒子数 $n = N/V$ 的情况下,依据粒子数恒定的条件,有

$$\frac{1}{V} \sum \frac{g_i}{\mathrm{e}^{(\varepsilon_i - \mu)/K_B T} - 1} = N/V = n \qquad (9.2.4)$$

从式中可看出,μ 是 T 及粒子数密度 n 的函数,其中的 ε_i 和 g_i 都与温度 T 无关。那么在粒子数密度 n 给定的情况下,温度越低,上式确定的 μ 必然升高,就是 μ 的绝对值减小。玻色气体的化学势随温度的减小而增加 $(\partial \mu / \partial T < 0)$,那么当温度降到某一个确定值 T_c 时,化学势 μ 将趋近于零,如图 9.2.1 所示。

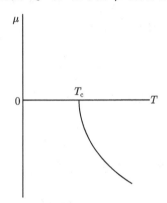

图 9.2.1 玻色系统化学势随温度的变化

对理想玻色子气体,化学势 $\mu \leqslant 0$,在经典极限的条件下 (即在温度较高时),若简并度为 1,则 $n_i < 1$,热运动的粒子避免积聚在同一个量子态上。换句话说,在一个态上找到多于一个粒子的几率可以忽略。

在最低能级,$\varepsilon_0 = 0$,用 N_0 表示处于最低能级 ($\varepsilon_0 = 0$) 的粒子数,用 N_i 表示处于较高能级中的粒子数,则总粒子数为 N,现在可将最低能态粒子数和激发态粒子数分开写为

$$N = N_0 + N_i = N_0 + \sum_i n(\varepsilon_i) \qquad (9.2.5)$$

式中,$N_0 = g_0/(\mathrm{e}^{-\mu/K_B T} - 1)$ 是处于最低能态 $\varepsilon_0 = 0$ 的粒子数。

对于宏观的玻色气体,其能级可近似认为是连续变化的,当 $\mu \to 0$ 时,$\mathrm{e}^{-\mu/K_B T} \to 1$,则在计算粒子数密度 n 的求和中可用积分代替。在 $\varepsilon \to \varepsilon + \mathrm{d}\varepsilon$ 变化范围内,自由玻色子的可能状态数 $g(\varepsilon)\mathrm{d}\varepsilon$ 为

$$g(\varepsilon)\mathrm{d}\varepsilon = \frac{2\pi V}{h^3}(2m)^{3/2}\varepsilon^{1/2}\mathrm{d}\varepsilon \qquad (9.2.6)$$

则粒子数密度的积分表达式为

$$n = N/V = \frac{2\pi}{h^3}(2m)^{3/2}\int_0^\infty \frac{\varepsilon^{1/2}\mathrm{d}\varepsilon}{\mathrm{e}^{\varepsilon/K_\mathrm{B}T_\mathrm{c}}-1} \tag{9.2.7}$$

积分式中的 T_c 表示化学势开始变为零时的温度，也就是临界温度，对积分作变量代换，令 $x = \varepsilon/kT_\mathrm{c}$，则积分可化为

$$n = N/V = \frac{2\pi}{h^3}(2mK_\mathrm{B}T_\mathrm{c})^{3/2}\int_0^\infty \frac{x^{1/2}\mathrm{d}\varepsilon}{\mathrm{e}^x-1} \tag{9.2.8}$$

由积分公式

$$\int_0^\infty \frac{x^{1/2}\mathrm{d}\varepsilon}{\mathrm{e}^x-1} = \frac{\sqrt{\pi}}{2}\times 2.612 \tag{9.2.9}$$

可得对给定的粒子数 n (密度)，临界温度 T_c 为

$$T_\mathrm{c} = \frac{h^2}{2\pi nk}\left(\frac{n}{2.612}\right)^{2/3} \tag{9.2.10}$$

式中，2.612 是由于其中热德布罗意波长的定义是

$$\lambda_\mathrm{db}^2 = \frac{2\pi h^2}{mK_\mathrm{B}T} \tag{9.2.11}$$

即能量为 $K_\mathrm{B}T$ 的原子的德布罗意波长。ρ 为相空间密度，有

$$\rho = n\lambda_\mathrm{db}^3 = \xi(3/2) \tag{9.2.12}$$

式中，$\xi(3/2)$ 是黎曼函数；$\rho_0 = \xi(3/2) = 2.612$，$\rho_0$ 是理想玻色气体开始 BEC 的临界条件，在 BEC 状态总有 $\rho > 2.612$，或者

$$\lambda_\mathrm{db} > n^{-1/3} \tag{9.2.13}$$

即粒子的平均间距小于热德布罗意波长 λ_db。

当 $T < T_\mathrm{c}$ 时，μ 继续为零，用前面公式计算的值比 N/V 还小，这些缺失的粒子跑到哪里去了？因为许多粒子 "凝聚" 到 $P=0$ 即使得 $\varepsilon_P = 0$ 的状态，必须分别处理。

$$N = N_{\varepsilon=0} + N_{\varepsilon>0} \tag{9.2.14}$$

对 $N_{\varepsilon>0}$，它可以写成

$$N_{\varepsilon>0} = N(T/T_\mathrm{c})^{3/2} \tag{9.2.15}$$

于是

$$N_{\varepsilon=0} = N[1 - (T/T_\mathrm{c})^{3/2}] \tag{9.2.16}$$

　　如果 $T = 0$，则 $N_{\varepsilon=0} = N$，这时全部粒子都转移到最低能级，如图 9.2.2 所示，这个现象就是玻色–爱因斯坦凝聚。它的物理的意义是：当化学势 $\mu \to 0$ 时，宏观数量的原子处于单个量子态上，已无法区分单个原子，量子态可用单一波函数来描述凝聚原子的量子态。

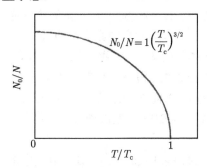

图 9.2.2　粒子数布局与温度的关系

　　为了实现 BEC，必须提高相空间密度，办法是降低温度 T 或增大粒子密度。

9.3　实现 BEC 所用的技术

　　为了达到极低温度和极高密度，采用了激光冷却和磁阱等技术。

　　在大家印象中可以用激光加热，甚至作为武器把入侵导弹烧融。激光也能冷却？

　　人们早就认识到光具有压力，称光压。直到激光问世之后，光的辐射压力才倍受关注。因为相干光与原子共振时，原子受到的光压比重力大 10 万倍，所以用激光的压力阻尼原子的热运动速度，可以降低原子气体的温度。

　　为什么激光能冷却原子？激光场是高斯型分布的，当原子迎激光束方向运动时，原子要吸收光子的能量和动量，而在自发辐射光子时，则由于自发辐射光子方向的随机性和各向同性，因而其反冲量平均为零，这样，原子就获得了净的动量变化而受力，这个力叫散射力或自发辐射力，它使原子受阻而减速。另外，由于原子在不均匀的光场中感应而生成偶极矩，偶极矩与光场相互作用而受力，这个力叫偶极力，也叫梯度力，它产生的根源在于光场的多模性，是原子与光场相互作用时不断地受激吸收和受激发射不同动量的光子所产生的，在正失谐时，这个力把原子拉向光弱处，负失谐时把原子拉向光强处。因此，偶极力可捕获原子[10]。

　　利用三对相互垂直的 (上、下、左、右、前、后) 激光束照射气体原子，原子不仅受到黏滞力作用而被冷却，而且还会因受非均匀光强的梯度力作用而被囚禁于光束交汇中心。利用激光冷却技术可将碱金属原子气体的温度冷却到 μK (10^{-6}K) 量级，并利用静磁阱将超冷原子气体囚禁于空间。但是，激光冷却技术仅能使原子气体的温度降低到 μK 量级，而产生玻色–爱因斯坦凝聚相变的温度在 nK 量级，因此，还需将气体温度降低 3 个量级。

为了进一步降低温度，有一种称为 Ioffe 阱的磁阱将原子囚禁起来[11]，利用射频场从高频至低频扫频，将动能高的原子从磁阱中剔除出去，留下动能低的原子，使磁阱内的原子气体温度降低。这种方法的原理就如一杯热水，其中能量高的水分子通过蒸发而跑出水面，留下能量低的水分子在杯中，使热水的温度降低一样，因此称为蒸发冷却。然而这种方法在 1995 年之前并没有使氢气体温度降到临界温度 (T_c) 之下而获得 BEC，但这种方法却用于其他碱金属原子冷却而获得了成功。

旋转磁场法：在四极磁场中加一个类似于电机中的旋转磁场，使磁场为零的点在平面上旋转，原子在势阱中运动时总追不上或达到不磁场为零的点。因而，消除了磁场中的漏洞，使原子相密度大幅度提高，达到了相变的条件。这是 JILA(科罗拉多大学) 使用的方法。

强激光会聚磁阱中心法：这是 MIT 的 Ketterle 使用的方法，用一个激光束穿过磁场为零的点，由于激光的波长比钠原子的共振波长短得多，光束对原子的作用力是排斥力，使超冷原子无法接近磁场为零的区域，解决了漏洞损耗问题。Ketterle 小组获得的凝聚体的原子数比 Wieman 小组多两个数量级，因而有可能演示凝聚体的物理性质，他们小组最早演示了物质波的干涉现象和原子激光器，并且观察到了玻色–爱因斯坦凝聚体中产生的涡旋。

最后利用光学手段检测是否形成了 BEC。观测 BEC 的形成可采用共振吸收成像技术，用这种技术可以确定原子的数目、密度以及原子的空间分布[11,12]。

9.4　BEC 的可能应用

BEC 这种物态在性质上与气态、液态、固态、等离子态不同，是物质的第 5 态。这种物态的实现，不仅为自然辩证法、哲学提供了新的研究素材，而且还可能在集成电路、精确定位、纳米技术、生物分子学、非线性光学，凝聚态物理等方面也有重要应用，其前景十分诱人。这里涉及的文献太多，不一一列举。

BEC 是一个相干物质波源，可用于进行原子激光的产生和放大研究。它与激光相似，可复现激光在科学技术上的各种应用。类比于非线性光学，可开展非线性原子光学的研究，外腔半导体激光和饱和吸收光谱稳频技术，在 BEC 基础上形成的原子激光，可能使现有的原子钟的精度得到极大提高，推动原子显微镜、原子全息术的发展。

在凝聚态物理, 利用 BEC 的相干性, 可进行凝聚体的涡旋–超流的研究和在超冷原子气体中从超流到 Mott 绝缘体的量子相变相研究。同时, 由于测不准原理, 费米子不能都处于最低能态, 即使在零温度下仍有量子压力存在。BEC 在应用技术方面也十分重要, 已提出了很多新设想, 如应用于改善精密测量的准确度 (如原子物理常数测量、微重力测量和研制原子干涉仪和原子钟等)。BEC 的利用光子晶体模拟固体效应在 BEC 中实现了压缩态, BEC 中约瑟夫森效应的宏观量子特性, 分子凝聚体的研究等。在微磁阱中实现 BEC 就充分证明了原子集成电路实现的可能性。

在量子信息科学中, BEC 可用于光速减慢、相干放大, 四波混沌, 光信息相干存储、量子信息传递和量子逻辑操作等。利用 BEC 的相干性可进行微结构的刻蚀, 研制微型电子回路等。它能以极高的精度将原子沉积在固体表面上, 在原子水平上操控物质, 导致纳米技术新的发展。

最近, BEC 研究的成果还将推动相关领域的发展, 高精密测量、量子信息处理以及未来的原子刻蚀技术等。21 世纪对 BEC 的研究还是方兴未艾。BEC 实验会用到现代技术的最新成果, 它涉及超高真空技术 (约 10^{-9} Pa)、激光稳频技术、激光频率精密控制技术、射频技术、磁阱技术及多路信号时序控制技术等。BEC 的实现既对上述技术提出了要求, 本身也对上述技术的发展作出了贡献。

利用 BEC 中 Feshbach 共振效应, 改变了原子间相互作用的符号, 在天体物理中从而导致类似于超新星爆炸, 可在实验上模拟白矮星的内部压力研究。

9.5 BEC 中 Feshbach 共振效应 [13]

我们在正电子共振湮没和共振散射中已经熟悉了 Feshbach 共振, 在这里再次会面。我们已经知道共振湮没使正电子湮没率诡异增大, 正电子的共振散射出现尖锐共振峰。

Feshbach 共振最早是物理学家 Feshbach[14] 在原子核物理研究中首先发现的。在 20 世纪 90 年代初, Tiesinga 等 [15] 预言了在碱金属原子气体系统中存在 Feshbach 共振, 提出在这些系统里原子碰撞的散射长度可以通过改变磁场来调节。1999 年, MIT 的 Ketterle 实验组首先在钠系统中观测到了 Feshbach 共振 [16]。在其他碱金属气体里也先后观测到了 Feshbach 共振, 其中玻色子系统有 ^{23}Na、^{85}Rb、^{87}Rb、^{7}Li、^{133}Cs 等, 费米子系统有 ^{40}K、^{6}Li 等。目前 Feshbach 共振已被应用到 BEC 领域里的多个方面。

BEC 只在玻色体系才能发生, 对于费米体系, 不会发生所有粒子全部占据基态的现象, 这是违背泡利不相容原理的。如果费米子形成分子或结成费米原子对, 体系变成玻色体系就可以形成 BEC。目前研究费米原子组成的分子和费米原子对的 BEC 的重要工具是 Feshbach 共振, Feshbach 共振是通过调节加在系统上的磁场来达到的, 在共振时可以任意调节原子之间的相互作用, 使之成为吸引和排斥。

一般来说, 在气体里的大多数原子中任两个原子都处在自旋是三重态的散射态上, 有少量原子结合成自旋单重态的双原子分子, 所以通过改变磁场大小可以使双原子分子态能量接近散射态。当散射态和分子态能量相同时, 系统里发生 Feshbach 共振, 此时原子的散射长度发散。

在 Feshbach 共振系统中, 散射长度 a 随磁场 B 的变化关系 (图 9.5.1) 可以用以下的简单公式来描述: $a = a_0 \left[1 - \dfrac{\Delta}{B - B_0} \right]$, 其中 B_0 是共振发生的磁场位置。当远离共振时, 散射长度趋于一个恒定值 a_0; 当靠近共振时, 在 B_0 两侧, 散射长度分别向正无穷和负无穷发散, 发散宽度 Δ 是一个常数。利用 Feshbach 共振可以使散射长度达到任何一个值, 任意地改变原子间的相互作用, 所以目前 Feshbach 共振在玻色–爱因斯坦凝聚领域应用得非常广泛。

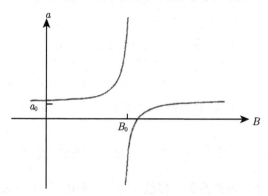

图 9.5.1　在 Feshbach 共振附近散射长度随磁场的变化关系

实验中的原子气体都是被势阱束缚的亚稳系统, 非弹性散射导致原子从系统中丢失, 而丢失速率随散射长度的增加而增加, 所以非弹性散射速率的峰标志着 Feshbach 共振的位置。

在由不同的靶系统散射的正电子和正电子素中已经知道存在大量的不稳定基本粒子, 它们中的一些是 Feshbach 不稳定基本粒子, 这种共振是和氢或者 Ps 原子激发阈值的退激有关。

Ward 等 [17] 发现当波长小于 4000Å 时光致分离截面的尖锐上升, 是由在正电子素 $n_{Ps} = 2$ 激发阈以下一系列的 Feshbach 共振所引起的。

正电子湮没研究提供了直接的证据 (见本书第 4 章), 在许多多原子核素中振动 Feshbach 共振产生了可以观察到的异常大的湮没率。我们现在的理解是, 对

一些分子 (如大的碳氢化合物), 这么大的湮没率是由于正电子被振动 Feshbach 共振态所捕获。

和分子振动模有关的 Feshbach 共振模式 (VFR) 理论来自红外活化模 [18]。和红外测量一样, 正电子也可以为 VFR 理论提供使用依据, 如在第 4 章已经论述, 正己烷有很大的和基础振动有关的共振湮没, 它和红外谱大致上是平行的。在 $\varepsilon \sim 285\mathrm{meV}$ 的主峰是由于 C-H 伸展振动模的激发, 所以我们称为 "C-H 伸展峰"。它比红外谱的模能量 $\sim 365\mathrm{meV}$ 下移了 80 meV, 这是因为正电子–正己烷束缚能。峰的形状完全由阱基正电子束的能量分散性所决定, 谱在 $\varepsilon \leqslant 0.13\mathrm{eV}$ 时的增强是由于来自其他振动模 (如 C-C 模和 C-H 弯曲模) 的 VFR。由于 VFR 使 Z_{eff} 大了几个量级。

9.6 正电子和 Ps-BEC

9.6.1 正电子、正电子素和 BEC

有了上面对 BEC 的基本介绍, 我们开始考虑正电子领域中开展 BEC 的可能性。

物理中把粒子分为两类: 一是自旋为整数的玻色子, 二是自旋为半整数的费米子, 玻色子的分布不服从泡利不相容原理, 因而能级上占据的粒子数目不限, 但费米子却与此恰巧相反, 故不能用费米子来实现玻色–爱因斯坦凝聚态。不过, 偶数费米子的束缚态, 在忽略其内部运动时也可认为是玻色子, 如由一个质子和一个电子组成的氢原子、库珀电子对等都可认为是玻色子。

正电子在 BEC 领域有优势, 因为正电子是最基本的反粒子, 其家族还有正电子素 (Ps, 一个电子、一个正电子), 是最简单的原子, 还有负正电子素 (Ps$^-$, 两个电子、一个正电子, 或者称为正电子素负离子), 正电子素分子 (Ps$_2$, 两个电子、两个正电子), 都是最简单的原子 (正电子素)、离子 (负正电子素) 或者分子 (正电子素分子)。

用正电子研究 BEC, 用正电子、正电子素、正电子素分子、正电子素负离子哪一种合适? 需要考察。

正电子存在最大的劣势, 无论是正电子还是 Ps 它们会发生湮没, 另外 Ps 分子很难制备, 更难得到高密度和低温的 Ps 分子群。

正电子具有 1/2 的本征自旋, 它是一种费米子, 不能用费米子来实现 BEC, 所以排除正电子。负正电子素 (Ps$^-$) 的自旋也不是整数而被排除。

看 Ps 原子, Ps 被定义为由一个电子和一个正电子组成的中性的准束缚态, 它类似于氢的结构。Ps 可以以 $S=0$ 和 $S=1$ 两种自旋态而存在。$S=0$ 为单态, 这时电子和正电子的自旋是反平行的; 相反, $S = 1$ 为三重态, 这时电子和正电子的自旋是平行的, 这里看到 Ps 的自旋为整数。但是 p-Ps 的寿命太短, 为 125ps, o-Ps 的寿命也不长, 为 142ns。

再看 Ps 分子 (Ps$_2$), 总自旋为 2 的 o-Ps–o-Ps 散射长度 [19] 是正的, a_2=0.83Å。小而正的散射长度可以收集自旋极化 o-Ps 原子 (所有 $m = 1$ 的三态原子), 这是一个无相互作用理想气体, 可以形成 BEC。如图 9.6.1 所示, 对比碱金属和氢原子, 轻质量的 Ps 在更高的温度下可实现 BEC。对于正电子素, 自由理想玻色气体产生 BEC 的临界温度可导得

$$kT_c = \left[ng_{\frac{3}{2}}(1)\right]^{2/3} \frac{2\pi\eta^2}{m} \approx \left[\frac{n}{10^{18}\text{cm}^{-3}}\right]^{2/3} \times 14.62\text{K} \qquad (9.6.1)$$

式中, k 为玻尔兹曼常量, m 为粒子的质量, 而 n 为粒子的数密度。式 (9.6.1) 指明了 T_c 随 n 的增大而增大, 当 Ps 密度为 10^{19}cm^{-3} 时, T_c 将达到 70K。因此, 要提高 T_c, 需增大 n。事实上, 除了 Ps-BEC 以外, Ps 或电子–正电子多体系统可含有丰富的相结构, 如图 9.6.2 所示, Ps-BEC 和 Ps 气体之间的宽线代表 BEC 临界转变温度; 高温下 Ps 离化形成电子–正电子等离子体; 非常高的密度下, 可能形成电子–正电子液体, 通过电子–正电子对产生超导; 低温低密度区域, 形成自由 Ps$_2$ 气体。

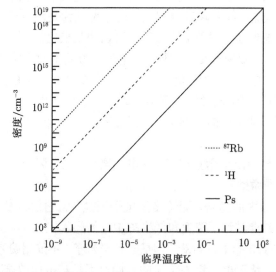

图 9.6.1　不同元素密度与 BEC 转变临界温度的关系

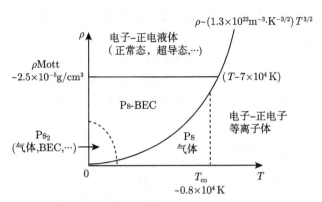

图 9.6.2   电子–正电子多体系统相图

9.6.2   Ps-BEC 研究的里程碑

轻质量的 Ps 发生室温下的 BEC[20] 是感兴趣的, 如果再和反物质的性质联系更是新奇的效应。然而, 要实现 Ps-BEC, 主要困难一方面是难以获得更高 Ps 原子密度, 另一方面是 Ps 原子的寿命非常短 (~142 ns)。2014 年, Mills 总结了从 1951 年到 2005 年 8 个里程碑式 (milestone) 的工作 [21]:

(1) **里程碑 1: Ps 的发现**。1951 年, Deutsch 开辟了实验正电子素物理学的新领域, 测量了三重态 ($^3S_1$)Ps 的寿命, 并证实 Ps 通常衰变成 3 个 γ 光子, 也可能湮没形成 2γ 光子。随后, 他和他的学生进一步测量了 3γ 湮没率及 Ps 相关的物理性质。

(2) **里程碑 2: 稳定慢化体的发现**。1972~1975 年, Canter 等发现在真空中产生正电子和 Ps 可重复的实验方法, 目前从当时低效率 MgO 慢化体 (3×10^{-5}), 发展到高效率的固态 Ne 慢化体 (10^{-2})。

(3) **里程碑 3&4: 真空中 Ps($n = 1$, $n = 2$) 的产生**。Canter, Mills 和 Berko 等研制出各种新慢化体能在真空中产生足够多慢正电子, 通过和固态靶原子碰撞产生 Ps, 测量了 2^3S_1-2^3P_2 Lamb 位移。

(4) **里程碑 5: Ps 的激光激发**。1982 年, Chu 和 Mills 通过增加正电子捕获阱和聚束器将连续正电子束转化成脉冲束, 第一次实现 Ps 激光光谱学研究。

(5) **里程碑 6&7: 正电子积累和旋转墙压缩**。1988 年, Surko 等发展了阱基束, 通过缓冲气体三级捕获积累更多的正电子, 施加旋转电场将正电子等离子体径向压缩, 以提高其密度。

(6) **里程碑 8: 单个超短脉冲正电子寿命谱技术**。Cassidy 和 Mills 等发展一种从正电子积累器中产生单个巨大脉冲束直接收集寿命谱的新方法, 称为单个超短脉冲正电子寿命谱技术 (single shot positron annihilation spectroscopy, SSPALS)。

这种方法的主要优点是单个脉冲内收集的数据即为要研究的寿命谱，可测量瞬时效应引起的变化。

以上里程碑式相关的正电子和正电子素研究系统工作，本书前面章节均有较详细的介绍，如 Ps 的发现及产生方法参阅第 6 章，慢化体的研究参阅第 3 章，阱基束参阅第 4 章，正电子积累、压缩及单个超短脉冲正电子寿命谱技术参阅第 7 章。

9.6.3　Ps-BEC 研究进展

除了前面提及的基础工作外，目前通往 Ps-BEC 目标途径如下：①建立高强自旋极化正电子束设备；② 基于 Surko 等建立的阱基束，发展正电子捕获、冷却、压缩、聚束等技术产生自旋极化的、脉冲的、高强的、低能的正电子束；③通过激光–固体相互作用加强正电子素产生方法，获得高密度、低温 Ps 原子；④ Ps 分子 (Ps_2) 的产生；⑤ Ps-BEC 的实现。

一个电子可以束缚在一个正电子素上而形成 Ps 负离子 (用 Ps^- 表示)，但要求两个电子都处于单自旋态。这个系统，它的电荷变化对称物应该是包含有两个正电子和一个电子的 Ps 正离子 (Ps^+)，早在 1946 年就已经被 Wheeler[22] 所预言。1981 年，Mills 在实验室中观察到了正电子素负离子 [23]，在实验中依靠湮没的测定而得到了它的寿命 [24]。Ps 分子 Ps_2 的观察，以及其他包含多于一个正电子的 Ps 原子的系统取决于大的正电子瞬时密度的产生，这种情况比想象的更具有挑战性，这要求非常强的增强亮度和高度时间压缩的束流的发展。到 1985 年的时候，Mills 等试图得到正电子素束 [25]。

1994 年，加州大学的 Platzman 等 [20] 提出了产生 Ps 原子系统的可能性，需要足够高的密度和低温以产生 BEC。图 9.6.3 简单地重显了他们的建议。它由一个 5ns 的脉冲组成，每个脉冲包含 10^6 个正电子，它在二次慢化体中亮度加强 2 次，然后聚焦成 1μm 的斑点打在靶上，靶是一个冷的硅样品，样品中引入空洞，空洞直径为 1μm，深度在表面以下 1000Å。Platzman 等估计约有 25% 的入射正电子将到达空洞，形成 Ps 重新发射并且有 eV 量级的动能。p-Ps 将很快衰减，在空洞中留下"热"的 o-Ps，密度约为 $10^{18}cm^{-3}$。Platzman 等认为需要利用低能极化正电子束，如 Zitzewitz 等 [26] 描述可利用自然极化 β 衰变过程，这样束流的极化方向就是它的运动方向。这是为了避免在 Ps 原子互相碰撞时发生自旋交换而引起 Ps 原子的快速湮没。Ps 温度应该在纳秒时间尺度内降到 BEC 温度以下 (期望的 Ps 产生 BEC 温度为 20K)。凝聚的出现需要监视三重态–单态转换的引入，即需要加磁场，并用角关联技术监视 Ps 动量分布。凝聚信号应该在几乎零动量处有一个很强的峰。进一步感兴趣的观察是应用一个体积很小的系统，把 Ps 原子捕获在里面，观察 Ps-Ps 碰撞和温度、密度的凝聚条件的关系。其中

Ps 原子在真空下被激光冷却,这似乎是可能的,但由于它们只有很低的质量,将会有很短的寿命。Ps 需要的温度大约为 0.1K,密度为 10^{15}cm^{-3}。

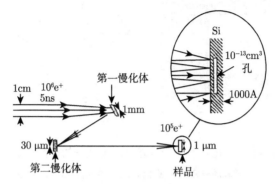

图 9.6.3 一个设想用以产生玻色–爱因斯坦 Ps 凝聚条件的结构图
用一个高亮度的脉冲正电子束 (详见正文)[20]

在 2002 年的时候还仅仅是预言 Ps_2 分子和 BEC, 2004 年提出具体设想, 2007 年取得重大进展,获得高密度 Ps 原子气并观察到 Ps_2 分子 (详细可参阅 7.4 节)。

2014 年, Mills[27] 提出通过反应堆产生 ^{79}Kr 有望产生高亮度、高强度的自旋极化正电子束,经固态 Ne 慢化后,通过积累、压缩和聚束的技术可实现普通气体密度范围的自旋极化 Ps 气室温下产生 Ps-BEC。Cooper 等 [28] 报道了低温环境下介孔 SiO_2 和 Ge(100) 单晶有效产生 Ps 原子,并且与室温下产生 Ps 效率相比拟。Morandi 等 [29] 模拟计算也发现在纳米 SiO_2 介孔材料中可以在 o-Ps 寿命内产生 Ps-BEC。最近,Shu 等 [30] 提出冷却正电子素实现 Ps-BEC 的新方法,包括三个过程:① Ps 与空洞内 SiO_2 壁之间的热化;② Ps-Ps 两体相互作用;③ 激光冷却。热化和激光冷却两种方法相结合可有效冷却 Ps 形成 BEC。

另外,Mills 等 [25] 建议 Ps^- 的光致分离是能量可调 Ps 束流的潜在来源。一旦产生静态 Ps^- 并加速到所需要的能量,它会经历光致分离并形成期望的束流,过程为

$$\text{Ps}^- + \text{光子} \longrightarrow \text{Ps} + \text{e}^- \tag{9.6.2}$$

1981 年, Mills[23] 所用的设备第一次观察到 Ps^-,设备类似于图 9.6.4 的情况,慢正电子由轴向磁场引导到一个厚度为 40Å 的碳膜 G_2 上,正电子的动能经过调整使刚够穿透膜,并能束缚两个电子形成 Ps^-,其几何和方法类似于质子轰击薄膜以形成 H^-。这些是通往 BEC 的基础性工作。Mills 希望用 Ps^- 和 Ps^+ 生成一个 Ps 分子和一个 Ps 原子,再实现 BEC。包含两个正电子的最简单的束缚态系统就是 Ps 分子 Ps_2,为了能够束缚,两个电子必须处于单自旋态,两个正电子也一样。波函数因此在电子和正电子在空间坐标下的分别互相交换,也应

该是具有对称性。

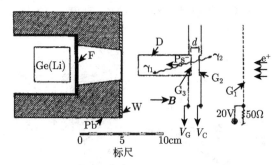

图 9.6.4　Mills[24] 用于研究 Ps⁻ 负离子的设备示意图

G$_1$ 是抗堆积的栅极，G$_2$ 是形成 Ps⁻ 的碳膜，G$_3$ 是加速栅极

由于非常低的 Ps⁻ 产生效率，随后 30 年几乎没有进展。直至 2008 年发现新的 W 表面镀单层碱金属 Cs 可减少电子功函数，加强 Ps⁻ 的发射，导致实验上的研究取得突破。关于 Ps⁻ 的高效形成、光致分离以及基于光致分离的能量可调 Ps 束的产生研究进展，可参阅最近 Nagashima 的综述文献 [31]。

9.6.4　Ps-BEC 应用探索

1. 湮没 γ 激光

一旦实现 Ps-BEC，通往湮没 γ 射线激光目标途径如下：① 研究 Ps-BEC 产生湮没 γ 射线激光产生的必要条件，观察 Ps-BEC 的性质；② 发展反物质储存技术，在 100ns 脉冲中积累 10^{13} 个正电子；③ 观察受激湮没 γ 射线激光的发射；④ 制造一个 Ps 湮没 γ 射线激光系统，发射 1J 的脉冲 γ 激光；⑤ 积累 10^{16} 个正电子，产生 1kJ 的脉冲 γ 激光；⑥ 发展相关技术和设备探索如何积累几纳克 Ps 原子 (约 10^{19} 个 Ps 原子)，产生 1MJ 的脉冲 γ 激光。

Mills 等 [32] 在 2004 年制订了 "制造玻色–爱因斯坦凝聚 Ps 湮没 γ 射线激光的前景" 的计划，他们企图设计和完善一个有力的激光，基于 Ps 的 BEC 的相干湮没 [20,33,34]。他们希望能够做一个正电子储存设备包含 10^{12} 个正电子。使用 Surko 的势阱与 35mCi 的 ^{22}Na 源和固体氖慢化体。可以产生 3ns 的脉冲，每个脉冲含 8×10^7 个正电子，可以用 400Gs 的磁场把它聚焦成 1mm 直径 (FWHM) 的斑点。如果用 100mCi 的源和一级输运亮度增强，可以形成一种气体，内含 10^7 个自旋极化 o-Ps 原子，腔的大小为 $10\times10\times0.1\mu m^3$。束径 5μm 脉冲正电子束注入二氧化硅基体的小孔洞内，将产生密度为 $10^{18}cm^{-3}$ 的 Ps 气体，Ps 原子在大约 15K 转变成 BEC 态 (图 9.6.5)[35]。

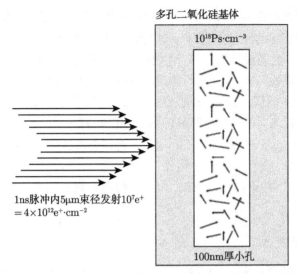

多孔二氧化硅基体

10^{18}Ps·cm^{-3}

1ns脉冲内5μm束径发射10^7e$^+$
$= 4 \times 10^{12}$e$^+$·cm^{-2}

100nm厚小孔

图 9.6.5　小孔洞内产生高密度 Ps 气体形成 BEC 的条件

　　Mills 等 [20,32] 提出建立基于 Ps-BEC 的 γ 激光器的设想，即在一圆柱体内形成高密度冷 Ps，通过受激湮没生成一个沿轴向发射的相干 γ 射线束。初步计算表明：如能积累 10^{13} 个正电子，有可能得到功率为 1J 的小激光器。应当指出，理论上自旋极化氢原子 (或反氢原子) 在低温高密度 ($n = 10^{16}$cm^{-3}) 下存在弱的相互作用，将在 10^{-2}K 温度下形成 BEC。然而，尽管氢原子是一个理想的玻色系统，至今实验上未能获得足够高的密度或足够低的温度观察到 BEC。

　　为了得到必需的条件去观察湮没 γ 射线的受激发射，在实验中需要一些新的联合改进：① 在 Surko 势阱中至少包含 10^{12} 个极化正电子的等离子体，通过联合的旋转、亮度增强、团簇化而得到压缩；② 必须在不到一个 o-Ps 寿命的时间内 (峰电流 =100 mA) 把正电子存放到一个长 1mm，直径 1μm 的空穴内；③ 正电子输入的能量必须被消耗，或者通过 balistic 声子发射，或者由材料的消耗层消耗；④ 如果想得到一个简单的长寿命的单成分的冷凝物，少数的正电子自旋成分必须通过湮没而去除，可以通过 Ps$_2$ 在正电子空穴表面形成；⑤ 为了诱发激光脉冲，自旋维持极化三重态的 Ps 必须反转为单态，可以在 0.1ns 内应用强度为 200 GHz 的微波或者在 0.1ns 内用 30T 的磁场脉冲；⑥ 必须要能在空穴的轴向观察湮没光子的角分布，达到这个目的的一种方法是通过 X 射线增强管，用 0.4mm 的 CsI 光阴极和 CCD 相机读出设备。

　　γ 射线激光会有一些应用，其领域从度量衡学到军需品，湮没 γ 射线激光可以在一个窄的角度范围内产生相干 γ 射线脉冲。如果能在 1000km 距离给靶提供 1GJ·m^{-2} 的能量，γ 射线激光可以远距离击溃导弹，空间碎片等物体。如果用

100MJ 的频率脉冲的电子功率产品，也可以为聚变反应堆提供初始点火。

有许多因素影响和阻碍制造 γ 射线激光的企图，包括：由于湮没加热 BEC 的 Ps 气体，Ps 破裂成不相干碎片使 BEC 可能不稳定。同样，密度涨落导致折射变化可导致湮没 γ 射线激光不稳定。加热效应还可以与微波和磁场脉冲相联系。此外，产生，捕获，存储，空间压缩，用大于 10^{15} 个正电子填充一个空穴，如此多正电子的输入，正电子靶的融化问题，也难以解决。

最近，Wang 等 [36] 对 o-Ps 和 p-Ps 各种混合条件下 Ps-BEC 凝聚过程进行动力学模拟计算，发现存在一个临界 Ps 密度为 10^{19}cm^{-3}，超过这个密度，通过碰撞 Ps 气体内部相干性迅速消失，即产生湮没 γ 射线激光的条件并不是密度越高越好。

2. Ps 原子激光

除了产生湮没 γ 激光，Ps-BEC 也可用于制造 Ps 原子激光，如图 9.6.6 所示，孔洞内在一定温度填充 Ps 气体，并且覆盖层开有面积为 l^2 的小孔 (l 小于德布罗意波长 20nm)，则 Ps 原子能穿过小孔真空形成相干束，即单能 Ps 原子束。简单估算，如果 Ps 的 2/3 在温度 10K 时处于 BEC 态，约基态原子的 1% 发射形成 Ps 原子束激光，实际情况随时间指数增加，因为真空中有多个模式导致 Ps 的受激发射。Ps 原子激光在反物质基础领域具有重要应用。

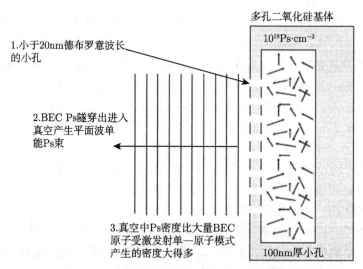

图 9.6.6　利用 Ps-BEC 产生 Ps 原子束激光的条件

在 Cassidy 等 [37] 的实验中，用了两个不同的染料激光器去激发基态 Ps 原子到 2^3P，然后到更高的能级里德伯 (Rydberg) 态，主量子数在 10~25，处于

高 n 态的 Ps 的各种性质可以用于其他实验, 如精确比较 Ps 能量间隔 [38], 可以用于纯粹的束缚态量子电动力学物理, 还不用考虑质子的大小而引起的复杂性 [39,40]。高激发态的 Ps 也可以产生反氢 [41], 产生电子–正电子等离子体 [42], 形成正电子–原子束缚态 [43], 或者直接对 Ps 重力进行测量 [44]。

他们用正电子积累器 [45] 产生 Ps, 每个脉冲含 2×10^7 个粒子, 脉冲的时间宽度大约是半高宽 (FWHM)1ns。用多孔硅膜 [46,47] 作为靶, 在真空中把入射正电子转化为 Ps 原子。用 243nm 的紫外激光器, 733~764nm 可调红外激光器。每个脉冲的能量紫外线 ~1mJ/脉冲, 红外 ~3mJ/脉冲, 激光脉冲宽度 ~5ns[48]。紫外光固定在 Ps 的 Lyman-α 波长 (243nm)。

在具体实验中他们 [48] 先激发 Ps 产生 1^3S-2^3P 转换, $2P$ 态有可以忽略的湮没率, 可以直接退激到基态, 平均寿命为 3.2ns。这个激发可以通过磁猝灭而被观察到, 用相对弱的磁场, 一些 $2P$ 态由单态和三重态组成, 这样 2^3P 态由于塞曼效应而和 2^1P 态混合, 然后退激到 1^1S 态, 在湮没前的平均寿命仅为 0.125ns。这些效应可以通过激发态的 Ps 态而被探测, 在零电场下不会发生, 当强磁场 > 2T 时受抑制。虽然 $2P$ 态受到第二个 532nm 激光而光离化, 这些机制会由于 Ps 衰减而引起变化, 可以观察到, 对磁猝灭, 湮没率的增加是由于三重态原子直接转换为单态, 离化是简单地释放正电子, 正电子有很大的几率返回到靶而湮没。由于不相干转换的快速循环, 原子通过许多碰撞, 可以通过有效的磁猝灭而探测到, 有许多猝灭机会, 所有的 $2P$ 三重态可以不是和单态混合, 实际上所有的激发原子都可以用这种方法探测到。

他们的实验结果是 ~5×10^6 个里德伯 Ps 原子, 和期望产生 2×10^7 个里德伯 Ps 原子还差一大半。但是和要实现 BEC 产生 Ps 原子激光的 10^{15} 个的目标还相差很远, 他们的实验安排不光是为了产生里德伯 Ps。以后需要高的磁场, 希望能直接测量 Ps 原子的引力场 [37]。

参 考 文 献

[1] 李师群. 物理与工程, 2002, 12(1): 1-4; 12(2): 8-11; 12(3): 6-10.

[2] Bose S N. Z Physik, 1924, 26: 176.

[3] Einstein A. Sitzungsber, Kgl Preuss, Akad Wiss, 1924, 261.

[4] Einstein A. Sitzungsber, Kgl Preuss, Akad Wiss, 1925, 263.

[5] 李师群, 吕亚军. 量子电子学报, 1997, 14(1): 1-11.

[6] 郝柏林. 物理学进展, 1997, 17(3): 223-232.

[7] 王谨, 詹明生, 高克林. 大学物理, 1998, 17(6): 33-36.

[8] 王育竹, 李明哲, 龙全. 物理, 2002, 31(5): 269-271.

[9] 成传明, 龚利, 乔安钦. 大众科技, 2008, 1: 158-160.

[10] 张刚, 胡必禄. 安康师专学报, 2002, 14(2): 94-96.

[11] 陈徐宗, 周小计, 陈帅, 王义道. 2002, 31(3): 141-145.

[12] 印建平, 王正岭. 物理学进展, 2005, 25(3): 235-257.

[13] 尹澜. 物理, 2004, 33(8): 558-561.

[14] Feshbach H. Theoretical Nuclear Physics. New York: Wiley, 1992.

[15] Tiesinga E, Verhaar B J, Stoof H T C. Phys Rev A, 1993, 47(5): 4114-4122.

[16] Inouye S, Andrews M R, Stenger J, et al. Nature, 1998, 392(6672): 151-154.

[17] Ward S J, Humberston J W, McDowell M R C. J Phys B: At Mol Phys, 1987, 20(1): 127-149.

[18] Gribakin G F, Lee C M R. Phys Rev Lett, 2006, 97(19): 193201.

[19] Adhikari S K. Phys Lett A, 2002, 294(5): 308-313.

[20] Platzman P M, Mills Jr A P. Phys Rev B, 1994, 49(1): 454-458.

[21] Mills Jr A P. JPCS, 2014, 488(1): 012001.

[22] Wheeler J A. Ann N Y Acad Sci, 1946, 48(3): 219-238.

[23] Mills Jr A P. Phys Rev Lett, 1981, 46(11): 717-720.

[24] Mills Jr A P. Phys Rev Lett, 1983, 50(9): 671-674.

[25] Mills Jr A P, Crane W S. Phys Rev A, 1985, 31(2): 593-597.

[26] Zitzewitz P W, Van House J C, Rich A, et al. Phys Rev Lett, 1979, 43(18): 1281-1284.

[27] Mills Jr A P. JPCS, 2014, 505(1): 012039.

[28] Cooper B S, Alonso A M, Deller A, et al. Phys Rev B, 2016, 93(12): 125305.

[29] Morandi O, Hervieux P A, Manfredi G. 2014, Phys Rev A, 89(3): 033609.

[30] Shu K, Fan X, Yamazaki T, et al. J Phys B: At Mol Opt Phys, 2016, 49(10): 104001.

[31] Nagashima Y. Phys Rep, 2014, 545(3): 95-123.

[32] Mills A P, Cassidy D B, Greaves R G. Mater Sci Forum, 2004, 445: 424-429.

[33] Varma C M. Nature, 1977, 267: 686-687.

[34] Liang E P, Dermer C D. Optics Commun, 1988, 65(6): 419-424.

[35] Cassidy D B, Mills A P. Phys Stat Sol (c), 2007, 4(10): 3419-3428.

[36] Wang Y H, Anderson B M, Clark C W. Phys Rev A, 2014, 89(4): 043624.

[37] Cassidy D B, Hisakado T H, Tom H W K, et al. Phys Rev Lett, 2012, 108(13): 133402.

[38] Chu S, Mills Jr A P. Phys Rev Lett, 1982, 48(19): 1333-1337.

[39] Pohl R, Antognini A, Nez F, et al. Nature, 2010, 466(7303): 213-216.

[40] Karshenboim S G. Phys Rep, 2005, 422(1): 1-63.

[41] Castelli F, Boscolo I, Cialdi S, et al. Phys Rev A, 2008, 78(5): 052512.

[42] Pedersen T S, Boozer A H, Dorland W, et al. J Phys B: At Mol Opt Phys, 2003, 36(5): 1029-1039.

[43] Mitroy J, Bromley M W J, Ryzhikh G G. J Phys B: At Mol Opt Phys, 2002, 35(13): R81-R116.

[44] Cheng X, Babikov D, Schrader D M. Phys Rev A, 2011, 83(3): 032504.

[45] Mills A P. Nucl Instrum Methods Phys Res Sect B, 2002, 192(1): 107-116.

[46] Cassidy D B, Deng S H M, Greaves R G, et al. Rev Sci Instrum, 2006, 77(7): 073106.

[47] Crivelli P, Gendotti U, Rubbia A, et al. Phys Rev A, 2010, 81(5): 052703.

[48] Cassidy D B, Hisakado T H, Meligne V E, et al. Phys Rev A, 2010, 82(5): 052511.

第10章 正电子在量子纠缠中的可能应用

10.1 引 言

本章我们不打算全面介绍量子纠缠效应,已经有很多科普书介绍,如文献 [1]～[5],特别是张天蓉科学网博客 [6]。我们只打算把正电子和量子纠缠效应联系起来,查一下有没有正电子文献涉及量子纠缠效应,可惜很少。这样就促使我们考虑根据量子纠缠的要求,考虑正电子在其中能不能有所作为,希望国内正电子同行一起考虑,但是无疑首先得懂一些量子纠缠理论。

在牛顿的宇宙里,上帝造好表,上好发条,以后的一切就是确定无疑的,大到日月星辰,小到地球上万物都在有序运动。然而进入了 20 世纪后,出现了两个新的学说,一个是爱因斯坦的相对论,另一个则是很多位大师合力塑成的量子论。相对论虽然推翻了牛顿的绝对时空观,却仍保留了严格的因果性和决定论,而玻尔等量子论却更激进,抛弃了经典的因果关系,宣称人类并不能获得实在世界的确定的结果,它称自己只有由这次测量推测下一次测量的各种结果的分布几率,而拒绝对事物在两次测量之间的行为作出具体描述。

正是这一点成了论战的主战场,爱因斯坦深信,物理学规律是关于存在的规律,而不是一些可能性。爱因斯坦和玻尔争论了很多年,一直到爱因斯坦去世仍然没有消除分歧,在争论中产生了爱因斯坦的量子纠缠理论。

10.2 清华大学近代物理实验给我们的启迪

量子纠缠是一种很独特的物理现象,近几年来受到广泛的重视。它可以被应用在量子信息和量子计算方面,也被认为是一种不可被破译的密码 [7,8],同时也是一个很好的检验和研究量子论的基础工具 [9]。最近我国发射了量子卫星,中央电视台也多次普及什么是量子纠缠的基础知识。

自从 1995 年 BEC 作为一种新的物质形态在碱金属原子稀薄气体中实现以来 [10-12],用宏观原子样品产生量子纠缠已经取得很大的进展,已经显示多粒子纠缠可以在具有弱相互作用的 BEC 系统中产生 [13,14]。

最近,清华大学物理系王合英、孙文博、陈宜保 [15] 独立自主构造了一个近代物理实验:"量子纠缠",这是一个非常超前的近代物理实验,使学生原来超级难以理解的量子纠缠概念通过实验得到理解，使学生在近代物理实验中接触到科研的前沿领域。通过实验，学生不仅更深刻地理解量子力学与非线性光学的相关理论知识，同时在实验技能、科学素养、工作作风等各方面得到全面的培养与训练。由于实验涉及的理论知识和实验技术范围广、可做的实验内容多，特别鼓励学生在实验过程中大胆提出自己的思路，以激发学生的创新思维，提高学生的综合实验能力。实验中需要了解量子纠缠态的概念、性质及其在量子信息领域的应用，学习量子通信的基本原理和过程，以及与量子通信相关的一些基本概念和知识。学习光子纠缠源的性质及产生原理，学习相关的非线性光学的知识。了解EPR 佯谬和贝尔 (Bell) 不等式的物理意义，学习符合对比度的测量方法，通过测量计算 CHSH 不等式，进一步深刻理解纠缠态的性质，进而深刻理解量子力学的本质与精髓，得到学生们高度的评价。

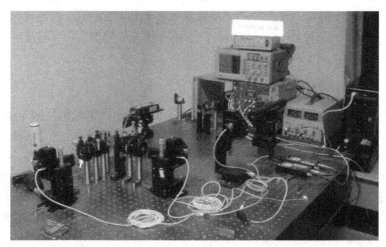

图 10.2.1 清华大学物理系王合英、孙文博、陈宜保自主构造的"量子纠缠"近代物理实验

20 世纪 80 年代以来，量子力学与现代信息技术相结合产生量子信息学。与以前信息处理方式完全不同的是，在量子信息论中人们利用量子态本身。量子纠缠态在量子物理研究领域中占据极其重要的地位，同时又是量子信息技术中最基础和核心的内容。光量子纠缠态也是量子光学领域最近的研究热点。非线性晶体中的自发参量下转换过程是目前最普遍的光量子纠缠态的制备方案，而纠缠态特别是双光子纠缠态，已经不再拘泥于当初爱因斯坦等提出的深奥玄妙的理论概念，而被应用到许多高新技术领域，如量子隐形传态、量子传真、量子密码通信、量子图像学、量子光刻、量子计算及光探测器量子效率绝对标定及光辐射绝对测量等 [15]。清华大学物理系龙桂鲁教授在量子信息等方面取得具有国际水平的进展。

10.3 量 子 纠 缠

10.3.1   一堆问题

首先我们碰到了一大堆问题: 量子纠缠的定义是什么? 量子纠缠是超光速吗? 量子纠缠是真正的超远距离作用吗? 谁第一个提出量子纠缠的概念? 第一篇纠缠论文在哪里? 什么是佯谬? 举一些佯谬的例子。

还有量子纠缠在密码通信中如何应用, 为什么能成为不能破解的密码技术, 哪些学校有了量子通信专业, 据说还有量子雷达。但是对量子通信的内容本章不涉及。

也许你还听说自从 1927 年开始爱因斯坦和玻尔两位伟大的科学家为了量子纠缠争论了几十年, 每一个小的进步就花费了十几年的时间, 甚至到现在, 90 年过去了, 才有一些眉目, 但是许多科学家还不能完全理解, 甚至不能明白纠缠的基本意思。所以量子纠缠学习本身就很纠结。

10.3.2   量子纠缠的定义

关于量子纠缠的定义很多, 我们希望能够找到既简单易懂又很专业的定义。一本书上写着 "量子纠缠: 上帝效应, 科学中最奇特的现象" [2]。这样定义很吸引人的眼球, 但是我们认为不好, 很有争议, 如果作为最奇特的现象, 我们认为这个定义应该是 "人和众多的动物、植物, 甚至微生物的繁衍生息", 都是很奇怪的, 西方人说上帝创造人, 光是人和动物的眼睛的构造就很奇特, 恐怕按达尔文进化论也说不清楚, 每个人生三只眼睛, 长两个翅膀不是更好吗? 难道不比没有多少人知道的量子纠缠更奇特?

我们找到一句话 "量子纠缠是比光速还要快的非定域效应", 不知道能否作为定义。但是这句话有吸引人的地方。连同量子纠缠本身包括的量子, 有两个关键词: "量子" 和 "定域性", 还有一个使人眼睛一亮的 "比光速还要快" 的观念, 能吸引眼球。量子其实不用说了, 大学生们都知道, 但是为了完整性, 简单说几句, 也是量子纠缠中常遇到的。

"量子说" 是针对经典物理中无法解释的现象而产生的。比如光, 有 "粒子说" 和 "波动说" 两种看法, 而且经历了两种学说分别占据主导地位的历史。爱因斯坦的 "光电效应" 只能用 "粒子说" 解释。而大学物理实验中, 光子的衍射、杨氏双缝实验, 只有 "波动说" 能够解释。这样就产生了一个**互补性原理**: 观察一个现象有两种互相排斥的方法, 一种方法完全可行, 另一种方法完全不行, 而对同一事物的另外一种现象, 采用另一种方法可以解释, 此时, 前一种方法变得完全不可能。互补性原理是量子论的核心。光像粒子, 也可以像波, 但是一个实验只能采用一种方法去解释。

什么是**定域性**,"就是一种非常显而易见的原则,我们通常在下意识中肯定的原则"。相互作用要通过一定的手段,一定的介质,还需要一些时间。想喝杯子里的水,你必然把杯子拿起来,或者把嘴巴凑过去,这是直接相互作用。说话得利用声波,打电话得有电线,手机要用微波。消灭敌人光有枪不行,还得有子弹。魔术师的表演你一定认为是假的。定域性认为不通过媒介你无法对一个遥远的物体施加作用。

但是磁力、万有引力可以不接触,牛顿 (Newton) 三定律,用引力解释天体、海洋潮汐,但是牛顿不解释引力的来源,牛顿的著名名言"我不构造假说"。引力的来源还不清楚,但是引力也需要时间。

那么到底什么是量子纠缠的定义,慢慢再说吧。

10.3.3 量子纠缠是超光速吗?

一听说超光速,我们就兴奋了,爱因斯坦认为运动速度不能超光速。但是你应该明白,到这里为止,我们只是提出问题,超还是不超?等着你自己来回答,因为有不同看法。

光速很快,所以我们和美国通电话不成问题。大家感到就和隔壁的人打电话一样没有什么异样。如果中国和美国相距 10 光年,这个电话怎么打?由于一个来回得 20 年,一辈子也说不了三四个来回。但是以后如果科技发达,纠缠能实现超光速,这有多大的意义呀!如果乘上超光速的飞船,回到过去,看看你小时候的生活,甚至看看你爸爸妈妈,或者爷爷奶奶小时候的生活,那多有趣啊。那么量子纠缠超光速?对还是不对呀?其实科学家时刻关心着能否超光速。

张天蓉的科学网博客 [6] 认为"量子力学是非定域的,这在物理界基本上是公认的结论。至于这结论背后是不是真的隐藏着超光速,人们仍然不能确定,尽管它表面上看起来似乎是一种类似的效应,但我们并不能利用它实际地传送信息,因此,这和爱因斯坦的狭义相对论并无矛盾。当初,德布罗意'物质波'的相速度 c^2/v 就比光速要快,但只要不携带能量和信息,它就不违背相对论。"

10.3.4 量子纠缠是真正的超远距离作用吗?

如果说量子纠缠是真正的超远距离作用,不管在宇宙相反的两极,仍然有迅速的联系,你一定会认为不可思议,违反直觉,或者认为是在胡说八道。这个问题也留下来等你回答。

一堆问题,似乎什么也没有回答,没有办法,90 年了一直有争议,没有统一的结论,这是量子纠缠的难题。但是下面的问题是有结论的。

10.3.5　谁第一个提出量子纠缠的概念？

谁第一个提出量子纠缠的概念？是爱因斯坦 (Albert Einstein)，他是直接提出纠缠无法避免的量子论科学家。英文的纠缠 (entanglement) 这个词是薛定谔 (Schrdinger) 第一个引入的。

爱因斯坦第一次提出纠缠的初步观念是在 1935 年，爱因斯坦的纠缠来源于量子论，但是爱因斯坦反对量子论以及量子纠缠，认为永远也讲不通。爱因斯坦对纠缠的粒子不通过任何东西连接，却发生远距离作用的方式很不安，称为是"可怕的远距效应，如幽灵一般的远距作用"。他认为纠缠这个概念是一个魔咒，挑战着他的有关"世界到底由什么组成"的观点，因为纠缠违背了定域性。爱因斯坦和玻尔 (Niels Bohr) 争论了很多年，一直到爱因斯坦去世的 1955 年。当时大多数科学家采取回避的策略，因为不清楚纠缠是什么，当时大多数人还是支持爱因斯坦，仅仅因为他是爱因斯坦，他必须是正确的，但是爱因斯坦还是错了。

我们用最简单的语言回顾一下量子理论的产生过程。

大学的黑体辐射实验是很重要的实验，在 19 世纪从黑体辐射引出了"紫外灾变"，1900 年普朗克 (Max Planck) 提出了量子的概念，据说量子还是爱因斯坦命名的。1905 年爱因斯坦进一步提出光是由量子组成的，还提出光电效应，在此以前人们认为光是波，早在 1801 年的杨氏 (Thomas Young) 衍射实验中证明是波。后来卢瑟福 (Ernest Rutherford) 发现了原子核，1913 年玻尔 (Niels Bohr) 根据爱因斯坦的量子学说建立了小太阳系式的原子模型，并且认为电子轨道是"定态"，不同轨道之间是量子的跃迁。之后是德布罗意 (Louis de Broglie) 波，海森伯 (Werner Heisenberg) 的矩阵力学，薛定谔的波动力学，狄拉克 (Paul Dirac) 把海森伯和薛定谔的两种力学合成为量子力学。玻恩 (Max Born) 是爱因斯坦的朋友，他提出了概率论，海森伯提出不确定性原理。于是新的量子力学完成了，虽然玻尔的原子模型被否定了，但是他是量子力学的伟大支持者，由于玻尔丹麦研究中心的支持，量子现象常常被称为"哥本哈根诠释"。

爱因斯坦反对 (随机性的) 概率论，玻恩是概率论的提出者，而玻尔是支持概率论的，于是爱因斯坦和玻尔的争论就开始了。

10.3.6　第一篇纠缠论文在哪里？

他们的争论引出了量子纠缠的第一篇论文，所以我们要讲讲他们的争论。

爱因斯坦和玻尔的争论有三个回合值得一提：分别在 1927 年和 1930 年的索尔维会议上，以及 1935 年双方的论文中。爱因斯坦始终坚持经典哲学思想和因果观念：一个完备的物理理论应该具有确定性，实在性和局域性。

1927 年，第一次争论是这样的：如图 10.3.1 所示。

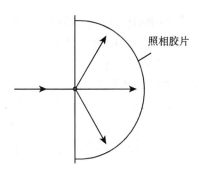

图 10.3.1 爱因斯坦设想的电子发射到照相胶片上的实验 (引自文献 [2])

如果是子弹, 有固定轨迹, 只在半圆形胶片上留下一个孔, 大家都承认。

如果是电子, 实验证明也只留下一个黑点。但是根据量子论, 在电子撞击到胶片前, 不可能判断出单个电子的位置, 薛定谔方程只描述电子在任何特定地点的概率, 只有在撞击的瞬间胶片上的某个点才变黑。于是爱因斯坦对此不满意, 他认为: 似乎瞬时的交流必须把半圆形胶片的每一个点都联系起来, 或者说谁告诉它们能够变黑或者不能变黑。更重要的是, 如果这个半圆形胶片有 10 光年那么大, 通知一下需要 10 年的时间, 各个点之间即使联系也需要超光速的相互作用。而如果电子和子弹一样具有固定轨迹就不存在这个问题, 但是就又回到了定域性。你是不是认为爱因斯坦说得有道理? 玻尔没有正面回答爱因斯坦的疑问, 也许他自己也没有想明白。

后来量子论提出了"波函数坍缩"的说法, 一开始电子是一个点, 然后变成一个不断扩大的波包, 或者说一团电子云, 最后在碰到胶片时马上坍缩成一个点, 打出一个黑点, 好像又回到如子弹一样, 是经典的一个点, 不需要各点之间超光速的相互作用。似乎两端是经典的, 中间是量子的, 犹如惠勒的龙图, 只见龙头龙尾, 中间是一团看不见的云。

现在的主流观点认为"物质的波动性与光速不变定理并不矛盾。因为电子在飞行的时候是一个波, 但是当观测一个粒子 (这里是电子) 时, 粒子由波动态瞬间坍缩为粒子态, 无论这个波的范围有多么广泛 (如 10 光年), 都在一瞬间 (就是时间间隔为 0) 坍缩到一个点, 确实会给人一种错觉就是粒子超过了光速。但事实上, 这个过程不存在运动, 也就不存在超光速的问题。"这样理解就不存在图 10.3.1 中屏幕上各点互相通告的要求, 最后坍缩到哪一个点是随机的, 由概率论决定, 这是普通人能够以正常思维认识量子论和概率论的两全其美的方案。虽然听起来不怎么舒服, 但是也没有反对的理由。这是爱因斯坦的第一个疑问算得到解决, 但是坍缩还不是量子纠缠, 后面有新的困难。

1930 年第二次大的争论, 爱因斯坦提出: 一个盒子, 里面有辐射源, 精确控制盒子上面洞的开关 (而得到精确的时间), 放出一个光子并精确测量盒子重量, 算出光子的精确能量, 就可以同时精确得到光子的时间和能量, 他是这样反对不确定性原理的。玻尔居然用广义相对论中的红移公式, 盒子由于放出光子而移动, 在相对论中移动物体的时间是不确定的, 玻尔推出了能量和时间遵循的测不准关系! 事后玻尔自己也觉得不踏实, 在辩论中有些投机取巧的嫌疑, 从经典的广义相对论出发, 是应该不可能得到量子力学测不准原理的。

中间还有小的争论, 几次争论的内容都是量子论是否有缺陷, 但是爱因斯坦都失败了 (详细内容见文献 [2])。

1935 年争论在继续, 最早在杂志上正式的争论是指: 1935 年美国《物理评论》(*Physical Review*) 的第 47、48 期上分别发表了两篇题目相同的论文: "物理实在的量子力学描述能否认为是完备的?" 在第 47 期上署名的是爱因斯坦、波多尔斯基 (Podolsky) 和罗森 (Rosen)[16], 他们的原意是通过证明产生的纠缠是怎样令人难以置信而摧毁量子论。但是无心插柳柳成荫, 这篇论文有效地创造了纠缠概念, 是量子纠缠的第一篇论文。下面用 EPR 表示这篇论文。现在称为 EPR 佯谬或者 EPR 悖论 (EPR paradox), 这个悖论涉及如何理解微观物理实在的问题。佯谬或者悖论, 就是一种观点, 初看好像对呀, 但仔细一想又觉得不对, 爱因斯坦等的观点按经典的常规认识是对的, 但是到了微观的量子世界其实是不对的。

董光璧等 [1] 总结了爱因斯坦等的论文: "这篇论文所做的是向读者展示了一种两难局面, 这个两难局面是非常真实的。从这个意义上说, EPR 是绝对正确的, 爱因斯坦没有错。EPR 指出, 要么是量子论存在缺陷, 要么是定域性失灵; 要么在宇宙中存在真正隐藏的、量子论认为是模糊的、不确定的信息单元; 要么, 换句话说, 定域性 (远距离分隔的两种事情, 若没有东西从它们之间穿过, 两者不能互相影响) 这种说法是错误的。" 总之, 爱因斯坦等认为量子论是错误的, 或者说得客气一些也是不完备的。

潘士先 [3] 翻译了爱因斯坦等论文的摘要: "在一个完整的理论中, 每一元素都与实在的一个元素相对应。一个物理量实在的充分条件, 是可以确定地预测它而不干扰系统。在量子力学中, 对于用非对易算符描述的两个物理量的情况, 一个量的知识排斥另外一个的知识。那么, 要么是 (1) 量子力学中波函数给出的实在的描述是不完整的, 或者 (2) 这两个量不能同时具有实在性。考虑对一个系统基于对另一个曾与之相互作用的系统所做测量进行预测的问题, 导致如下结果: 如果 (1) 不真, 则 (2) 也不真。人们因此断言, 波函数给出的实在的描述是不完整的。" 即使看专家翻译的中文也不是很容易明白, 还是记住董光璧的断言容易些。

真是没有想到, 量子理论的创始人之一、伟大的爱因斯坦居然那么顽固地反对量子论, 但是又创造了量子纠缠这一伟大理论。爱因斯坦无疑是伟大的科学家, 当然玻尔也是。

在第 48 期上署名的是玻尔 (Niels Bohr), 证明爱因斯坦和他的同事是错误的 [17]。

看看潘士先 [3] 对玻尔文章摘要的翻译:

"爱因斯坦等三位作者在最近的一篇题名与本文相同的论文中提出的 '物理实在的判决', 在应用于量子现象时包含着本质的模糊性。就此, 本文对一个称为 '互相补性' 的观点作了解释: 就此观点看来, 物理现象的量子力学描述似乎在其范围内满足了完整性的所有合理要求。" 就是说玻尔否定了不完备性。

玻尔文中对爱因斯坦等 "不以任何方式干扰系统" 的观点, 指出本身包含模糊性, 测量本身就是干扰。文献 [3] 的原作者 Baggott 指出玻尔回避了爱因斯坦的实质性问题。其实这正是反映了量子纠缠问题的复杂性, 没有反复论证不能解决问题, 在 1935 年以后又经过了很多人几十年的研究才有一些进步。

我们需要反复对比双方的论点。"EPR 文章中爱因斯坦等认为, 如果一个物理理论对物理实在的描述是完备的, 那么物理实在的每个要素都必须在其中有它的对应量, 即**完备性判据**。当我们不对体系进行任何干扰, 却能确定地预言某个物理量的值时, 必定存在着一个物理实在的要素对应于这个物理量, 即**实在性判据**。" 我们想这应该是 EPR 文章的总结。

据说爱因斯坦等的文章是第二作者写的, 不像是物理的语言, 更像是哲学的语言, 面面俱到, 很圆滑, 无刺可挑。爱因斯坦等认为, 量子论不满足于这些判据, 所以是不完备的。他们还认为, 量子论蕴涵着 EPR 悖论, 所以不能认为它提供了对物理实在的完备描述。这是爱因斯坦对量子论的不满。我们要理解这几句话, 应该反过来说:"在量子论中一个物理理论对物理实在的描述是不完备的, 在量子论中物理实在的每个要素未必在其中有它的对应量, 所以量子论违反完备性判据。在量子论中当我们不对体系进行任何干扰, 却能确定地预言某个物理量的值时, 这个值未必对应于这个物理量, 所以量子论违反实在性判据。"

也许还是不够明白。我们举个通俗的例子:"你身高 1.80m, 现在我不对体系进行任何干扰 (如弯弯腰, 抬高腿), 进行测量, 得到 1.80m, 这是一个合理误差范围内的值, 因为你身高物理量就是 1.80m, 就是说 '实在的身高这个物理要素必定有它的对应量'。如果测量结果是 1.79m 或者 1.81m, 这是测量误差, 也是合理的。另外, 如果测量出你身高的准确值, 不影响你体重准确值的测量。" 这个看法普通人能够接受。

如果按量子论 "你身高的概率在 1.70~1.90m, 现在我不对体系进行任何干扰 (如弯弯腰, 抬高腿), 进行测量, 得到 1.80m, 这是一个可能的概率值, 也可能在 1.70~1.90m 的任何值, 就是说 1.80m 未必就是你身高的准确值, 或者极端一些说你身高的准确值谁也不知道，测量以前根本就没有你身高的概念。另外，如果能够正确地得到你身高物理量就是 1.80m，你就无法准确测量你体重的值，这是根据不确定原理。"

也许你晕了，所以要懂量子论就不能按正常思维去考虑，就像杨氏干涉实验中一个电子分身同时走两个门一样不容易理解，但是如果不是这样理解，你就无法解释杨氏干涉实验，实验是铁的事实摆在这里，当然你也可以提出另外的解释，可惜现在还没有别的解释。

注意，我们这里把只适用于微观的量子论搬到经典的宏观物体中，大前提就错了，在宏观中普通人的认识是对的，但是放在量子论中是错的。

面对爱因斯坦等的反驳，玻尔对 EPR 实在性判据中关于"不对体系进行任何干扰"的说法提出了异议，认为"测量程序对于问题中的物理量赖以确定的条件有着根本的影响，必须把这些条件看成可以明确应用 '物理实在' 这个词的任何现象中的一个固有要素，所以 EPR 实验的结论就显得不正确了"。

玻尔以测量仪器与客体实在的不可分性为理由，否定了 EPR 论证的前提——物理实在的认识论判据，从而否定了 EPR 实验的悖论性质。玻尔胜利了。

应该说，玻尔的异议及其论证是无可非议。可是，爱因斯坦却不承认玻尔理论是最后的答案。爱因斯坦认为，尽管哥本哈根学派的诠释与经验事实一致，但作为一种完备的理论，应该是决定论的，而不应该是或然的、用概率语言表达的理论。

从科学史上看，量子力学基本上是沿着玻尔等的路线发展的，并且取得了重大成就，特别是通过贝尔不等式的检验更加巩固了它的基础。但是，我们也要看到，爱因斯坦等提出的 EPR 悖论，实际上激发了量子力学新理论、新学派的形成和发展。争论是有意义的，发展了量子论，也发展了量子纠缠。

10.4　EPR 验证

10.4.1　EPR 佯谬

在前面我们看到爱因斯坦和玻尔的争论主要是有关量子力学的理论基础及哲学思想方面，双方仅提出一些假定。他们主要在理解量子论上产生差异，特别是如何理解叠加态，什么是量子叠加态。

根据我们的日常经验，一个物体某一时刻，总会处于某个固定的状态。一本书你如果忘记了是放在左面的抽屉还是右面的抽屉，你一定先打开一个抽屉 (如左面抽屉) 看看有没有，如果没有，你知道一定是在另一个 (右面) 抽屉里，因为书一定在两个抽屉中的一个。你的理解是"对于一个抽屉来说，书要么在，要么不在，两种状态，必居其一"。这样理解是对的，但是这不是叠加态，因为在你查看以前书已经存在于其中一个抽屉，只是你不知道。你也可以理解为"对于两个抽屉，书不可能同时位于两个不同的抽屉中"。你的理解也是对的，书只有一本。但是如果用这种方法去理解电子，那就错了，也就是说，电子既可以在 A 位，又可以不在 A 位。电子的状态是"在"和"不在"，两种状态按一定几率的叠加。电子的这种混合状态，叫作"叠加态"。如果搬到书的情况，对于书，在打开抽屉以前可以分别以一定的概率同时存在于两个抽屉中，只是在你打开抽屉的一瞬间，书突然出现在左抽屉，或者不在左抽屉。

薛定谔是奥地利著名物理学家、量子力学的创始人之一，曾获 1933 年诺贝尔物理学奖，量子力学中描述原子、电子等微观粒子运动的薛定谔方程，就是以他而命名的。他也站在爱因斯坦一面，不能理解玻尔的叠加态，他设计一个玻尔叠加态佯谬，最后被人们称为"薛定谔佯谬"，就是大家都知道的薛定谔的猫。以下是"薛定谔猫"的实验描述。

把一只猫放进一个封闭的盒子里，把这个盒子连接到一个装置，其中包含一个原子核和毒气设施。设想这个原子核有 50% 的可能性发生衰变。衰变时发射出一个粒子，这个粒子将会触发毒气设施，从而杀死这只猫。根据量子力学的原理，未进行观察时，这个原子核处于已衰变和未衰变的叠加态，因此，那只可怜的猫就应该相应地处于"死"和"活"的叠加态。不死不活，又死又活，状态不确定，直到有人打开盒子观测它，它马上变成或者完全死了，或者活蹦乱跳。

量子理论认为：如果没有揭开盖子，薛定谔的猫的状态将永远处于同时是"死"与"活"的叠加。此猫处于是死又是活的叠加态，这与我们的日常经验严重相违。一只猫，要么死，要么活，怎么可能不死不活、半死半活呢 (不能理解成半死不活奄奄一息，在日常生活中这是可能的，但是如果是这样只能说还活着，快死了，归于还活着)？别小看这一个听起来似乎荒谬的物理理想实验。它不仅在物理学方面极具意义，在哲学方面也引申了很多的思考。有人想，如果薛定谔代替猫自己进入这个可怕的盒子，不是可以感受一下不死不活、半死半活的滋味吗？不用担心，在量子论的多世界解释 (这是后来量子论进一步解释中的一个) 中薛定谔自己感到永远不会死。

薛定谔试图将微观不确定性变为宏观不确定性，微观的迷惑变为宏观的佯谬，以引起大家的注意。果然，物理学家们对此佯谬一直众说纷纭、争论至今，是因为大家熟悉的经典思维突然被破坏带来的迷惑。这只猫的确令人毛骨悚然，连当今伟大的物理学家霍金也曾经愤愤地说："当我听说薛定谔的猫的时候，我就跑去拿枪，想一枪把猫打死！"但是薛定谔的猫还有它两只孪生的小猫，文献 [5]319 页作者把它们放在两个盒子飞到很远，引出一些故事，有兴趣的读者可以去看看两只小猫的命运。

在宏观世界中,既死又活的猫不可能存在,但许多实验都已经证实了微观世界中叠加态的存在。总之,通过薛定谔的猫,我们认识了叠加态,以及被测量时叠加态的坍缩。

叠加态的存在,是量子论最大的奥秘,是量子现象给人以神秘感的根源,是我们了解量子论的关键 [6]。

在前面,从薛定谔的猫,到一个电子过双缝实验,都是"叠加态"在作怪,但是说到这里对叠加态的解释都是针对一个粒子 (或者一只猫) 而言的。如果把叠加态的概念用于两个以上粒子的系统,就更产生出来一些奇怪的现象,该归功于"量子纠缠态",就是说现在开始才涉及量子纠缠。

所以爱因斯坦的第二个疑问就是纠缠问题。我们还要解释什么是纠缠:

在这里我们先用一个比喻说明 EPR 关联的神秘性质:一对对夫妇参加一场考试,每对夫妇都分别进入两个考场之一。奇怪的是,对于每一对夫妇来说,对同一个问题,丈夫和妻子总是作出相反的答案。参加考试的人事先是不知道考题的,他们不可能事先作出约定;他们在不同的考场,彼此之间又没有任何通信联络的手段;他们竟然总是对同一个问题给出相反的答案,多么令人费解! 我们说每一对夫妇都处于纠缠态。当我们同微观世界打交道,用仪器考问相关的原子对、质子对、光子对等时,我们得到的答案正好与这种夫妇考试的情况相类似。爱因斯坦不理解这种奇怪的现象,我们也认为在日常生活这是不可能的事情。

我们再进一步,已知有两个小球,一个黑色,一个白色,别人把它们分别密封在两个盒子里,你不知道盒子中球的颜色,但是你只要打开一个盒子,如果是黑色的,你马上就知道另一个盒子里的球是白色的,即使另一个盒子已经在 10 光年远的地方,因为它们是相关体系,这是按常理都能理解的,因为一开始它们的性质已经确定,不管放在眼前还是在 10 光年之外都是一样的,和超光速传递信息没有关系。这不能算 EPR 效应。

在量子论中情况又不一样了,虽然还是规定密封盒子中两个球的颜色分别为黑色和白色,虽然打开了马上可以看到是黑色还是白色,但是在打开盒子前每一个盒子里的球的颜色是黑色和白色的叠加态,打开时才以黑色/白色 =50%/50% 的概率呈现出其中的一种颜色,黑色或者白色。一个盒子还容易理解,当你不知道盒子中球的颜色,猜测的概率是一半对一半。但是如果你打开盒子看见是黑色,在 10 光年外的另一个人打开第二个盒子时球的颜色只能是白色,因为规定是一黑一白两个球。本来 10 光年外的别人打开第二个盒子的概率也是黑色/白色 =50%/50%,但是在你打开盒子后他的概率变成了 100% 白色。就和考试中如果丈夫对第一题选择了"对",另一个考场的妻子只能选"错",如果每一个题目都是这样,如果没有任何通信联络,大家都是会感到奇怪的。但是在量子论中这是真实的,这就是 EPR 效应。正常人一定这样推理:他们之间一定秘密联络了，如果夫妻两个考场相距 10 光年，不但需要通信工具，而且需要超光速联系，妻子不能等 10 年以后再答题。

10 光年太远，无法实现，我们设计一个能够实现的方法。为了防止大家不知道的某些原因，夫妇两个人有作弊的隐秘方法。现在考官再进一步加大难度，方法是使夫妇间直线距离大于考官和夫妇中每一个人的距离，如考官处于直角三角形的直角顶端，夫妇处于 45 度角的两个顶端，距离就是 1:1.4 的关系，夫妇之间有一堵墙，使他们不能互相看到，但是都能看到考官，大家都用最快的光速来联络。如考官举起手，丈夫看到后必须马上举起左手或者右手，而且规定不能老举同一只手。对丈夫来说举哪一只手完全是随机的，对妻子来说她也不能迟疑，必须马上举手，但是她就不能随机了，必须举和丈夫相反的手。如果举相反的手就算合作，加 1；举相同的手就算不合作，减 1。一般人的看法是：如果试验几次合作的可能性是有的，如果试验 100 次、1000 次都合作那就一定是作弊了，但是现在已经杜绝了作弊的可能性。那大家一定说太奇怪了。这样的考虑贝尔想到了，所以在阿斯派克特的实验中采取类似的防作弊方法，下面我们会介绍。

我们举的例子更日常化一些，因为纠缠太诡秘了，所以举几个在日常生活中大家都认为不可能的事情加深印象。

爱因斯坦文章用位置和动量关系，说的也是这个道理。这两个粒子不管它们运动分开有多远，它们是处于纠缠态，就是互相之间是有关联的，遵循某些规则，如动量守恒，它们的速度是可以按经典方法计算的，所以每个粒子运动了多远也是知道的。问题的关键变成：如果不是按经典中已经确定的值，而按量子说法，只是一个随机的概率值，我们在测定第一个粒子的动量时是随机确定了它的值（其大小事先不确定），第二个粒子怎么"知道"自己的动量应该是多少？它必须遵循动量守恒定律。如果在测定第二个粒子的那个时刻之前，它的动量也和第一个粒子一样，只是一个概率范围而不是特定的固定值，是什么使它立即跳到某个特定的实际动量，并且要求具有与第一个粒子数量相等但方向相反的动量？在这个挑战中，爱因斯坦带来了我们定域性概念。看起来似乎是，只有通过远距离瞬时作用，一个粒子才可以影响另一个粒子。毕竟，我们在测定之前，可以想等多久就等多久，因此，这两个粒子可以是分开数光年这么远。（正如爱因斯坦所做的那样）假设两个粒子之间不可能进行任何瞬时交流，我们能做的推导只能是：第二个粒子原来已经具有那种动量。

这实际上就是要求我们差不多得出这种断言：要么量子论存在缺陷，要么定域现实性的整个概念分崩瓦解。

大家明白爱因斯坦的意思了吧？如果明白了，以后再看到文献中各种纠缠的定义，你们就可以自己判断是否合适。

但是 EPR 文章中有缺点，EPR 中最明显的不必要的复杂性在于，接下来，它就开始谈论进行粒子位置的第二次独立测定。确切地说，EPR 建议进行第二次类似的实验，但是这一次测定其中一个粒子在某个特定时间的位置。再一次，只要我们喜欢，就可以设定 (在我们设备的极限之内) 粒子已经移动的距离，假设我们忽略动量，从这一点也可推导出第二个粒子移动的距离。我们一测定第一个粒子的位置，立即就知道了第二个粒子的位置，这意味着它的位置已经具有那个实际值，而不需要两者之间存在某种神秘的、即时的、远距离交流。因此，EPR 的结论是：第二个粒子已经具有固定的动量和位置，这一点直接违背了量子论。正如论文所写：

"如果不以任何方式干扰系统，就能准确地预测 (即概率为 1) 某一物理量的值，就必定存在一个物理实体的要素与这个物理量对应。"

EPR 着手证明可以准确地预测动量数值及远处粒子的位置，虽然不是在同一时间。与爱因斯坦以前的尝试不同的是，EPR 并不打算反驳不确定性原理。如果预测是可能的，因此在这些测定之中隐含着某种真实性，不言而喻量子论存在问题。

人们后来认识到 EPR 作者用位置和动量两个变量关系实际上给自己增加了复杂性，使主要的观点不突出。如果以更简单的单一参数，如自旋为测量值更好。无论经典还是量子，两个粒子必须合作。后来，玻姆 [18,19] 用电子自旋来描述 EPR 佯谬，就简洁易懂多了，我们也采用玻姆的方法。

量子论如果反对经典中认为事先已经有确定值，"那它们之间为什么会合作？"量子论必须回答这个问题。

由于爱因斯坦的学术地位和 EPR 文章所讨论的问题的重要性，EPR 的这篇文章引起了又一场关于量子论基础的大讨论。玻尔对 EPR 文章不能等闲视之，而且物理学界也正等待他的声音。

经过思考，玻尔在《物理评论》上也发表论文，其题目和 EPR 文章的题目一样，也取名为《能认为量子力学对物理实在的描述是完备的吗？》[17]。玻尔先借此机会更仔细地阐明了他的"互补性观点"，然后从这种观点出发，反驳 EPR 的物理实在观，力主量子论对物理实在的描述是完备的。看看玻尔如何回应：

"玻尔认为，微观的实在世界，只有和观测手段连起来才有意义。在观测之前，并不存在两个客观独立的小粒子实在，而是用波函数描述的一个互相关联的整体，即并不是相隔甚远的两个分体，而是协调相关的一体，它们之间无需传递什么信号！"

啊，"相隔遥远的两个小粒子，现在仍然是协调相关的一个大粒子，所以无需传递什么信号，所以不用纠缠了。"啊，好大的一个粒子，比地球大，比太阳大，也许直径 10 光年，那还叫微观粒子吗？如果一个分子就这么大，地球上有多少分子呀。怎么觉得是在诡辩！

玻尔继续说：

"因此，EPR 佯谬只不过是表明了两派哲学观的差别：一派是 '经典局域实在观'，另一派是 '量子非局域实在观'。爱因斯坦坚持的是一般人都具备的经典常识，我们一方更执着于微观世界的观测结果。"

对此，爱因斯坦至死也不同意。玻尔的实用主义解释很实用，无疑是正确的，爱因斯坦的纠缠概念也是正确的，确实是在纠缠。那么，有人就总想找出别的解释，既能照顾到爱因斯坦的"经典情结"，又能导出量子论的结论。也有人希望从可实现的实验证明谁是谁非。

10.4.2 贝尔不等式和 CHSH-Bell 不等式

贝尔 (John Stewart Bell) 认为爱因斯坦的佯谬，是因为我们忽略了某些隐变量的原因呢，贝尔更相信爱因斯坦的观点，认为既然两个粒子不可能瞬时超距地传递信息，那么它们应该是在互相分开的那一刻 (或者更早) 就已经决定了它们的性质，而不是像玻尔认为的那样，在测量时才临时随机选择而坍缩的！贝尔要用实际行动来支持伟人爱因斯坦，要研究这其中潜藏着的隐变量！他万万没料到，他最终是帮了爱因斯坦的倒忙，反过来证明了量子论的正确性！

在张天蓉[6]的科学网博客中用了三维空间的一段矢量来表示粒子的自旋。比如，对 EPR 中的纠缠粒子对 A 和 B 来说，它们的自旋矢量总是处于相反的方向，如图 10.4.1 中所示的红色矢量和蓝色矢量。这两个自旋矢量在三维空间中可以随机地取各种方向，假设这种随机性是来自于某个未知的隐变量 L。为简单起见，我们假设 L 只有八个离散的数值，$L = 1, 2, 3, 4, 5, 6, 7, 8$，如图 10.4.1 所示，分别对应于三维空间直角坐标系的八个卦限。

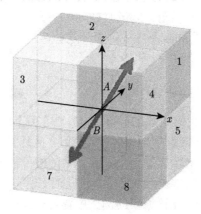

八个卦限中纠缠态粒子A, B的自旋

图 10.4.1　贝尔不等式推导中用了八个卦限 (引自文献 [6])

　　由于 A、B 的纠缠性, 图中的红矢和蓝矢总是应该指向相反的方向, 也就是说, 红矢方向确定了, 蓝矢方向也就确定了。因此, 我们只需要考虑 A 粒子的自旋矢量 (红矢) 的空间取向就够了。

　　不等式的具体推导比较长, 而且需要前后文的铺垫, 我们不复述了, 大家可以去看原博客。实际上现在还有另外两种推导, 分别见文献 [3] 的 142 页和文献 [4] 的 276 页, 特别是文献 [3] 的推导完全从工厂为了试验袜子的质量, 设计了 3 个不同试验, 由于是用图像的方法显示出试验工艺的程序, 而且完全是经典模型, 大家很容易明白。我们直接给出贝尔最后推导出的不等式 [20,21]:

$$|Pxz - Pzy| <= 1 + Pxy \qquad (10.4.1)$$

　　这里定义 $Pxx(L)$ 为观察 x 方向红矢的符号, 和 x 方向蓝矢的符号, 如果两个符号相同, 函数 $Pxx(L)$ 的值就为 $+1$, 否则, 函数 $Pxx(L)$ 的值就为 -1。其他两个符号 Pzy, Pxy 可以按此方法相同定义。

　　当然只有两种情形: 遵循贝尔不等式或者不遵循贝尔不等式。如果小粒子遵循贝尔不等式, 那就好了, 万事大吉! 爱因斯坦的预言实现了。量子论应该是满足 "局域实在论" 的, 只是量子表现诡异一些, 因为有一些我们不知道的隐变量而已, 那不着急, 将来我们总能挖掘出这些隐变量。如果小粒子不遵循贝尔不等式, 世界好像有点乱套! 贝尔说, 这几个关联函数是在实验室中可能测量到的物理量。这样, 不等式就为判定 EPR 和量子论谁对谁错提供了一个实验验证的方法。那好, 理论物理学家们说, 我们就暂时停止耍嘴皮, 让将来的实验结果来说话吧。

　　贝尔在证明贝尔不等式时用的假设是自旋单态的完备相关, 两个纠缠粒子需要准确地反向飞行。克劳瑟 (John F Clauser) 等 4 人 [22] 写了一论文, 大家称为 CHSH 文章, 取消了 Bell 不等式需要的这些限制, 重新推导出一个改进的贝尔不等式, 称为 CHSH-Bell 不等式:

$$|P(a1, b1) + P(a1, b2) + P(a2, b1) - P(a2, b2)| \leqslant 2 \qquad (10.4.2)$$

这里的 $P(ai, bj)$ 表示相关函数在实验 ai、bj 中的统计平均值。详细过程我们也不介绍了, 见张天蓉 [6] 的科学网博客中。他们 4 人还提出可以用 "原子级联" 跃迁产生纠缠光子对的方法: 比如一个钙原子中的电子被紫外线激发, 有可能被激励到高出 2 个能级的状态。然后, 当能量回落时, 就有可能连续下降两个能级而辐射出两个纠缠的光子 (在钙原子的例子中辐射出波长分别为 551nm 的绿光光子和 423nm 的蓝光光子)。

　　后来 4 个人分成两组, 分别做实验。克劳瑟小组希望量子论输, 但是实验证明量子论正确; 霍尔特小组希望量子论正确, 但是实验结果似乎经典论正确, 没有敢发表，因为他们认为他们的实验结果看起来非常勉强，后来改进实验，还是证明量子论对。双方都用实验第一次证明了量子论是正确的。

10.4.3 阿斯派克特的最后实验判决

不过，大家公认的对量子力学非定域性的最后实验判决是到了 20 世纪 80 年代初，由一位法国物理学家阿斯派克特 (Alain Aspect)[23] 作出的。他认为以前的实验存在一些漏洞，因而结果不那么具有说服力。因此，阿斯派克特设计了一个系列实验，决定首先重复并改进克劳瑟等的工作。阿斯派克特的最大贡献是在第三个实验中，采取了延迟决定偏光镜方向的方法。用实验验证贝尔不等式，其根本目的之一就是要验证量子论到底是定域的，还是非定域的。非定域性的意思是说，如果测量纠缠光子对中一个光子的偏振，将会影响到另一个光子的偏振方向。这种影响的发生，不允许两个光子之间的任何沟通，并且用了我们在前面说的为了防止夫妻间作弊的更严格的限制。

这个建议来自于贝尔，他说，如果你预先就将实验安排好了，两个偏振片的角度调好了等在那儿，开始实验：用激光器激发出纠缠光子对，飞向两边早就设定了方向的检偏镜，两个光子分别在两边被检测到 …… 在这整个过程中，光子不是完全有足够的时间互通消息吗？即使我们不知道它们是采取何种方法传递消息的，但总存在作弊的可能性吧。如果不预先设定两个检偏镜的角度，而是将这个决定延迟到两个光子已经从纠缠源飞出，快要最后到达检偏镜的那一刻再设定两个检偏镜的角度，它们就没有时间作弊了。在阿斯派克特的实验中光需要 40ns 的时间走完 13m 的路程。阿斯派克特使得检偏镜在每 10ns 的时间内旋转一次。这样，两个纠缠光子就不可能有足够的时间来互相通知对方了。阿斯派克特三个实验都获得很大的成功，那是在 1982 年。所以从爱因斯坦提出怀疑到实验证明量子论是正确的，中间经过了半个多世纪，当然在这半个多世纪中量子论的发展从来没有停止脚步。

量子论是非定域的，现在在物理界基本上是公认的结论。至于这个结论背后是不是真的隐藏着超光速，人们仍然不能确定，尽管它表面上看起来似乎是一种超光速的效应，但我们并不能利用它实际地传送能量和信息，就和爱因斯坦的狭义相对论并无矛盾，所以还是不能算超光速。量子论非定域性的认可，并不等于相对论被推翻，相反，相对论和量子论两者至今仍然是我们所能依赖的最可靠的理论基石。

10.4.4 量子纠缠的幽灵成像

华裔物理学家、美国马里兰大学的史砚华 (Yanhua Shih)[24] 也做了一系列有趣的实验，包括著名的"量子擦除实验"，以及约翰·惠勒提出的延迟选择实验。史砚华的实验结果非常精确地符合量子论的理论预测。在史砚华的一系列实验中，最有趣的是一个被称为"幽灵成像"的实验 (引自张天蓉 [6] 科学网博客)。

如图 10.4.2 所示，纠缠光源发出互为纠缠的红光子和蓝光子。经过偏振器之后，红蓝光子分开向不同的方向传播。在实验中与通过了幽灵鬼影状狭缝的红光子互相纠缠的蓝光子被识别分离出来，投射到一个屏幕上。人们发现，红光子道路上经过的狭缝图像，像幽灵鬼影一般，呈现在蓝光子投射的屏幕上。

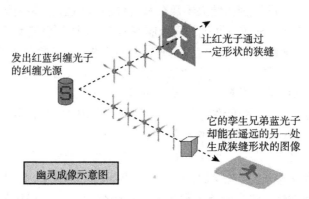

图 10.4.2　量子纠缠的幽灵成像原理 (转引自文献 [6])

"幽灵成像"这个生动的实验，给了我们一些什么启示呢？首先，我们再一次直观地认识到：光量子的纠缠现象是确确实实存在的，否则，红光经过的狭缝，怎么会由完全分道扬镳的另一路蓝光在远处成像呢？如果不使用"量子纠缠"这个概念，用经典光学的理论是无法解释的。这个实验利用了纠缠光子对，这是第一关键处。但是，仅此还不足够，因为红蓝光子很早就分开了，只有一部分红光子穿过了狭缝，却是所有的蓝光子都到达了这边的屏幕。这"所有的"蓝光子成不了任何图像，必须把穿过狭缝那些红光子的蓝色纠缠光子一个一个找出来，只有让它们排队站在屏幕上，我们才能看到图像。

10.4.5　三粒子纠缠和 GHZ 定理

格林伯格 (Daniel M. Greenberg) 和霍恩 (Michael Horne)[25] 在一起想到三个粒子纠缠起来会是个什么样子。

我们有三个粒子 A、B 和 C，它们分别都有两种定态 0、1，所以可以表示成 A_1、A_0 和 B_1、B_0 以及 C_1，C_0。因此，它们的单粒子定态可以组成 8 种三粒子定态：

$$|111\rangle、|110\rangle、|101\rangle、|100\rangle、|011\rangle、|010\rangle、|001\rangle、|000\rangle \tag{10.4.3}$$

这里使用了狄拉克符号来表示三粒子的状态。狄拉克符号其实很简单，比如说，我们用 $|111\rangle$ 来表示三个粒子 A、B 和 C 都是 1 的那种量子状态。这里的 0 和

1，对电子来说，对应于不同的自旋；对光子来说，则对应于不同的偏振方向。

和双粒子纠缠态类似，从式 (10.4.3) 中列出的 8 种三粒子定态，我们可以组成无数多种纠缠态。其中格林伯格等感兴趣的是称为 GHZ 态的那一种量子态，写成如下表达式：

$$|\text{GHZ}\rangle = |111\rangle + |000\rangle \tag{10.4.4}$$

这个 GHZ 纠缠态是什么意思呢？类似于对双粒子纠缠态的解释，我们可以这样说：这个态是两个三粒子本征量子定态 $|111\rangle$ 和 $|000\rangle$ 的叠加态，或者说三个粒子都处于 1 和三个粒子都处于 0 的两个态。再来复习"叠加"的意思：当我们描述电子干涉双缝实验时，"叠加"意味着电子同时通过两条缝，既穿过缝 1，又穿过缝 2。所以，这里 $|111\rangle$ 和 $|000\rangle$ 的"叠加"就应该意味着，这个三粒子体系既是 $|111\rangle$，又是 $|000\rangle$，或言之，同时是定态 $|111\rangle$ 和定态 $|000\rangle$。如果使用哥本哈根派波函数坍缩的诠释说法：在测量之前，三个粒子是什么状态我们完全不能准确地说清楚。但是，我们一旦测量其中一个粒子，比如说，我们如果在 z 方向测量粒子 A 的自旋，其结果是 $|1\rangle$，那么另外两个粒子 z 方向的自旋状态也立即分别坍缩为 $|1\rangle$；如果我们测量其中一个粒子 (A) 在 z 方向的自旋，结果是 $|0\rangle$，那么另外两个粒子 z 方向的自旋状态也立即坍缩为 $|0\rangle$。在上述说法中，如果被测量的不是粒子 A，而是 B 或 C，另外两个粒子也将遵循类似的坍缩过程。

在导出贝尔不等式时就知道，根据量子力学，夹角为 θ 的两个不同方向上纠缠态粒子的关联函数平均值是 $(-\cos\theta)$。因此，在 0°、90°、180° 等角度时的相关函数值，或者是 -1，1，或者是 0，在这些平凡情况下，量子论和经典论没有差别 (图 10.4.3)。如图 10.4.3 中的两条曲线所示，经典理论和量子论预言的相关函数的差别很小，并且是在两个观测方向的夹角在 0° ∼ 90° 的那些角度，贝尔定理的实验验证，就是要测量出蓝色虚线相对于红色实线数值之差。在 0°、90°、180°、270°、··· 这些点，关联函数值为 1、-1 或 0。我们将这些点称为具有"完美相关"的点。这些点对应的关联函数值，包括了完全"相关"(+1)、完全"反相关"(-1) 以及完全"不相关"(0)。

对两粒子纠缠系统来说，在"完美相关"点之处，经典关联函数和量子论预言的关联函数数值是完全一样的，没有任何差别。因此，贝尔的文章中推导贝尔不等式时，感兴趣的并不是这些离散的几个"完美相关"点，而是其他那些连续的、无穷多的"不完美相关"点。这也就是为什么在导出贝尔不等式时需要考虑关联函数对所有的隐变量点积分求平均值。

有趣的是，对三粒子纠缠系统来说，粒子间的纠缠关联大大加强了。强到我们不需要考虑那些乱七八糟的"不完美"的点，而只需要考虑"完美相关"的那些情况就已经足够。因此，导出 GHZ 定理不需要计算积分来求平均值。只从那几个"完美"点的数值, 就能看出经典关联函数和量子论预言的关联函数之间的天壤之别了。换言之, 对两个粒子的情况, "完美关联"点是些极其平淡无味的"平凡点", 在这些点上, 经典论和量子论完美符合, 丝毫引不起人们的兴趣。而同样是在这些"平凡点"上, 互相纠缠的三个粒子, 显露出量子现象诡异的面孔。

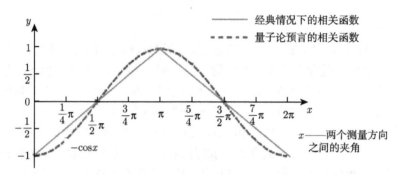

图 10.4.3   经典情况下和量子论预言的相关函数之差 (引自文献 [6])

最能反映量子物理基本问题的当然还是爱因斯坦等提出的 EPR 佯谬。我们说过, 贝尔定理和贝尔不等式提供了在实验室里检验 EPR 佯谬的可能性。但那是用双粒子纠缠源的情形。如何用三粒子纠缠态来表述 EPR 佯谬呢? GHZ 小组研究了这个问题, 发现用三粒子纠缠系统, 可以类似于贝尔定理, 得出比贝尔定理更简单的结论: GHZ 定理。

相对于贝尔定理, GHZ 的工作有两个优越处: 一是他们只考虑几个分离的"完美相关"点, 所以, 解释 GHZ 定理不需要运用统计求平均值方法, 不用求平均值也就不用积分; 二是用 GHZ 定理来说明量子力学的非定域性, 不需要像贝尔那样, 费心地推导出一个古怪的不等式, 而只是用几个等式之间的逻辑矛盾, 只运用语言, 就说明了问题。

三粒子纠缠态需要一个能发射出三粒子纠缠态的光源, 三列光束中每个光子的自旋定态分别可以是 $|0\rangle$ 和 $|1\rangle$。它们朝着互为 120° 的方向飞出去。在远离纠缠源的地点, 有三个光子探测器, 分别放在光束的三条路径上, 用以测量光子的自旋 (或称偏振)。每个探测器有两种测量设置: 可以选择在 0° 或者是在 90° 的方向上来测量光子自旋。每个探测器又都有一个输出指示。根据在一定设置下测到的光子自旋是 $|0\rangle$ 还是 $|1\rangle$ 而定。具体如何测量见张天蓉科学网博客。中国科学技术大学潘建伟等 [26] 也作了很好的关于 GHZ 测试的报告。

10.5   正电子在量子纠缠中的可能应用

下面我们转入正电子是否可以在量子纠缠中有所作为。可惜能找到的资料实在太少，我们认为可以从三个方面考虑：

第一是按照吴健雄[27]的方法：惠勒 (John Wheeler) 在 1948 年提出，由电子–正电子湮没后所生成的一对光子应该具有两个不同的偏振方向。1949~1950年吴健雄和萨科诺夫 (Shaknov) 成功地完成了这个实验，证实了惠勒的预言，生成了历史上第一对互相纠缠的光子。但是他们没有深入做，因为当时大多数人都认为量子理论是正确的，没有必要澄清爱因斯坦–玻尔在哲学层次上的争论，也没有人想从实验上证实。当时还没有贝尔不等式，贝尔在 1966 年发表文章的杂志社很快破产，所以大家很难找到，好几年以后才被人想起。GHZ 定理的发表是在 1990 年。

克劳瑟在纽约的哥伦比亚大学攻读博士时，对重视实验的李政道仰慕有加，也庆幸该校有吴健雄这样的著名实验物理学家及先进的实验条件。但是，他也很快就认识到，吴健雄和萨科诺夫二十多年前用正负电子湮没产生纠缠光子的方法，不是很适合验证贝尔不等式，这种方法产生的光子对能量太高，纠缠相关度不够。现在已经经过了六十多年，探测设备已经得到很大改进，是否可以再考虑正电子在量子纠缠中的实验？

我们认为第二个可能的设想是：在吴健雄–萨科诺夫的电子–正电子湮没实验中，通常是生成两个纠缠的光子对，但也曾经观察到生成了三个互相纠缠光子的情形。我们想到能否用正电子素湮没的三光子和 GHZ 定理研究三光子量子纠缠。在现在的正电子研究中一般是测量三光子的能量分布，是否也可以测量自旋？

第三种可能是：由高能伽马射线产生"电子–正电子"对效应，这两个粒子 (一个是电子，另一个是正电子) 应该也是量子纠缠的，能否测量电子–正电子的纠缠？美国的 Krekora 等[28]和俄罗斯的 Fedorov 等[29]从理论上提出一些计算，在实验上测量的困难是很大的。

我们对量子纠缠的理解很不够，对正电子在量子纠缠中的可能应用还没有太多的设想，希望引起国内同行的注意。

参 考 文 献

[1] 董光璧, 田昆玉. "EPR" 关联之谜. 陕西: 陕西科学技术出版社, 1988.

[2] Clegg B. The God Effect: Quantum Entanglement, Science's Strangest Phenomenon. 刘先珍译. 量子纠缠: 上帝效应, 科学中最奇特的现象. 重庆: 重庆出版社, 2011.

[3] Baggott J. Beyond Measure: Modern Physics, Philosophy and the Meaning of Quantum Theory. 潘士先译. 量子迷宫. 北京: 科学出版社, 2011.

[4] 曹天元. "上帝投掷骰子吗?" 量子物理史话. 北京: 北京联合出版公司, 2013.

[5] Gribbin J R. Schrodinger's Kittens and the Search for Reality. 张广才, 许爱国, 谢

平, 等译. 寻找薛定谔的猫. 海南: 海南出版社, 2001.

[6]　张天蓉. 科学网博客. http://blog.sciencenet.cn/blog-677221-545262.html.

[7]　Steane A. Rep Prog Phys, 1998, 61: 117.

[8]　Bennett C H, DiVincenzo D P, Smolin J A, et al. Phys Rev, A54 :3 824.

[9]　Hagley E, et al. Phys Rev Lett，1997，9: 1.

[10]　Anderson M H, Enscher J R, Methews M R, et al. Science, 1995, 269: 198-201.

[11]　Davis K B, Mewes M O, Anderson M H, et al. Phys Rev Lett, 1995, 75: 3969.

[12]　Bradley C C, Sacket C A, Tollent J J, et al. Phys Rev Lett, 1995, 75: 1687.

[13]　Sorensen A, Duan L M, Cirac J L, et al. Nature, 2001, 409: 63.

[14]　Kuang L M, Zhou L. Phys Rev A, 2003, 68(4): 043606.

[15]　王合英，孙文博，陈宜保. 近代物理实验讲义. 2015.

[16]　Einstein A, Podolsky B, Rosen N. Phys Rev, 1935, 47(10): 777-780.

[17]　Bohr N. Phys Rev, 1935, 48(8): 696-702.

[18]　Bohm D. Quantum Theory. Englewood Cliffs, NJ: Prentice-Hall, 1951.

[19]　Bohm D, Bub J. Rev Mod Phys, 1966, 38(3):453-469.

[20]　Bell J S. Physics, 1964,1:195-200.

[21]　Bell J S. Rev Mod Phys, 1996, 38(3):447-452.

[22]　Clauser J F, Horne M A, Shimony A, et al. Phys Rev Lett, 1969, 23(15):880-854.

[23]　Aspect A, Grangier P, Roger G. Phys Rev Lett, 1982,49(2): 91-94.

[24]　D'Angelo M, Valencia A, Rubin M H, et al. Phys Rev A, 2005, 72: 013810.

[25]　Greeberger D M, Horne M A, Shimony A, et al. Am J Phys, 1990,58(12): 1131-1143.

[26]　Pan J W, Bouwmeester D, Daniell M, et al. Nature, 2000,403(3):515-519.

[27]　Wu C S, Shaknov I. Phys Rev, 1950, 77: 136.

[28]　Krekora P, Su Q, Grobe R. J Mod Opt, 2005,52(2-3): 489-504.

[29]　Fedorov M V, Efremov M A, Volkov P A. Opt Commun, 2006, 264: 413-418.

附　　录

附录 1　历届国际正电子湮没会议 (ICPA) 的举办时间、地点及单位

届次	时间	地点	举办单位
1	1965 年	美国 (底特律)	美国
2	1971 年	加拿大 (金斯顿)	皇后大学
3	1973 年	芬兰 (赫尔辛基)	赫尔辛基技术大学
4	1976 年	丹麦 (罗斯基勒)	Riso 国家实验室
5	1979 年	日本 (东京)	日本金属所
6	1982 年	美国 (达拉斯)	得克萨斯大学阿灵顿分校
7	1985 年	印度 (新德里)	德里大学
8	1988 年	比利时 (根特)	根特大学
9	1991 年	匈牙利 (布达佩斯)	匈牙利粒子和核物理研究所
10	1994 年	中国 (北京)	清华大学
11	1997 年	美国 (堪萨斯城)	密苏里大学堪萨斯城分校
12	2000 年	德国 (慕尼黑)	慕尼黑联邦国防大学
13	2003 年	日本 (京都)	东京大学
14	2006 年	加拿大 (哈密尔顿)	McMaster 大学
15	2009 年	印度 (加尔各答)	Saha 核物理研究所
16	2012 年	英国 (布里斯托)	布里斯托大学
17	2015 年	中国 (武汉)	武汉大学

附录 2　历届国际正电子与电子偶素化学会议 (PPC) 的举办时间、地点及单位

届次	时间	地点	举办单位
1	1979 年	美国 (弗吉尼亚)	弗吉尼亚理工大学
2	1987 年	美国 (达拉斯)	得克萨斯大学阿灵顿分校
3	1990 年	美国 (密尔瓦基)	马奎特大学
4	1993 年	法国 (斯特拉斯堡)	法国科学院核化学实验室
5	1996 年	匈牙利 (布达佩斯)	Eotvos Lorand 大学
6	1999 年	日本 (东京)	国家先进工业科技研究所
7	2002 年	美国 (诺克斯维尔)	橡树岭国家实验室
8	2005 年	葡萄牙 (科因布拉)	科因布拉大学
9	2008 年	中国 (武汉)	武汉大学
10	2011 年	斯洛伐克 (特尔纳瓦)	斯洛伐克科学院技术研究所
11	2014 年	印度 (果阿)	巴巴原子研究中心
12	2017 年	德国 (德累斯顿)	亥姆霍兹研究中心

附录 3　历届国际慢正电子束会议 (SLOPOS) 的举办时间、地点及单位

届次	时间	地点	举办单位
1	1981 年	美国 (纽约)	布鲁克海文国家实验室
2	1984 年	芬兰 (赫尔辛基)	赫尔辛基技术大学
3	1986 年	英国 (诺里奇)	East Anglia 大学
4	1990 年	加拿大 (伦敦)	西安大略大学
5	1992 年	美国 (杰克逊)	Idaho 国家工程实验室
6	1994 年	日本 (东京)	日本制铁教育中心
7	1996 年	瑞士 (苏黎世)	Paul Scherrer Institute 研究所
8	1998 年	南非 (开普敦)	开普敦大学
9	2001 年	德国 (德累斯顿)	德累斯顿离子束物理与材料研究所
10	2005 年	卡塔尔 (多哈)	卡塔尔大学
11	2007 年	法国 (奥尔良)	法国国家科学中心奥尔良辐照研究中心
12	2010 年	澳大利亚 (北昆士兰)	澳大利亚国立大学
13	2013 年	德国 (慕尼黑)	慕尼黑联邦国防大学
14	2016 年	日本 (松江)	日本千叶大学

附录 4　历届国际半导体缺陷正电子研究会议 (PSD) 的举办时间、地点及单位

届次	时间	地点	举办单位
1	1994 年	德国 (哈勒)	马丁路德大学
2	1999 年	加拿大 (哈密尔顿)	McMaster 大学
3	2002 年	日本 (仙台)	东北大学
4	2004 年	美国 (普尔曼)	华盛顿州立大学
5	2008 年	捷克 (布拉格)	查理大学
6	2011 年	荷兰 (代尔夫特)	代尔夫特理工大学
7	2014 年	日本 (京都)	京都大学
8	2017 年	波兰 (卢布林)	居里夫人大学

附录 5　历届中国正电子湮没会议的举办时间、地点及单位

届次	时间	地点	举办单位
1	1981 年	苏州	中国科学院高能物理研究所
2	1984 年	重庆	清华大学、重庆大学
3	1987 年	合肥	中国科学技术大学
4	1990 年	武汉	武汉大学
5	1993 年	酒泉	兰州大学
6	1996 年	合肥	中国科学技术大学
7	1999 年	泉州	清华大学、华侨大学
8	2002 年	宜昌	武汉大学
9	2005 年	绍兴	中国科学院高能物理研究所、绍兴文理学院
10	2009 年	南宁	广西大学
11	2011 年	成都	四川大学
12	2013 年	烟台	北京航空航天大学
13	2016 年	郑州	郑州轻工业学院

《现代物理基础丛书》已出版书目

(按出版时间排序)